DU SOMMEIL

ET

DES ÉTATS ANALOGUES

SAINT-NICOLAS, PRÈS NANCY. — IMPRIMERIE DE P. TRENEL.

DU

SOMMEIL

ET DES

ÉTATS ANALOGUES

CONSIDÉRÉS SURTOUT AU POINT DE VUE

DE L'ACTION DU MORAL SUR LE PHYSIQUE

PAR

A.-A. LIÉBEAULT

DOCTEUR EN MÉDECINE

> C'est un grand ouvrier de miracle que l'esprit humain !
>
> (*Essais de Montaigne*, liv. II, chap. XII.)

PARIS

VICTOR MASSON ET FILS, LIBRAIRES-ÉDITEURS

Place de l'École de Médecine

NANCY

NICOLAS GROSJEAN, LIBRAIRE

Place Stanislas, 7

1866

AVANT-PROPOS

Ce livre diffère de ceux qui sont écrits sur le même
sujet. La raison en est que j'ai étudié le sommeil près
des dormeurs artificiels. En outre, après cette étude, j'ai
été conduit incidemment à parler des états analogues à
l'état de sommeil. Je le dis d'avance, si j'ai tenté l'en-
treprise de m'occuper des modes passifs de l'existence,
c'est, d'abord, pour démontrer cette vérité qu'ils sont
des effets d'une action mentale et, ensuite, pour faire connaitre leurs propriétés au point de vue de l'influence du
moral sur le physique. Ai-je réussi dans ma tentative ?
J'en ai le ferme espoir ; non pas que je croie avoir vidé
la question de ce qu'est l'action de la pensée sur l'organisme, mais j'espère, au moins, avoir ouvert le chemin
d'une étude aussi intéressante et utile qu'elle est pleine de
difficulté. N'aurais-je que le mérite de signaler des hori-
zons scientifiques nouveaux et d'appeler à leur sujet
l'examen des hommes compétents, ce serait déjà pour moi
une satisfaction, la science et l'humanité n'ayant qu'à y
gagner.

PRÉLIMINAIRES.

Le but que je me propose étant de porter des éclaircissements dans la partie de la science qui a rapport au sommeil, aux états qui lui sont analogues et, implicitement, à
la question de l'influence de la pensée sur l'organisme, je
dois, avant de m'aventurer dans le dédale qui s'ouvre devant moi et pour la compréhension de ce qui fait l'objet de
mon étude, définir, avec brièveté et à mon point de vue,
ce que l'on doit entendre par attention, impressions, perceptions, mémoire, idées-images, idées pures, remémoration, sensations, pensées, organisme, attention libre,
attention accumulée.

L'attention, que nous appellerons encore simplement
force nerveuse, est cette force culminante, active, qui,
procédant du cerveau et divergeant en deux grands courants, est consciemment, d'une part, le principe des phénomènes de la vie animale et, insciemment, de l'autre,
des phénomènes de la vie de nutrition. Je ne m'occupe de
cette force, pour le présent, qu'en temps qu'elle préside
aux fonctions de relation, c'est-à-dire, en temps qu'elle
réagit d'une manière plus ou moins consciente, spon-
tanée et libre. En se transportant, par un effort, sur
tout le système cérébro-spinal et principalement sur les
organes spéciaux des sens, l'attention consciente permet,
à notre su, aux impressions, aux perceptions d'avoir lieu
et aux idées dégagées des objets, idées, fruits des percep-

tions, de se déposer dans la mémoire et d'y prendre une réalité ; l'attention est une véritable créatrice.

Je viens de parler des impressions, des perceptions, des idées et de la mémoire ; ce sont, après l'attention sans laquelle elles ne peuvent exister, d'autres conditions indispensables de la pensée.

On entend par impressions, les actions des corps sur les organes sensibles intérieurs ou extérieurs et, par perceptions, la réception au cerveau des impressions transmises à cet organe.

La mémoire est cette propriété qu'a le cerveau, à l'aide de l'attention, de conserver les empreintes des perceptions. Ces empreintes conservées se nomment idées. Les idées et la mémoire, on le voit, ne peuvent se confondre séparées ; les premières sont à la seconde, ce que la peinture est à la toile.

Les idées, je parle de celles qui viennent directement des sens ou idées simples, sont la représentation mémorielle de ce que l'homme perçoit en lui et hors de lui ; ce sont des réalités abstraites qui représentent les objets, réalités que l'attention peut, par un mouvement propre, rendre permanentes dans la mémoire et qu'elle peut, de même, y faire réapparaître, lorsqu'elles y sont devenues latentes. Les idées simples, qui viennent des sens ou idées-images, n'existeraient pas, si elles s'effaçaient en même temps que leur objet disparait ; mais, à l'aide de l'attention, les perceptions se concrètent dans la mémoire, dont la propriété est de conserver le souvenir des impressions ; elles s'y photographient, ce qui ne peut avoir lieu que par un effort initial d'attention plus ou moins grand.

C'est aussi un semblable effort qui redonne la lumière aux idées-images primitivement apparentes dans la mémoire au moment de leur naissance, mais qui y ont ensuite été mises en réserve et dans l'ombre ; il les fait reparaître plus ou moins à l'esprit et, parfois, avec l'éclat qu'elles avaient au moment de la perception ; cette opération s'appelle remémoration. Quand, par l'attention, on recrée les images des objets comme si elles étaient réelles, les perceptions primitives sont reproduites et il n'y manque que la présence extérieure des objets véritables. Et, psychologiquement parlant, pour le sujet qui se représente ces idées-images, les perceptions revivifiées sont absolument les mêmes que les perceptions premières. En même temps que ces perceptions réflectives se manifestent, a lieu aussi la reproduction des impressions aux extrémités sensitives des nerfs. Ces perceptions à l'inverse peuvent naître pourtant sans organes sensibles spéciaux et sans conducteurs allant de ces organes au cerveau, que l'élément impressif de ces perceptions accompagne ou non l'élément perceptif ; elles sont désignées, dans le cours de cet ouvrage, sous le nom de sensations centrifuges, sensations remémorées, et plus particuiièrement, sous celui d'hallucinations. Par extension et pour avoir plus de facilité de rendre ma pensée, le phénomène primitif, instantané et inséparable d'impression et de perception réelle des objets, je l'ai nommé sensation centripète ou simplement sensation.

Il y a d'autres idées que les idées simples ou primitives, ce sont celles qui proviennent d'une élaboration de l'attention sur les idées-images ; elles sont une filiation de ces dernières, pour bien dire, elles en sont la quintessence. Ces idées secondaires, dites complexes ou pures, se fixent dans la mémoire comme celles dont elles dérivent. Différentes des idées-images remémorées, où l'action nerveuse a lieu en même temps au cerveau et aux nerfs du sentiment, lorsque ces derniers existent, il arrive que si, par l'attention, on se les remet à la mémoire, ces idées pures n'ont pas de contre-coup représentatif sur les filets sensitifs et, conséquemment, sur l'organisme ; la sensation qui les accompagne ne se manifeste qu'au cerveau. Ce fait sera démontré plus loin (1).

Toutes ces idées, qu'elles soient simples ou composées, ayant une existence positive, sont transmises par la parole ou déposées dans les livres où elles forment comme une création à part, impersonnelle, sans vie et en dehors de l'être qui les a dégagées et produites.

Or, les idées déposées dans la mémoire ou dans des écrits, d'une part, de l'autre, l'attention réagissant sur ces idées, soit en les suscitant, soit en en prenant connaissance, soit en les comparant, soit en en faisant le thème des occupations de l'esprit, tels sont les éléments de la pensée. Penser, c'est donc faire réagir l'attention sur les matériaux venus des sens et gravés dans le champ mémoriel ; l'attention est le propulseur, l'idée est l'élément et la mémoire est le foyer. Dans son expression la plus exacte la pensée doit se définir, la réaction de l'attention sur des idées mémorielles (2).

Mais, si l'on ne peut concevoir la pensée sans ses trois éléments constitutifs, l'on ne peut aussi se rendre compte de sa formation sans l'existence des objets extérieurs, point de départ des idées-images et, à plus forte raison, comprendre cette formation, sans l'ensemble qui constitue l'organisme. C'est par le moyen de ce dernier, sous l'influence de l'attention et de la pensée, que l'être se met en rapport avec les milieux environnants et avec soi-même ; mais l'or-

(1) Voyez troisième partie, chapitre iii.

(2) Il est bon de le signaler une fois pour toutes, en ce qui concerne l'attention consciente, les sensations centripètes, les idées, la mémoire, la pensée et autres phénomènes conscients appartenant à la vie de relation, je dirai souvent: attention, sensations, idées, mémoire, pensée, etc. Quant aux phénomènes du même genre qui se passent à notre insu dans le système de la vie de nutrition, lorsqu'il en sera question, j'aurai soin d'en exprimer la nature inconsciente.

ganisme n'est pas seulement un intermédiaire entre l'être pensant et le monde extérieur, il est le Sosie, je dirai plus, l'expression écrite de la pensée, cette maîtresse absolue, laquelle si, insciemment, a le pouvoir de mouler le corps à son image, a consciemment, dans certaines circonstances, celui de le modifier à son gré (1).

Les idées, ces extraits dégagés du monde extérieur et déposés au cerveau par le moyen des sens, prennent d'autant plus aisément naissance que la force d'attention est répandue également dans le système nerveux cérébro-spinal, depuis le cerveau, son centre, jusque dans tous les nerfs et spécialement dans ceux qui servent à veiller aux perceptions. Il y a, entre le centre cérébral et les sens, un mouvement instantané de va-et-vient par lequel l'attention perçoit les impressions en même temps qu'elle les imprime dans la mémoire sous forme d'idées, mouvement qui se répète, par les nerfs moteurs et du cerveau, aux muscles, pour la mise à exécution de ces idées. La propriété qu'a l'attention d'être présente partout dans l'organisme et celle qu'elle a, par un effort propre, de se porter librement n'importe sur quelle partie du système nerveux, est, après la pensée, l'apanage le plus important que l'homme possède ; c'est grâce à cette faculté, la première de toutes en temps qu'elle a le don d'ubiquité et qu'elle est capable d'être mobilisée, que l'homme a conscience des phénomènes sensibles qui se passent en lui ; c'est par elle qu'il prend connaissance des milieux qui l'entourent, qu'il met en réserve dans sa mémoire une masse d'idées, qu'il les sucite au besoin et qu'il agit.

Mais l'attention ne reste pas toujours parfaitement équilibrée, elle a aussi la propriété, sous l'influence d'une excitation ou de la pensée, de se transporter sur une faculté

(1) Voyez première partie, chapitres iv, vi, x, xi, xii, etc.

cérébrale ou sur un organe de la vie de relation aux dépens des autres facultés ou des autres organes auxquels elle était distribuée et de s'y accumuler, selon qu'elle y est décidée par des mobiles; elle peut plus encore, affluer de même sur les fonctions nutritives.

L'attention, en s'accumulant ainsi, à la manière d'un fluide, peut exagérer tour à tour l'action propre à chaque organe, c'est ce que chacun a dû remarquer. Si, par exemple, elle se dirige sur l'extrémité d'un nerf sensible et si elle y afflue quelques instants, la sensation éprouvée devient alors plus nette qu'au début. Il est avéré qu'un objet, d'abord obscur aux yeux, sera vu plus distinctement, si on le regarde plus longtemps. Il n'est pas rare aussi de rencontrer des malades dont les douleurs deviennent d'autant plus vives que cette force s'y applique davantage. Il en est de même pour ce qui concerne les autres sens : plus l'attention est tendue sur eux, plus les sensations deviennent parfaites. Ce que nous disons, pour les organes des perceptions, on peut le dire de toutes les autres fonctions.

On observe encore que, chez l'homme attentif, lorsqu'un sens est énergiquement employé à la perception d'un objet quelconque, les autres sens ont besoin, pour être affectés par leurs stimulants directs, d'une excitation beaucoup plus forte que celle qu'il leur faut d'ordinaire. Ainsi, il est prouvé que le son d'un instrument qu'il entendait peut ne plus parvenir à la conscience de l'individu qui s'est mis, tout entier, à fixer les yeux sur une chose qui vient le frapper, et l'on est obligé, pour qu'il perçoive ce son de nouveau, de rapprocher alors l'instrument de son oreille. L'attention accumulée sur un sens n'en rend donc les perceptions plus vives qu'aux dépens des autres sens qui, par le retrait de cette force, sont devenus plus obtus.

L'attention, outre ses propriétés de créatrice des sensations, des idées, de la pensée, etc., n'a pas rien encore que la faculté de s'accumuler sur l'extrémité d'un nerf sensible aux dépens des nerfs de même nature ; elle possède en même temps et ainsi qu'on le verra, celle de s'accumuler n'importe où aux dépens des fonctions cérébrales, locomotrices, etc., et réciproquement. Même en affluant au cerveau, elle peut ne se porter que sur une seule faculté, l'intelligence, par exemple, pendant que les autres restent sans excitation, ainsi que les nerfs sensibles et moteurs. On l'a remarqué, l'homme qui est plongé dans une profonde méditation est plus ou moins insensible aux excitants des sens et, sans initiative, il demeure dans une immobilité complète. Ce qui vient d'être expliqué relativement à la distribution de l'attention au cerveau et aux nerfs de la vie de relation, lorsqu'il y a rupture d'équilibre de cette force, on peut l'appliquer semblablement aux nerfs ganglionnaires.

C'est sur cette propriété qu'a l'attention de se condenser là ou elle est appelée et de diminuer en même temps sur d'autres points, que reposent tous les phénomènes du sommeil et, partant, ceux qui sont le résultat de l'action de la pensée sur l'organisme.

On devine déjà, par ce qui précède, que la force d'attention se présente distribuée dans l'économie sous deux aspects : à l'état libre ou actif, à l'état d'accumulation ou passif. Tant qu'elle est libre dans ses mouvements (c'est pendant la veille), son action antagoniste sur le corps, action excitante sur une partie et calmante sur les autres, est tellement faible qu'à peine on s'en aperçoit ; mais à l'état d'inertie, lorsque cette force s'arrête sur un objet de perception, une idée, etc. (c'est pendant le sommeil et les états analogues), alors les phénomènes d'excitation, d'un côté, et de sédation qui en sont le résultat obligé, de l'autre, augmentent en raison directe de la concentration sur cet objet, sur cette idée.

Ces quelques préliminaires suffisent, je pense, pour mettre le lecteur de cet ouvrage, souvent abstrait et aride, dans la condition d'en saisir le sens avec moins de difficulté et de fatigue.

DU SOMMEIL

ET

DES ÉTATS ANALOGUES

PREMIÈRE PARTIE

CHAPITRE PREMIER.

DE LA PRODUCTION DU SOMMEIL.

Si l'on considère, l'un après l'autre, les signes de la formation du sommeil ordinaire et du sommeil artificiel, on remarquera qu'ils sont les mêmes.

Les physiologistes qui se sont occupés du sommeil ordinaire, ont déjà observé que cet état ne peut se manifester sans un consentement préalable de l'esprit. Il est aussi acquis à la science que, lorsqu'on veut s'abandonner au repos, on recherche l'obscurité et le silence, on se couvre la tête et le corps pour éviter le contact d'un air trop vif ou la piqûre des insectes; on se place sur un lit moelleux et l'on chasse de son esprit toutes les idées qui pourraient le préoccuper, bref, on s'isole de ce qui amène la distraction des sens et de ce qui alimente activement les facultés intellectuelles; l'on ne songe qu'à une chose, reposer; l'on ne se berce que d'une idée, dormir. Et ce

n'est pas seulement l'homme qui entre ainsi dans le sommeil, les animaux à sang chaud s'isolent de même, les
oiseaux se mettent la tête sous l'aile, les mammifères se
réfugient dans une retraite ou se roulent en boule, la tête
entre leurs pattes; tous cherchent une place commode et
profitent du silence et de l'obscurité de la nuit.

Outre ces causes essentiellement psychiques du sommeil, il en est qui leur sont antérieures et qui leur
viennent en aide. Les unes se révèlent sous forme de besoins; c'est d'abord un léger degré de faiblesse ou de fatigue, dans lequel les sens sont émoussés, et, par conséquent, peu susceptibles de distractions. C'est ensuite le
travail digestif qui exerce une révulsion puissante de
l'attention vers l'estomac et les intestins, aux dépens de
celle qui se porte aux sensations et au remuement des
idées, fonctions qui, devenant moins actives, prédisposent
par cela même à un laisser-aller à la pensée naturelle de
reposer. Les autres causes sont de véritables procédés pour
déterminer le sommeil. Ainsi, une lecture ou une conversation ennuyeuse, le bercement, un bruit monotone, la
récitation de formules dont la tête est ressassée, toutes
choses qui ont pour résultat, en imposant à l'esprit un
aliment sans attrait, de conduire l'attention à s'immobiliser sur l'idée plus habituelle et plus agréable de dormir.
Les bains tièdes, qui ont la propriété de calmer le sens le
plus étendu et le plus impressionnable, le tact, peuvent
être rangés dans cette seconde catégorie; ce sont des iso-
lants de la sensibilité, ils éloignent les distractions.

Ainsi, consentement au sommeil, isolement ménagé des
sens, afflux de l'attention sur l'idée de s'endormir, ce qui,
physiologiquement, se traduit par le retrait de cette force
des organes sensibles pour s'accumuler dans le cerveau
sur une idée mémorielle; puis enfin, subsidiairement, besoin plus ou moins pressant de reposer et moyens méca-

niques facilitant l'immobilisation de l'attention, tels sont, au premier aperçu, les divers éléments du mode de la formation du sommeil ordinaire.

Pour le développement du sommeil artificiel, ce mode n'est pas différent. On s'est aperçu que les personnes que l'on veut endormir ne sont nullement influencées si leur attention va d'une sensation à une autre ou voltige, tour à tour, sur une foule d'idées sans s'arrêter à aucune, si enfin, elles font des efforts pour résister à la pensée de dormir ou sont convaincues qu'elles ne dormiront pas. De plus, on peut faire la remarque que, dans leurs procédés pour amener le sommeil artificiel, les endormeurs mettent d'abord ces personnes dans l'isolement des sens, en privant, autant que possible, ces organes de leurs excitants, et en empêchant, par là, l'attention de s'y diriger comme d'habitude. Aussi, leur recommandent-elles le silence et les placent-elles dans l'obscurité, sur un siége commode et dans une chambre dont la température est douce. Pour aider à l'immobilisation de l'attention de ces personnes, ils veillent encore à ce qu'elles fixent les yeux sur les leurs ou à ce qu'elles regardent un objet qui frappe la vue par son éclat, et ils ont soin, ensuite, de leur recommander de ne songer à rien autre chose qu'à dormir, comme lorsqu'elles veulent d'habitude se livrer au repos. Au bout de quelque temps, si leurs paupières ne sont pas closes, ils les leur ferment, et d'une voix impérative, ils leur ordonnent le sommeil.

Les électro-biologistes sont arrivés à produire un état d'inertie de l'attention ressemblant à celle du sommeil, c'est le charme ; il en diffère seulement par l'idée qu'ils suggèrent. Quand, par l'application prolongée de l'esprit, l'attention de leurs sujets est devenue passive, ces magnétistes présentent à cette faculté une idée quelconque, soit celle de ne pouvoir fermer les yeux ou de ne pouvoir remuer, etc. , l'attention des sujets influencés ne peut pas plus se dégager de cette idée que, plus tard, celle du dormeur peut se dégager de l'idée de reposer.

On le voit, au fond des procédés des magnétistes, on retrouve, pour le sujet, les mêmes éléments rationnels que ceux par lesquels on entre dans le sommeil ordinaire. Conviction que l'on peut dormir, consentement au sommeil, isolement des sens, concentration de l'attention sur un seul objet ou une seule idée, et cette idée est ordinairement celle vers laquelle l'esprit tend de lui-même. Il n'y a qu'un élément en moins, le besoin de repos et un autre en plus, l'injonction de dormir ; ce dernier n'est qu'une stimulation au cumul de l'attention sur l'idée de se livrer au sommeil, c'est-à-dire, un moyen de concentrer la pensée avec plus de rapidité.

De la comparaison qui précède, on peut déjà conclure que, dans sa formation et par les côtés mis en regard, le sommeil artificiel ne diffère pas du sommeil ordinaire, et que, dans l'une et l'autre forme de l'état passif, c'est le retrait de l'attention hors des sens et son accumulation dans le cerveau, sur une idée, qui en est l'élément principal.

Une chose m'étonne, c'est que la plupart de ceux qui ont écrit sur le sommeil artificiel, ont fait des hypothèses pour s'en expliquer la formation. En pratique, ils n'ignoraient nullement les conditions du développement de cet état, et, cependant, au lieu de s'appuyer sur des faits tout trouvés et de les interpréter, ils ont inventé des théories comme celles du fluide, ou des esprits, ou de l'imagination. C'est un travers de l'esprit humain de ne jamais se contenter de ce qui est simple : quand il n'a qu'à conclure, il se jette dans les hypothèses, ainsi que le voyageur qui, pour couper au court, au lieu de suivre la route tracée, se met en marche dans la forêt et s'y perd.

Le plus souvent, le besoin de réparer les forces amène le consentement au sommeil. Ce besoin est la cause déterminante de la pensée de dormir, comme celui de manger est la cause déterminante de la pensée de chercher à satisfaire sa faim. Mais ce besoin et le phénomène psychique de la formation du sommeil sont aussi distincts l'un de l'autre, que le désir de prendre de la nourriture l'est des efforts intellectuels de l'esprit pour se la procurer. C'est parce que l'on n'a pas su distinguer ce qui appartient au besoin et ce qui appartient à l'acte psychique, que l'on est resté dans un certain vague pour l'explication du sommeil à l'état naissant.

En outre de ce qui a été établi plus haut sur la nature intellectuelle de l'entrée en sommeil, qu'il soit ordinaire ou artificiel, il y a des faits vulgaires qui viennent à l'appui de l'opinion que j'ai émise. On rencontre beaucoup d'individus qui s'endorment, quand ils le veulent, n'importe à quel moment de la journée et sans qu'ils y soient même portés par un besoin ; ils ressemblent en cela aux dormeurs artificiels. C'est bien là une preuve que le phénomène principal du sommeil, en voie de formation, est caractérisé par l'arrêt de l'attention sur l'idée de repos, et que le besoin de dormir n'en est qu'un accessoire précurseur. Ce qui prouve encore indirectement que le sommeil ordinaire est, de même que l'autre, l'effet de l'arrêt de l'attention sur l'idée de reposer, c'est-à-dire, d'un acte intellectuel, c'est que, malgré le besoin, on peut s'empêcher à volonté de dormir en portant son esprit sur des motifs de distraction. N'y a-t-il pas des fous obsédés par de fortes préoccupations, lesquels ne peuvent retrouver le sommeil qu'ils recherchent avec ardeur, et, ne rencontre-t-on pas des malades qui sont incapables de reposer, parce que leur attention est distraite par de trop vives souffrances ? Cet antagonisme parle de soi-même : on ne peut à la fois penser activement ou songer à son mal, et penser passivement ou l'oublier et dormir. Si le sommeil n'était pas l'effet d'un arrêt de l'attention sur l'idée de dormir, s'il n'était pas le résultat d'une action psychique, mais s'il était la conséquence d'une action physiologique autre, il pourrait toujours prendre naissance, lorsque la pensée serait occupée activement, ce que l'on ne remarque jamais.

De ces derniers faits, il ressort donc aussi que le sommeil ordinaire, comme le sommeil artificiel, est le résultat d'un acte intellectuel caractérisé par la fixation de l'attention sur une idée, qui est ordinairement celle de rester en repos. Faute d'une idée principale captivant cette faculté, il n'y a pas possibilité de dormir.

On peut objecter à ce que je viens d'établir, que l'on s'endort malgré soi. Ainsi, un homme laborieux, après avoir résisté longtemps, finit par succomber à l'attrait du sommeil. Cette objection, au lieu de combattre la thèse que je soutiens, vient à son appui. Il en est de celui qui s'opiniâtre contre le besoin de dormir comme de celui qui ne peut plus lutter contre le besoin de manger et qui y cède. Il arrive un moment, et j'en ai fait l'expérience sur moi-même, où l'on s'abandonne forcément à la nécessité de dormir avec un consentement de l'esprit aussi réfléchi que celui que l'on a à chercher la satisfaction d'une faim pressante; alors, la pensée de dormir efface d'autant plus les autres, qu'elle est greffée sur un désir violent qui entraîne irrésistiblement la volonté. On objectera encore que le paresseux qui veut se plonger dans le sommeil, ne le peut pas toujours. Il est vrai; mais c'est parce qu'il a sûrement dans la tête des idées plus prédominantes que celle de dormir. Il en est de même pour tout le monde, lorsqu'on s'est couché en proie à une forte préoccupation.

Hormis le consentement que l'on met à se livrer au sommeil, l'on ne s'aperçoit pas sur soi-même de l'acte intellectuel que l'on fait en s'endormant. L'habitude prolongée a fini par faire perdre la conscience de la cause pourquoi l'on s'endort, de même que l'on perd la conscience du mécanisme des actes par imitation.

Il faut déjà conclure de ce qui précède, qu'il n'y a pas, jusqu'ici, de différence importante entre les phénomènes de formation du sommeil ordinaire, et du sommeil artificiel. Dans l'un et l'autre état, le repos arrive par suite d'un arrêt de l'attention s'accumulant sur une idée ; c'est la pensée qui, dans leur production, joue le plus grand rôle, le besoin de reposer n'est qu'une invitation à dormir précédant l'acte véritablement psychique de l'entrée en sommeil.

Il vient d'être établi que la cause essentielle du sommeil est un mouvement centripète de la force d'attention qui, des organes sensibles où elle était surtout distribuée, s'est concentrée et s'est arrêtée sur une idée mémorielle. Du moment qu'une force aussi puissante, en s'ébranlant de la sorte, a pour résultat la manifestation physiologique de l'être la plus importante après celle de la veille, il doit en résulter, de toute necessité, un contre-coup sur l'organisme, c'est cette répercussion pendant la période de la formation du sommeil qui va être examinée.

Lorsqu'on est sur le point de s'endormir, par ce fait que l'attention, d'un côté, s'accumule sur une idée et cesse, de l'autre, peu à peu son action et sur les sens et sur les opérations cérébrales, il arrive qu'en même temps que les perceptions s'affaiblissent, le travail de l'esprit devient plus lent et plus embarrassé. Pendant la production du sommeil, ce sont d'abord les sens fermés, le goût et la vue qui perdent de leur délicatesse, puis ensuite l'odorat, l'ouïe et le tact finissent tour à tour par s'émousser, mais rarement au point de ne plus remplir quelque peu leurs fonctions. Par cela que les idées sont en germe dans les sensations, comme les fruits le sont dans les fleurs, et qu'elles sont une conséquence obligée des sensations, il s'ensuit que, les sens éteints, la pensée ne fonctionne plus aussi activement que pendant la veille, elle finit, non par disparaître entièrement, mais par n'avoir qu'une existence passive ou un mouvement presque automatique. Dès que l'attention n'est plus en activité sur les objets extérieurs et que le travail cérébral se ralentit, on ressent une langueur générale et agréable, doux passage des sensations vives et des efforts de la pensée qui fatiguent à cette inertie de l'esprit et à cette insensibilité extrême où les dormeurs arrivent quelquefois. En même temps, les muscles n'étant plus stimulés pour se mettre au service des sens et de la pensée, ils se relâchent et les membres s'appesantissent. Tels sont les faits que l'on observe, lorsqu'on s'endort du sommeil ordinaire ; ce n'est que, par des expériences répétées et difficiles sur les autres et par une observation minutieuse sur soi-même, que l'on est arrivé à connaître le mode de manifestation et l'ordre de filiation de ces faits.

Voici maintenant les phénomènes que l'on observe sur les sujets que l'on fait entrer dans le sommeil artificiel, phénomènes marquant le mouvement intime et progressif de l'attention vers le cerveau. Au bout de quelques minutes à une demi-heure, même plus, si l'on emploie le procédé de la fixation des yeux sur un objet et, par conséquent, de l'attention appliquée sur l'idée de cet objet, on voit bientôt les pupilles s'élargir ou éprouver des mouvements alternatifs de resserrement et de dilatation, on voit les larmes apparaître, les paupières clignoter, les membres tomber en résolution, la respiration devenir longue et bruyante et le pouls plus fréquent. Parfois, il y a de la cyanose et même des battements de cœur énergiques. En outre, les mouvements de déglutition deviennent difficiles ; souvent le corps éprouve du tremblement, des secousses nerveuses ou des mouvements qui paraissent l'effet d'une action de l'esprit, enfin les membres et le tronc s'immobilisent, la tête se penche et les yeux se ferment. Durant quelques temps encore, les globes oculaires roulent sous les voiles palpébraux pour finir par se convulser vers la partie supérieure de l'orbite, puis, les mouvements de déglutition cessent et la face prend une expression d'impassibilité cadavérique. Lorsque le développement de ces signes objectifs se manifeste, les sujets que l'on endort peuvent éprouver des contractions et ressentir de l'engourdissement ou de la fatigue dans les membres, leur vue est troublée, leur tête devient lourde ; quelquefois, ils ont des fourmillements, des tintements d'oreille, et enfin ils se sentent pris d'un assoupissement traversé par des rêveries accompagnant l'état d'inertie dans laquelle on a mis systématiquement la pensée.

Si l'on expérimente sur les sujets qui arrivent dans le sommeil aux différents moments où se manifestent les phénomènes dont il vient d'être question, on remarque, au début, une résolution générale des membres, ils retombent lourdement, lorsqu'on les soulève ; la sensibilité cutanée s'éteint peu à peu et elle est parfois annulée : j'ai observé qu'elle commence à disparaitre aux extrémités et que c'est toujours la périphérie du corps qui est le plus anesthésiée. En poussant l'examen plus avant sur les organes des sensations, on s'aperçoit que ce sont les deux sens fermés, la vue et le goût qui deviennent obtus les premiers ; vient ensuite l'odorat, sens peu délicat chez l'homme et dont le larmoiement oculaire, pour peu qu'il abonde dans le canal lacrymal, favorise l'affaiblissement. Ce sont l'ouïe et le tact qui s'amortissent en dernier lieu.

Quand on emploie les procédés ordinaires et celui des hypnotiseurs, les yeux sont les sens qui perdent leur propriété après tous les autres, parce que, par l'attention à laquelle les endormeurs les condamnent, ces organes sont forcés de veiller les derniers.

La plupart des physiologistes admettent que le tact est le sens dont les fonctions s'éteignent les dernières dans la production du sommeil. Presque seul, M. Longet a des raisons pour croire que c'est l'ouïe. Il m'a été possible de m'assurer maintes et maintes fois que l'ouïe s'efface avant le tact. Souvent, j'ai rencontré des dormeurs profonds qui, n'entendant plus la voix des personnes présentes, retiraient leurs mains à la moindre piqûre d'épingle. J'ai accouché des femmes, mises préalablement dans le repos somnambulique qui, sourdes aux bruits environnants ou aux questions qu'on leur adressait, ressentaient d'une manière assez vive les douleurs de l'enfantement.

Une école moderne, non sans raison, en outre des quatre sens classiques externes et du sens mixte, le tact (1), en a admis trois autres, la musculation, sens interne avec lequel il ne faut pas confondre le besoin de mouvement, la calorition et l'électrition, sens véritablement externes.

Le sens de la musculation aurait pour attribution d'apprécier l'intensité des efforts musculaires, la pression des corps et la fatigue. Du moment que les sens s'éteignent les uns après les autres, ce serait une présomption que les sensations de ce genre ne sont nullement tactiles, si elles ne disparaissaient pas en même temps que les impressions du tact. J'ai cherché à éclairer cette question. Après avoir rempli de poids inégaux des boîtes d'égale

(1) Le tact est un sens mixte correspondant extérieurement à la peau et intérieurement aux muqueuses. Il existe aussi dans la profondeur de tous les tissus ; on pourrait l'appeler le sens général.

capacité, je les fis soulever par des dormeurs somnambules dont la sensibilité cutanée était absolument éteinte ;
ces rêveurs jugèrent parfaitement de leur différence de
pesanteur ; mais comme chez eux, ce que l'on verra plus
loin, l'idée de discerner les objets ramène la vision, celle
d'entendre, l'ouïe, et ainsi de suite pour tous les sens,
l'idée d'évaluer le poids de ces boîtes n'a-t-elle pas ramené
chez les sujets de mes expériences la faculté d'apprécier
leurs diverses pesanteurs par les nerfs affectés au tact ?
Peut-on inférer de là que ces nerfs n'y ont été pour rien dans
la justesse du discernement montré par ces dormeurs ?
Une chose que j'ai remarquée aussi, c'est que des somnambules ne jugent plus du sentiment de la fatigue, quand
ils ressentent encore les piqûres qu'on leur fait à la peau.
Il suffit, pour s'assurer de ce que j'avance, de mettre
quelques minutes dans l'extension les bras encore sensibles
de l'un d'entre eux ; il n'accusera de la fatigue qu'après
le réveil immédiat. Cette séparation nette entre la sensibilité cutanée et le sentiment de fatigue musculaire est,
certes, une forte présomption en faveur du sens de la
musculation ; mais ce ne peut être là une preuve certaine
que la sensation de la fatigue n'est pas une sensation tactile,
dès-lors qu'il est prouvé que le tact n'est pas aussi parfait dans certains endroits du corps que dans d'autres et
que, là où il est le moins délicat, c'est là souvent qu'il
disparaît d'abord. Au point de vue qui m'occupe, cette
question d'un sens de la musculation différant du tact,
n'est donc pas facile à vider.

Il n'en est pas de même des sens de la calorition et de
l'électrition, dont le propre serait de juger de la température et de l'électricité des objets extérieurs. Ces fonctions
appréciatrices, en me plaçant toujours au même point de
vue, m'ont paru purement tactiles. J'ai pu m'assurer,
contrairement à ce qui se passe pour chacun des sens, les-

quels ne s'amortissent pas ensemble, que sur le même point de la peau, les sensations de chaleur et de secousses électriques augmentent ou s'affaiblissent parallèlement à celles de la sensibilité cutanée. Si ces impressions étaient d'une autre nature que celles du tact, pourquoi ne constaterait-on pas de délimination entre elles et ces dernières?

Il est rare que la série des changements physiologiques de l'entrée en repos se déclarent généralement sur le même individu. Le plus souvent, on n'en observe qu'un petit nombre, et, lorsque la personne que l'on endort l'a déjà été plusieurs fois, elle peut, de même que le dormeur ordinaire, passer de la veille au sommeil tellement vite que, pour tout phénomène objectif appréciable, l'on ne s'aperçoit que du mouvement d'occlusion des paupières.

Dans les tentatives que l'on fait pour endormir, on ne parvient pas fréquemment à rendre tous les sens inertes. Quatre fois sur cinq, à la première séance, les personnes soumises aux manœuvres des endormeurs restent plus ou moins influencées. Les unes ne vont que jusques à éprouver un léger engourdissement; il y en a qui, en outre, s'aperçoivent qu'il leur est impossible de se remuer; d'autres ressentent, en plus, une sensation générale d'anxiété ou ils étouffent; il en est qui vont d'abord jusques à perdre l'odorat et quelque peu la sensibilité de la peau, quelques-uns arrivent jusques à fermer les yeux et restent assoupis; on en voit tomber dans un sommeil léger, et d'autres, dans un isolement si profond qu'il est difficile de les éveiller. Cet état d'inactivité, pendant lequel on ne perçoit presque plus les sensations, est toujours l'indice d'un degré élevé du sommeil.

On rencontre aussi, parmi les personnes que l'on cherche à endormir, des sujets qui, à chaque séance nouvelle, parcourent un ou plusieurs degrés des signes de la formation de l'état de repos ; tous les jours avant d'être tirés de leur inertie, ils ont perdu une fonction nerveuse , jusques y compris la sensibilité tactile.

Si l'on jette un regard sur la manière dont se forme le sommeil, on est frappé d'une chose, c'est qu'une partie des signes développés par des moyens artificiels ressemble à ceux du sommeil ordinaire , tandis que l'autre partie de ces signes en diffère beaucoup. Ainsi, dans le développement de cet état, qu'il soit produit artificiellement ou d'une façon naturelle, il y a ces caractères communs que les muscles de la vie de relation se relâchent, les sens s'amortissent dans le même ordre hiérarchique, la pensée perd peu à peu de son énergie , devient paresseuse et tend à s'immobiliser. Mais d'où viennent ces phénomènes insolites de l'entrée dans le sommeil artificiel, lesquels cessent dès que cet état est produit, phénomènes qui ont été invoqués si souvent comme preuves à l'appui d'une saturation fluidique, ou comme une démonstration irréfutable que ce sommeil diffère essentiellement de l'ordinaire? Il est bon de les énumérer de nouveau et de chercher ensuite à s'en rendre compte, d'autant plus qu'ils accompagnent les autres signes de l'entrée en sommeil, et même, les rendent obscurs, tant ils sont caractérisés. Les principaux sont les mouvements alternatifs de resserrement et de dilatation de la pupille ou son relâchement complet, le clignotement répété des paupières , l'apparition des larmes, la pesanteur de tête, des tintements d'oreille, des fourmillements, un sentiment de fatigue dans les membres, de la gène dans les mouvements respiratoires ; des battements de cœur, un pouls agité, de la cyanose, du tremblement, des secousses nerveuses, des contractures et des mouvements automatiques.

Eh bien ! il faut le dire, ces phénomènes ont pour cause

l'effort que les personnes, non aiguillonnées par le besoin de dormir et qui s'endorment, font pour tendre leur attention sur un objet des sens ou une idée, ils sont le contre-coup du déplacement trop brusque et trop énergique de cette force. S'il n'en était pas ainsi, ces signes ne cesseraient pas dès que l'état de repos est produit, ainsi qu'il arrive toujours ; c'est parce qu'alors, il y a discontinuation de la cause, l'effort, que les effets en disparaissent. Un fait presque général venant à l'appui de l'explication précédente, c'est que les individus qui se sont accoutumés à être endormis artificiellement ne présentent plus, à la fin, aucun de ces phénomènes insolites qu'ils éprouvaient au début de leurs premiers sommeils. Par l'habitude souvent répétée de s'endormir, ils arrivent à régulariser les mouvements de leur attention, ils la ménagent, ils en simplifient l'action, et ils parviennent à l'état de repos artificiel plus vite et avec la même tranquillité que lorsqu'ils s'abandonnent au sommeil ordinaire. La fugacité des signes hétérogènes que nous avons signalés est la démonstration qu'ils ne sont pas des caractères propres au sommeil, mais qu'ils sont des éléments ayant leur point de départ dans une cause de courte durée, comme peut l'être, chez ceux qui l'éprouvent, l'effort d'attention soutenu que les endormeurs leur recommandent pour arriver plus sûrement au résultat qu'ils se proposent. Les faits anormaux dont il s'agit seraient observés moins souvent, et, un certain nombre d'entre eux n'apparaîtraient que fort rarement, si l'on prenait plus de ménagements à l'égard des sujets que l'on endort, si l'on cherchait surtout à mieux imiter la manière dont on entre dans le sommeil naturel. Encore si l'on s'adressait indistinctement aux premières personnes venues ; mais on fait choix de celles qui sont les plus nerveuses, par conséquent, impressionnables, irritables et subissant la réaction des causes parfois les

plus insignifiantes : ce sont des femmes à vapeurs, des hystériques, des hommes névropathiques, etc. Faut-il s'étonner que des êtres qu'une légère émotion met dans des états
morbides d'une violence extrême , précisément à cause
de la mobilité de leur attention et de la brusquerie avec
laquelle elle se déplace, éprouvent, en s'endormant, des
effets aussi intenses par suite de l'effort peu mesuré qu'on
leur fait faire pour diriger cette force là où elle est appelée ?

Il est bien vrai que les plus parfaits dormeurs sont re-
crutés parmi les gens les plus faciles à impressionner ;
grâce à la force d'attention , le sommeil étant l'effet d'une
pensée mise dans l'esprit, ou mieux de la représentation
mentale d'une idée en permanence, il doit se manifester
dans son maximum de profondeur, chez ceux qui sont
doués de cette faculté de représentation portée à la plus
haute puissance. Mais il ne s'ensuit pas que le sommeil
artificiel ne puisse point être développé parmi une foule
d'autres hommes. J'ai la conviction que, par l'exercice,
tout le monde arriverait à dormir, à toute heure et à volonté, seulement le sommeil de la plupart ne serait le plus
souvent que très-léger, comme il l'est généralement et,
si alors, on pouvait encore observer des phénomènes insolites après avoir pris des ménagements pour le faire
naître, on serait certain que ces phénomènes ne forme-
raient qu'une minime exception.

Il n'y a qu'un seul signe anormal de l'entrée en sommeil qui m'a paru se développer d'une manière presque
constante sur les sujets que l'on endort, et encore, ce
n'est que dans les premières séances qu'on est à même
de l'observer, car il finit par disparaître presque toujours,
lorsque ces sujets sont habituellement amenés dans le
sommeil. C'est une gêne de la respiration parfois très-pé-
nible et variable selon les individus. La preuve que ce
signe est le résultat d'un effort, on peut la trouver sur

soi-même si l'on est fortement préoccupé à considérer, par exemple, un objet dont on a de la peine à connaître la nature ou les formes. On s'aperçoit bientôt que la respiration devient plus pénible et que son rhythme change. Si un simple effort d'attention modifie l'acte respiratoire de l'homme éveillé, à plus forte raison doit-on être porté à croire que c'est un semblable effort qui, longtemps continué, amène la même modification mais plus intense, dans les fonctions des organes pulmonaires de ceux que l'on endort, et c'est plus qu'une présomption que les autres phénomènes insolites, qui accompagnent souvent le précédent, sont dus à la même cause ; plus d'impression-nabilité chez le sujet et, par suite, un déplacement plus énergique de l'attention, voilà, à mon avis, le pourquoi ces autres phénomènes se surajoutent, parfois, à la gêne de respirer toujours si fréquente pendant la formation du sommeil. De ce que cette force s'accumule avec trop de brusquerie sur le sens qui est en observation ou sur une idée mémorielle, il résulte donc que des fonctions sont troublées, les unes ne sont plus assez excitées, elles souffrent d'être privées de leur stimulant, les autres sont trop excitées, elles souffrent d'en être surchargées.

Il est possible d'approfondir davantage la cause des si-gnes hétérogènes de la formation du sommeil artificiel. Aussi, un coup d'œil rétrospectif sur chacun d'eux est le complément obligé de ce qui précède.

La dilatation physiologique des pupilles est attribuée au manque d'excitation des nerfs optiques par la lumière qui a la propriété d'appeler habituellement l'attention sur ces nerfs. Dans l'état de somnambulisme, lorsque cette force, même pendant le jour, se porte loin des or-ganes de la vue et qu'elle s'y accumule, il arrive en même temps, que la vision ne se fait plus, que l'iris de chacun des yeux devient relâché. Ces deux derniers phé-

nomènes sont relatifs, l'un est· la conséquence de l'autre ;
c'est parce que les nerfs optiques , privés d'attention , n'a-
gissent plus par action réflexe sur les nerfs moteurs oculaires communs distribués aux muscles iriens , que les
pupilles restent dilatées. Mais avant que d'en arriver à sa
dilatation absolue, comme dans le sommeil, l'iris de celui
que l'on endort passe déjà par un état intermédiaire de
resserrement et de dilatation, et ce balancement transitoire n'a lieu, d'un côté, vers le rétrécissement de la pupille, que par l'excitation de la lumière qui appelle encore
l'attention sur le nerf optique et il ne se fait dans le sens
opposé que parce que cette force tend à abandonner définitivement les nerfs de la vue. Ces alternatives sont l'expression d'une lutte qui finit à l'avantage de la retraite de
l'attention.

La sécrétion des larmes, le clignement exagéré des
paupières sont des effets d'une excitation primitive qui
s'efface bientôt et qui a son point de départ à la surface
des conjonctives. Plus les larmes abondent, plus aussi est
fréquent l'abaissement des paupières , ce résultat réflexe
du nerf trijumeau au nerf moteur des voiles palpébraux,
le facial.

La pesanteur de tête , les tintements d'oreille, les fourmillements, le sentiment de fatigue dans les membres
tiennent véritablement à un contre-coup subi par l'attention qui abandonne trop vite les organes où ces symptômes se font sentir.

La cyanose, le pouls anormal et les battements de cœur
sont une preuve qu'en affluant sur une idée, l'attention
conscuente entraîne l'inconsciente et lui fait quitter, plus
ou moins, le système circulatoire. Il en est de même du
tremblement toujours causé par le refroidissement du
corps ; il nait surtout au réveil avec le retour de la sensibilité tactile.

Mais les secousses nerveuses, les contractures doivent être des effets réflexes de sensations profondes, inconscientes et permises chez ceux qui s'endorment, par suite du manque d'excitation régularitrice dont l'attention diminuée prive la moelle.

Enfin, les mouvements automatiques, j'en ai observé une seule fois, m'ont paru être l'expression extérieure d'un rêve en action.

Des considérations sur les causes et les signes du développement du sommeil dont il est parlé dans ce chapitre, il résulte, d'abord, que le retrait de l'attention des parties du corps où elle était répandue et son accumulation vers le cerveau, à l'aide d'une idée mémorielle, est le caractère principal de la formation de cet état de l'organisme. Il résulte, ensuite, que la distinction du sommeil en ordinaire et en artificiel est sans fondement. Que l'entrée dans la période de repos ait lieu, naturellement ou d'après des procédés raisonnés, on y retrouve, dans l'un et l'autre cas, les mêmes phénomènes se succédant dans le même ordre. Et si, après l'emploi des moyens artificiels, il se présente d'autres phénomènes ayant des caractères différents de ceux qui sont communs, ils sont accidentels et le produit d'un déplacement trop énergique de l'attention. En principe, quelles que soient toutes les modifications organiques du sommeil naissant, elles sont l'effet direct ou indirect d'un mouvement de l'attention sur une idée, c'est-à-dire, d'une action de la pensée. Cette vérité à peine établie ressortira surtout des études auxquelles nous allons nous livrer.

CHAPITRE II.

DU SOMMEIL EN GÉNÉRAL.

Par son afflux sur une idée mémorielle, et c'est d'ordinaire celle de reposer, parce qu'elle découle naturellement d'un sentiment de fatigue, l'attention s'accumulant et devenant de plus en plus inerte, il s'ensuit une diminution plus ou moins marquée des sensations, un arrêt ou un ralentissement du mouvement de la pensée et l'abolition souvent complète des mouvements musculaires, c'est-à-dire, le sommeil. Mais cet état ne se présente pas toujours sous le même aspect, ce que l'on observe, lorsque l'on jette un coup d'œil sur les dormeurs, qu'ils se soient endormis par les procédés artificiels ou d'eux-mêmes.

Ainsi, parmi les sujets que l'on a voulu endormir, il en est qui ne tombent que dans un sommeil sans profondeur. Ils sont encore sensibles et sortent de leur état au moindre bruit ; en s'éveillant, il leur reste le souvenir d'avoir rêvé. On en trouve d'autres arrivant seulement dans un engourdissement très-curieux et désigné sous le nom de charme : ceux-ci pensent encore activement et ont une conscience assez nette du monde extérieur ; mais si on leur affirme, par exemple, l'impossiblité de parler, de faire certains mouvements, voire même de sentir, ou bien, si on leur suggère l'idée d'actes absurdes, leur attention déjà sans ressort s'immobilise complétement sur les idées imposées, leur esprit les adopte et l'organisme obéit ; ce sont de véritables automates placés sur les limites de la veille et du sommeil. Cette disposition à recevoir l'affirmation, ils ne l'ont pas seuls, ils la partagent avec des dormeurs ordinaires de l'attention desquels on a su s'emparer sans les éveiller et, à plus forte raison, la partagent-ils encore avec les somnambules artificiels, dormeurs plus profonds qui, avant que l'on ne leur suggère des rêves en action, ont les sens éteints, la pensée immobile, les muscles détendus et ne sont en rapport d'idée qu'avec celui qui les a endormis. C'est chez ces derniers, lorsqu'on les réveille, que l'on trouve un signe important qui différentie leur état des états précédents, je veux parler de l'absence de souvenir au sortir du sommeil. Il n'y a plus alors, comme avant, de liaison psychique, mais une solution de continuité brusque du repos à la veille. En ce caractère tranché réside la différence entre l'une et l'autre forme du sommeil. Une chose remarquable, c'est que le dormeur profond présente successivement les deux sortes de sommeil ; si on ne le tire pas du somnambulisme, il passe peu à peu dans un sommeil moins lourd : la concentration de sa pensée diminuant, il en résulte une plus grande mobilité de l'attention, les sensations deviennent de moins en moins obtuses, les idées plus conscientes et il finit par s'éveiller avec le souvenir des rêves les plus rapprochés de son réveil. Même parmi ceux qui ne reposent que légèrement, on constate le passage graduel d'une certaine concentration de l'esprit et de l'obtusion des sens à plus de mobilité de la pensée et à une sensibilité plus grande. Ainsi qu'on vient de le voir, le sommeil artificiel apparaît donc sous deux formes : ou il les présente successivement, ou il les présente séparées ; après l'une, il y a absence de souvenir au réveil, le sommeil est profond ; après l'autre, la mémoire des rêves est conservée, le sommeil est léger.

Eh bien ! ce que l'on constate sur les dormeurs artificiels, on le retrouve identiquement sur les dormeurs ordinaires. Chez ces derniers, on rencontre une foule de degrés dans le sommeil, mais ils se rattachent toujours aux deux types principaux que je sors de signaler. Le sommeil léger, avec conservation du souvenir des rêves, est le plus commun et celui qui offre le plus de différence dans ses modes de manifestation ; il varie selon les âges, le sexe, le tempérament et sur le même individu, selon le degré de fatigue, la température, les habitudes, etc. C'est cette forme que les psychologistes ont surtout étudiée, ignorants qu'ils étaient du sommeil profond connu des magnétistes, lequel se révèle pourtant sur un grand nombre de dormeurs ordinaires. En effet, il y en a parmi eux qui, après s'être endormis, sont tellement isolés du monde extérieur, qu'afin de les réveiller, il faut les torturer, pour ainsi dire, et qui, une fois revenus à eux-mêmes, ne se rappellent ni d'avoir rêvé ni de ce qu'on leur a fait. Il en est d'autres, isolés semblablement, qui ne présentent plus une aussi parfaite immobilité de corps et qui mettent leur voix au service de pensées ou mieux de rêveries habituellement assez raisonnables. Si on les éveille, ils ne se souviennent aussi de rien. Évidemment, les dormeurs de cette catégorie doivent encore être rangés au nombre de ceux qui reposent d'un sommeil profond. Sans parler des somnambules essentiels, les seuls dont on se soit occupé et qui sont les types des dormeurs du même genre, on peut en découvrir d'autres, qui paraissant ne pas être endormis profondément, le sont en réalité. Comme il y a un sens, le tact, qui ne s'éteint jamais complétement, il est possible, en suivant le procédé employé par M. Noizet (1), de se mettre en rapport à l'aide du toucher, avec quelques personnes endormies. Il suffit, au début du sommeil, pour en obtenir des réponses, de leur appli-

(1) Voyez Mémoire sur le somnambulisme, p. 193. Paris, Plon frères, 1854.

quer la main , pendant 2 à 3 minutes , sur le front ou sur une autre partie très-sensible du corps ; au réveil, ils ont tout oublié. Voïci ce qui se passe. Le tact étant le sens qui s'amortit le dernier, il se produit un appel d'attention vers la partie du corps que l'on touche et qui est stimulée, la sensation éprouvée amène une élaboration de pensées, l'ouïe est sympathiquement excitée et , à la suggestion de parler, la personne endormie entre en conversation. Tous ces dormeurs à sommeil profond, qu'ils traduisent ou non leur pensée par la parole ou l'action, n'en gardent aucun souvenir , si on les éveille alors ; mais si on les abandonne à eux-mêmes pour qu'ils puissent naturellement sortir de l'état où ils se trouvent, ils passent, par degrés, vers la forme de plus en plus légère du sommeil , et , au réveil, ils se rappellent seulement des rêves qu'ils viennent de faire dans cette dernière période du repos.

D'après ce coup d'œil jeté au vol sur le sommeil, il ressort que, de quelque manière qu'il naisse, il se présente sous deux aspects : ou il est profond, ou il est léger. Profond, il se manifeste de deux façons : par suite de l'arrêt ou du ralentissement de l'attention sur les idées, il y a abolition des fonctions des sens et du système locomoteur ; ou bien, la pensée, entrant en mouvement avec l'énergie proportionnelle à sa concentration, certains sens et certaines parties du système musculaire se mettent à son service , et il en résulte le rêve en action si étrange connu sous le nom de somnambulisme. Dans l'un et l'autre cas, il y a perte des souvenirs au réveil. Quand, au contraire, le sommeil est léger, les sens ne sont pas fermés, ils ne sont qu'affaiblis et les muscles qu'appesantis. C'est qu'aussi, dans cette forme, l'attention peu accumulée au cerveau est encore stimulée par les sensations et, consécutivement, la pensée ralentie est moins concentrée que dans la forme précédente, et elle a, de plus, moins d'effet sur l'organisme ; les rêves ne s'y traduisent jamais par des mouvements réguliers, parce que les idées sont moins nettes, moins bien formulées et exprimées avec moins d'énergie. Ce sommeil laisse toujours dans la mémoire le souvenir des rêves que l'on a faits, principalement de ceux qui devancent le réveil.

Les psychologistes ont bien entrevu les deux phases sucessives du sommeil ; ils ont écrit que, dans la première, les sensations, le mouvement de la pensée et les contractions des muscles leur paraissaient ralentis ou suspendus et que, dans la seconde, la conscience des perceptions et des idées associées était moins effacée et qu'ensuite il y avait un retour progressif vers la vie active ; mais ils n'ont jamais soupçonné le signe de distinction et de séparation de ces deux formes, l'oubli au réveil, ni reconnu que leur cause première, c'est l'attention accumulée, inerte sur une idée ou se mouvant sur une série d'idées, en d'autres termes, ils n'ont pas reconnu que leur point de départ, c'est la pensée en arrêt ou ralentie, capable de recevoir une impulsion ou de s'ébranler parfois avec une grande énergie.

Comme conclusion des considérations générales qui précèdent, je suis donc conduit à diviser en deux parties ce que j'ai à dire sur le sommeil. Suivant la marche naturelle des choses, dans la première, je devrais parler du sommeil profond qui, lorsqu'il existe, est consécutif aux signes avant-coureurs de l'état de repos, et, dans la seconde, je devrais aborder le sommeil léger ; mais, ne m'occupant de ce dernier que d'une manière secondaire, j'ai interverti cet ordre pour plus de clarté.

CHAPITRE III.

Le caractère principal du sommeil léger est que, n'importe à quel moment de son cours l'on s'éveille, on se rappelle toujours d'avoir rêvé.

Pendant la veille, l'homme se sert de son attention alors entièrement à sa disposition, pour recueillir des idées à l'aide des sens, pour les solliciter à son gré dans la mémoire, pour les confronter avec ordre et en faire les matériaux de raisonnements au service desquels, toujours grâce à la même force, il rattache des mouvements et des actes. Il n'en est plus ainsi dans le sommeil léger. Dès qu'il a eu concentré son attention sur l'idée de dormir, il a perdu la plus grande partie de son initiative, il ne peut plus diriger avec facilité cette force là où il la transportait aisément. Cette impossibilité de faire des efforts volontaires, l'homme qui dort la partage surtout avec ceux qui sont atteints de folie, c'est que, ainsi que nous le verrons, cette maladie et le sommeil sont des états analogues, seulement, le premier est morbide et le second physiologique. La folie due à des causes psychiques ne vient-elle pas, de même que le sommeil, à la suite d'une longue contention d'esprit, surtout si cette application mentale est accompagnée d'émotions et de passions vives? Les hallucinations, ces symptômes étranges de la folie, ne sont-elles pas favorisées, comme le sommeil encore, par les ténèbres, le silence et de plus par un isolement continu, tel que la solitude dans les prisons, le·désert et les cloîtres? Nous avons été à même d'observer un homme sujet à des hallucinations de l'ouïe, chez lequel ces sensations centrifuges naissaient dès qu'il regardait un objet avec attention, c'est-à-dire, dès que par ses autres sens, il s'isolait du monde extérieur. Voulait-il s'endormir, ou ce qui équivaut au même, s'isoler, ses hallucinations se présentaient plus intenses et plus nombreuses à son esprit et se mêlaient à des rêveries qui transformaient son sommeil en un véritable rêve actif ; la nuit était pour lui pire que la veille. Puisque, pour s'endormir, cet homme éprouvait les mêmes phénomènes que pour s'appliquer à observer un objet, c'est bien là une indication que le sommeil est véritablement l'effet d'une concentration de la pensée. Évidemment dans ce fait psychologique, ce qui doit arriver dans la formation de l'aliénation mentale et du sommeil, l'attention se dédoublait, une partie s'accumulait et s'immobilisait sur le sens occupé aux perceptions, tandis que l'autre partie continuait à rester active, mais son action était nécessairement faussée par suite de son amoindrissement. Diminuée dans sa quantité, la portion de cette force encore libre, avait perdu la propriété de réagir, d'être la maîtresse des sensations, de conduire la pensée, elle était à la remorque du jeu de l'association des idées et des sensations remémorées. De même que dans ce cas, tout sommeil ne commence-t-il pas par une cessation de l'activité de la pensée ? On s'abandonne au repos comme on se laisse aller à la rêverie. A mesure que, par suite de l'arrêt de l'attention sur une idée, les sens cessent de fonctionner, les muscles d'agir et les idées d'être suscitées volontairement, des conceptions prennent naissance et se présentent à l'esprit tumultueusement et sans ordre, même lorsque la sensibilité n'est qu'émoussée et que l'on a encore une conscience presque entière de soi. Ce dédoublement de l'attention avec cumul et arrêt d'une partie de cette force d'un côté, et avec liberté amoindrie de la seconde partie de cette même force, de l'autre, car il est impossible au dormeur d'être alors le maître de la gouverner, ce dédoublement que l'on voit poindre dans le sommeil naissant, on le retrouve dans le charme, espèce de sommeil déterminé par l'application de l'attention sur un objet de la vision. Cet état n'est pas encore tout à fait le sommeil léger, puisque la personne influencée conserve une conscience assez nette du monde extérieur et d'elle-même et qu'il lui est toujours possible de réfléchir, ce n'est déjà plus la veille, du moment qu'après une affirmation reçue, elle est tombée dans l'impossibilité de pouvoir faire un effort de volonté pour contrôler ce qu'on lui affirme; mais c'est, pour mieux dire, le sommeil à sa plus faible expression. Cette incapacité de réagir par la pensée est bien la preuve que dans le charme, il y a de l'attention en arrêt. Nécessairement, d'une part, une minime partie de l'attention est immobilisée sur une idée, tandis que, de l'autre, la plus grande partie en est demeurée libre et n'a pas quitté son domaine habituel de la veille ; ici encore, cette force est donc divisée, on peut dire qu'elle est distribuée à deux pôles opposés, vers l'un, la première portion est devenue passive; vers l'autre, la seconde portion est restée active. Maintenant, on devine qu'à mesure qu'elle se porte de plus en plus vers le pôle où elle s'immobilise, c'est aux dépens de celui où elle est libre, le sommeil, d'apparent à peine, devient alors de moins en moins léger et, finalement, le repos le plus profond doit être celui où il y a le plus d'attention en arrêt. De là il suit que dans le sommeil léger qui nous occupe spécialement et qui n'est qu'un degré plus avancé du charme, l'attention libre, plus diminuée encore, doit avoir une moindre mobilité et, partant, une plus faible activité que dans ce dernier état. En effet, ce qu'il en reste fluctue encore des sens au cerveau, mais avec moins d'énergie, et aussi, en même temps que les perceptions sont plus obtuses, le travail intellectuel est moins suivi, le rêve se développe. Cette élaboration pénible et incomplète de la pensée, le rêve, quoique nous en soyons les auteurs, nous n'en sommes pas les maitres, nous n'avons plus alors, faute de force nerveuse suffisante, la possibilité de mettre à volonté et d'une manière raisonnable, les sens, la mémoire et l'organisme au service de la pensée, comme lorsque nous sommes éveillés. En s'arrêtant sur une idée, l'attention qui, de ce côté, s'est accumulée et immobilisée, a perdu par là, de l'autre, sa liberté d'action sur les sens et le cerveau, et l'homme celle de faire acte de volonté pour diriger cette force à sa guise. De cette force dépendent, non-seulement les sensations, les idées, la remémoration, l'intelligence et les fonctions organiques, mais surtout la puissance de vouloir : elle est réellement le moteur unique et commun de tout ce qui se passe dans l'être humain ; cesse-t-elle d'être une et libre, est-elle dissociée, les facultés s'affaiblissent ou s'anéantissent et les fonctions même se pervertissent.

Plus le repos est léger, plus est mobile l'attention encore peu diminuée à son pôle actif, et plus aussi les sens et le cerveau gardent une activité qui se rapproche de celle de la veille. Plus au contraire cet état devient profond, et c'est quand l'attention est immobilisée en grande quantité sur une idée ou fortement accumulée à son pôle passif, moins les sens et le cerveau fonctionnent avec énergie, à moins, comme nous le verrons plus loin, que le mouvement de la pensée n'ait été stimulé. En règle générale, les errements psychiques sont d'autant plus nombreux dans le sommeil que son degré est faible ou qu'il y a peu d'attention en arrêt. Lors donc que cet état est léger, les sens peuvent apporter chacun leur contingent de sensations et la mémoire toute sorte d'idées à la formation ou au développement des rêves : en ce cas, l'esprit, ayant à sa disposition beaucoup de force nerveuse libre, remue un grand nombre de matériaux et s'abandonne nécessairement à des divagations très-étendues. Mais lorsque le sommeil est plus marqué, l'attention libre étant moins abondante et moins puissante, et c'est en raison inverse de l'accumulation d'une partie d'elle-même sur l'idée fixe de reposer, les sens et la mémoire sont plus engourdis et ils offrent en pâture à la pensée des éléments moins nombreux, de là des rêves soumis à moins d'écartement, alors les sensations des organes les plus excitables et qui, partant, s'éteignent les derniers, puis les idées les plus fraîches dans la mémoire fournissent principalement le plus fort contingent à leur construction. Et en effet, l'expérience a démontré que le tact et l'ouïe apportent, en ce cas, proportionnément plus à la pensée des dormeurs que les autres sens qui s'amortissent plutôt, et que les rêveurs vont, de préférence, puiser dans leurs souvenirs récents la trame de leurs créations idéales. Cela est compréhensible ; ce n'est qu'avec ce qu'elle a encore de pouvoir et de liberté que l'attention, à demi-paralysée, sert à percevoir sciemment et à élaborer des idées, et, alors, elle ne peut plus agir que sur les organes de perceptions les plus délicats ou les souvenirs les moins effacés. En thèse générale, quel que soit le degré du sommeil qui nous occupe, cette force est tellement affaiblie dans son ressort propre, que le dormeur est incapable, avec ce qui lui en reste de libre, de mettre un seul mouvement à l'appui de ses rêveries, et, en outre, dans le degré le plus léger, ses rêves étant formés d'éléments puisés à toutes les sources, présentent autrement de diffusion et de variété que lorsque la plupart de ces sources sont taries, ce qui arrive quand cet état est plus concentré.

Maintenant que nous savons que, dans le sommeil léger,

le dormeur dont l'attention libre, par cela qu'elle est
diminuée, est devenue moins mobile et moins énergique,
qu'il n'a plus conséquemment à son service que des sens
affaiblis ou rudimentaires et une mémoire infidèle, et
qu'il lui est impossible de gouverner ces organes et cette
faculté, il n'est plus difficile de se rendre compte de ce
que sont les rêves les plus communs. Sensations diverses
et incomplètes, et, par suite, idées vagues, étranges,
exagérées ; souvenirs venant s'agencer sans ordre, avec
incohérence ; tendance à accepter comme vrai ce qui se
présente à l'esprit, en vertu d'une prédisposition native à
croire à ses sens, à ses souvenirs, à soi-même, ce qui
est l'effet d'un besoin instinctif de conservation ; impossibilité de faire effort pour susciter des sensations vraies,
rappeler des images ou des idées nettes ; impuissance de
comparer ces idées, d'en tirer des jugements, d'en rejeter ce qui est absurde, telles sont les bases des rêves ordinaires. C'est donc dans les sensations affaiblies et les
idées mémorielles sans éclat que l'on va puiser en rêvant.
Il est facile de comprendre maintenant pourquoi une sensation obscure dégénère alors en illusion dans l'esprit,
pourquoi une idée s'y convertit en hallucination décolorée, pourquoi l'on ne distingue plus la sensation faussée
de la sensation vraie, l'objet fictif de l'objet réel, pourquoi l'on s'objective ses fictions, pourquoi le moi s'efface,
pourquoi les sentiments moraux et affectifs sont changés,
pourquoi l'on n'a plus qu'une notion vague de la durée, etc. C'est que l'on ne peut, d'aucune manière, empêcher l'attention encore libre, tant la volonté est déjà
affaiblie, inerte, on ne peut l'empêcher d'être à la remorque de ce qui se présente à son action, à commencer par
les sensations vagues qu'elle transforme en idée, pour
finir par les souvenirs de toutes sortes qui se rattachent
entre eux ou aux sensations, par l'intermédiaire de la

loi de l'association des idées. La preuve évidente de la fauss015é et de la pauvreté des conceptions ordinaires du sommeil léger, on la trouve , au réveil, par la comparaison que l'on fait de ce que l'on est avec ce que l'on sort d'être.

Dans ce sommeil au degré le plus élevé, c'est-à-dire, au degré où il y a le plus d'attention immobilisée, il naît une autre espèce de rêve digne d'attirer notre examen, en ce sens qu'il se file tout au contraire avec de l'attention accumulée au cerveau et mise en mouvement, ce qui établit un point de rapport entre lui et le somnambulisme sur les limites duquel il. est et dont il ne diffère, que parce quil reste dans la mémoire après le réveil ; la nature ne fait pas de saut. Aussi, à cause de cette ressemblance, nous nous étendrons un peu à ce sujet, ce sera une préparation à ce que nous émettrons plus loin. Ce rêve marque d'ordinaire le commencement du sommeil léger, moment où dans cet état, il y a le plus d'attention accumulée sur une idée. Dès que, en affluant sur l'idée de reposer, cette force est devenue inerte à son pôle passif, il arrive parfois, avant de s'endormir ou lorsqu'on s'endort et si l'esprit a été fortement tendu, que les occupations de la pensée passent sans transition dans la période du repos, le mouvement psychique se continuant se fait alors au moyen de la plus grande partie de l'attention accumulée, mais mise sur un thème à développer; l'impulsion antérieurement imprimée à la pensée continue donc son chemin et, de plus, le travail intellectuel non troublé par les distractions des sens, s'élabore avec une sûreté de déduction qui surpasse quelquefois le travail de la veille et qui ne se remarque jamais dans les rêves les plus communs. On a observé dans ces sortes de songes, et c'est parce que l'attention employée à leur élaboration est fortement concentrée, que si l'on se remémore des idées-images, la représentation que l'on s'en fait se rapproche de la réalité à tel point, qu'en s'éveillant, on n'arrive pas à différentier ces idées-images des objets qu'elles rappellent. C'est qu'en ce moment, chez le dormeur, l'attention réagit avec d'autant plus de vigueur qu'elle est accumulée, et si la sensation centrifuge égalise la sensation centripète, c'est que cette force retrouve, au moins, la puissance qu'elle avait lors de la perception primitive de l'objet de l'idée-image. Dans le rêve en question, plus l'action nerveuse est énergique sur le centre cérébral, plus elle est affaiblie vers les sens ; elle est tellement amoindrie dans ces derniers organes, qu'elle ne peut plus guère être cause d'incohérences et de divagations aussi fréquentes que dans la plupart des rêves ordinaires. Aussi, au lieu d'être à la remorque des sens externes et internes, au lieu de flotter au hasard dans toutes les directions, de papillonner dans le champ de la mémoire, le rêveur qui a l'esprit concentré sur un sujet d'occupation de la veille poursuit son travail avec une sûreté de raisonnement qui, parfois, n'est pas indigne d'un homme éveillé. Disons-le par anticipation, de même que le somnambule artificiel qui, immobile dans sa pensée, mais ayant reçu l'impulsion de mouvoir son attention captive dans un cercle d'idées, ne peut empêcher celle-ci de s'ébranler et de broder le canevas du thème qu'on lui donne, et cela avec une logique d'autant plus serrée que sa concentration est plus grande, de même le dormeur léger, placé dans des conditions qui se rapprochent de celles du somnambule, donne des développements suivis à un rêve qui n'est qu'une continuation transmise de ses préoccupations de la veille ; chez le premier, il y a suggestion du sommeil au sommeil ; chez le second, il y a suggestion de la veille au sommeil ; voilà presque la seule différence entre les rêves de l'un et de l'autre. Il est connu depuis longtemps que si l'on s'endort dans l'idée qu'un travail parfaitement conçu se fera pendant le sommeil, il arrivera que les pensées continueront leur cour sur le même sujet et qu'au réveil, ce travail aura marché ou sera fini. Comme alors l'esprit est plus concentré, moins distrait par les sens, il fera surgir des idées, il créera, il déduira avec une sûreté d'action quelquefois supérieure à celle qu'il a dans l'état de veille. S'endort-on avec la pensée de s'éveiller à une heure fixe ? L'on compte le temps et l'on se réveille à quelques minutes près (1). S'endort-on avec celle de résoudre un problème ? En sortant du sommeil, on est étonné d'en avoir trouvé la solution. S'endort-on avec celle d'avoir l'inspiration poétique ? On trouve, au réveil, que le feu sacré s'est allumé et que l'on a été plein de verve. C'est dans des rêves semblables que Galien trouvait d'heureuses inspirations médicales, que Francklin devinait l'issue des affaires, que Burdach découvrit la loi d'alternation fonctionnelle des organes, etc. Un de nos professeurs nous recommandait de répéter nos leçons avant de nous livrer au repos, pour que nous les sussions mieux le lendemain. Plusieurs d'entre nous se trouvaient bien de cette habitude ; il s'opérait un mouvement intellectuel qui fixait la leçon apprise, avec plus de force encore, dans la mémoire. Il nous est arrivé plusieurs fois, au réveil, d'avoir des idées parraissant spontanées, qui nous éclairaient sur des faits que nous avions vus ou sur le sens de paroles que nous avions entendues. Là où nous n'avions d'abord supposé que de l'insignifiance, il nous apparaissait, le lendemain, une liaison dans les faits, une signification dans les paroles et même le son de la voix qui nous mettait sur le chemin de projets ou d'intrigues.

C'est aussi à des rêves de la sorte qu'il faut attribuer

(1) Nous connaissons particulièrement un homme veuf depuis peu, lequel s'éveille tous les jours à trois heures du matin, moment où il a perdu sa femme.

les prodiges de mémoire des dormeurs. Quand l'attention accumulée et mobilisée se replie dans le domaine des souvenirs, elle fait souvent revivre des impressions mémorielles effacées depuis longtemps et, avec d'autant plus de facilité, qu'elle ne se dirige plus vers les sens. C'est que, dans ces rêves, le champ de l'attention étant rétréci, la mémoire n'en est que plus développée : il arrive alors que l'on se trouve dans une situation analogue à celle des individus privés d'un ou plusieurs sens, lesquels portant toute leur attention sur une moindre étendue, ont une mémoire très-développée et très-fidèle. Voilà pourquoi il renaît de ces souvenirs étranges qui font croire souvent à ceux qui en sont le sujet que, dans le sommeil, ils sont doués de la faculté de divination. M. A. Maury (1) cite des faits remarquables de mémoire pendant cet état, et M. Macario (2) en relate aussi plusieurs. Nous croyons devoir en signaler un, à cause de son caractère merveilleux. Une de mes clientes m'a raconté qu'une nuit, pendant qu'elle se noyait en songe, un homme qui se trouvait là, parmi la foule, se jeta à l'eau et l'en retira. Tandis qu'elle le considérait avec gratitude, elle entendit une voix qui prononça le nom de son sauveur. Ce songe pénible restait encore dans son esprit avec ses circonstances principales, lorsque plusieurs années après, elle fut tout étonnée de voir entrer dans son café le héros de son rêve. Immédiatement, elle alla demander à ce nouveau-venu s'il ne s'appelait pas Olry, c'était le nom qu'elle avait entendu prononcer ; la réponse fut affirmative et vint encore ajouter à sa surprise. Cette femme est depuis lors demeurée convaincue avoir deviné cet homme sous l'influence d'une intelligence supérieure. Ce fait est pourtant

(1) Voy. Du Sommeil, p. 117, 1861. Paris. Didier.
(2) Voy. Du Sommeil, p. 62, 1857, Lyon et Paris, Périsse frères.

naturel. La rêveuse avait dû autrefois connaitre ce personnage, car il n'habitait qu'à 12 kilomètres de chez elle, et, dans son sommeil, elle a retrouvé son nom et le type de ses traits, choses que son attention, faute d'être accumulée, n'était plus susceptible de faire apparaitre pendant la veille.

Si les sphincters de l'anus et de la vessie restent fermés tout le temps du sommeil, si l'oiseau dort sur ses pattes, n'est-ce pas parce qu'en s'endormant, l'attention accumulée de celui qui dort s'est mise en arrêt, non-seulement sur l'idée de dormir, mais aussi sur les idées de contracter les muscles qui président aux actes de la défécation, de l'émission des urines et de la station debout, de la même façon qu'elle se met en mouvement sur celles de la trame d'un songe, par une espèce de transition raisonnée et se continuant par suggestion de la veille au sommeil ?

Il y a donc une seconde espèce de rêve dans le sommeil léger, rêve souvent bien suivi, ce qui est la preuve qu'il est le fruit d'une action de l'attention déjà en grande partie accumulée. Il résulte d'un mouvement de la pensée se prolongeant, sans solution de continuité, de la veille au sommeil, et il est d'autant plus raisonnable que les sens, amortis et peu excités par ce qu'il reste d'attention libre, n'apportent plus de causes de distractions à l'esprit.

La conclusion de ce qui précède, c'est que, dans le sommeil léger, une partie de l'attention, en se portant sur une idée, s'y accumule et s'y met en arrêt. Une autre partie de l'attention, et c'est la plus grande, reste libre sur les sens et sur les idées mémorielles, mais elle est d'autant plus folle, sans frein, qu'elle est affaiblie. C'est cette dernière partie qui crée la trame des rêves les plus communs. Cette force nerveuse, diminuée par le côté où elle est libre, est donc paralysée dans son mouvement, elle se porte encore aux sens amortis et dans le champ de la mémoire, mais sans efforts volontaires et d'une manière automatique, d'où il suit des rêves diffus, vagues et à éléments d'autant plus ternes et plus variés que les sources où elle puise sont plus nombreuses. Y a-t-il, au contraire, plus de cette force portée sur une idée fixe, et c'est nécessairement aux dépens de celle qui était libre et distribuée dans les sens, les rêves deviennent alors les fruits des seules sensations qui ne sont pas éteintes et des idées les plus récemment mises dans la mémoire, ils sont moins incohérents, plus suivis, puisque le champ des distractions est moins vaste. Enfin, ce que l'on remarque souvent, si une impulsion est transmise à la pensée de la veille au sommeil, il arrive qu'une grande partie de l'attention en arrêt sur une idée se mobilise et est entraînée à la continuation du mouvement psychique ; le dormeur, moins distrait par les sens, suscite des souvenirs même effacés depuis longtemps et coordonne des opérations intellectuelles quelquefois supérieures à celles de la veille.

CHAPITRE IV.

Le sommeil profond formant la partie essentielle et fondamentale de ce travail, nous sommes obligé, à cause de l'étendue du sujet et pour plus de clarté, de diviser par paragraphes ce que nous avons à en dire.

I.

Isolement. — Rapport. — Catalepsie. — Inactivité de la pensée. — Immobilité du corps. — Sédation générale du système nerveux.

Par l'application continue de l'attention sur une idée, une partie de cette force quitte les sens pour s'accumuler au cerveau, et la partie restée libre devient inerte en proportion de sa diminution, aussi s'ensuit-il que, non-seulement les sens, mais la pensée perd de son activité et que les muscles, ne recevant plus d'ordres bien formulés, tombent dans une résolution complète. Le sommeil profond prend naissance, quand il ne reste plus assez d'attention libre dans le domaine des idées et des sens, pour que la pensée du sommeil puisse être rendue consciente après réveil.

Le signe qui frappe tout d'abord l'observateur dans l'examen qu'il fait du genre de sommeil dont il s'agit, c'est l'abolition en apparence souvent complète des sensations. On a fait un grand nombre d'expériences pour s'assurer jusques à quel point les sens sont fermés ; on a tiré des coups de pistolet derrière les oreilles, fait respirer des gaz irritants ou fétides, piqué, brûlé la peau dans les endroits les plus délicats, mis des flambeaux brillants devant les yeux, etc. , et tous les expérimentateurs sont demeurés d'accord pour affirmer que beaucoup de dormeurs profonds, ayant essuyé ces épreuves, y sont restés insensibles. Pour notre part, nous avons répété plusieurs de ces expériences, et excepté pour le tact, nous n'avons pas rencontré de somnambule qui ait trahi par le geste ou autrement la plus minime impression. C'est bien là une preuve convaincante que, dans ce sommeil, il ne reste plus guère d'attention libre vers les sens et qu'elle s'est immobilisée en grande partie au cerveau. Quant à ceux de nos somnambules qui ont donné plus ou moins de signes de sensibilité cutanée, ils nous ont paru être rapprochés de l'état des dormeurs ordinaires avec lesquels ils présentaient ces signes positifs communs. En règle générale, on peut donc affirmer que, dans le sommeil profond, l'attention paraît cesser tout à fait de se porter au sens pour y recevoir les impressions des objets extérieurs.

Nous l'avons remarqué, en laissant, dans les premières séances, un dormeur profond sans lui adresser la parole, il demeure immobile très-longtemps, il se montre incapable, nous ne dirons pas de penser, mais d'agir par lui-même. Cependant, il faut l'avouer, il peut montrer, spontanément et par exception, de l'activité comme pendant la veille, puisque les dormeurs naturellement somnambules en présentent.

Il est aussi d'observation, que presque toujours les somnambules artificiels sont en relation par les sens avec les endormeurs, mais rien qu'avec eux. Il ne nous est arrivé qu'une seule fois de rencontrer un dormeur de ce genre qui ne se mit pas en rapport avec nous, et ce fut seulement dans son premier sommeil. On en voit qui restent dans une impassibilité complète ; mais, à force d'être suscités par le toucher et la voix, ils se mettent à répondre, d'abord en faisant des signes et, enfin, verbalement. Com-

ment expliquer que si l'endormeur parle à ses somnambules, ils entendent sa voix , s'il les touche , ils le sentent, et
s'il leur ouvre les yeux , ils le voyent? Cette particularité
mérite qu'on s'y arrête. Il faut le dire , c'est qu'il est presque impossible à une personne qui , s'abandonnant entre
les mains d'un endormeur , l'ayant devant les yeux, le
touchant, entendant sa voix et se soumettant à ses désirs,
il est presque impossible , qu'arrivée dans le sommeil,
elle ne continue à porter toujours de même son attention
sur celui qui dirige sa pensée, et qu'elle ne soit avec lui
dans le même rapport d'esprit qu'avant son entrée dans
cet état. Nous avons pu , par une expérience , rendre palpable cette continuation du rapport entre l'endormeur et
son sujet. Pendant que nous étions en conversation avec
une femme très-nerveuse , nous songeâmes à lui affirmer
l'un après l'autre les caractères principaux du sommeil.
Il arriva que chacune de nos affirmations réagissant sur
l'esprit de cette femme , elles concoururent au but que
nous nous proposions , les unes, en appelant son attention
sur l'idée de dormir, et les autres, en éloignant cette force
de ses sens. Nous parlions encore et elle continuait à répondre à nos questions qu'elle était déjà devenue isolée de
deux témoins de notre expérience ; elle dormait. Il n'y
eut pas , d'elle à nous, de transition entre la conversation
commencée pendant la veille et la même conversation
prolongée dans son sommeil. Cette expérience que nous
répétâmes une seconde fois avec semblable résultat, permet de mettre le doigt sur la manière dont le rapport
s'établit et se conserve entre l'endormeur et son sujet : ce
dernier garde dans son esprit l'idée de celui qui l'endort
et met son attention accumulée et ses sens au service de
cette idée, et cela , sans aucune transition de la veille au
sommeil, comme le dormeur ordinaire poursuit un travail
intellectuel commencé avant de s'endormir, comme il

continue à compter les heures pour s'éveiller à l'heure qu'il s'est fixée d'avance, comme il persiste à contracter les sphincters de l'anus et de la vessie, et comme l'on dort enfin à cheval ou en marchant.

Cette opinion que le sujet somnambule reste en rapport avec l'endormeur, parce qu'il s'est endormi en pensant à lui, a été exprimée pour la première fois par M. Noizet (1). En 1823, A. Bertrand (2) formula d'une manière plus nette l'idée que la continuation du rapport est due à ce que le somnambule entre dans le sommeil en pensant à son endormeur. « Le malade soumis à l'opération magnétique, écrit cet auteur, s'endort en pensant à son magnétiseur, et c'est parce qu'il ne pense qu'à lui en s'endormant, qu'il n'entend que lui dans son somnambulisme. » Dans le sens où nous l'invoquons, il n'y a qu'à approuver cette manière de voir. Nous ne pouvons résister à citer encore A. Bertrand, quand, à la suite de l'explication précédente, il ajoute (3) : « Ce que l'on observe sous ce rapport chez les somnambules, ne diffère pas de ce qui arrive tous les jours dans le sommeil ordinaire. Une mère qui s'endort auprès du berceau de son fils, même pendant son sommeil, ne cesse pas de veiller sur lui ; mais elle ne veille que pour lui ; et insensible à des sons beaucoup plus forts, elle entend le moindre cri qui sort de la bouche de son enfant. » Ce fait corrobore évidemment aussi la théorie de la formation du rapport qui continue à exister entre le somnambule et son endormeur.

N'est-ce pas ainsi que l'on peut expliquer le somnambulisme essentiel ? Si les sens, si un travail intellectuel prolongent leur action de la veille au sommeil, si les

(1) Voy. Mémoire sur le somnambulisme, p. 101.
(2) Voy. Traité du somnambulisme, p. 241. Paris, Dentu.
(3) Voy. Traité du somnambulisme, p. 242, note.

4

mouvements du corps peuvent même alors continuer de se mettre au service de la pensée, le somnambulisme essentiel n'est-il pas la prolongation et l'exécution suggestives d'un thème de l'esprit commencé avant de s'endormir, thème dans lequel sens et muscles viennent se mettre aux ordres des idées ?

De même que des dormeurs ordinaires et, plus rarement, des somnambules essentiels gardent quelques-uns de leurs rapports de la veille dans la période du sommeil, de même, parfois, les somnambules artificiels gardent ceux qu'ils avaient avec les personnes et les choses qui se trouvaient autour d'eux. On a remarqué que des sujets, plusieurs fois endormis en présence des mêmes personnes, arrivent à se mettre en communication avec elles par un effort de volonté exprimé avant le sommeil ; s'ils conservent donc dans cet état leurs relations extérieures, c'est à l'aide de l'idée bien arrêtée d'avance de ne pas les perdre. Mais le plus souvent, l'endormeur seul aide les somnambules à se mettre en rapport avec ce qui les entoure : pour y arriver, il n'a besoin que de leur en suggérer la pensée avant ou pendant le sommeil. Cette manière d'étendre par affirmation le champ de l'activité des dormeurs a été désignée sous le nom de suggestion par le physiologiste anglais Carpenter. Quelque rudimentaire qu'il paraisse de prime abord, ce procédé est le germe d'un appel de l'attention pour réveiller les fonctions de l'esprit et il est, ensuite, le point de départ de l'action de ces fonctions sur le corps dans une étendue presque illimitée. Par suggestion, l'on peut élargir le cercle des rapports des somnambules même au-delà de ses bornes de la veille, comme, à l'inverse, on peut le rétrécir de façon à mettre ces dormeurs dans l'isolement le plus complet. C'est surtout quand, par cette méthode, on fait réagir la pensée sur l'organisme à l'aide de l'attention accumulée dans le sommeil profond, que l'on amène la production de phénomènes physiologiques remarquables et à peine encore soupçonnés.

Un fait curieux, c'est que le somnambule en communication avec son endormeur, ne paraît pas entendre celui-ci lorsqu'il s'adresse à une autre personne, lorsqu'il fait du bruit, etc., d'où nous concluons qu'il ne doit non plus le voir, s'il a les yeux ouverts ; il n'a d'ouïe que quand il en est interpellé ou qu'il en reçoit directement la parole. Que l'endormeur parle même de choses qui intéressent son somnambule, qu'il fasse devant lui et sur son compte des récits scandaleux ou qu'il communique des nouvelles qui puissent l'affecter douloureusement, tant qu'il ne lui parle pas, ce dernier reste impassible comme une statue et semble étranger à tous les sujets de conversation. Cette singulière particularité ne paraît plus étrange dès que l'on s'en rend compte. Pendant la veille, on la rencontre dans quelques rares circonstances, elle étonne moins, parce qu'elle est moins saillante ; alors on l'explique par un appel passager de l'attention qui, après avoir été suscitée directement et détournée de son cours revient à son point antérieur de concentration dès que l'on cesse de la tenir en haleine. Les hommes éveillés qui présentent la particularité signalée plus haut chez les somnambules, sont alors dans un état analogue au sommeil ; absorbés dans leurs occupations, ils ne prêtent plus l'oreille à ce qui se dit autour d'eux qu'autant qu'on les interpelle ; mais cesse-t-on de leur parler, ils retombent dans leurs réflexions. Nous avons entendu un homme, dans un lieu public, tenir des propos contre un individu à côté duquel il se trouvait et qu'il ne reconnaissait pas, sans que celui-ci, appliqué à jouer aux cartes, se fût douté qu'il s'agissait de lui ; pendant ce temps-là, il répondit fort bien à quelqu'un qui le salua par son nom ; son attention était tellement absorbée par le jeu, qu'il était comparable au dormeur ordinaire près duquel on tient une conversation sans qu'il sans doute et qui, répondant lorsqu'on le secoue, se met ensuite à dormir de nouveau. Ici, il en est absolument de même du somnambule vis-à-vis de son endormeur, que de l'individu dont il vient d'être question et que du dormeur ordinaire, qui, n'entendant pas ceux qui parlent autour de lui, répond, cependant, lorsqu'on le secoue ; le somnambule est un homme qui dort relative-moins pour son endormeur, dont il a une idée plus ou moins vague, que pour les autres personnes présentes dont il n'a aucune idée et, s'il lui répond de temps en temps, c'est qu'il en est excité plus directement et plus vivement.

Outre le procédé par la suggestion verbale, il en est un autre pour mettre en rapport les somnambules avec les personnes qui les entourent. On prié ces dernières de toucher les dormeurs au front ou au creux de l'estomac ou, de leur donner simplement la main pendant quelques minutes; la communication s'établit, à moins que les sujets endormis ne soient dans un état d'insensibilité trop grande. Ainsi, lorsque certains dormeurs n'ont plus conscience apparente des sons, leur toucher a encore conservé de la délicatesse, car ils finissent par s'apercevoir de ce qui leur est fait ; une sensation tactile suffit pour faire naitre dans leur esprit l'idée de la personne qui désire se mettre en rapport avec eux et pour que, si on leur adresse la parole, leur ouïe devienne sensible consécutivement et qu'ils répondent aux questions qu'on leur adresse. Cette découverte des magnétistes démontre que le tact ne s'efface pas assez dans le sommeil profond pour ne pas pouvoir être excité et que, si ce n'est d'abord que par lui que l'on peut encore communiquer avec les dormeurs som-nambules, c'est qu'il ne s'éteint pas toujours comme les autres sens au point de ne plus donner marque de sensi-

bilité. Il serait, cependant, impossible d'obtenir des réponses de ces mêmes dormeurs, si on les touchait, lorsqu'ils
sont en conversation avec celui qui les a endormis, il y a
alors un détour trop prononcé de leur attention pour que
cette force se porte encore suffisamment sur le sens du toucher. C'est par cette raison qu'il est très-rare d'obtenir
des réponses, en s'adressant de la même manière aux
somnambules essentiels ; ils sont tellement absorbés par
leurs rêves en action et, par conséquent, tellement isolés,
qu'il est extrêmement difficile d'attirer leur attention. Il
n'est guère possible d'entrer en conversation avec eux,
qu'autant qu'ils se sont endormis avec l'idée de la personne
qui veut leur parler.

Il a été beaucoup question d'un procédé indirect pour
se mettre en rapport avec les somnambules artificiels, c'est
celui de toucher seulement l'endormeur. Nous avons vu
réussir ce moyen ; mais nous pouvons assurer que chaque
fois que le rapport a été ainsi établi avec les dormeurs,
c'est que, par la manière dont on s'était comporté à leur
égard, on avait réveillé leur attention.

Sur ceux que l'on a mis dans le sommeil profond, on
observe un phénomène remarquable qui n'a pas encore
été expliqué. Si une personne, non en rapport avec un
somnambule, lui élève les bras, ils retombent à leur place
ou le long du corps, ainsi qu'un objet inerte. Au contraire,
si c'est l'endormeur qui soulève ces membres, ils conservent tour à tour les positions qu'il leur donne. Si, enfin,
lorsque ces membres sont dans une de ces extensions désignées sous le nom de catalepsie, la même personne qui
a trouvé, d'abord, les bras du somnambule détendus
cherche à les fléchir, à les élever, à les baisser ; au lieu du
relâchement antérieur, elle rencontre une résistance qu'il
lui est même difficile de vaincre, et, cesse-t-elle de faire
des efforts, les mêmes membres viennent reprendre,

comme par l'effet d'un ressort, la place dans laquelle l'endormeur les avait laissés.

Comment expliquer ces trois différents phénomènes arrivant l'un après l'autre? Le premier, le relâchement primitif des bras et leur chute dans le sens de la pesanteur, lorsque la personne qui expérimente les abandonne à eux-mêmes, ce relâchement s'explique par l'isolement complet du dormeur à son égard. Celui-ci ne sentant pas dans ce cas, ne peut pas prendre connaissance de ce qu'on lui fait; aussi, ses muscles n'obéissent à aucun ordre et ses bras retombent. Le second, la catalepsie ou l'immobilité des membres dans la position où les laisse l'endormeur, est la conséquence du rapport existant entre lui et son sujet : ce dernier, pur automate, accepte nécessairement de son endormeur toutes les idées qu'il lui impose par le toucher aussi bien que celles qu'il en reçoit, soit par le geste, soit par la parole; comme il est incapable par devers lui de passer d'une idée à une autre à cause de l'impossibilité où il est de faire un effort de volonté, son esprit s'en tient à l'idée qu'on lui suggère finalement, et, du moment que c'est celle d'avoir les bras dans l'extension, il les garde étendus. Pour les changer de place, l'endormeur est quelquefois obligé d'attendre un peu, jusques à ce que le rapport s'établisse; de plus, en les déplaçant, il sent presque toujours une légère résistance, qui tient à ce que son sujet n'aide pas au mouvement par la volonté, mais cède seulement à l'impulsion transmise. Le troisième, la rigidité des membres en catalepsie pour les personnes qui ne sont pas en rapport avec le dormeur, est due, d'abord, à ce que celui-ci a l'esprit arrêté sur l'idée de tenir ses bras dans la position qui leur a été marquée précédemment, et, ensuite, à ce qu'étant trop isolé des personnes qui le touchent, il n'en subit pas la suggestion. Et si ses membres fléchis de force reviennent à la place qu'ils occupaient comme s'ils étaient mus par un ressort, c'est que son attention est restée immobile sur l'idée de les tenir là où son endormeur le lui a suggéré préalablement; on a pu changer leur position, mais la preuve que l'on n'a nullement agi sur le cerveau, c'est qu'ils retournent d'eux-mêmes où ils étaient. La catalepsie est donc chez les somnambules la traduction en signe d'une idée imposée, c'est un résultat obligé de l'immobilité de la pensée. Cette inertie d'un membre, effet d'un arrêt de l'attention sur une idée, ne démontre-t-elle pas que l'inertie du corps dans le sommeil est l'effet d'un arrêt, ou au moins d'un fort ralentissement dans le mouvement de la pensée? Il arrive aussi qu'en multipliant les rapports d'un dormeur, on excite ses sens et l'on donne ainsi aux assistants le pouvoir de développer sur lui la catalepsie. Il faut encore conclure que si un malade la présente avec tous ceux qui le touchent, c'est qu'il est doué d'une certaine sensibilité, bien qu'il paraisse insensible, et qu'il a peut-être une conscience étendue de ce qui se passe autour de lui.

L'obtusion des organes de perception prouve que les idées n'entrent plus activement dans le cerveau des dormeurs; l'absence de mouvement est la preuve que leur esprit inerte ne transmet plus d'ordre au système musculaire; leur mise en rapport avec ceux qui les entourent démontre que, par eux-mêmes, bien qu'il y ait des exceptions, ils ne sont pas capables d'initiative pour reprendre le gouvernement de leur sens et le fil de leurs idées; la catalepsie, enfin, en outre des preuves qui précèdent, est la démonstration la plus palpable de l'immobilité de leur pensée.

Les phénomènes dont nous venons de nous occuper pourraient suffire pour étayer cette opinion, qu'au moins, dans le commencement du sommeil profond, l'esprit est dans un état d'inactivité qui paraît à peu près complet. Nous avons cherché encore à connaître si des témoignages de somnambules fortifieraient cette manière de penser. Quelque temps après les avoir mis dans le sommeil et les y avoir laissés sans les distraire, nous demandâmes à plusieurs ce à quoi ils pensaient : pas un ne nous dit qu'il rêvait ; ceux que nous avions endormis, dans le but de les guérir, nous donnèrent la réponse qu'ils ne songeaient qu'à leur guérison ; d'autres répondirent qu'ils pensaient à nous, et il y en eut qui nous assurèrent ne penser à rien. Nous finîmes par nous apercevoir que ceux qui répliquèrent de cette dernière façon étaient les plus insensibles, et, partant, les plus endormis ; évidemment, en faisant une telle réponse, ils ne croyaient pas, au moment même, songer à quelque chose, mais ils n'avaient pas moins une idée dans l'esprit ; ils pensaient à nous, puisqu'ils répliquaient à nos demandes.

Bien qu'il soit difficile d'obtenir, sur leur état, de bons renseignements des dormeurs profonds, nous croyons que les réponses que nous en obtînmes furent l'expression de la vérité, d'autant plus, que nous évitâmes de fausser la conscience de ce qu'ils éprouvaient dans leur for intérieur, en prenant la précaution, au moment où nous leur fîmes des questions, de ne pas leur suggérer d'idées autres que celles qu'ils pouvaient avoir.

Aussi, de ces expériences, il faut conclure que les dormeurs ont, pour la plupart, la conscience qu'ils pensent et que leur activité mentale, quand elle n'est pas réveillée, est à peu près nulle, ce que dénote l'absence de rêve dans leur esprit et l'immobilité de leur corps, immobilité dont l'origine remonte au moment où ils ont fixé leur attention sur l'idée de dormir. Chez quelques-uns, l'attention s'est tellement arrêtée sur une seule idée qu'elle échappe à leur conscience, ils ne peuvent l'y saisir, faute d'une autre idée comme point de comparaison, ou faute d'une solution de continuité quelconque qui la rende évidente. Ainsi, le témoignage des somnambules corrobore les données que nous avions déjà de l'inertie presque entière de l'esprit au commencement du sommeil profond, et il prouve encore que si la pensée n'est pas toujours active, si elle s'immobilise entièrement, elle ne s'éteint jamais.

Pendant le sommeil où le travail intellectuel est ralenti ou arrêté, l'attention, accumulée vers son pôle passif, ne se portant plus que faiblement vers les sens et l'appareil musculaire ne recevant plus d'ordres, bref, l'excitation par l'attention et la pensée ayant énormément diminué, ce ne sont pas seulement les fonctions de la vie de relation qui en reçoivent le contre-coup, ce sont encore les fonctions de la vie nutritive. C'est que ces deux vies sont solidaires, et que l'attention, en se concentrant consciemment au cerveau, entraîne aussi de son côté, outre celle qui est distribuée aux sens, une partie de la force de même nature répandue dans les organes soumis à l'influence du nerf grand sympathique. C'est par cette raison que dans le sommeil profond surtout, les mouvements respiratoires deviennent moins fréquents, que la circulation se ralentit et que la température du corps s'abaisse; d'où il suit, l'hématose diminuant, qu'une sensation de froid s'empare de tout le corps : cette sensation, les dormeurs l'accusent en s'éveillant, parce qu'alors, ils peuvent seulement la sentir. Nous avons vu, même au mois de juin, un de nos somnambules greloter après son réveil et courir au soleil pour se réchauffer. Il s'était évidemment refroidi dans son sommeil, car nulle autre, parmi les personnes présentes, tout en étant restée dans l'inaction, n'éprouvait semblable besoin. Cet effet de l'entraînement de l'attention inconsciente par sa congénère, met les dormeurs profonds dans un état d'amoindrissement de l'activité nerveuse, comparable à celui où sont arrivés certains malades, les hommes affaiblis, les vieillards, gens se plaignant toujours du froid. Mais ce ne sont pas seulement les phénomènes respiratoires et d'hématose qui perdent de leur énergie pendant le repos, les mouvements de déglutition cessent, les contractions péristaltiques des muscles de l'estomac et des intestins languissent, et c'est la diminution des sensations inconscientes, point de départ de ces mouvements musculaires, qui est cause de ces résultats; de plus, les sécrétions sont moins actives, les évacuations alvines sont plus rares, la digestion se fait avec plus de difficulté et de lenteur, à tel point qu'elle demande le sommeil pour combler la dépense de force nerveuse, lorsque son travail a lieu pendant la veille; somme toute, tant que dure le sommeil profond, une forte partie de l'attention étant inactive, l'organisme en entier se repose.

Il n'est pas inutile de rappeler que cette sédation générale du système nerveux a été précédée d'une perturbation causée par l'effort que le dormeur artificiel a fait pour s'endormir. Ce dérangement fonctionnel, passager, est le trait d'union entre la période d'activité et celle de repos, comme le mouvement fébril initial des pyrexies est souvent le lien entre les états de santé et de maladie. Les lois qui président à la formation de certaines affections morbides, on les devine dans un de leur mécanisme, lors de la production du sommeil artificiel. Ainsi, dans ce dernier cas, c'est l'attention qui, en s'ébranlant quelques instants avec trop d'énergie, amène une réaction transitoire entre les temps de la veille et du repos; de même, dans la formation des maladies fébriles, il n'est pas illogique et déraisonnable d'admettre que le frisson intermédiaire entre la santé et le dérangement organique est l'indice passager d'un déplacement brusque de la force nerveuse, déplacement dont, à vrai dire, il est difficile de se rendre compte, parce qu'il est inscient.

Les physiologistes se sont efforcés de trouver la cause de la sédation du système nerveux pendant l'état de repos. Au lieu d'en chercher l'explication dans une révulsion psychique, ils se sont perdus dans des hypothèses. La théorie la plus généralement admise est celle qui attribue le sommeil à une congestion sanguine passive. On a répété que, dans cet état, si les fonctions cérébrales sont rudimentaires, si le pouls et les mouvements respiratoires sont ralentis, ainsi que d'autres fonctions organiques, c'est que l'excitation, dont le cerveau est le point de départ, est diminuée par l'effet de la compression de ce centre nerveux. De ce qu'il y a une ressemblance entre l'état de l'esprit et du corps pendant le sommeil et l'état psychique et organique qui accompagne la congestion cérébrale, et pour cause, c'est que la compression du cerveau dans la congestion empêche la pensée de se manifester et l'innervation de se bien accomplir, ce n'est pas une raison pour en induire que le repos du corps est l'effet d'un afflux congestionnel vers l'organe de la pensée. Si le cerveau devait se congestionner, ce devrait être plutôt pendant la veille, lorsqu'il y a fatigue de cet organe; là où il y a appel, il y a afflux. Mais comprend-on une congestion sanguine passive au cerveau, chez des personnes qui dorment à volonté du sommeil ordinaire et s'éveillent un moment après, ou chez des personnes qu'on endort artificiellement et réveille dans un court espace de temps, sans qu'elles paraissent ensuite moins dispos? Comprend-on un afflux de sang dans la boite crânienne, naissant et disparaissant avec une pareille rapidité? Ensuite, a-t-on jamais vu dans quelle congestion cérébrale que ce fût, que ceux qui en ont été frappés fussent, après coup, devenus immédiatement plus alertes qu'auparavant, et que leurs forces fussent réparées, ainsi qu'à la suite du sommeil?

Dans ce long article, on a pu comprendre que la pensée est au sommet de toutes les manifestations du sommeil, qui y sont passées en revue. Elle est la cause de l'isolement des sens, de l'abolition des mouvements musculaires, de l'établissement des rapports du somnambule avec son endormeur ou autres personnages, de la catalepsie et de l'affaiblissement de l'innervation dans les organes soumis au nerf grand sympathique, en un mot, c'est dans l'action de la pensée, plus ou moins engourdie, que l'on trouve la clef des phénomènes du sommeil déjà examinés. L'isolement des sens, l'abolition des mouvements musculaires, l'affaiblissement de l'innervation des nerfs de la vie organique, sont dus au retrait de l'attention vers son pôle passif, la catalepsie et l'établissement des rapports des dormeurs sont dus, au contraire, au retour par suggestion de cette force nerveuse vers son pôle actif; mais, dans les uns et les autres phénomènes, c'est toujours la pensée qui est la cause déterminante, elle est le moteur premier de chacun d'eux.

II.

Abolition de l'action réflexe consciente et de fonctions végétatives liées aux sensations. — Sensations en apparence inconscientes. — Action divisée et simultanée de l'attention sur les diverses fonctions des sens et du cerveau. — Initiative des dormeurs.

Étant donné un dormeur plongé dans le sommeil profond, il arrivera, si on le pince, si on lui irrite la peau de quelque manière que ce soit, que, contrairement à ce qui se passe pendant la veille, il n'accusera, par aucune contraction musculaire, l'impression qu'on aura voulu lui faire éprouver. Il en sera de même si on lui fait passer sous le nez des gaz irritants, il ne se produira ni mouvement involontaire et ni même aucune inflammation et aucune hypersécrétion de la muqueuse. Si l'on introduit du tabac en poudre dans les fosses nasales, l'éternuement n'aura lieu qu'après le réveil. En répétant sur les organes du goût et autres sens des expériences analogues à celles qui précèdent, l'absence de marque de sensibilité est identique pour chacun d'eux. On sait jusques à quel point l'homme est sensible aux secousses électriques. Je soumis un jour une de mes somnambules au plus fort courant du petit appareil de Gaiffe ; c'était une jeune fille qui, éveillée, ne pouvait résister à un léger dégagement de fluide ; elle put tenir les poignées des fils conducteurs avec facilité et elle n'accusa qu'un peu de chaleur à la paume des mains ; sauf un mouvement de pronation des avant-bras au début, l'on aurait pu croire à l'absence de toute action réflexe. Quand on le lui suggéra, elle échappa les conducteurs aussitôt, ce que, pour le même courant, n'avaient pu faire des personnes éveillées moins nerveuses qu'elles, tant les contractions musculaires de leurs mains sur les poignées de l'appareil étaient violentes.

Ces quelques faits sont la démonstration que lorsque l'attention, abandonnant en grande partie les organes sensibles, s'est mise en retraite vers le cerveau, il en résulte que les effets réflexes sur le système musculaire, lesquels étaient amenés involontairement par une perception consciente, sont abolis ou de beaucoup diminués ; il en résulte de plus que certaines fonctions végétatives liées simpathiquement aux sensations cessent aussi de se manifester. Ainsi, quand il n'y a plus d'impressions vives sur les nerfs sensitifs, il n'y a plus ni mouvement consécutif, ni irritation, ni hypersécrétion. Ces faits permettent d'entrevoir que c'est la même cause, l'absence d'impression, qui explique pourquoi un vésicatoire est sans action sur un membre entièrement paralysé ou sur les mourants, et pourquoi encore un purgatif est sans effet sur les vieillards décrépits dont la muqueuse intestinale a perdu sa sensibilité. De cette propriété qu'ont les dormeurs d'être insensibles à l'excitation réflexe ou sympathique, il découle que, par lui-même, le sommeil répété souvent ou continué long-temps, peut être un moyen utile dans le traitement des affections où il y a hyperesthésie des sens avec contractions musculaires ou suractivité des fonctions organiques.

Si les actions réflexes sont suspendues chez les dormeurs, c'est qu'ils ne possèdent plus assez d'attention vers les sens pour que, à leur su, il s'y produise des impressions manifestes ; alors, l'excitation du cerveau reste donc, au moins en apparence, inactive dans cette direction. Les actions réflexes et conscientes d'impressions perçues à des mouvements musculaires renferment ces termes inséparables : attention, perceptions et idées-images gravées en même temps dans la mémoire, c'est-à-dire, les principes primitifs et essentiels de la pensée. Quoique l'on n'ait pas la connaissance intime des mouvements réflexes de la vie organique, ces mêmes phénomènes sont la démonstration que l'impression est à leur point de départ ; l'existence de celle-ci implique l'attention et une perception dans un centre nerveux qui ne peut être que le cerveau ; s'il y a perception, il y a idée mémorielle ; or, pourquoi, si l'on entrevoit les trois éléments de la pensée dans un acte accompli par des organes soumis à l'influence du nerf grand sympathique, pourquoi, dis-je, une action de la pensée, insciente il est vrai, ne s'élaborerait-elle pas aussi au cerveau et ne se formulerait-elle pas partout dans l'appareil de la vie nutritive ? Elle y apparaît embrassant toute l'économie à la fois et y agissant, d'une manière permanente et intelligente, non-seulement dans la régularité des contractions du cœur, des vaisseaux et des mouvements péristaltiques du tube digestif, mais encore dans l'harmonie continue des fonctions assimilatrices et désassimilatrices, et dans la conservation de l'étonnante structure du corps. Parce que l'on ignore consciemment cette pensée et les actes accomplis sous son influence, ce n'est pas une raison pour la nier, c'est un motif pour admirer la prévoyance de la nature qui fait accomplir en silence et sans participation de notre volonté, un travail intelligent où la moindre distraction serait la maladie ou la mort.

Quoique l'attention, créatrice des perceptions et condition des actions réflexes, afflue pendant le sommeil dans le foyer mémoriel et y paraisse comme immobilisée et ne veillant plus dans les sens, il ne faut cependant pas croire, parce que l'on n'éprouve plus alors de perceptions apparentes, que les organes sensibles soient tout à fait fermés. Dans l'état passif le plus profond, il y a encore toujours, à l'insu des dormeurs, des sensations qui viennent se déposer dans leur mémoire sous forme d'idées-images. J'avais l'habitude de laisser une de mes somnambules les yeux continuellement ouverts et, malgré cela, elle paraissait isolée de tous les assistants, excepté de moi. Une fois, sans qu'elle semblât nullement s'en douter, que l'on s'occupait à la dépouiller de sa bague, de son fichu, de ses souliers et du contenu de ses poches, pour s'amuser de sa surprise au réveil, je m'avisai, par ordre écrit, de faire cacher au loin un des objets qui lui avait été enlevé et je lui demandai ensuite de m'indiquer où il se trouvait. Elle me répondit fort bien qu'elle ne l'avait plus, me nomma la personne qui s'en était emparé, bien que, au moment du dépouillement, elle n'eût pas eu l'air de s'apercevoir de quelque chose; mais il lui fut impossible de désigner où cet objet avait été caché. Cette particularité de donner des renseignements exacts sur ce qui s'était passé près d'elle me porta à penser que cette somnambule n'était pas restée entièrement insensible pendant son isolement. Je fis aussitôt mettre non loin de ses yeux, toujours par écrit, un des autres objets qu'on lui avait enlevé et je m'assurai bien qu'elle n'avait pas paru remarquer ce que l'on avait fait devant elle. Cette dormeuse, qui s'était laissée dépouiller sans mot dire et dont les yeux immobiles avaient l'air d'être éteints, désigna immédiatement, sur ma demande, dans quel endroit on avait déposé cet autre objet. Depuis lors, j'ai répété des expériences du même genre sur des dormeurs que j'avais toujours crus parfaitement isolés et j'ai été de plus en plus confirmé dans cette opinion que, chez les dormeurs profonds, les perceptions ont encore lieu, mais, comme à leur insu au moment même et sans qu'ils puissent manifester par un signe quelconque qu'ils éprouvent en réalité ces perceptions, il ne leur reste plus assez d'attention à porter vers son pôle actif pour leur permettre la moindre manifestation à propos de ce dont ils ont pourtant une conscience réelle.

Le rappel d'une sensation, insciente en apparence lors de sa formation, peut même remonter à un sommeil antérieur. Pendant qu'une de mes meilleures somnambules dormait, elle reçut la visite d'une de ses connaissances qui, après lui avoir adressé la parole, secoué les bras et crié aux oreilles sans en obtenir un mot, se retira tout étonnée d'une pareille impassibilité. Quelques jours après, je demandai à cette somnambule, endormie de nouveau, de se remémorer ce qu'elle pourrait de son sommeil précédent : elle en vint à me raconter, dans ses détails, l'incident dont je viens de parler et duquel elle n'avait nullement paru se douter. Seulement, elle ne put se ressaisir active au moment de la perception et savoir comment elle connaissait ce qu'elle avait pourtant senti et entendu, elle prétendit le deviner par une intuition propre. Une autre dormeuse, sourde aux demandes qu'on lui avait adressées, fut plus explicite dans son explication. Quand je lui eus demandé de faire un retour sur les particularités de son rêve et qu'elle eut rappelé les questions auxquelles elle n'avait pas répondu, elle m'assura avoir entendu, mais n'avoir pas eu assez d'initiative pour y répliquer. Évidemment, chez celle-ci, l'attention avait été plus active vers les sens que chez la précédente, dont les perceptions plus obscures étaient moins conscientes. L'impossibilité de faire effort pour réagir, suite elle-même de l'accumulation de la force nerveuse au cerveau, telle est la cause pourquoi les somnambules paraissent isolés. Cette explication est confirmée par ce fait d'une femme chloroformée qui, revenue à elle, se rappela des outrages violents qu'un dentiste lui avait fait subir et qui déclara, devant la justice, n'avoir pu s'opposer, soit en se défendant, soit en criant, aux manœuvres dont elle avait été victime. Un autre fait que j'ai observé plusieurs fois confirme aussi l'existence des perceptions chez les dormeurs isolés. Si, après avoir laissé les bras d'un somnambule en catalepsie sans qu'il ait manifesté, tout le temps, la moindre impression sensible dans ses membres, on le réveille au bout d'une durée assez longue de leur extension; il arrive qu'au sortir du sommeil, il y accuse de la lassitude. Ce sentiment de fatigue a lieu, parce que, l'organisme revenant à son état ordinaire, l'attention reflue sur la partie auparavant en souffrance et transporte à la conscience une perception qui, avant le réveil, n'y arrivait que très faiblement. C'est aussi parce qu'il ressent moins la sensation de la fatigue, que ce dormeur, ainsi qu'il est facile de le constater, garde alors plus long-temps ses bras dans une position horizontale que lorsqu'il est éveillé. De cette dernière circonstance, il faut tirer la conclusion que l'on souffre réellement moins dans l'état de repos que dans l'état de veille, et, en effet, un somnambule, ainsi que nous l'avons vu, peut tenir ses bras en catalepsie dix minutes environ et il est moins las à son réveil que si, dans la vie active, il les a gardés étendus seulement 3 à 4 minutes. Il s'ensuit encore de ce fait, que le travail de la période d'inaction n'épuise pas autant que le travail de la période d'activité et que le sommeil, état de retraite de l'attention, est déjà ainsi un réparateur des forces, puisque la perte nerveuse qui s'y fait est seulement en rapport avec ce qui reste d'attention libre dans les organes. Ce que je viens de dire du tact peut s'appliquer aussi aux autres sens. Je le répète, pendant que presque toute l'attention des dormeurs afflue vers le siége de la pensée, il leur en reste encore une partie qui veille aux perceptions d'une manière obscure ; ces perceptions, ils les éprouvent donc, mais ils ne peuvent en donner des signes, faute d'être capable d'en faire l'effort. En outre, ces perceptions sont plus faibles que lorsqu'ils les éprouvent dans la veille, elles les épuisent moins et si elles redeviennent ensuite présentes à leur esprit avec clarté, cela tient à ce que, par suggestion, l'on a fait reporter sur le foyer mémoriel toute leur force d'attention devenue accumulée. Il en est, ici, de la réapparition des sensations paraissant inscientes comme de celle des objets à peine visibles d'une chambre mal éclairée, lesquels ne frappent bien les yeux que dès que l'on y introduit une plus vive lumière.

Du moment que nos sens perçoivent, pour ainsi dire, à notre insu, du moment que nous accomplissons des actes raisonnés sans le savoir, ainsi qu'il arrive dans le rêve somnambulique dont on ne se souvient pas, il ne répugne pas d'admettre qu'il se passe, dans les organes de la vie dite végétative, des phénomènes effets d'une pensée toujours active et dont nous n'avons pas directement conscience ; les nier parce qu'on n'en a pas la connaissance intime, c'est nier, l'intelligence dans le mouvement des muscles du cœur et du tube digestif, dans celui des liquides circulatoires, c'est la nier dans la structure des tissus, dans le mécanisme et l'harmonie des fonctions nutritives , c'est être absurde.

Une des causes pour laquelle les magnétistes ont cru au merveilleux, c'est cette puissance qu'ont les dormeurs, lorsqu'on le leur suggère, de se remémorer, à l'aide de l'attention accumulée, des impressions du sommeil et même de la veille , impressions presque effacées dans leur mémoire et dont, pas plus que leurs endormeurs, ils ne s'étaient jamais doutées. Ils ont attribué ces résultats obtenus ou à un sixième sens, ou à une faculté transcendante, ou à un don de divination sous le souffle d'esprits, d'anges ou de démons. A. Bertrand (1) lui-même a regardé comme appartenant à la vue anormale, la faculté qu'avait eue une somnambule dont les yeux étaient fermés, d'indiquer où se trouvait une bague qu'il venait de faire passer dans les mains de deux personnes différentes. Il ne supposait pas, qu'isolés, les dormeurs perçoivent par tous les sens ce qui a lieu autour d'eux et, qu'en leur faisant des questions à propos, par exemple, d'un objet à chercher, on leur suggère, ainsi qu'il le fit, de diriger leur attention accumulée sur ce qui a rapport à cet objet et qu'alors, ceux-ci reconnaissent dans leur mémoire les linéaments de ce qui, à l'aide des sens et comme à leur insu, s'y est imprimé auparavant. Un chuchotement, un mouvement, l'agitation de l'air autour d'eux, etc., rien de ce qu'ils ont ressenti n'échappe à leur attention accumulée et ils trouvent, dans la confrontation des sensations qu'ils remémorent, des données pour deviner ce qu'on leur demande.

Puisque le somnambule isolé, dont l'attention est accumulée et inerte sur l'idée de reposer, possède encore

(1) Voy. Traité du somnambulisme, p. 41, note.

assez de cette force dans les sens pour s'apercevoir de ce qui se passe autour de lui, on a là une preuve de l'action double de l'esprit dans le sommeil. Cette vérité, on la rend encore plus frappante en mettant en catalepsie les bras d'un dormeur avec lequel on entretient conversation ; dans ce cas, pendant qu'une partie de son attention est en activité, l'autre partie reste immobilisée sur l'idée de tenir les bras étendus sans qu'il paraisse s'en douter. Si l'attention dédoublée paraît, à son pôle actif, ne pas pouvoir être en mouvement sur deux ordres différents d'idées à la fois, elle peut du moins, tandis qu'elle est active dans une occupation intellectuelle, elle peut, à son pôle passif, être en arrêt insciemment sur plusieurs idées de diverses natures. C'est ainsi qu'en dormant, lorsque d'un côté l'on rêve, l'on tient fort bien, de l'autre et en même temps, plusieurs membres en catalepsie, l'on garde aussi les sphincters de la vessie et de l'anus fermés et l'on conserve encore l'idée de reposer. Il est donc certain que dans le sommeil, l'attention étant dédoublée, plusieurs idées fixes peuvent régner ensemble, en permanence et comme insciemment dans l'esprit, lorsqu'il agit avec une certaine activité dans une autre direction. Ce que fait toujours le dormeur, on l'accomplit même à tout instant dans la veille, mais plus consciemment. Ainsi, en cheminant pour arriver quelque part, l'on s'occupe fort bien de toutes sortes de choses différentes, sans cesser un moment de faire un pas dans la direction de l'idée fixe qui est celle du but que l'on se propose d'atteindre. Si maintenant, dans les fonctions psychiques ordinaires du cerveau, on trouve un dédoublement de l'action de la pensée, pourquoi répugnerait-il d'admettre que les actes de la vie nutritive, comme ceux de la vie de relation, se feraient, parallèlement et ensemble, sous une impulsion intelligente venant du centre cérébral ? Dans l'état de sommeil, l'attention agissant activement et passivement à la fois dans deux ordres différents d'idées, pourquoi, au sommet de l'être, son action ne serait déjà pas partagée pour faire naître, simultanément, des pensées conscientes servant aux fonctions de relation et des pensées inscientes servant aux fonctions de nutrition ?

Une partie de leur attention étant en arrêt pendant que l'autre est en activité, il n'y a plus rien d'étonnant que les dormeurs soient doués d'initiative. Si les dormeurs étaient dans une absorption complète de l'attention sur une idée mémorielle, c'est-à-dire, en idée fixe absolue, ce qui est rare, non-seulement on ne constaterait pas chez eux divers mouvements de la pensée, mais encore il ne serait guère possible qu'ils devinssent capables de faire des efforts spontanés, à moins que les actes intellectuels qu'ils produiraient ne fussent le fruit d'une suggestion de la veille au sommeil, ce que j'ai vu sur une femme endormie qui m'adressait des questions sans que je lui en donnasse l'idée. Comme je déterminais en elle l'état de sommeil profond pour la guérir et qu'elle se préoccupait beaucoup de sa maladie, ses demandes n'étaient que la continuation des pensées qu'elle nourrissait auparavant, ce que sont, du reste, les rêves somnambuliques essentiels. Mais, le plus souvent, le sommeil profond est loin d'atteindre son plus haut degré, et il y a parmi un certain nombre de dormeurs artificiels une persistance obscure des sensations, origine de rêveries, et même, il surgit en eux des idées qui semblent spontanées. Chez les moins endormis, il naît des rêves analogues à ceux des dormeurs ordinaires, ces rêves ont les mêmes points de départ et n'en diffèrent que par leur trame qui est conduite dans un cercle plus étroit d'idées et, par conséquent, avec une logique mieux suivie. J'ai rencontré plusieurs fois des somnambules assez concentrés, lesquels, en dehors de leur idée fixe et avant que j'eusse donné l'impulsion à leur pensée, ont présenté des marques d'initiative qui, pour plusieurs, étaient le résultat d'une sensation. Deux, dans le nombre, me demandèrent, le premier, que je lui abaissasse les bras mis en extension, parce qu'il y ressentait de la fatigue, et, le second, que je lui décroisasse les jambes, pour la même raison. On en trouve qui se mouchent, se grattent, toussent, mettent, en un mot, leur pensée au service de leurs sensations ; ils font parfois ces actes spontanément, mais, le plus souvent, ils arrivent à les exécuter à la suite d'une suggestion remontant aux sommeils précédents. Les dormeurs profonds qui ont, d'eux-mêmes, la puissance de solliciter des idées mémorielles, sont plus rares. A. Bertrand parle d'un somnambule qui, cessant tout d'un coup de répondre à son interlocuteur, s'écria avec l'accent de la plus vive émotion : la voilà ! la voilà ! Évidemment ces exclamations ne pouvaient être que l'expression d'une spontanéité d'idée.

De ce qui précède, il résulte que, pendant le sommeil profond, l'attention s'étant repliée sur une ou plusieurs idées mémorielles et étant devenue inerte en proportion de son accumulation, les sens en grande partie abandonnés par cette force ne transmettent plus les impressions assez vivement à la conscience pour qu'il s'en suive des actions réflexes (1). De plus, par l'effet de cet abandon, certaines fonctions végétatives liées sympathiquement aux perceptions diminuent ou cessent. Mais bien que, dans cet état, les sensations ne soient pas trahies par un mouvement involontaire et que les fonctions des organes des sens paraissent anéanties, il est manifeste qu'il se produit encore des perceptions, faibles il est vrai, et qu'elles s'impriment

---

(1) C'est là une preuve que les actions réflexes inséparables des sensations ont, ainsi que ces dernières, leur condition principale dans le cerveau.

dans la mémoire sous formes d'idées-images ; si, sur le moment, les dormeurs ne peuvent en donner la preuve, c'est qu'ils ont perdu alors le pouvoir de faire un effort de volonté. C'est aussi précisément parce que ces individus, en idée fixe, conservent de l'attention libre dans les domaines des sens et du cerveau, qu'il y a à la fois, chez eux, deux actions de cette force qui agit, et en s'arrêtant, d'un côté, dans un ou plusieurs buts sur une ou plusieurs idées mémorielles, et en se mouvant, d'un autre, sur des séries d'idées qui aboutissent à un but unique. C'est encore pour la même raison, lorsque l'attention n'est pas immobilisée en grande quantité sur des idées fixes, qu'à l'aide de celle qui reste libre dans l'esprit et les sens des dormeurs, il naît quelquefois en eux des rêveries, suite d'un mouvement automatique de cette force sur des sensations ou des idées mémorielles.

Ces considérations m'ont conduit indirectement à croire que si, là ou il y a actions réflexes, on retrouve comme condition de ces actions, l'attention, la sensation et l'empreinte mémorielle, c'est-à-dire, les éléments primordiaux et formateurs de la pensée, dans les organes innervés par le grand sympathique où ont lieu continuellement des phénomènes réflexes, il doit y exister aussi les trois mêmes éléments. Et, comme une action intelligente venant du cerveau domine toutes les opérations du système de la vie de relation où se produisent les actions réflexes, pourquoi, dans le système de la vie organique où l'on rencontre aussi des mouvements réflexes et, par conséquent, les mêmes bases de la pensée, ne descendrait-il pas du centre cérébral et parallèlement une autre action intelligente, mais immuable et permanente, présidant pour sa part à l'entretien du corps ; car, du moment que, pendant le sommeil, on discerne dans les actes de la pensée ordinaire deux modes de manifestation intelligente, l'un conscient et l'autre inconscient tout aussi réel, pourquoi, de même, ne partirait-il pas de l'encéphale deux manières d'agir de l'attention sur des idées, le premier conscient que l'on sait servir aux actes extérieurs de relation, et le second inconscient qui doit servir aux actes intérieurs de nutrition ?

III.

Effets de l'attention accumulée sur chaque sens en particulier et sur le système nerveux.

Si les dormeurs profonds semblent parfaitement isolés, c'est que chez eux, la plus grande partie de l'attention libre qui permettait aux sensations d'être perçues pendant la veille, s'est accumulée vers le cerveau après s'être retirée des sens. Il est résulté de ce mouvement de concentration, qu'en outre de la sensibilité très-affaiblie chez lui, le somnambule a aussi perdu la faculté de pouvoir faire effort par lui-même pour changer de pensée ; il est alors devenu inactif d'esprit et, par suite, inerte de corps, car c'est l'inertie du premier qui a entraîné celle du second. Mais il est, dans ce cas, un moyen dont il a déjà été parlé brièvement et qui résulte de la continuation du rapport qui s'est prolongé, de la veille au sommeil, entre le somnambule et l'endormeur, moyen par lequel il est possible, en offrant des idées à l'attention en arrêt, de la déplacer et de faire qu'elle aille s'exercer en masse n'importe sur quel sens ou sur quelle partie de l'économie qu'on lui désigne. J'ai nommé la suggestion. Par elle, le dormeur, d'immobile comme le dieu Terme, devient un automate que l'on peut modifier et faire manœuvrer à son gré. L'insensibilité des sens doit faire supposer que si la plus grande partie de la somme d'attention distribuée à chacun d'eux s'est fixée au cerveau sur une idée, cette force accumulée doit ap-

porter plus d'excitation et, nécessairement, de propriétés
au sens sur lequel on la dirigera exclusivement. Cette
induction théorique est confirmée par les faits et elle a
même pris racine dans la science. Cabanis avait déjà entrevu qu'il y a des manifestations physiologiques qui sont
dues à un déplacement de la force nerveuse accumulée.
« La sensibilité, dit-il (1), se comporte à la manière d'un
fluide dont la quantité totale est déterminée, et qui, toutes
les fois qu'il se jette en plus grande abondance dans un
de ses canaux, diminue proportionnellement dans les
autres. » Ailleurs, cet auteur est même plus explicite. On lit
dans son ouvrage (2), à propos des organes de la génération qui acquièrent plus d'excitabilité pendant le repos de
la nuit : « Les images produites dans le cerveau doivent
nécessairement agir avec plus de force, pendant le sommeil, sur les organes dont elles peuvent stimuler les fonctions, parce que les illusions n'en sont plus, comme pendant la veille, corrigées ou contenues par des sensations
directes et par la réalité des objets. » Cela équivaut réellement à dire que, dans le sommeil, l'influence de la pensée
sur les fonctions de reproduction est d'autant plus effec-
tive qu'elle est exprimée à l'aide de l'attention soustraite
aux sens. En ces derniers temps, M. A.-J.-P. Philips (3)
allant plus loin, a le premier formulé avec netteté la théorie vraie que, pendant l'état hypotaxique (c'est pour moi
le charme), il y a une abondance de force portée au cerveau qu'il est possible de déplacer à volonté et de concentrer sur quelle fonction que ce soit. Prouver donc que,
dans le sommeil, on peut appeler l'attention accumulée

(1) Voy. Rapport du physique et du moral, t. I, p. 152. V. Masson, 1855.
(2) Voy. id., t. II, p. 307.
(3) Voy. Cours théorique et pratique de Braidisme, p. 34. J.-B. Baillière
et fils, 1860.

au cerveau sur un seul sens, ce que l'on reconnaît à sa surexcitation, c'est démontrer la même chose pour chacun des autres organes de perception; mais s'il est une question où l'abondance des preuves n'est jamais de trop, c'est celle-ci, précisément, parce qu'elle touche aux sciences occultes; aussi ne me suis-je pas contenté de conclure aux autres sens en parlant de ce qui est évident pour l'un d'eux, j'ai cherché à étendre sur la plupart le cercle de mes expériences, tant à ce sujet, je suis convaincu des difficultés qu'il y a de faire accepter l'opinion scientifique que je reprends en sous-œuvre. Mes expériences ont été faites sur plusieurs sujets et, entre autres, sur un sourd-muet digne de confiance. J'ai mis le plus grand soin à comparer, chez le même somnambule, les sensations du même organe pendant et après le sommeil.

Le goût et l'odorat sont, de tous les sens, ceux, après suggestion, dont il m'a été le moins facile d'apprécier la finesse acquise pendant le somnambulisme et, cela, faute d'avoir un bon point de repaire. J'ai rencontré des dormeurs, qui trouvent à la même eau restée dans les mêmes conditions de température, une saveur saline différente de celle qu'ils lui trouvaient avant de s'endormir. Cette délicatesse de palais se comprend. Je connais particulièrement une personne qui, éveillée, ne se trompe jamais entre l'eau de deux sources sortant du même calcaire et qui, pourtant, n'offre de différence à nulle autre. Je n'ai pu, chez elle, attribuer cette remarquable faculté qu'à une surexcitation du goût analogue à celle des dormeurs, et, ensuite, qu'à ce qu'une de ces sources venant d'une plus grande profondeur que l'autre, contient plus de matières minérales. Pourquoi, lorsqu'il y est porté, le somnambule, dont la faculté gustative est devenue plus subtile, ne remarquerait-il pas une saveur là où il n'en avait pas trouvé auparavant, dès que des personnes arrivent, à l'état de veille, à une perfection du goût aussi frappante que celle dont j'ai été le témoin ?

Mais c'est déjà pour l'odorat qu'il y a des preuves que ce sens devient parfois d'une délicatesse extrême. Un magnétiste instruit m'a raconté qu'ayant une fois mis en communication avec une somnambule une personne qui venait d'entrer dans l'appartement où il faisait ses expériences, la dormeuse annonça que cette personne venait de toucher un mort. C'était vrai, elle sortait d'ensevelir un enfant, ce que les assistant ignoraient. C'est aussi par l'odorat et ensuite par la petitesse du mouchoir qu'on lui mit entre les mains, qu'un officier d'état-major, endormi chez Faria, devina, devant la société qui s'y trouvait, que ce mouchoir venait d'un enfant atteint de consomption, sans qu'avant le sommeil, après avoir examiné cet objet, cet officier eût éprouvé quelque chose de particulier. Les sensations olfactives qu'éprouvèrent ces deux dormeurs eurent leur germe dans une sensation éprouvée autrefois par eux à l'approche d'un mort ou d'un malade tombé dans le marasme ; rien d'étonnant que, grâce à leur attention accumulée sur l'organe de l'odorat, ils aient pu déceler des odeurs insaisissables à tous autres et dont ils avaient déjà la connaissance. Du moment qu'il y a des affections que l'on connaît aux émanations qui s'échappent des malades, l'ozène, le scorbut, certaines stomatites, les abcès des voies digestives, les affections gastriques, le choléra, le cancer ulcéré, la phthisie, etc., et l'on sent même la mort, selon l'expression vulgaire, il n'y a plus à être surpris qu'un objet ayant appartenu à des mourants ou à des morts ne révèle aux somnambules dont l'odorat est surexcité, soit l'affection, soit le sort de ces malheureux. C'est probablement à une odeur caractéristique spéciale, plutôt qu'à l'aspect des traits, qu'une dormeuse de profession à laquelle on apporta une petite fille en ma présence, déclara qu'elle la voyait non loin de sa fin ; je ne désespérais pourtant pas de cette enfant qui succomba le lendemain sans que personne s'y attendît.

C'est sur la vue que j'ai fait les expériences les plus positives ; c'est que, pour ce sens, il est plus facile de les établir avec précision que pour les autres. Voici comment je m'y prenais : Je m'approchais de mes dormeurs avec un livre que je tenais ouvert devant leurs yeux et j'allais vers eux avec une extrême lenteur. Dès qu'ils pouvaient en déchiffrer les caractères, je mesurais la distance qu'il y avait entre les globes oculaires et les mots qu'ils avaient lus ; puis, dès qu'ils étaient sortis du sommeil, je recommençais la même expérience. Selon les caractères, mon sourd-muet endormi, épelait de $0^m,33$ à $0^m,50$ plus loin que pendant la veille, ce qu'il indiquait en formant les signes dactylologiques des lettres. Une femme qui, à l'état ordinaire, lisait à $0^m,65$, en somnambulisme énonçait les mots du même livre à $0^m,80$ de distance. On pourrait, peut-être, se servir d'expériences faites ainsi sur les yeux pour établir de combien, chez chacun, l'attention est renforcée là où elle s'accumule pendant le sommeil et juger même de combien elle est augmentée pour rendre la sensation remémorée aussi vive que la sensation perçue. Car si, en ce dernier cas, une personne qui, lisant à $0^m,15$ plus loin, ainsi que la somnambule dont je viens de parler, pouvait avoir, dans le même sommeil, des hallucinations de la vue prises par elle pour la réalité, on serait en droit de conclure que, pour former ces sensations centrifuges, il lui faut au moins, approximativement, une accumulation d'attention vers les yeux d'un cinquième en sus de celle que recevait ces organes pendant la veille. Ce qui précède, montre la certitude des faits de surexcitation de l'appareil visuel déjà observés sur les dormeurs. D'après A. Bertrand (1), MM. Encontre (2), Macario (3), Archambauld et Mesnet (4), il n'y a plus de doutes à avoir sur la possibilité qu'ont les somnambules de lire et d'écrire dans les ténèbres, lorsqu'ils ont les yeux ouverts. Ce phénomène a lieu, non pas seulement parce qu'ils ont les pupiles plus dilatées que de coutume et qu'il entre ainsi davantage de lumière dans le champ de la vision, mais parce qu'ils reçoivent, en outre, une dose accumulée de la force d'attention sur les nerfs optiques. Mon sourd-muet qui avait la vue affaiblie, se mettait en charme pour se livrer à son travail, retrouver des objets perdus ou se guider dans sa chambre dès qu'il faisait nuit. Pourquoi, dans le sommeil, lorsque l'attention s'accumule vers les yeux et les rend d'une sensibilité exquise, les objets ne seraient pas alors perçus avec facilité pendant la nuit, du moment que l'on peut encore prendre des empreintes photographiques, même dans l'obscurité la plus profonde ? Si, dans la nuit la plus sombre, il y a assez de fluide lumineux pour permettre aux images de se fixer sur une substance sensible à la lumière, c'est une raison pour qu'il y en ait aussi suffisamment, afin que les objets se dessinent au fond de l'œil de quelques somnambules et que l'image de ces objets y soit recueillie. Pour ma part, je ne suis pas éloigné de croire que l'on puisse voir les yeux fermés et même lire, car les voiles palpébraux laissent fort bien passer les rayons lumineux, ce dont on peut se convaincre dans les ténèbres les plus profondes, lorsque éclate un orage. Mes paupières étant exactement closes, je distingue parfaitement l'étendue des éclairs et je ne doute pas que, s'ils

(1) Voy. Traité du somnambulisme, p. 18.
(2) Voy. Journal de médecine de Bordeaux.
(3) Voy. Du sommeil, p. 123.
(4) Voy. Observation d'une somnambule.

étaient moins fugaces, je ne parvinsse à en entrevoir aussi les zigzags. Ce que je viens d'écrire sur la grande portée de la vue, dans l'état de sommeil, ne doit pas étonner, quand on sait jusques à quel point, à l'état de veille, ce sens acquiert de perfection parmi les peuplades sauvages et particulièrement chez les nègres. Mais, sans aller si loin, on a trouvé en Europe des hommes doués d'un organe visuel très-pénétrant. On peut lire, entre autres, dans l'ouvrage de M. P. Lucas sur l'hérédité (1), le fait du muet de Th. d'Aubigné, l'ami d'Henri IV, muet qui « spécifiait jusques aux pièces de monnaie qu'on avait dans les poches, » ou celui de ce prisonnier, dont parle le célèbre mathématicien Huyghens, lequel avait une vue si perçante, « qu'il découvrait, sans aucun secours d'instrument et avec facilité, tout ce qui était caché ou couvert, sous quelque sorte d'étoffe ou d'habits que ce fût, à l'exception seulement des étoffes teintes en rouge, » ou enfin, le fait de Gaspard Hauzer qui, de nos jours, a présenté la même sensibilité des facultés visuelles : « il apercevait les étoiles invisibles à la vue ordinaire et pouvait discerner les couleurs au milieu des plus épaisses ténèbres. »

On verra, observation 1 et 2, deux faits probants en faveur du développement que l'ouïe peut acquérir même lorsqu'elle est rudimentaire. Les sourds-muets dont il y est question sont parvenus, par l'afflux de l'attention vers l'appareil auditif, à entendre des sons dont il n'avaient jamais eu aucune idée ; ils se sont sentis comme renaître à une nouvelle vie du sens de l'audition. La surexcitation de cet organe chez les somnambules a fait croire a bien des prodiges de leur part ; tant d'exagération avait sa raison d'être. Je me souviens, qu'à mon début dans l'étude du sommeil, je fus fort surpris, en touchant du doigt

(1) Voy. Traité de l'hérédité, t. I, p. 410. J.-B. Baillière, 1850.

sur une muraille un portrait au daguéréotype, pour essayer la lucidité de ma somnambule, d'entendre celle-ci me répondre : vous touchez du fer blanc. J'étais à l'autre bout de la chambre et d'un côté où je ne pouvais pas être vu. Si elle eût dit : un portrait, ce qui était possible, j'aurais pu crier merveille et à tort ; mais sa réplique me fit comprendre qu'elle avait entendu un bruit de plaque métallique dont je ne m'étais pas aperçu. On a un grand nombre de fois constaté la surexcitation de l'ouïe chez les somnambules ; des médecins aussi (1) ont remarqué le développement anormal de ce sens. On doit expliquer de la même façon, par l'excès d'attention vers les nerfs auditifs, le fait de ce sourd devenu enragé dont parle Magendie, sourd qui, dans son exaltation, était arrivé à récupérer l'ouïe.

Mais, de tous les organes sensibles, c'est le tact qui est le plus susceptible d'être fortement excité. C'est pour ce sens que l'on a inventé les noms d'hyperesthésie et d'anesthésie, termes que l'on devrait étendre à tout manque ou à toute surabondance d'afflux nerveux vers les organes spéciaux de la sensibilité. Il est évident que le sens qui s'éteint le dernier et d'une manière imparfaite doit, plus que les autres, avoir de finesse pour une même dose d'excitation. Le tact devient exquis chez les somnambules, quand on leur donne idée de s'en servir, je l'ai constaté plusieurs fois ; mais il faut, pour cela, que l'attention se dirige sur des filets peu nombreux de cet appareil sensible ; l'accumulation de cette force est d'autant plus grande qu'est rétrécie la partie sur laquelle on la fait affluer. En cherchant à me rendre compte de ce qu'est l'eau magnétisée, j'observai que, par les passes, elle

(1) Voy. Archives de médecine et de chirurgie, n° janvier 1860. — Dr Azam.

acquérait une saveur mate très-tranchée. Je soupçonnai que cette sensation tenait à une augmentation de chaleur et le thermomètre vint me confirmer dans cette opinion. Je remarquai que le tact lingual est tellement subtil, qu'éveillé, l'on peut facilement apprécier une différence de température de un demi-degré. Mais les somnambules vont bien au-delà. L'eau échauffée deux minutes en passant les doigts en cône à quelques centimètres de sa surface, quand le mercure du thermomètre plongé dans ce liquide marquait à peine un exhaussement appréciable, était distinguée par mon sourd-muet au milieu de trois, quatre, six verres d'eau sortant de la même carafe, ce que personne, pas plus que lui, à l'état de veille, n'avait pu reconnaître. Il ne la goûtait pas comparativement deux fois. J'ai pu aussi vérifier cette délicatesse du tact lingual chez quelques somnambules et, entre autres, sur une jeune fille de douze ans. Cette enfant, endormie, distinguait de l'eau légèrement échauffée qu'il lui avait été impossible de discerner auparavant et qui était placée au milieu de verres remplis du même liquide, mais sur lesquels on n'avait pas promené les doitgs. Une chose qui m'a frappé, c'est que la saveur mate de l'eau, saveur due à sa température, a été toujours rapportée par les dormeurs à l'organe du goût et non à celui du tact. C'est que ces deux sens sont ceux qui se rapprochent le plus, ce que prouve la confusion que l'on fait des impressions que l'on en reçoit. Ce que je viens d'écrire ne doit pas étonner. On a vu, même à l'état de veille, une aveugle, Melle Mac-Évoy (1), qui lisait sur un livre avec le bout des doigts. Évidemment, il faut admettre, chez cette personne, une délicatesse du tact que l'on ne peut comparer qu'à celle des chauves-souris qui, d'après les expériences de Spallan-

____

(1) Voy. Du sommeil, p. 135, par M. Macario.

zini, sentent la résistance de l'air et savent se détourner des objets de la chambre où elles volent, bien qu'ayant les yeux crevés. S'il y a même la moindre ouverture dans l'appartement, elles la trouvent fort bien pour s'échapper.

Il est enfin des sens peu déterminés et peu féconds comme éléments de connaissance, ce sont les besoins, appelés avec raison sens internes, parce qu'ils ont chacun un appareil organique spécial et intérieur et que leurs sensations ont un caractère propre. Il m'a été facile de réveiller les besoins éteints de manger et de boire. Par là, je suis prédisposé à croire que les autres sens internes jouissent de la même faculté à être surexcités.

De la même façon que chez les somnambules, chaque sens est exalté en particulier, de même, les muscles en général ou des systèmes de muscles acquièrent, chez eux, plus de puissance et d'énergie. Chose remarquable, c'est à l'aide de la force nerveuse portée habituellement sur les nerfs des sens et sur ceux des autres organes, que les muscles stimulés acquièrent une vigueur inusitée, preuve déjà de la simplicité du moyen que l'économie met en jeu pour parvenir à des effets divers : l'agent qui, dans les organes spéciaux, est employé à recueillir les sensations, sous le nom d'attention, est ici utilisé à augmenter l'action des muscles. Une seule fois, j'ai eu l'occasion de constater la surexcitation des forces sur une somnambule de treize ans ; avant de dormir, elle pouvait à peine balancer un poids de 10 kilogrammes, mais, dans le sommeil, elle lui imprimait aisément un mouvement rapide de rotation ; il suffisait, pour qu'elle en arrivât là, que je lui fisse accroire que ce poids était léger. Cabanis admet (1) que si l'on exécute des mouvements dont l'idée aurait

____

(1) Voy. Rapport du physique et du moral, t. I, p. 184.

effrayé dans des temps plus calmes, ce que l'on remarque chez des femmes vaporeuses, les maniaques ou des êtres faibles et chétifs brisent les plus forts liens et vainquent des résistances au-dessus de la force de plusieurs hommes réunis, la cause en doit être attribuée à ce que, chez ces sujets, « il se produit alors véritablement de nouvelles forces par la manière nouvelle dont le système nerveux est affecté. » J'admets le témoignage de Cabanis, quand il atteste l'augmentation des forces chez les individus débilités mais surexcités, je suis loin, au contraire, d'accepter son explication d'une production de nouvelles forces. Parler comme il le fait, c'est reconnaître qu'on peut dans l'organisme tirer quelque chose de rien, car je ne vois pas d'où naîtrait un tel produit nerveux. Il n'y a tout simplement, dans ces cas, qu'un déplacement de l'attention et qu'une accumulation de cette force sur les organes musculaires. La confirmation de ce que j'avance, je la tire de l'ouvrage de Cabanis lui-même (1) : « A mesure, dit-il, que les sensations diminuent ou deviennent plus obscures, on voit souvent les forces musculaires augmenter, et leur exercice acquérir un nouveau degré d'énergie. Les maniaques deviennent quelquefois presque entièrement insensibles aux impressions extérieures, et c'est alors surtout qu'ils sont capables des plus violents efforts. » Donc, c'est que l'attention quitte la garde des sens et, obéissant à la pensée violente, énergique, renforce l'action musculaire d'un secours qui donne à cette action une puissance qu'elle n'avait pas.

Pour rendre plus acceptable encore les preuves que je viens de donner sur la possibilité de surexciter les sens des dormeurs, je dois, comme je viens de le faire à propos de l'augmentation de la force musculaire, en appeler

(1) Voy. Rapport du physique et du moral, t. I, p. 185.

à l'opinion de quelques savants qui ne sont pas ennemis nés des idées que je soutiens. Ce que l'on est à même d'observer sur les somnambules, ils l'ont remarqué aussi chez des malades, dans des états analogues au sommeil, états que l'on peut appeler des sommeils morbides. On peut lire ce qui suit dans Cabanis (1) : « L'on voit aussi, dans quelques maladies extatiques et convulsives, les organes des sens devenir sensibles à des impressions qu'ils n'apercevaient pas dans leur état ordinaire, ou même recevoir des impressions étrangères à la nature de l'homme. J'ai plusieurs fois observé chez des femmes qui, sans doute, eussent été jadis d'excellentes pythonisses, les effets les plus singuliers des changements dont je parle. Il est de ces malades qui distinguent facilement à l'œil nu des objets microscopiques, d'autres qui voient assez nettement dans la plus profonde obscurité pour s'y conduire avec assurance. Il en est qui suivent les personnes à la trace comme un chien, et reconnaissent à l'odorat les objets dont ces personnes se sont servies ou qu'elles ont seulement touchés. » Cabanis cite encore, à l'appui de son opinion, Arétée, comme ayant fait l'observation que, dans certaines circonstances, les malades acquièrent une finesse singulière de vue ou de tact, à tel point qu'ils peuvent voir ou sentir par le toucher des objets qui se dérobent aux sens dans un état plus naturel. « Le somnambule artificiel, écrit M. A. Maury (2), entend à de grandes distances ; il perçoit les moindres bruits ; il reconnaît, par le simple toucher, la nature et la forme d'une foule d'objets ; il sent des odeurs qui échappent à notre odorat dans l'état ordinaire. » Et quelle est la cause de tous ces phénomènes d'excitation des sens ? Une accumulation de la force d'at-

---

(1) Voy. Rapport du physique et du moral, t. II, p. 35.
(2) Voy. Le sommeil et les rêves, p. 276. Didier, 1861.

tention sur un seul d'entre eux, aux dépens de celle qui était employée à veiller sur les autres sens et sur d'autres fonctions de l'organisme.

D'après ce qui vient d'être établi, il résulte qu'il y a, chez les somnambules, une oscillation de l'attention produisant une surexcitation remarquable de chaque sens en particulier aux dépens de l'attention départie aux autres sens et à d'autres organes, oscillation amenant de même une augmentation des forces, quand la même force nerveuse afflue sur quelques parties du système musculaire. Puisque ces phénomènes d'excitation sont déterminés par une suggestion préalable, c'est la pensée qui en est la cause productrice, non-seulement dans le sommeil, mais aussi dans des états analogues.

IV.

Effets de l'attention accumulée sur les empreintes mémorielles paraissant effacées.

Lorsque par un effort d'attention, nous avons conscience d'un objet, l'impression aux organes des sens, la transmission de l'impression par les nerfs et la perception des empreintes de cet objet au cerveau, se font instantanément. Ces trois phénomènes formant la sensation centripète, sont une seule et même chose : l'impression est à la fois cérébrale et perceptive comme la perception est en même temps sensitive et impressive. La sensation centripète, d'abord consciente à l'aide de l'attention au moment où elle est perçue, cette sensation, dès que cette force ne la vivifie plus activement, reste ensuite dans l'encéphale à l'état latent et imprimée sous forme d'idée-image, mais, par un acte spécial appelé remémoration, sous l'influence d'un retour de l'attention sur l'idée-image de l'objet perçu, on fait réapparaître à volonté la sensation première et cette sensation remémorée est tout à fait la même que la sensation primitive, seulement, au lieu d'être centripète, elle s'opère à l'inverse et elle est centrifuge. De ce que nous venons de dire, il suit que la mémoire est la propriété qu'a le cerveau de tenir en réserve, d'une manière permanente, les idées-images qui ne sont que la réalité cachée des sensations centripètes, il suit de plus que se rappeler, c'est, par un effort actif de l'attention sur les idées-images, redonner plus ou moins la vie dans la conscience aux perceptions déjà éprouvées, c'est en un mot recréer les sensations primitives. Mais l'attention, en se repliant sur le foyer mémoriel (1), ne fait pas seulement renaître les sensations imagées des objets, elle nous représente encore les idées complexes qui en découlent, celles que nous avons acquises conséquemment par une élaboration de l'esprit et qui sont matière de comparaison, de jugement et de raisonnement.

D'après ce que nous avons établi, dans le paragraphe précédent, sur la puissance de l'attention comme agent de perception, lorsque cette force est accumulée sur chacun des organes des sens en particulier, il doit aussi ressortir que, par elle, les empreintes mémorielles latentes même les plus faiblement imprimées, doivent réapparaître avec plus de relief dans l'état de sommeil. En d'autres termes, l'attention, cause de la sensation réelle des objets, étant susceptible, accumulée, de rendre celle-ci plus vive lors de sa formation à l'aide des sens, elle doit, dans la même condition, avoir nécessairement la même propriété sur les idées-

____

(1) Le lecteur voudra bien nous passer les expressions telles que foyer mémoriel, empreintes, images, représentation, tableau, etc., qui sont employées dans le cours de cet ouvrage. Ces mots figurés, nous sont utiles pour rendre notre pensée plus saisissable ; ils nous servent, commme de formules de simplification, pour exprimer des phénomènes plutôt dans leur mouvement apparent que dans leur intime manière d'être que nous ne connaissons pas.

images du foyer mémoriel et recréer avec ces idées, la sensation, non-seulement comme si l'objet en était présent, mais encore revivifier des traces de souvenirs paraissant effacés depuis longtemps. L'expérience confirme cette déduction.

Si l'on ne stimule pas l'attention en arrêt des somnambules, aucun souvenir ne surgira, leur pensée continuant à rester inerte. Mais, si on leur demande un aperçu de leurs rêves précédents, on redonnera le mouvement à leur attention accumulée et ils se souviendront de choses oubliées depuis le réveil et qui se sont passées effectivement dans leurs sommeils antérieurs. La raison en est qu'ils portent alors une plus grande somme d'attention sur les matériaux de la mémoire. Si l'on rencontre des dormeurs auxquels il ne revient aucun souvenir, on peut attribuer sans doute cette particularité à des causes semblables à celles que nous avons observées sur deux somnambules qui, tout le temps qu'elles furent souffrantes, n'avaient pas la force, malgré suggestion, de se remémorer leurs rêveries précédentes ; l'affaiblissement de l'attention et celui du corps marchaient en elles de pair et solidairement.

En général, les somnambules se souviennent plus facilement de ce qui a rapport à la vie active que de ce qui a trait à la vie passive ; c'est qu'aussi les empreintes mémorielles de la veille sont plus imagées et appartiennent moins aux idées pures que celles du sommeil ; ce qui est de source objective est infailliblement plus marqué dans la mémoire que ce qui est une production subjective de l'esprit, voilà une des causes pourquoi nous nous rappelons davantage des rêves du sommeil ordinaire qui sont de tous les plus sensoriaux.

Si donc on ne trouve pas toujours une mémoire développée chez les somnambules, à plus forte raison la puissance de cette faculté est-elle plus rare dans les rêves du sommeil ordinaire. Cependant, M. A. Maury (1), entre autres, cite de lui, en ce dernier état, des exemples de surexcitation mémorielle. Il parle même (2) de songes antérieurs qui se sont prolongés chez lui dans des songes subséquents, bien qu'ils aient été complétement effacés de ses souvenirs dans l'état de veille intermédiaire. Il est à remarquer que cette force de la mémoire se rencontre dans les états qui se rapprochent le plus du sommeil profond et que, ce qui était l'exception chez les rêveurs ordinaires ou même dans ces états, devient la règle chez les somnambules. Quant à peine le dormeur vulgaire a conscience de la trame de ses rêves, le dormeur profond, lorsqu'on le lui suggère, retrouve presque toujours avec netteté les empreintes des songes de ses sommeils précédents ; l'attention accumulée, qu'il met alors en mouvement, a une force d'action bien plus grande que celle qu'il peut solliciter, lorsqu'il est dans une moindre concentration d'esprit.

C'est grâce à cette puissance de l'attention accumulée, que les somnambules vont rechercher dans leur mémoire des matériaux qu'ils croyaient ne plus y exister depuis longtemps ; l'attention est, dans le sommeil profond, comme un flambeau qui éclaire d'autant plus dans la nuit et fait apparaître d'objets qu'il dégage de lumière. C'est encore, grâce à cette force, que ces dormeurs retiennent des choses entendues une seule fois qu'eux-mêmes et d'autres gens éveillés n'auraient jamais pu se fixer dans la tête. La force de remémoration des somnambules est connue depuis longtemps. Sauvage rapporte en avoir vu une qui répéta devant lui, mot pour mot, une instruction

---

(1) Voy. Du sommeil, p. 67, 116 et suiv.
(2) Voy. Du sommeil, p. 95.

en forme de catéchisme qu'elle avait entendue la veille, ce que, sans doute, elle n'aurait pas été capable de faire dans son état ordinaire. Le jeune somnambule du Dr Pezzi qui, un jour, avait cherché à se rappeler, mais en vain, un passage d'un discours sur l'enthousiasme dans les beaux-arts, tombé en somnambulisme, retrouva ce qu'il avait cru oublié. Une des cataleptiques de Petétin, après avoir entendu cinquante vers récités une seule fois en sa présence, les répéta sans hésiter et sans faire de faute, et pourtant elle ne les connaissait pas auparavant. On a vu des paysans comprenant à peine le français, s'exprimer pendant leur somnambulisme avec une grande pureté dans cette langue. Moreau (de la Sarthe) a traité un enfant de douze ans qui n'avait jamais eu connaissance que des premiers éléments de la langue latine et qui, dans les accès d'une fièvre maligne et sous l'influence de l'attention accmulée, parla cette langue avec autant de pureté et d'élégance que les plus versés dans sa pratique (1). M. Macario (2) cite le fait, observé par le Dr Rosiau, d'un élève nommé Bélin qui, très-faible dans sa classe (cinquième), dans ses accès, s'exprimait en langue latine avec facilité et un heureux choix d'expressions. Nous avons rencontré des sujets qui se souvenaient de faits oubliés par eux depuis longtemps, mais nous n'en avons jamais vu qui présentassent une aussi surprenante facilité de se souvenir que dans les cas précités.

On n'en finirait pas si l'on s'astreignait à rapporter tous les faits d'excitation de la mémoire chez les somnambules ou les personnes qui se sont trouvées dans des états analogues au sommeil. Il faut l'avouer, il n'y a que les dor-

(1) Voy. Traité du somnambulisme, par A. Bertrand, p. 100 et suiv., et p. 309.

(2) Voy. Du sommeil, p. 121.

meurs dans un degré extrême de concentration d'esprit qui sont capables de présenter des prodiges de remémoration semblables à ceux que nous venons de rapporter. Chez eux, cette puissance remémorative accompagne d'ordinaire les hallucinations les plus vives. C'est que ces deux sortes de phénomènes, tout différents, sont en principe une seule et même chose : des idées, d'une part, l'attention accumulée, de l'autre, tels en sont les éléments constitutifs communs et essentiels.

Les faits que nous venons de relater sont la preuve que, pendant la veille, quand même on ne peut rendre conscient les souvenirs, ce n'est pas une raison pour que l'on puisse soutenir que leurs traces n'existent plus ; il en est ici comme des impressions paraissant transmises au cerveau insciemment pendant le sommeil, impressions dont nous retrouvons ensuite les empreintes dans ce même état par un effort énergique d'attention accumulée. Certes, s'il est des faits étonnants de remémoration, ce sont, à plus juste titre, ceux qui se rapportent à des perceptions ressenties comme à notre insu et que nous rendons présentes à la conscience même long-temps après. Nous avons déjà parlé (1) de la faculté qu'ont les somnambules de relire, dans le foyer mémoriel, ce qui y a été apporté sans qu'ils aient paru s'en apercevoir et d'y retrouver les linéaments de perceptions qu'ils n'y avaient jamais supposés. C'est précisément cette puissance de remémoration, que l'on possède en somnambulisme, de retrouver au cerveau des empreintes formées avec une inconscience apparente et qui, par conséquent, sont peu dessinées, c'est cette puissance qui est la cause pourquoi on a attribué à des somnambules un don de seconde vue. En voici un exemple

____

(1) Même chapitre, § II.

qui a été rapporté à une faculté transcendante et qu'une personne digne de foi nous a raconté avoir observé elle-même, chez une dame qui était affectée d'une fièvre typhoïde avec délire intense. Pendant que la malade battait la campagne, on s'aperçut d'un développement de symptômes nouveaux qui continuèrent à se manifester, lorsque la fièvre et le délire furent passés. Ces symptômes insolites se prolongèrent tellement, que l'on finit par se lasser des médecins traitants qui avouaient leur impuissance, et l'on fit venir un endormeur. Celui-ci parvint à mettre la malade dans le sommeil profond. Ce fut seulement en ce moment que cette dame déclara que, lors de son délire, elle avait avalé un sou qui se trouvait sur son lit et que c'était là le point de départ des accidents survenus chez elle en dernier lieu. D'après l'invitation de son nouvel Esculape, elle se prescrivit un traitement et elle annonça qu'en suivant ses indications, elle vomirait le sou qu'elle avait dans le corps. On fit ce qu'elle prescrivit et on la garda à vue : son traitement amena des vomissements et l'expulsion d'un sou de la République. La guérison fut immédiate. Si l'on met de côté le traitement qui, en ce cas, fut suggestif plutôt que thérapeutique, le merveilleux de ce fait s'explique en ce que l'attention, pouvant affluer au cerveau avec abondance, a rendu présente à la mémoire une action accomplie machinalement pendant le délire, état analogue au sommeil. De même que le dormeur profond, incapable de se souvenir des rêves de ses sommeils antérieurs, lorsqu'il est éveillé, se remémore ces rêves, lorsqu'il est de nouveau endormi, de même cette malade, devenue somnambule, se rappela d'un acte de son délire.

D'après une observation que nous avons faite sur une de nos dormeuses, il serait à supposer que la surexcitation de la mémoire marquerait le commencement du sommeil profond comme la perte du souvenir des songes en marque la fin. Cette personne, éveillée, ne se rappelait des circonstances de son entrée en sommeil que jusques au moment précis où lui était revenu, par suggestion, le souvenir des faits de son somnambulisme précédent.

Du reste, il n'est pas besoin des preuves que donne l'étude du sommeil pour savoir combien les empreintes mémorielles sont tenaces. Chacun a pu observer sur soi-même des particularités comme celle qui suit. Il n'y a pas longtemps que nous avions commencé de lire un roman qui paraissait en feuilleton. A mesure que nous avancions, nous nous apercevions, à chaque reprise, en avoir déjà fait la lecture, nous en reconnaissions des particularités saillantes, sans que nous pussions découvrir quelque chose de ce qui devait paraître ensuite. Une personne nous a enfin rappelé, depuis, que nous lui avions lu cet ouvrage à haute voix, il y avait déjà huit ans. Comme à dater de cette époque, nous n'y avions plus songé, l'on doit voir par là combien les empreintes mémorielles sont ineffaçables. De plus, il est à croire que si nous eussions été mis en somnambulisme dans le cours de notre seconde lecture, nous nous fussions rappelé au moins, car ils n'é-taient pas disparus, les principaux épisodes de ce qui restait à parcourir de ce roman, tant dans cet état, l'attention accumulée a généralement d'action sur la mémoire. Il nous serait alors survenu ce qui arrive à ces malheureux qui ont perdu un ou plusieurs de leurs sens ; tel était ce teinturier aveugle, dont parle M. A. Maury, lequel décrivit un jour avec assez de précision les traits d'un de ses cousins qui lui était apparu en rêve et que jamais il n'avait rencontré alors qu'il n'était point encore privé de la vue. Cette apparente intuition était due, ainsi qu'il finit par se le rappeler, à ce qu'il avait jadis regardé le portrait de son cousin chez un autre de ses parents. Le même auteur parle aussi d'un capitaine (1), devenu aveugle en Afrique, auquel le souvenir de certaines localités, auparavant tout à fait oubliées par lui, s'était représenté à son esprit avec une extrême netteté. Si, par hypothèse, cet officier avait eu encore en moins l'ouïe et le toucher, ainsi que les dormeurs profonds, il aurait eu nécessairement en plus la faculté de se ressouvenir d'autres faits oubliés, parce que, pour cette cause, il aurait en outre possédé plus d'attention, afin d'éclairer le tableau de la mémoire et y lire. Admirons dans ces faits la prévoyance de la nature qui cherche à consoler ses déshérités de ce qu'ils ont perdu.

En résumé, toute remémoration d'une idée est une sensation analogue à la sensation perceptive, seulement, au lieu d'être centripète, elle est centrifuge ; en terme irréductible, se rappeler, c'est donc sentir.

Si les somnambules se souviennent de leurs rêves des sommeils antérieurs, c'est qu'ils ont à leur disposition plus d'attention accumulée que pendant la veille. C'est encore pour la même cause, ou qu'ils retrouvent dans leur mémoire des souvenirs autrefois perçus par eux avec conscience, mais qui se sont obscurcis depuis, ou qu'ils se rappellent des sensations qu'ils ont éprouvées légèrement et comme à leur insu. Ce pouvoir rétrospectif de remémoration coïncide d'habitude, chez les dormeurs, avec celui d'être halluciné, c'est que les éléments psychiques constitutifs de ces phénomènes sont identiquement les mêmes. Les deux faits de remémoration d'idées-images étrangers au sommeil et qui sont cités plus haut, confirment aussi de plus en plus la théorie que nous soutenons, celle de l'action de l'attention accumulée comme cause de développement de la faculté de se ressouvenir, théorie à l'aide de laquelle nous avons expliqué, chez les dormeurs, la

____

(1) Voy. Du sommeil, p. 123 et 124.

surexcitation de chacun des sens isolément et l'augmentation d'une partie ou de toute la force musculaire.

V.

Autres effets de l'attention accumulée sur les empreintes mémorielles : hallucinations. — Effets de l'attention diminuée sur les sens : illusions. — Illusions et hallucinations combinées.

Sous l'influence de l'attention, toutes nos perceptions prennent naissance par un mouvement centripète des sens au cerveau et se photographient dans la mémoire sous forme d'idées-images, à tel point que, si nous faisons un second effort d'attention pour susciter ces idées de nouveau, elles reparaissent à notre esprit comme au moment de la sensation primitive, seulement alors les sensations centrifuges qui en résultent sont, dans la majorité des cas, beaucoup moins vives et se forment à l'inverse, du foyer mémoriel aux organes sensitifs. Que la sensation soit primitive ou remémorée, elle est intimement la même dans les deux cas, elle se fait, à la fois et d'une manière instantanée, dans les sens, les nerfs de transmission et le cerveau. De plus, il faut le dire, les sensations venant des objets réels ne peuvent être fixées dans l'encéphale sans des organes sensibles spéciaux et sans des filets nerveux intermédiaires, mais, les sensations venant des idées-images qui ont lieu par un afflux de l'attention sur ces idées, peuvent prendre naissance sans l'un et l'autre de ces deux auxiliaires, preuve évidente que le cerveau est le siège essentiel de la sensation.

Il nous est facile d'entrevoir, par ce qui a déjà été établi, que pendant le sommeil, ce que l'attention accumulée produit sur les idées-images qui paraissent disparues de la mémoire, elle le produira, à plus forte raison, sur celles qui y sont plus vivement empreintes; dans ce dernier cas, la sensation remémorée sera plus énergique que lorsqu'on la fait renaître dans l'état de veille. C'est ce que l'on découvre par l'observation. Nous avons souvent invité des somnambules à reporter leur attention sur les idées d'objets qui avaient frappé leur vue et il arrivait, au réveil, après leur en avoir donné le souvenir, que le plus grand nombre d'entre eux ne remarquait aucune différence entre la sensation remémorée dans leur sommeil et la perception du même objet au moment de l'impression réelle. Quelques-uns, cependant, nous ont avoué que l'objet de leur souvenir leur avait paru moins bien dessiné et d'un aspect plus terne ; ceux-ci sortaient d'un état ayant de l'analogie avec le sommeil ordinaire où le rêveur, faute d'assez d'attention, ne s'élève que rarement à la représentation réelle des choses. Nous avons aussi remarqué que les somnambules qui, par exemple, ont les yeux affaiblis, ne se représentent jamais ce qu'ils ont vu au-delà de la sensation primitive, c'est-à-dire, jamais mieux. Et ce que nous venons d'écrire à propos de l'organe visuel peut se rapporter aux autres sens.

Il est donc résulté de nos expériences que, chez la plupart des dormeurs profonds, là où il y a affluence de l'attention sur une idée-image, la sensation remémorée ou centrifuge est la vraie peinture de la sensation centripète, aussi nous en induisons que si la représentation mentale va jusques à la reproduction de la perception primitive, c'est que cette perception, conservée en idée-image permanente dans la mémoire, est restée aussi parfaite que lorsqu'elle s'est formée, et en outre, nous en concluons encore que la faiblesse de la remémoration n'a pas sa source dans le peu de netteté des idées-images, mais dans le plus ou moins d'attention que l'on dirige sur ces idées. De plus, du moment que des somnambules ne peuvent faire reparaitre les objets remémorés supérieurs à ce qu'ils leur ont paru auparavant et tels qu'ils sont réellement, nous devons conclure, du simple au composé, qu'ils n'ont aucun don de devination, ce qui n'est pas en plus dans les sens, ne peut exister en plus dans l'intelligence.

Mais chez les dormeurs profonds, ce ne sont pas rien que des idées-images détachées que, par suggestion, on fait reparaître comme si elles étaient l'expression de la réalité sentie, ce sont aussi des séries de ces mêmes idées, des scènes entières parfaitement conduites et qui, n'ayant d'existence que dans leur cerveau, sont prises par eux pour la réalité. On a appelé hallucination cet acte psychique par lequel, en repliant, sans s'en douter, son attention sur le foyer mémoriel, on prend pour la réalité les images ravivées qui y sont conservées ; ce n'est donc autre chose que la sensation centrifuge, en temps qu'elle est cause d'une erreur de jugement. Il n'est pas besoin, pour qu'il y ait hallucination, que les idées-images rappelées apparaissent aussi vivement aux dormeurs que l'objet qu'elles représentent ; la preuve en est que le plus souvent, dans les rêves ordinaires, nos souvenirs sont ternis et bien au-dessous de la vérité et que, pourtant, nous n'en sommes pas moins hallucinés, puisque nous prenons ces souvenirs pour la réalité. C'est que, pour arriver à regarder comme vrai ce que nous nous représentons mentalement, il y a un autre élément au moins aussi nécessaire que la similitude de la sensation perçue ou centripète avec la sensation remémorée ou centrifuge : en nous endormant, nous cessons d'être les maîtres de mobiliser notre attention et, par là, de faire appel à des perceptions vraies pour contrôler les productions si bizarres de nos songes. Il s'ensuit donc alors, qu'étant incapables de faire acte d'initiative pour nous désabuser, nous acceptons sans résistance les créations mêmes décolorées de notre esprit, en vertu de cette fatale disposition à croire qui est une nécessité de notre existence. Et nous sommes à même de voir jusqu'à quel point l'on porte la crédulité, dans le sommeil profond, quand l'individu mis dans le plus léger degré de charme n'ajoute pas seulement foi à de pâles remémorations, mais admet les choses les plus absurdes comme, par exemple, qu'il est pape, qu'il est de verre ou qu'il a une tête de bois, etc. ; en cet état, il se croit être tout ce qu'on veut lui faire accroire, et il n'en peut être autrement, puisqu'on le met en idée fixe et, par suite, dans l'incapacité de reconnaître, par l'examen, la fausseté de ces ridicules chimères.

Les causes du développement de l'hallucination dans le sommeil sont donc, ainsi que nous venons de le voir, d'abord, l'afflux de l'attention sur des idées-images, d'où résulte une représentation mentale plus ou moins vive de ces idées, et ensuite, l'impossibilité où est le rêveur de pouvoir mobiliser cette force devenue inerte et rejeter ainsi, immédiatement, les sensations imaginaires qui s'imposent à l'esprit et que l'on accepte par une invincible disposition à croire.

Quand la sensation centrifuge est répercutée, à la fois et instantanément du foyer mémoriel aux sens, l'hallucination est désignée sous le nom de psycho-sensorielle et, quand elle existe, même sans les organes des sensations ou lorsqu'il y a solution de continuité du courant nerveux intermédiaire entre les sens et le cerveau, elle est appelée psychique, puisqu'elle est localisée dans l'organe de la pensée. Les auteurs apportent un certain nombre de preuves à l'appui de l'hallucination du premier genre, tel est le fait de la vision des objets remémorés dans le sens de la direction des yeux et celui de la déformation ou du dédoublement de ces objets, lorsqu'on exerce une pression sur les globes oculaires d'un halluciné. Ces faits sont la démonstration que cette hallucination se passe à la fois dans

le cerveau et les sens. On trouve des exemples d'hallucinations du second genre, sur les amputés qui ressentent
des douleurs dans les membres dont ils sont privés.
M. Lemoine a mis ce phénomène au nombre des sillusions,
c'est une erreur. L'illusion ayant, au moment où elle se
forme, son point de départ dans une sensation réelle et
présupposant, par conséquent, l'existence de l'organe sensible, il est absolument impossible de l'éprouver à l'aide
de nerfs qui n'existent plus. Il nous est arrivé, une fois,
d'observer tout à notre aise la marche de l'hallucination
psychique sur un de nos malades. Il avait été amputé pour
un éléphantiasis ulcéré de la jambe. Longtemps encore
après l'opération, ce malheureux ressentit des douleurs
aiguës aux membres qu'il n'avait plus. Comme, avant l'am-
putation, il avait pris l'habitude de diriger son attention
sur l'idée de son mal et d'alimenter ainsi sa douleur, il
arriva après, que par un mouvement inscient et machinal
de son esprit, le même mouvement de la pensée continua
et qu'il y eut une revivification par représentation mentale
des perceptions douloureuses éprouvées depuis longtemps. Lui ayant expliqué le mécanisme de son hallucination, nous le décidâmes, d'abord, à s'affirmer qu'il ne
devait plus souffrir là où il n'y a pas sujet de souffrances
et, ensuite, à s'occuper toujours au travail, pour empêcher
l'appel de l'attention sur l'idée fixe qui venait insciemment l'obséder ; par ces moyens combinés, il y aurait
plus de difficulté à ce que cette force tombât dans son pli
habituel, elle devrait reprendre du ressort et, par suite,
toute douleur devrait cesser. Que ce soit le traitement
rationnel mis à exécution ou le cours naturel des choses
qui en furent la cause, toujours est-il que les hallucinations psychiques de cet amputé disparurent. Ce système
de médication n'est pas à rejeter. C'était celui que Pascal
employait pour supprimer la vision de l'abîme présent à

ses yeux. L'écran qu'il plaçait devant lui, ne servait que comme signe aidant à remplacer l'image fixée dans son esprit par une autre qui en était la négation.

On ne distingue pas seulement les hallucinations en psychiques et en psycho-sensorielles, on les distingue aussi en morbides et en physiologiques. Toutes les fois que ces erreurs, produits de l'attention sur des idées-images remémorées, peuvent être ensuite rectifiées par l'esprit, elles sont physiologiques, telles sont celles du sommeil dont on se désabuse au réveil ; mais, au contraire, chaque fois qu'elles ne peuvent être détruites par une opération de la pensée, elles sont morbides.

Les germes de l'hallucination, comme ceux de tous les signes du sommeil, se retrouvent dans la veille et, même, ils y sont souvent très-développés. Si la plupart des hommes ne se représentent les objets que d'une manière obscure, il en est qui font reparaître dans leur esprit, avec tous les caractères de la réalité, les objets auxquels ils pensent et cela, parfois, avec autant de facilité que d'autres font des châteaux en Espagne. Pour eux, songer à un objet, c'est le voir, à un son, c'est l'entendre, etc. J'ai eu l'occasion de rencontrer cinq personnes fort raisonnables qui jouissaient de cet avantage artistique, sans être folles le moins du monde. On cite un certain nombre de personnages célèbres qui avaient aussi cette faculté de reproduction mentale au point de faire renaître la sensation centrifuge à l'égal de la sensation primitive, tels étaient Michel-Ange, Raphaël, Léonard de Vinci, Cardan, Th. Brown, J. Muller, Vincent Gioberti, Gœthe, Talma, Horace Vernet, Balzac, etc. Ce dernier raconte de lui que s'il se représentait un canif entrant dans ses chairs, il en ressentait les souffrances, et qu'en se figurant la bataille d'Austerlitz, il voyait les troupes se battre, il entendait le cliquetis des armes, la fusillade, le canon, le cri des blessés, etc. Vigan parle d'un peintre qui faisait poser ses conceptions devant lui et n'avait qu'à les copier. Des compositeurs de musique ont avoué entendre des symphonies rien qu'en y songeant, et, c'est sans doute une puissance créatrice de remémoration semblable qui permettait à Beethoven de composer, quoique ayant perdu le sens de l'ouïe, et à Milton, aveugle, de dicter à ses filles les splendeurs lumineuses du Paradis perdu. On donnerait ses oreilles ou ses yeux, pour éprouver de ces mille et une sensations presque inexprimables auxquelles il n'est permis qu'à peu de mortels d'arriver et dont le haschisch ne nous révèle les délices qu'avec désordre. Certes, ceux qui jouissent d'une faculté de remémoration si puissante ne sont pas loin d'être de véritables hallucinés, mais ils ne le sont jamais qu'à demi, parce qu'en même temps qu'ils conçoivent avec les tons de la réalité, ils savent fort bien ne pas prendre ce qui est pensé pour ce qui est réel. C'est dans cette catégorie qu'il faut placer les personnes éminemment impressionnables qui, par exemple, en asssistant à une opération souffrent avec le patient. Nous avons trouvé des femmes nerveuses qui ressentaient une vive douleur aux dents à l'instant où nous en arrachions à d'autres ; elles s'affirmaient involontairement la réalité de ce que souffraient ces opérés. M. le Dr Berigny (1) raconte que des personnes du sexe redoutant de devenir mères, aux cris d'une femme qui accouche, ressentent les mêmes douleurs sans être enceintes. Les bêtes mêmes jouissent, comme l'homme et à un assez haut degré, de la faculté de représentation mentale. Si, devant un chien, l'on frotte une assiette propre avec un morceau de pain qu'il a refusé et si on le lui redonne, cet animal, alléché par une sensation remémorée, se jettera avec avidité sur cet aliment. J'ai observé un fait du même genre chez un chat qui refusait

(1) Voy. Moniteur des hôpitaux, 12 janvier 1856, p. 39.

de manger sa pâtée, dès que l'on eut fait le geste d'y répandre quelque chose, il se figura, sans doute, qu'elle était assaisonnée, car il dévora alors cette même nourriture dédaignée par lui auparavant.

Cette vivacité de la représentation mentale s'élevant jusques à la sensation primitive de la réalité objective, chez des hommes éveillés et sains d'esprit, peut être appelée semi-hallucination, pour la distinguer de la remémoration ordinaire et de l'hallucination véritable. Si nous dénommons ainsi cette sorte de sensation centrifuge, c'est qu'elle est la conséquence d'une détermination libre et que, des deux facteurs de l'hallucination, la sensation remémorée portée à la plus haute puissance et l'incapacité morale de reconnaître cette sensation pour ce qu'elle est, le dernier de ses facteurs y fait complétement défaut. Mais, il faut le dire, la semi-hallucination touche à la folie, car nous avons remarqué sur nos somnambules que l'accumulation de l'attention entraîne l'impossibilité de son déplacement et, par suite, la difficulté de distinguer les conceptions fausses des vraies. Or, chez les hommes dont nous venons de parler, de l'afflux de cette force sur une idée-image au point de la faire réapparaître comme si elle était réelle à l'impuissance de juger si cette idée est la réalité même, il n'y a qu'un pas et ce pas est facile à franchir, ce que l'on peut entrevoir par l'observation des hypocondriaques qui, de la semi-hallucination passent à l'hallucination morbide, car ils regardent bientôt les douleurs qu'ils ont pris l'habitude de s'affirmer pour des douleurs non imaginaires.

C'est sur la faculté de se remémorer des idées-images à un degré plus ou moins rapproché de la sensation réelle, que nous nous sommes basés pour reconnaître les personnes capables d'être amenées dans le somnambulisme. Nous nous sommes assuré que plus la représentation mentale a été vive chez celles qui se sont mises entre nos mains, plus il a été facile de les endormir. Par le degré de netteté de la sensation centrifuge éprouvée par ces personnes à la suite de la suggestion, nous jugions de la profondeur du sommeil à laquelle elles pouvaient arriver, et, par l'intervalle qu'il y avait en elles entre notre affirmation et la reproduction de la sensation suggérée, nous en induisions à peu près le temps qu'il faudrait employer pour les plonger dans le sommeil profond. Le résultat de nos essais préalables, résultat confirmé ensuite par la nature du sommeil en voie de formation ou complétement développé, est bien une preuve indirecte que l'état de repos est, non-seulement d'autant plus parfait qu'on est doué d'une rare puissance de représentation mentale, mais qu'il est encore l'effet inévitable de l'afflux de l'attention sur une idée remémorée.

Nous avons reconnu que des sujets qui, au début, se représentaient obscurément une idée-image, finissaient peu à peu, même éveillés, à la faire réapparaître de plus en plus vivement, et, ils atteignaient le maximum de ce pouvoir, lorsqu'ils étaient arrivés dans le sommeil profond. Ce fait remarquable de progrès a déjà été constaté avant nous dans la science. M. Brière de Boismont (1), se fondant sur les expériences de M. le professeur Boisbaudran et sur l'opinion de M. le Dr Judée (2), admet qu'à force de se figurer l'image des objets, la représentation idéale se rapproche davantage de la réalité. Une preuve encore que nous pouvons invoquer à l'appui de l'opinion que nous soutenons, c'est que la plupart des spirites ne parviennent à se procurer de véritables visions, qu'après des exercices répétés et une longue contention d'esprit

(1) Voy. Traité des hallucinations, p. 450. Germer-Baillère, 1862, 3e édition.

(2) Voy. Gazette des hôpitaux, 1855, p. 317.

chaque fois. Il ne faut donc pas nous étonner , si l'habitude de la concentration de la pensée tend à faire naître la semi-hallucination , qu'il n'arrive souvent par là que l'attention perdant de son ressort, l'on ne tombe dans l'hallucination morbide, accident si fréquent chez les hommes en proie à des chagrins et à des préoccupations dont rien ne peut les distraire.

Il est un autre phénomène des rêves qui est désigné sous le nom d'illusion et que nous ne pouvons passer sous silence. Les illusions sont dues : 1° à l'influence des milieux ; les unes résultent de la réfraction des rayons lumineux comme dans le mirage et la reproduction des fantômes de Robestson ; d'autres tiennent à la diminution de la lumière solaire : ainsi, pendant le brouillard ou la nuit, les objets apparaissent avec des reliefs effacés ou des teintes uniformes , l'on prend une pierre pour un animal et son ombre, se réfléchissant sur les buissons au clair de la lune, pour un compagnon de route; 2° les illusions sont encore dues à la manière dont les sens sont organisés et fonctionnent. Par exemple, fait-on tourner un charbon allumé , on voit une circonférence de feu, au lieu d'un point lumineux traçant un cercle ; si l'impression des images sur la rétine durait moins qu'un tiers de seconde, on n'aurait pas la possibilité de voir une circonférence étincelante là où il n'y en a pas; 3° enfin, il y a des illusions qui sont causées par l'affaiblissement des sens. Les myopes ne prennent-ils pas souvent une personne pour une autre, une rivière pour un chemin, etc. ? Et, ce que nous venons de dire pour un organe de perception , nous pouvons l'appliquer aux autres. Or, c'est dans cette dernière classe d'illusions que se placent celles des rêves ordinaires. Bien que les sens soient devenus obtus tandis que l'on dort , ils n'ont pas tous perdu entièrement leurs fonctions , surtout dans le sommeil léger, il y reste toujours de l'attention libre, mais insuffisante pour permettre des sensations nettes : percevant les sensations d'une manière incomplète, on les prend nécessairement pour ce qu'elles ne sont pas.

Mais ce qui, chez les rêveurs, caractérise certaines illusions, c'est qu'en outre des perceptions affaiblies qui les conduisent forcément à l'erreur, leur esprit fait une interprétation exagérée de ces perceptions. Le dormeur, par suite de l'accumulation et du ralentissement de l'attention, n'ayant plus le pouvoir de contrôler par les autres sens et par des idées suscitées à son gré, ce qu'il éprouve faiblement à l'aide de l'un d'eux, accepte les sensations incomplètes du moment sans pouvoir s'en rendre compte et il en grossit l'idée fausse qu'il s'en fait, au moyen de l'attention accumulée au cerveau. Chez lui, cette force qu'il ne peut maîtriser s'empare de l'idée-image obscure, lui donne un sens, l'amplifie, l'arrange dans le canevas du rêve et c'est ainsi, qu'une piqûre de puce, à peine sentie, devient un coup de poignard et qu'un bourdonnement de mouche est pris pour le roulement du canon. Il y a donc une illusion du sommeil qui n'est autre chose que le résultat d'une perception éprouvée, d'une manière obscure, mais dont l'image au cerveau est parfois grossie démesurément.

On peut distinguer dans l'état de repos, deux formes d'illusions, les unes plus communes qui, venant d'une faible perception, sont des interprétations erronées de l'esprit et sans aucun grossissement, de même que chez l'homme éveillé, et les autres plus rares qui, peu perçues, sont interprétées faussement et avec exagération. Ces dernières ne sont autre chose que des illusions dont l'idée fausse est augmentée secondairement par une vive représentation mentale, ce que l'on peut traduire en disant qu'elles sont doublées par une hallucination physiologique.

Les illusions simples et les illusions exagérées sont

plutôt l'apanage des rêves du sommeil ordinaire que du somnambulisme, cela se comprend : le somnambule, par le fait de la concentration de sa pensée, s'il est, d'une part, en rapport avec le monde extérieur, ne l'est qu'avec peu de personnes ou d'objets et, alors, ses sens n'en étant par là que plus parfaits, il est difficile qu'il puisse être trompé ; d'autre part, s'il est isolé du reste de ce qui l'environne à tel point que, dormant profondément, il n'ait plus pour ainsi dire de perceptions, il lui est encore plus impossible d'avoir de ce côté des illusions, puisque les organes des sens ne fonctionnent plus consciemment. L'illusion ne peut naître que chez les somnambules qui ne sont pas entièrement insensibles ; on en a vu qui introduisaient dans leurs rêveries, sous cette forme, les sensations qu'on leur faisait éprouver pour les réveiller.

Nous venons de voir l'hallucination venant grossir les idées produites par illusion des sens, chez les dormeurs. Ce double phénomène à courants, le premier centripète, le second centrifuge, tous deux s'associant dans un même ordre d'idée, n'est pas toujours physiologique comme dans les rêves, on le rencontre aussi sous la forme morbide dans l'état de folie. Ainsi, à un bruit qu'il entend, un aliéné répond comme si on lui adressait la parole, à la vue d'un caillou, il se figure un diamant, etc. Dans ce dernier cas, par exemple, il revêt un morceau de granit qui frappe sa vue avec l'idée de diamant qui est dans son cerveau. Le fou est tellement distrait, qu'il n'est pas étonnant qu'il se trompe sur les objets de ses perceptions et qu'il les embellisse avec les images dont il est presque exclusivement assailli ; il fait donc comme les dormeurs, il greffe une idée qui est dans son esprit sur l'impression imparfaite de ses sens et, par l'attention en excès dirigée sur cette idée, il crée une hallucination.

L'illusion, chez l'homme éveillé et sain d'esprit, se combine aussi avec la semi-hallucination dont nous avons parlé. On rapporte que Josué Reinolds, en sortant de son atelier, prenait les réverbères pour des arbres et les femmes pour des buissons agités. Comme il était encore préoccupé de ce qu'il venait de peindre, il mêlait les perceptions vraies, mais vagues, qu'il éprouvait avec les sensations remémorées qu'il n'avait pas encore chassées de sa pensée.

On le voit, il existe parallèlement aux semi-hallucinations et aux hallucinations morbides et physiologiques, des illusions des sens compliquées de ces trois sortes d'hallucinations.

En résumé, les hallucinations du sommeil, lorsque le dormeur est sain de corps, sont psycho-sensorielles et physiologiques. On les distingue de celles qui son morbides en ce que, au réveil, on peut les rectifier et s'en désabuser. Ces hallucinations, comme les autres, sont des remémorations involontaires dues à l'attention accumulée sur des idées-images, idées rendues d'autant plus énergiquement, que cette force abonde dans le foyer de la mémoire.

Pour qu'il y ait hallucination, il n'est pas besoin que les idées-images remémorées revêtent à s'y méprendre les apparences de la réalité, il suffit qu'en vertu de son accumulation, l'attention ait perdu de son ressort et que, pour cette cause, l'on ne puisse faire effort, afin de contrôler, à l'aide des sens et du raisonnement, les sensations centrifuges que l'on a fait naître.

Il y a des hommes éveillés et sains d'esprit qui jouissent de la faculté de se représenter des idées-images à volonté et avec les caractères véritables de la réalité. Comme ils savent fort bien discerner ces sensations remémorées des sensations vraies des objets qu'elles représentent, nous avons appelé semi-hallucinations ces productions d'une faculté éminemment artistique. Il est vrai de dire qu'elle n'appartient qu'aux hommes placés sur les limites de la folie.

Il est possible, par un exercice prolongé, d'acquérir une plus grande perfection de la faculté de représentation mentale. Il est même des hommes, les spirites, qui, à force de chercher des visions, finissent par devenir visionnaires.

Un autre phénomène remarquable des rêves, ce sont les illusions. Elles sont toujours l'effet de sensations imparfaites. Quelquefois, elles sont revêtues par l'esprit de conceptions imagées, c'est ce qui nous les a fait distinguer en illusions simples et en illusions exagérées, c'est-à-dire, compliquées d'hallucinations.

Enfin, si les hallucinations sont le propre des deux formes du sommeil, les illusions se produisent rarement dans le sommeil profond.

VI.

Effets de l'attention accumulée sur les fonctions intellectuelles.

La sensibilité, qui a son point de départ dans les sens et son siége dans le cerveau, puis, la mémoire, qui conserve les empreintes ou idées fruits des perceptions, sont deux facultés primitives et parfaitement distinctes entre elles. Il est, en outre, une troisième faculté qui est la base conditionnelle de celles-ci et forme avec elles le trépied des éléments de la pensée, c'est l'attention. Sans cette dernière, force éminemment active et créatrice, ni sensation, ni empreinte idéale, ni souvenir possible. Ces facultés ne sont pas seulement distinctes par leurs caractères fonctionnels tranchés, elles le sont aussi par des différences marquées ; la sensibilité s'exerce sans manifestation consciente de l'attention, tandis que celle-ci est occupée ailleurs, et, sans le secours de cette force nerveuse, la mémoire reçoit et conserve aussi les empreintes des idées, elle paraît tellement à part de la sensibilité et de l'attention, qu'elle garde les souvenirs intacts pendant que les deux autres facultés continuent d'agir dans un autre sens. Mais l'attention, la première des trois, est la plus essentielle. C'est elle, il faut le répéter, qui permet aux sensations d'avoir lieu, c'est elle qui les imprime dans la mémoire et c'est elle, enfin, qui fait surgir les souvenirs conservés dans cette dernière, qu'ils y aient été déposés consciemment ou non. Mais ce n'est pas seulement là le rôle de l'attention, elle n'associe les idées-images ou les idées pures que par un effort elle a extraites de ces premières, elle les dissocie, les compare, et, s'élevant plus haut, elle déduit à l'aide de ces idées, elle abstrait, généralise, raisonne, juge en un mot. Il ne faut pas s'étonner que, lorsque l'attention est portée à faire acte d'intelligence, les sens soient devenus insensibles et que, quand elle est tout aux sens, elle ne soit pas au raisonnement; son unité consciente et locale d'action nuit à son ubiquité. Ainsi, d'après ce qui précède, l'intelligence n'est pour nous qu'une faculté venant après les précédentes qui en sont chacune des conditions, et elle est due à la réaction de l'attention sur des idées mémorielles simples ou complexes. On doit le remarquer, c'est la même force, l'attention, cette cause pourquoi l'on perçoit, que l'on garde des idées dans la mémoire et que l'on se souvient, qui est aussi la cause, ou plutôt, le moteur essentiel de la faculté la plus relevée, la plus complexe et la plus importante de toutes que l'on nomme intelligence. Nous avons trouvé, dans Laromiguière (1), un passage à l'appui de notre manière

(1) Voy. Leçons de philosophie, t. I, p. 101. Paris, Brunot-Labre, 1815.

de voir sur l'attention comme principe moteur des phénomènes intellectuels et comme preuve que c'est d'elle que part l'effort du raisonnement. « Par l'attention qui concentre la sensibilité sur un seul point ; par la comparaison qui la partage et qui n'est qu'une double attention, par le raisonnement qui la divise encore et qui n'est qu'une double comparaison, l'esprit devient donc une puissance, il agit, il fait. » Quoiqu'il soit peu nettement rendu, on entrevoit que le sentiment de Laromiguière est que l'attention est la première condition de l'intelligence, faculté à laquelle on attribue les fonctions de comparaison et de raisonnement. Du moment que l'attention concentrée donne, pendant le sommeil, un surcroît d'activité à la sensibilité et à la remémoration, il doit s'ensuivre que lorsqu'elle s'accumule pour mettre des idées en mouvement, elle doit être aussi cause d'un développement d'esprit plus marqué que dans l'état de veille. d'autant plus que l'intelligence peut avoir à son service des sens plus parfaits et une mémoire plus sûre.

Nous ne voulons pas étaler ici des preuves à l'appui de l'exaltation des facultés intellectuelles chez les somnambules, tous les auteurs en rapportent assez d'exemples pour que nous nous dispensions d'y joindre notre contingent. Ce qui nous a le plus frappé, c'est la puissance de déduction de ces rêveurs. Sur un grand nombre, on peut saisir des opérations d'esprit dont ils sont incapables dans leur état ordinaire. Quand on le leur suggère, ils mettent leurs sens et leur mémoire au service de leur raison et, s'ils partent de prémisses vraies, ils arrivent parfois à des résultats qui mettent les esprits forts en méfiance ou en déroute. Quelle que soit la conséquence de leur élaboration intellectuelle, la trame de leur raisonnement est logique et rapide, c'est ce qui fait croire qu'ils parlent par inspiration, quand, en un clin-d'œil, ils répondent à une question à laquelle on ne peut d'ordinaire arriver que par une longue déduction. Nous avons pu nous faire rendre compte, par des somnambules, de la marche qu'avait suivie leur pensée après qu'ils nous avaient répondu avec une rare lucidité. De prime abord, les réponses qu'ils donnent leur paraissent intuitives, mais, en les aidant, on finit par leur faire disséquer le travail de leur esprit et l'on remarque comment, sans qu'ils s'en aperçoivent, ces dormeurs vont avec sens dans leurs déductions. Nous sommes à nous étonner que les magnétistes n'aient pas éduqué des somnambules à résoudre des problèmes comme en résolvent les frères Mondeux et le vosgien Grandemange qui sont, les deux premiers dans un état voisin de l'idiotisme et, le dernier, sans bras ni jambes, conditions congéniales et exceptionnelles favorisant l'accumulation de l'attention sur une seule faculté, comme il arrive dans le sommeil profond où l'on est à l'abri de toute distraction venant du dehors.

Le dormeur ordinaire parvient difficilement avec exactitude à calculer le temps qui s'écoule, il rapporte souvent à des jours et même à des années un travail d'esprit qui ne dure que quelques minutes. Cependant, il faut le dire, il compte très-bien les heures, lorsqu'il s'endort avec la pensée de s'éveiller à un moment fixé d'avance. Cela doit nous amener à croire que les somnambules sont capables d'en faire autant. En effet, une des choses qu'ils parviennent à juger le mieux, c'est réellement celle-ci ; rarement, lorsqu'ils sont très-concentrés, ils se trompent sur l'heure qu'il est, si surtout ils savent à la minute près quand ils se sont endormis. A propos de ces somnambules, A. Bertrand écrit (1) : « Un homme qui se livre à une occupation dont il a l'habitude pourra, même, ne se

____

(1) Voy. Traité du somnambulisme, p. 475.

tromper que de quelques minutes sur plusieurs heures,
surtout s'il juge du temps qui s'est écoulé par le travail
qu'il a exécuté. Quelle exactitude, à plus forte raison, ne
doit-on pas remarquer chez un homme qui juge le temps
d'après des sensations incomparablement plus régulières
que ne peuvent l'être les sensations extérieures les plus
uniformes, quand il peut acquérir la connaissance des différents intervalles par le travail des organes intérieurs? »
Ces lignes sont sensées. Il est évident que, n'étant plus
distrait par les sens, le dormeur replié sur lui-même ap-
précie le temps sur son chronomètre organique; mais,
est-ce là la seule explication de ce fait? Le somnambule
qui est occupé à agir ou à causer tout le long de son sommeil et qui, lorsqu'on l'interpelle pour lui demander l'heure
qu'il est, ne se trompe pas d'une minute, n'a-t-il pas senti
s'écouler le temps sur sa besogne de causerie, etc., comme
l'ouvrier d'A. Bertrand l'a senti passer d'après son travail?

Nous avons lu dans l'ouvrage de M. A. Maury (1) que
M. Baillarger a rapporté à la Société médico-psychologique,
« que le somnambule peut lire sur les lèvres du magnétiseur, et deviner, comme le pratique le sourd, par leur
simple mouvement, les paroles que celui-ci articule quelquefois à voix basse, voire même mentalement, mais en
s'accompagnant d'un mouvement des lèvres. » Le somnambule de profession, qui a déjà observé les yeux ouverts,
est capable de traduire la pensée en interprétant l'agitation du pourtour de la bouche, ainsi qu'il le fait d'après
l'expression générale de la face; mais celui qui est novice
n'a pas ce talent, ou du moins nous en doutons, à moins
qu'il n'ait acquis, pendant la veille, quelque peu d'expérience de la mimique buccale. C'est le plus souvent par le
jeu de la physionomie sur lequel chacun a des connais-

(1) Voy. Du sommeil, p. 310.

sances, même les animaux, que les dormeurs peuvent traduire ce que l'on exprime mentalement.

Si, comme le dit M. A. Maury (1), le somnambule artificiel entend à de grandes distances, s'il perçoit les moindres bruits, s'il reconnaît par le simple toucher la nature et la forme d'une foule d'objets, s'il sent des odeurs qui échappent à notre odorat dans l'état ordinaire, si (2) la surexcitation du toucher lui permet, en prenant la main de l'interlocuteur, de mieux apprécier les émotions auxquelles il est en proie et les sentiments qui l'animent, enfin, attendu qu'il n'est rien dans l'intelligence qui n'ait sa source dans les sens et que, là où les sensations sont vives et, par conséquent, la mémoire développée comme dans le sommeil profond, il y a de meilleures conditions au développement de l'esprit, on ne peut révoquer en doute ces paroles de Cabanis (3) : « Rien n'est moins rare que de voir des femmes (car, par plusieurs raisons faciles à trouver, elles sont les plus sujettes à ces désordres nerveux), rien n'est moins rare que de les voir acquérir, dans leur accès de vapeur, une pénétration, un esprit, une élévation d'idées, une éloquence qu'elles n'avaient pas naturellement ; et ces avantages, qui ne sont alors que maladifs, disparaissent quand la santé revient. Robert Witt, Lorry, Sauvages, Pomme, Tissot, Zimmermann, en un mot, tous les médecins qui traitent des maladies des nerfs, citent beaucoup de faits de ce genre. J'ai souvent eu l'occasion d'en observer de très-singuliers ; j'en ai même rencontré des exemples, quoique plus rarement sans doute, chez certains hommes sensibles et forts, mais trop continents. » Nous croyons d'autant plus à ces asser-

(1) Voy. Du sommeil, p. 276.
(2) Voy. Du sommeil, p. 310.
(3) Voy. Rapport du physique et du moral, t. I, p. 285.

tions de Cabanis que les malades dont il parle sont pour nous des rêveurs tombés dans des formes du sommeil morbide ; si alors leur intelligence peut devenir aussi développée, à plus forte raison doit-elle l'être dans le sommeil physiologique à son plus haut degré de profondeur.

Mais d'où vient, malgré tant de faits certains de surexcitation des sens, de la mémoire et de l'intelligence, que le plus souvent, les somnambules sont si peu semblables à eux-mêmes, d'où vient une si grande infériorité à côté d'une si grande supériorité d'esprit ? D'abord, il faut le dire, il y a diverses espèces de dormeurs et, dans le nombre, l'on trouve peu de somnambules capables de tomber dans un sommeil où la concentration de la pensée et l'isolement des sens soient assez complets, pour que le développement intellectuel concomitant soit très-marqué. En outre, un somnambule lucide étant donné, ce n'est jamais qu'un rêveur manquant de cette mobilité de l'attention qui fait la supériorité de l'homme éveillé, et qui permet à ce dernier, non-seulement de transporter successivement cette force nerveuse aux organes de perception pour se mettre en rapport avec le monde extérieur, mais aussi de rectifier l'erreur d'un sens par le contrôle d'un autre sens, ou l'erreur d'un jugement par l'appel de matériaux pris dans la mémoire. De plus, un pareil rêveur, en vertu de l'impulsion reçue, suivra bien le plan incliné d'une déduction logique ; mais, faute de pouvoir faire un effort libre, il ne saura, par les sens, par une remémoration d'idées ou de motifs résultant de son expérience passée, juger si les prémisses de ses raisonnements sont vraies et discerner si les conséquences obtenues ne sont pas absurdes. Qu'y a-t-il à attendre d'un homme qui, d'ordinaire et en vertu de l'accumulation localisée de son attention, n'a qu'un seul sens en action ou pas du tout, d'un homme qui n'a qu'une seule faculté en fonction, soit la mémoire, soit la faculté complexe du raisonnement, ou d'un homme enfin, tel que ce dormeur peu profond qui n'a souvent que des perceptions obtuses, des pensées vagabondes, un esprit à la remorque de la moindre sensation et du premier jeu venu de la loi de l'association des idées ? Sans cette solidarité, ce secours mutuel qui, pendant la veille, existe, à l'aide du lien commun de l'attention libre, entre les sens, les idées mémorielles et le raisonnement, qu'espérer de cet être amoindri qui n'est grand que dans un détail ? Ainsi, si le dormeur profond est toute lumière dans chaque organe ou chaque faculté agissant à part, parce que l'attention s'y accumule aux dépens des autres fonctions, il est, par contre-coup, toutes ténèbres ailleurs. S'il perçoit avec vivacité à l'aide d'un sens, ses autres sens sont obtus et sa pensée s'éteint ; s'il évoque des souvenirs, il ne sent ni ne raisonne ; s'il raisonne, il ne sent pas ; somme toute, s'il exerce une faculté ou un organe, les autres deviennent inertes. Il y a plus, c'est que non-seulement le somnambule, par suite de la paresse de son attention, est sujet à se tromper, non-seulement il ne comprend qu'un seul côté des choses, faute de pouvoir se contrôler, mais il va plus loin, il se crée des sensations factices qu'il prend pour réelles (par exemple, à la vue d'un mouvement des lèvres, il entend des mots qui n'ont d'existence que dans sa pensée) ; et une fois dans le vaste champ des hallucinations, la raison, ce flambleau qui pouvait encore l'éclairer, s'éteint tout à fait. Il ne faut pas penser qu'il soit possible de guider un somnambule sur la voie des découvertes ; le tenter, c'est mettre son intelligence à la place de la sienne, c'est annihiler les conditions où il pouvait être lucide. Veut-on, pour le rendre clairvoyant, supprimer son isolement, rendre ses rapports plus étendus ? Il arrive alors qu'au lieu d'avoir acquis quelque peu plus de pénétration, il redevient comme s'il était éveillé, par cela que son attention d'accumulée sur un seul sens, une seule faculté, etc., est redevenue disséminée sur toutes les fonctions auxquelles elle présidait pendant la veille. Le somnambule perd donc en étendue ce qu'il gagne en profondeur. S'il pénètre, par ses facultés, plus loin que lorsqu'il est éveillé, il n'y pénètre le plus souvent qu'en détail et, cette supériorité étroite, une simple affirmation la peut réduire à néant. En vertu de sa crédulité native, un enfant le fait demeurer l'esprit fixe sur les idées les plus absurdes concernant le monde extérieur et lui-même. Car, si on lui exprime tour-à-tour ce qu'il y a de plus étrange et de plus opposé, il lui est impossible de rectifier ces idées contradictoires ; il suffit même qu'on lui en fasse la suggestion, pour qu'en véritable perroquet, il redise bètement, et comme des vérités, les niaiseries et les sottises qu'on sort de lui débiter. Aussi, les magnétistes sont-ils d'accord pour assurer que les phénomènes de lucidité n'apparaissent que comme l'éclair dans un ciel sombre et, ils ont grandement tort, ceux qui vont puiser près de leurs sybilles, des renseignements pour les instruire sur ce qui n'est pas de ce monde, lorsqu'elles trébuchent à chaque pas pour les guider dans celui-ci.

Puisque nous en sommes sur la supériorité de l'intelligence des dormeurs profonds, après ce que nous venons d'écrire, il n'est pas de place plus convenable que celle-ci pour se demander ce que le moi est devenu chez ces dormeurs. On appelle ainsi, ce qui en l'homme a conscience de l'existence, ce qui se perçoit et se conçoit. Envisagé de cette façon, le moi est bien ce qu'il y a de plus capable d'augmentation et de diminution ; il est augmenté par le développement progessif des organes et des facultés, par les connaissances que l'on acquiert, etc., et il est diminué par la perte des sens, par les maladies, etc. Comparativement à ce qu'il est dans l'état de la santé, on peut dire que, dans le sommeil profond même , il devient toujours amoindri. Ainsi, au moment où l'on entre en somnambulisme, on n'a souvent plus conscience que d'une seule idée, celle dans laquelle on s'est endormi, le reste de l'être est comme s'il n'existait pas. Le dormeur ayant son attention immobilisée, il s'en suit que cette force ne lui donne plus la conscience de ses sens, de ses souvenirs, de son corps, parce qu'il est incapable de faire effort pour la déplacer. Faute d'initiative, son moi est donc réduit à sa plus simple expression. Et même lorsque, par affirmation, on a rendu au dormeur ses facultés, ses organes, au point qu'il paraît comme s'il était éveillé, il arrive que s'il fait fonctionner l'un d'eux avec une certaine activité, c'est aux dépens et à l'exclusion des autres ; la conscience qu'il a de son être redevient toujours étroite et, quand il a des sens délicats, ou une mémoire étonnante, ou une logique profonde, il perd d'un côté ce qu'il gagne de l'autre ; tout entière sur un point, son attention finit par abandonner les autres parties de l'organisme et, le sommeil cesse-t-il, il ne reste plus rien de ce qui s'est passé dans l'esprit, c'est une bulle de savon qui éclate.

C'est ici le lieu de jeter un coup d'œil sur les opinions des magnétistes à propos des facultés transcendantes que les somnambules auraient dans leur état de sommeil, opinions qui ont été la cause pourquoi les savants ont rejeté comme déraisonnables les choses qui nous occupent.

Le paradoxe le plus vraisemblable, la transposition des sens, a été établi pour la première fois par un médecin, dont les fameuses cataleptiques entendaient, odoraient, goûtaient et voyaient par le creux de l'estomac ou avec le bout des doigts. Certainement, Petétin est tombé dans l'erreur, il a mal interprété les faits qui se sont passés sous ses yeux, mais il ne s'est pas plus trompé que le plus habile

des docteurs, quand il raconte gravement que ses malades guérissent, grâce à l'administration des remèdes
qu'il leur prescrit. Cet homme trop enthousiaste, mais
loyal, ne considéra que le fait brut et le jugea sous ses
apparences trompeuses, il ne chercha pas s'il se mettait
en contradiction avec la saine physiologie. Il est probable
qu'à sa place ses contradicteurs, moins dévoués à la
science et plus dévoués à eux-mêmes, se seraient tus et
ils auraient fait plus mal. D'autres observations à peu
près du même genre que celles de cet auteur sont venues
les confirmer. Il ne s'agit donc plus de nier, il faut aborder la question de la prétendue transposition des sens et
savoir ce qu'il y a dessous. Une explication en faveur de
l'opinion de Petétin et qui, de prime abord, s'offre à
l'esprit, c'est que les sens n'étant tous que des organes
spéciaux du tact, on devrait conclure que, puisque l'on
touche avec la muqueuse nasale, la langue, les yeux, etc.,
chacun de ces sens peut bien remplacer les autres dans certains états exceptionnels de l'organisme et que ce ne doit
pas être chose impossible d'entendre, de goûter, d'odo-
rer et de voir avec le creux de l'estomac ou le bout des
doigts. Mais des expériences irréfutables démontrent qu'une
telle explication n'est rien moins que spécieuse ; il est
prouvé que les nerfs sensibles, intimement unis qu'ils sont
avec leurs organes, ne remplissent jamais que leurs fonctions spécifiques. Si on les excite l'un après l'autre par un
courant électrique, la sensation qui en résulte est toujours
la sensation particulière à chacun d'eux. Sans aller loin
chercher des preuves, la pression sur le globe oculaire
ne suffit-elle pas pour y faire naître une impression lumineuse, et un coup au voisinage de l'oreille n'y fait-il pas
percevoir des tintements ? Ainsi, quel que soit le genre
d'excitation qui réveille la sensibilité des sens, leurs nerfs
y répondent par la sensation qui leur est propre. Du reste,

rien que la structure de ces organes et leur distribution particulière dans le corps, indiquent qu'ils ont des propriétés spéciales. Si Petétin et les observateurs qui ont admis la transposition des sens avaient connu ce que nous venons de rappeler, ils aurait cherché à s'expliquer différemment pourquoi des malades et des dormeurs paraissent avoir les sens transposés ; si ces derniers, par exemple, ne répondent que quand on leur parle au creux de l'estomac ou ailleurs, ces hommes de science auraient reconnu dans ce fait que, chez ces sujets de leur observation, en vertu de l'attention accumulée, la pensée sort de leur cerveau comme la lumière sort d'un prisme, et, ces mêmes savants n'auraient pas accepté des faits couverts d'un déguisement, pris la forme pour le fond. Ce qui les a induits en erreur, c'est qu'ils n'ont pas soupçonné que les individus soumis à leur examen, par une représentation mentale négative et passée à l'état d'idée fixe, faisaient d'abord abstraction de tous les sons qui n'étaient pas prononcés au bout de leurs doigts ou sur leur estomac. Ils n'ont pas ensuite entrevu que ces mêmes individus rapportaient leurs perceptions auditives aux organes du toucher, par une fausse interprétation établie fixement aussi dans leur esprit. Nous avons amené des somnambules dans des conditions psychiques tout à fait semblables à celle des cataleptiques de Petétin et, pour y arriver, il nous a suffi de leur suggérer les deux idées principales qui forment la base des phénomènes que ces cataleptiques ont présentés : d'abord, l'idée fixe de ne répondre qu'aux questions faites sur le creux de l'estomac et, ensuite, celle de faire abstraction des paroles non adressées à la même place. Si ces somnambules, pleins de crédulité, rapportaient au tact ce qui appartient à l'ouïe, c'est qu'il leur était impossible de vérifier cette fausse idée par un retour volontaire de l'attention sur leur manière de percevoir et, s'ils ne paraissaient avoir connaissance que de certaines paroles, c'est qu'ils étaient véritablement dans un état analogue à celui de l'halluciné ; seulement, au lieu d'entendre des sons sans réalité objective, ils arrivaient, par une représentation mentale à l'inverse, à faire abstraction des sons réels qui n'étaient pas produits sur un point particulier de leur corps. Ce qui vient d'être dit sur l'ouïe et le tact, en apparence transposés, peut s'attribuer à la prétendue substitution des autres sens entre eux et avec ceux-ci pendant le sommeil.

La faculté transcendante de transposition des sens n'est pas la seule que les adeptes du merveilleux aient accordée aux dormeurs ; la vue à travers les corps opaques, la communication de pensée et le don de prophétie ont été soutenus par eux avec chaleur. Pour notre part, nous avons cherché ces phénomènes d'un ordre que beaucoup prétendent surnaturel et, quand ils se sont présentés, nous ne les avons jamais reconnus sans liaison avec les facultés et les organes tels qu'ils fonctionnent normalement.

Nous avons rempli nos cahiers de notes sur des prophéties de somnambules, nous en avons même eu entre les mains venant d'extatiques en renom, pas une prédiction n'a satisfait aux conditions parfaitement posées par M. A.-S. Morin (1) ; « 1° date certaine de la prédiction avant l'événement ; 2° clarté et précision de la prédiction, de sorte qu'elle ne puisse s'appliquer qu'à l'événement ; 3° constatation régulière de l'événement. » Toutes sont tombées à faux.

Ce n'est pas avec une moindre ardeur que nous nous sommes efforcé de trouver des preuves de la vue à travers les corps opaques. Sur plus de vingt essais, les résul-

(1) Voy. du magnétisme, p. 202, Germer-Baillière, 1860.

tats de nos expériences ont été négatifs. C'était dans une boîte hermétiquement fermée que nous placions ce que nous écrivions ou ce que nous faisions écrire. Une de nos expériences nous fit une fois comprendre que l'on peut paraître voir à travers des objets non transparents sans y voir. Nous avions fait placer dans une boîte quelques mots de l'écriture d'une jeune fille, mots dont nous n'avions nullement pris connaissance et qui furent remis entre les mains de sa mère alors en somnambulisme. La dormeuse, de bonne foi, déclara ne rien distinguer. Quand à nous, nous pensâmes qu'une fille de quatorze ans ne pouvait guère tracer sur un billet à l'adresse de sa mère que ces paroles : « je vous aime » ; c'était de circonstance. Lorsqu'on ouvrit la boîte, cette phrase s'y lisait. A la place de cette dormeuse, une somnambule de profession, peu scrupuleuse, aurait pu soupçonner comme nous la pensée la la plus probable et, devinant juste, la vision à travers les corps opaques était prouvée pour l'expérimentateur.

De toutes les facultés attribuées à des principes de physiologie non admis dans la science, c'est la propriété de connaître la pensée des autres qui, seule, nous a présenté des apparences d'exister chez les dormeurs profonds. La vraisemblance d'une telle propriété ressort de tous les rapports que nous avons eus avec eux. Après les faits de surexcitation des sens, ceux de ce genre nous ont le plus frappé. Malgré le témoignage d'hommes compétents, notre opinion n'est pourtant pas qu'il y ait une faculté transcendante de communication de pensée. Nous nous fondons sur ce que jamais un somnambule n'a répondu à un ordre ou à une question que nous lui adressions mentalement, bien que nous l'eussions averti d'avance de notre intention. MM. les Drs Bellanger et Gromier auraient été plus heureux que nous, ils ont relaté avoir réussi dans de semblables expériences, d'où ils concluent à une action cérébrale d'un individu actif sur un individu passif, à une identification du plus faible avec le plus fort, au point que ce dernier remplace l'autre dans son esprit.

Nous ne nions aucun fait de transmission de pensée, pas même ceux qui ont servi de base à la théorie de ces médecins; mais, à propos de ces faits, notre manière de voir est différente de l'explication de ces auteurs et de toutes celles que l'on a émises. Nous nous rallions à l'opinion rationnelle de M. A. Maury. Puisque, à l'aide des sens et des idées acquises avec le concours de ces organes, il nous arrive souvent de deviner la pensée des autres en les observant, pourquoi ne pas admettre simplement que les somnambules la connaissent de même et encore avec plus de facilité, en raison de leur sensibilité exagérée et de leurs facultés mentales plus développées ? Pour arriver à traduire notre pensée, il suffit à ces dormeurs du contact des mains, d'un bruit, d'un mouvement, d'un son de voix, en un mot, d'un de ces riens presque imperceptibles qui nous trahissent sans que nous nous en doutions, riens qu'ils observent et interprètent. Chercher des explications en dehors de la surexcitation des sens, comme point de départ ordinaire de la transmission de pensée, c'est se perdre dans les nuages. M. A. Maury (1), qui reconnaît combien les sens des somnambules « sont apts à percevoir les impressions les plus légères et à discerner les différences de sensations qui nous échappent dans l'état normal, » lorsque nous nous approchons de ces rêveurs, M. A. Maury (2) se rend encore compte d'un autre mode de transmission de pensée. Nous ne saurions mieux faire que de le citer textuellement. « Mais quand même on réussirait à mieux établir, qu'on ne l'a fait jusqu'à ce jour,

(1) Voy. Du Sommeil, p. 310.
(2) Voy. Du Sommeil, p. 209.

qu'il peut, en quelques circonstances, s'opérer une transmission de pensée, il faudrait simplement en conclure que,
par suite d'une liaison étroite qui s'établit entre deux
organismes placés sous les mêmes influences, telle opération intellectuelle s'exécute de la même façon dans les
deux cerveaux et aboutit au même résultat. » Nous avons
été à même de reconnaître sur des dormeurs la vérité de
cette interprétation que son auteur appuie de faits observés
sur des hommes en santé ou malades. Nous avons rencontré des personnes et, entre autres, un de nos amis et
sa femme, auxquels il arrivait parfois de faire absolument
les mêmes rêves dans la même nuit. Ces personnes, vivant
ensemble, avaient éprouvé les mêmes impressions, s'é-
taient occupées des mêmes pensées ; or, par suite d'un
déroulement logique, d'une association d'idées partant
des mêmes prémisses, elles aboutissaient à un rêve de semblable nature. Une singulière communication apparente
de pensée, dont nous avons été témoin, et qui a quelques
rapports avec ce que nous venons de développer, vient
confirmer plus directement la théorie précédente, c'est
celle que nous a présentée une jeune fille qui, endormie,
répondit plusieurs fois de suite à des questions mentales
ayant rapport au même sujet. Nous attribuons ce remarquable fait à ce que, d'abord, cette dormeuse connaissait
les préocupations morales de la personne qui l'interrogeait
et, ensuite, à ce que l'idée principale de la conversation
étant trouvée, la consultante et la somnambule suivaient
la marche naturelle et logique du discours, l'une, dans
ses demandes, et l'autre, dans ses réponses.

Pour en finir avec la lucidité transcendante, nous le dé-
clarons donc, nous ne nous inscrivons pas en faux contre
les faits qui y ont rapport et que des auteurs recomman-
dables ont constatés, mais nous regardons seulement comme
inadmissibles les explications qu'ils en donnent, parce

qu'elles s'écartent trop de ce qui est positivement acquis à la science.

Si l'on entrevoit encore un abîme entre ce que l'on a observé et les données de la physiologie positive, si l'on ne croit pas pouvoir combler cet abîme par une interprétation rationnelle, comme nous avons essayé de le faire, que l'on s'arrête plutôt et que l'on se mette à l'œuvre de nouveau, l'on fera mieux que de se perdre dans des divagations et de recourir au surnaturel, ce refuge de la raison des pauvres d'esprit. C'est la faute à notre savoir, à notre jugement, quand nous sommes dans cette humiliante position de ne pouvoir comprendre les faits que nous remarquons, ce qui arrive à chaque pas dans la vie ; aussi, n'allons pas mettre le comble à notre incapacité en expliquant ces faits à l'aide de suppositions folles et hypothétiques, ou bien, n'allons pas les nier, si nous ne les avons pas vus, avec cette outrecuidance, marque d'une intelligence étroite, qui fait que l'on rejette ce qui ne rentre pas dans les bornes de ses petites connaissances. Rappelons-nous ces paroles de Montaigne (1) : « Il fault iuger avecques plus de reverence de cette infinie puissance de nature, et plus de recognoissance de nostre ignorance et foiblesse. Combien y a il de choses peu vraysemblables, tesmoignées par gents dignes de foy, desquelles, si nous ne pouvons estre persuadez, au moins les fault il laisser en suspens ? Car de les condamner impossibles, c'est se faire fort, par une temeraire presumption de sçavoir iusques où va la possibilité.......... C'est une hardiesse dangereuse et de consequence, oultre l'absurde temerité qu'elle traisne quand et soy, de mespriser ce que nous ne concevons pas : car aprez que, selon vostre bel entendement, vous avez estably les limites de la verité et de la men-

(1) Voy. Essais, livre I, ch. xxvi.

songe, et qu'il se treuve que vous avez necessairement à croîre des choses où il y a encores plus d'estrangeté qu'en ce que vous niez, vous vous estes desia obligé de les abandonner. »

On voit, d'après ce qui précède, que la condition de la supériorité de l'intelligence des somnambules réside dans la propriété qu'ils ont d'accumuler leur attention sur une seule, ou seulement, sur quelques-unes de leurs facultés ; on voit encore que, par cela même qu'il y a un afflux très-considérable de cette force là où elle est appelée, les autres facultés sont abandonnées par elle ; de là souvent la nullité de certaines fonctions cérébrales à côté de la supériorité de certaines autres. Ce déplacement de l'attention, caractérisé chez les somnambules par un flux et un reflux de cette force, oscillant tantôt vers une fonction, tantôt vers une autre et les excitant ou les abandonnant tour à tour, on le retrouve, non-seulement chez les femmes nerveuses, dont parle Cabanis, mais aussi parmi d'autres malades. Tissot, et quelques médecins avec lui, citent des stupides qui, dans leur délire, raisonnaient avec justesse. On rencontre encore ce déplacement de l'attention dans chacun, à l'état ordinaire, mais à un moindre degré d'accumulation ; on le retrouve surtout chez certains hommes, toujours apts à acquérir des talents, parce qu'ils ont la rare propriété de concentrer cette force avec une grande énergie sur quelques-unes de leurs facultés. L'idée d'enfanter une œuvre d'art ou de science surgissant dans l'esprit d'individus doués de cette prédisposition exceptionnelle, leur attention ne s'en détourne plus et un besoin irrésistible les entraîne à leur but. Semblables aux somnambules, ils éprouvent une surexcitation des sens et des facultés dont ils ont besoin pour perfectionner le travail qui les occupe, ils sont tellement absorbés par leur idée fixe, que le sentiment de leur personnalité va jusques à se perdre, c'est l'enthousiasme, le feu sacré, l'influence d'un bon génie , d'un démon familier. Ce qui distingue le génie le plus élevé, ce sont l'intuition et l'inspiration , espèces d'accès très-analogues aux rêveries du sommeil profond. Lorsqu'une opération intellectuelle a lieu rapidement, au point que l'on n'a pas conscience de la marche logique de la pensée, et qu'une conception instantanée d'une vérité que l'on n'entrevoyait pas se produit, il y a intuition. L'inspiration, cette autre marque du génie, n'est rien autre chose que l'intuition prolongée. Celui qui tombe dans ce court somnambulisme est tellement absorbé que , lorsque le travail de son esprit est terminé, il ne se doute pas de la manière dont il l'a accompli , il en a perdu tout souvenir comme le dormeur profond qui s'éveille.

M. Moreau (de Tours) a soutenu la théorie que le génie, c'est-à-dire, la plus haute expression de l'activité intellectuelle, est une névrose, ce qui, en langage technique, équivaut à dire qu'il est la conséquence d'une maladie. Mais cet auteur a eu soin, en même temps, d'indiquer que, dans le cas dont il s'agit, le mot névrose ne signifie pour lui (1) « qu'une disposition participant de l'état physiologique, mais en dépassant déjà les limites et touchant à l'état opposé. » Pour quiconque a lu l'ouvrage de M. Moreau et principalement les faits biographiques qu'il relate, pour tout médecin qui a observé de ces affections qui ne sont pas autres choses que des formes dégénérées du sommeil, pour celui qui a étudié le rêve somnambulique, cette opinion presque nouvelle du savant aliéniste est frappante de vérité. Et pour ne parler que des névroses de l'intelligence, qui ne sont que des sommeils morbides, ce que l'auteur en question a le premier entrevu, n'arrive-

(1) Voy. Psychologie morbide, p. 464. V. Masson, 1859.

t-il pas alors que l'attention, n'étant plus équilibrée, s'accumule en excès, soit sur un sens, soit sur une ou plusieurs facultés cérébrales et que, par suite, il en résulte
quelquefois une supériorité passagère dans les arts d'agré-
ment, les arts plastiques ou les sciences de raisonnement,
supériorité qu'un grand nombre de médecins qui ont écrit
sur ces maladies ont signalée dans leurs livres (1). Si, parfois, les névroses peuvent offrir un développement inusité
de l'intelligence, à plus forte raison l'état physiologique,
qui est sur leurs limites et qui y prédispose, sera-t-il la
condition d'un développement intellectuel autrement remarquable. Notre conviction est que le génie se greffe le
plus souvent sur ce charme originel que nous avons déjà
signalé comme prédisposant à la semi-hallucination et,
en ce point, nous ne différons guère d'opinion avec M. Moreau. Ce charme permet cette espèce de concentration
extatique de la pensée dans laquelle tombaient Socrate,
Archimède, Michel-Ange, Raphaël, Le Tasse, Pascal,
Newton, J.-J. Rousseau, Laplace, etc. Mais cet état
touche aux névroses, surtout à la folie, dont il n'est séparé que parce que ceux qui y arrivent gardent encore
assez de ressort d'attention pour se contrôler; c'est cette
liberté de retour sur eux-mêmes qui, du reste, leur donne
un immense avantage sur les somnambules. Newton a
écrit que le génie est une longue patience, ce qui équivaut à dire que c'est l'attention soutenue et accumulée
qui le donne. D'un autre côté, d'après Esquirol, certaines
névroses, surtout les affections mentales, sont des maladies provenant d'une détente de l'attention ou comme qui
dirait d'une fatigue du cerveau. Entre ces termes, génie
et névrose, il y a donc un grand rapport, la même disposition les embrasse; le premier de ces états est réellement au

(1) Voy. Rapport du physique et du moral, t. I, p. 285.

commencement de l'autre, puisque l'application trop forte de l'attention conduit à son relâchement, à la maladie. Il n'y a donc qu'un pas de l'excitation intellectuelle physiologique à la névrose. Ne nous étonnons donc pas si M. Moreau a classé le génie sur la limite des maladies mentales.

Ce à quoi l'on doit tendre, ce n'est pas d'en arriver à cette espèce d'extase passagère où se plongent des hommes d'un grand talent, c'est de rester dans un juste équilibre de toutes les fonctions de l'organisme et de toutes les facultés de l'esprit. Si la désharmonie des fonctions cérébrales prédispose à devenir un peintre habile, un grand virtuose, un poète sublime, un calculateur profond, l'épreuve en est trop rude et souvent le salaire trop triste : la misère de l'intelligence en coudoie la brillante richesse. L'homme le plus mal partagé n'est pas celui dont les facultés sont équilibrées ; n'aurait-il que cet avantage de se conduire avec tact dans le cours prosaïque de ses occupations journalières et de ses relations sociales, ce serait déjà un grand bien. On peut aisément se consoler d'avoir une âme saine dans un corps sain ; si l'on y perd en profondeur d'intelligence, on y gagne en étendue, et il reste encore un vaste champ à faire valoir pour l'homme dont les facultés sont harmoniques, dans ces sciences morales et ces sciences physiques, les plus difficiles de toutes et où il faut un esprit qui sache se replier, avec facilité, des sens au cerveau et du cerveau aux sens, et concevoir alternativement les choses sous leurs aspects les plus variés. C'est là, nous le croyons, où il y a place pour le plus grand nombre, c'est que là aussi, il y a un monde de découvertes et d'avenir.

Résumé. Prises isolément, les facultés intellectuelles, dont la cause est l'attention s'exerçant sur des idées mémorielles, ces facultés sont plus développées, dans le sommeil profond que pendant la veille. Si des faits n'étaient la démonstration de cette vérité, l'induction la ferait pressentir ; car si, dans cet état, les sens sont plus parfaits, à plus forte raison doit l'être l'intelligence. C'est par le raisonnement, le calcul du temps qui s'écoule, l'interprétation des pensées des autres et l'élévation des idées que se caractérise surtout l'exaltation des facultés cérébrales des dormeurs, mais presque toujours ces brillantes qualités sont obscurcies ; s'il se passe en eux des faits remarquables de lucidité, ce sont des éclairs dans la nuit.

Il y a, en outre, dans le somnambulisme, un amoindrissement du moi : le moi, c'est ce qu'en nous se conçoit et se perçoit ; quelque supérieur que le somnambule soit alors sous un aspect, il est très-inférieur à lui-même sous tous les autres.

Nous éloignons, comme des exagérations déraisonnables, la plupart des interprétations que l'on a faites de phénomènes étranges dans leur manifestation pendant cet état : la transposition des sens n'est qu'une croyance, fruit d'une observation peu approfondie et naïve ; le don de prophétie, la vision à travers les corps opaques, des prodiges introuvés par nous et la prétendue communication de pensée nous a paru, tout bonnement, le résultat de la surexcitation des sens et de l'intelligence ou le résultat de causes subjectives et objectives communes, lesquelles prédisposent chacun à penser de la même façon dans les mêmes circonstances.

Nous ne nions pas absolument les faits singuliers que l'on affirme s'être déjà manifestés et que nous n'avons pas observés, mais nous rejetons les interprétations peu scientifiques invoquées à leur appui, et nous nous renfermons dans notre ignorance.

Enfin, si l'accumulation de l'attention sur les idées méorielles est la cause du développement des facultés dans le somnambulisme, ainsi que dans des maladies analogues à cet état, elle est à plus forte raison cause de la surexcitation de l'intelligence chez certains hommes éveillés qui, d'eux-mêmes, arrivent dans une concentration d'esprit voisine du sommeil. Cet état particulier de l'organisme est la condition du génie, surtout dans les arts et les sciences exactes, mais il touche à la folie dont il n'est séparé que parce que, contrairement au fou, l'homme de talent peut se contrôler dans ses actes intellectuels.

VII.

Effet de l'attention accumulée sur les fonctions des organes soumis à l'action du nerf grand sympathique.

Avant d'établir, avec des preuves directes, que par la pensée consciente l'on réagit sur les fonctions végétatives, il est bon de donner quelques détails préliminaires démontrant la possibilité d'un tel phénomène.

Le nerf grand sympathique qui préside aux fonctions circulatoires, digestives, nutritives, sécrétoires, etc., communique, par des filets, avec les nerfs crâniens, moteurs et sensitifs et avec les racines antérieures et postérieures des troncs nerveux, moteurs et sensitifs qui sortent de la moelle par les trous de conjugaison. Il résulte de ces rapports anatomiques que le système nerveux forme un tout continu, une grande unité, et que le grand sympathique, le plus étendu et le plus important des nerfs émergeant du centre céphalo-rachidien, doit contenir des fibres conductrices de sensations et de mouvements. Et, en effet, l'expérience confirme que ces nerfs sont conducteurs d'impressions vers les centres nerveux et d'excitation motrice vers les organes

Ce n'est pas tout. C'est dans les mêmes parties de l'axe

cérébro-spinal que, pour les nerfs de la vie de relation, c'est-à-dire, dans la protubérance annulaire, le bulbe rachidien et la moelle, que siége le pouvoir excito-moteur des filets nerveux de la vie organique. Non-seulement, par l'intermédiaire de ces parties, il y a phénomènes réflexes des fibres sensitives aux fibres motrices du grand sympathique, il y a même réflexion d'une sensation perçue par ce dernier nerf aux muscles de la vie animale, ce qui indique encore une union intime et commune entre les les deux faces opposées du système nerveux.

Or, l'unité du système nerveux, la similitude fonctionnelle entre les nerfs présidant aux vies organiques et de relation, la communauté de leur point de réflexion des sensations aux mouvements, et surtout le croisement réflexe entre les actions nerveuses de ces deux vies, donnent déjà à supposer que le principe d'excitation des nerfs de tout le système nerveux découle d'un foyer unique, ce foyer est le cerveau ; c'est là que, par l'intermédiaire de la moelle, le nerf grand sympathique va porter les impressions produites sur l'extrémité de ses filets sensitifs, et c'est de là qu'il reçoit les incitations pour produire des mouvements. La moelle elle-même, siége et condition des phénomènes réflexes, ne conserve ses propriétés que par l'encéphale, car, sans lui, ces phénomènes sont irréguliers et cessent bientôt (1), ce que démontre sans réplique une section entre le cerveau et la moelle d'un animal.

Nous venons de dire que l'ensemble du système ganglionnaire puise son principe d'action dans le cerveau : en effet, si l'on irrite sur un être vivant les pédoncules

(1) S'il persiste encore des phénomènes réflexes par l'intermédiaire de la moelle séparée du cerveau, ce n'est jamais qu'en vertu de l'excitation auparavant transmise à la moelle par ce dernier organe.

cérébraux, les couches optiques ou les corps striés,
on détermine des contractions dans les organes animés
par le grand sympathique, et comme, d'un autre côté,
des douleurs dans les tissus soumis à ce nerf sont rapportées par cet être au foyer de la conscience, on est plus
que jamais conduit à admettre que ce nerf, présidant à la
vie végétative, a réellement son principe d'action sensitif
et moteur dans le cerveau. Et ce qui vient à l'appui de
ce que nous avançons, c'est que le réseau du système
ganglionnaire n'a pas, indépendamment de ses con-
nexions avec l'axe cérébro-spinal, le pouvoir d'ordonner
les mouvements et de recevoir les impressions ; un gan-
glion n'a pas même la faculté qu'a la moelle de permettre
à une excitation produite sur des filets sensitifs qui y
aboutissent, d'être trahie par un mouvement transmis à
l'aide de filets moteurs ; c'est là une preuve certaine qu'il
est bien loin de puiser sa force en lui-même et que, par
conséquent, il emprunte ses pouvoirs ailleurs. S'il arrive
qu'un cœur extrait du corps d'un animal bat, quoique
séparé de ses communications nerveuses rachidiennes,
c'est seulement une preuve que les ganglions continuent
à écouler ce qui leur reste d'excitation reçue à utiliser,
et que ces petits cerveaux, comme on les a désignés faussement, ne sont que des condensateurs et des modérateurs
d'une force impulsive qu'ils ont reçue de l'encéphale. C'est
donc aussi dans le centre cérébral que nous devons rechercher la raison première des sensations perçues et des
mouvements transmis par le nerf grand sympathique : la
moelle, condition et siége principal des phénomènes réflexes, n'en est qu'un intermédiaire.

Une chose à remarquer, c'est que, le plus souvent, les
impressions transmises par ce nerf au cerveau ne nous
arrivent pas à la conscience. L'irritation d'un de ces filets
ne nous est pas connue, quand pourtant il y a preuve

d'une perception dans l'effet qui est consécutif à cette irritation, dans le mouvement réflexe. Il y a donc, en nous, pour les fonctions organiques, comme une autre conscience inférieure qui manœuvre à notre insu et à part de de celle qui nous est connue. Mais lorsque l'irritation produite sur des filets du nerf grand sympathique est plus vive, il arrive alors que nous en avons connaissance avec plus ou moins de netteté, ce que l'on remarque, surtout dans l'état maladif, où des sensations, auparavant ignorées ou confuses des voies digestives, etc., sont mieux ressenties par nous, parce qu'une plus forte dose d'attention s'y porte. En cet état, nous ressentons même des douleurs dans des parties du corps où nous n'en avions jamais éprouvé, dans les os, par exemple. Il y a, dans ces cas, une analogie avec les phénomènes impressifs que nous avons déjà signalés à propos de la mémoire et des sens, quand ils fonctionnent dans le sommeil comme à l'insu des dormeurs, phénomènes qu'une dose d'attention plus forte fait ensuite reparaître à la conscience. S'il n'existait pas un centre conscientiel commun entre les fonctions du système nerveux de relation et les fonctions du système nerveux organique, comprendrait-on qu'une sensation douloureuse du grand sympathique pût, parfois, devenir consciente et rester telle dans la mémoire ?

Si des physiologistes ont reconnu avec raison un tact plus étendu que celui qui est généralement admis, tact qui se développe dans certains états morbides et qui correspond aux sens externes par la partie cérébro-spinale du système nerveux et à la circulation, aux organes sécréteurs, digestifs, etc., par sa partie ganglionnaire, c'est parce que le cerveau est le centre commun vers lequel convergent les sensations de l'une et de l'autre grande division de ce système. C'est principalement pendant le somnambulisme, lorsqu'il y a concentration de l'attention sur un organe innervé par le grand sympathique, que le tact est développé sur ce point ; alors les plus légères sensations, auparavant inconnues quoique réelles, en sont rapportées à la conscience et elles deviennent la cause pourquoi le dormeur peut reconnaître, dans une partie de ses tissus, le germe d'une maladie naissante, bien qu'éveillé, il se croie encore plein de santé.

Ainsi, le système des nerfs de la vie organique, de par les rapports anatomiques, de par le même point de réflexion pour les mouvements suite de sensations, est étroitement uni au système des nerfs de la vie animale, et ce dernier, de par le même foyer de sensibilité et d'excitation reconnu par les expériences physiologiques et l'observation clinique, dépend aussi, comme le premier, d'un même organe qui le domine, le cerveau. C'est en ce centre, que les appendices nerveux portent la sensation, et là d'où ils reçoivent la pensée. Car, de même que les nerfs de relation, si les nerfs ganglionnaires sensitifs et moteurs sentent ou sont le point de départ et les intermédiaires de mouvements réflexes lesquels, par cela qu'ils ont lieu, sont évidemment l'effet d'empreintes conscientielles à l'aide d'une attention dont nous ne nous doutons pas, nous devons être conduits à croire que les nerfs sensitifs ganglionnaires servent à créer des idées, et que les nerfs moteurs sont consécutivement les agents d'une action cérébrale intelligente. C'est que, en effet, toute sensation suppose un acte d'attention qui la précède et une idée qui la suit, et tout mouvement consécutif implique la transmission d'une pensée. Mais le système ganglionnaire ne peut être l'agent parfait de pensées élaborées dans le cerveau sans une mémoire spéciale au-dessus de lui. Aussi, existe-t-il une remémoration que nous avons droit de supposer, d'après M. Sales-Girons (1), remémoration spon-

(1) Voy. Annales médico-psychologiques, An. 1864, p. 164, article de M. Tissot.

tanée, native, innée ; elle a eu son éducation propre.
« Qui peut nier, dit-il, que les poumons n'aient appris à
respirer de proche en proche, que le cœur n'ait appris à
battre et l'estomac à digérer, etc. » Admettre que tous
les actes réguliers accomplis par le nerf grand sympathique
sont, quels qu'ils soient, primitivement cérébraux et la
traduction d'une pensée intelligente s'exerçant à notre
insu, n'est donc pas une absurdité, puisque, outre leur
admirable manifestation, qui en est la preuve évidente, on
leur trouve pour causes les éléments de la pensée, sensation et conscience, idées et mouvements, attention et mémoire.

Comment maintenant ne pas comprendre que les fonctions intimes d'assimilation et de désassimilation ne soient
l'effet de pensées permanentes puisées dans les sensations
internes et élaborées dans le cerveau, pensées dont nous
n'avons pas la connaissance, il est vrai, et qui ont pour
but la formation, l'entretien et la conservation de l'être ?
S'il nous était permis d'émettre une opinion probable,
nous dirions que, de même que l'hallucination est la pensée
imagée (1) d'un objet, pensée répercutée jusque dans les extrémités sensibles des nerfs de la vie organique, de même
ces pensées sont représentatives dans leur mode d'agir,
c'est-à-dire, analogues à ce qu'est, pour les nerfs des sens
externes, la répercussion imagée et réelle de la sensation
centrifuge. Formulées au cerveau, ces sensations remémorées ou pensées sont transmises aux filets nerveux de
la vie végétative, et elles ont lieu à la fois en cet organe
et jusques aux extrémités de ces nerfs répandus dans les

---

(1) Nous avons dit (voyez Préliminaires) que penser, c'est faire réagir
l'attention sur des idées mémorielles ; donc, avoir une sensation centrifuge,
une hallucination, c'est, d'après notre définition, bien réellement faire acte
de penser.

profondeurs de l'économie. Elles sont, non-seulement organisatrices et conservatrices, elles sont aussi réparatrices ;
la nutrition aidant, elles revivifient les tissus délabrés, bouchent les plaies, stimulent les sécrétions pour ramener
l'organisme de l'état morbide à l'harmonie des fonctions :
ce sont des sentinelles qui veillent à l'entretien de l'intérieur de l'être comme les pensées conscientes servent à
en entretenir et sauvegarder l'extérieur.

Ainsi, le nerf grand sympathique, de même que les
nerfs du sentiment et du mouvement, reçoit son influence
d'un foyer qui lui est commun avec ceux-ci, le cerveau ;
c'est de cet organe que les pensées partent en se bifurquant, les unes volontairement et consciemment pour
servir aux actes de relation, et les autres, insciemment
et d'une manière continue, régulière, persistante, pour
servir aux actes de nutrition. Si les mouvements de la
pensée se faisaient pour la vie végétative ainsi que pour
la vie animale, il s'ensuivrait qu'un détour volontaire,
une cessation immédiate de cette pensée dans plusieurs
parties de l'économie, auraient pour résultat des troubles
organiques graves, ou peut-être la mort. Par sa double
manière d'agir avec intelligence, le centre cérébral a donc
une omnipotence qu'on ne saurait contester. Quoiqu'il
s'exprime d'une manière moins catégorique que nous,
Cabanis (1) a grandement raison lorsqu'il dit n'exister
aucun organe « qui doive exercer, d'après les lois de
l'économie vivante, une somme d'action plus constante,
plus énergique et plus générale » que le cerveau.....
« Il est présent partout. »..... « ses fonctions sont également importantes, soit comme imprimant la vie à toute
l'économie animale, soit comme appartenant à l'organe
propre de la pensée et de la volonté »..... « Tous les

(1) Voy. Rapport du physique et du moral, t. II, p. 335 et suiv.

phénomènes de la vie, sans nulle exception, se trouvent
ramenés à une seule et même cause ; tous les mouvements, soit généraux, soit particuliers, dérivent de cet
unique et même principe d'action. »

Du moment que les impressions internes des filets du
nerf grand sympathique sont, dans certains états particuliers, rapportés à un même foyer conscientiel que les
impressions des sens externes, du moment que l'incitation à des mouvements est portée par ce nerf au muscle
des viscères par le même organe central que l'incitation
aux mouvements des muscles de relation, du moment
qu'il est bien établi que l'organisme est l'expression
d'idées formulées au cerveau, idées, selon l'opinion la
plus probable, se répercutant du même coup, à notre
insu et par représentation mentale, du centre cérébral
aux extrémités sensitives des nerfs ganglionnaires, du
moment que ces idées inconscientes, fruits élaborés de
sensations centripètes internes perçues dans le même
foyer conscientiel que les sensations centripètes externes,
ne peuvent avoir nécessairement leur origine que dans le
même et unique centre que toutes les sensations et, par conséquent, toutes les autres idées, il n'y a plus à s'étonner
qu'à l'aide de la pensée, on ne puisse appeler une diminution ou un surcroît d'attention sur l'action des idées
inconscientes qui président aux fonctions organiques. Les
faits observés dans le sommeil profond et les états analogues confirment cette induction. On a établi sur des dormeurs de nombreuses expériences qui sont venues appuyer ce principe, à savoir que toute pensée relative au
ralentissement ou à la surexcitation des fonctions végétatives est toujours exactement interprétée dans l'économie.
Des magnétistes ont ralenti le pouls des somnambules par
suggestion. Ce résultat est plus que probable, puisque
déjà le sommeil, état où l'attention a quitté en partie les

organes pour s'accumuler au cerveau, est par lui-même un sédatif de la circulation et que l'on rencontre des femmes qui, en accès hystériques, c'est-à-dire, dans une forme du sommeil morbide, présentent seulement de dix à douze pulsations par minute. Même pendant la veille, on a vu des hommes localiser l'action de leur pensée, imposer leurs idées à un ou plusieurs muscles de la vie organique. Bayle pouvait ralentir à un haut degré les battements de son cœur. Le colonel anglais Townsend les diminuait à volonté, à tel point qu'on le prenait pour mort.

Ce n'est pas seulement sur les mouvements des muscles de la vie organique que le dormeur profond jouit, plus ou moins partiellement, d'une puissance de pensée remarquable, c'est aussi sur les tuniques contractiles des vaisseaux sanguins et spécialement sur le réseau des capillaires distribués à la peau et aux muqueuses. Nous avons pu, par suggestion, faire congestionner chez des somnambules, mais avec lenteur, une partie très-circonscrite de la surface cutanée, et nous avons, de même, déterminé des hémorrhagies des muqueuses pour un moment fixé d'avance : nous les avons rendues faibles ou abondantes suivant nos désirs, et nous les avons fait durer et cesser à volonté. Ce refus ou ce secours d'attention prêté par la pensée consciente à sa congénère, cette acceptation circonscrite et exactement rendue de la pensée consciente par n'importe quels tissus soumis aux nerfs ganglionnaires, ont été constatés depuis longtemps sur des mystiques, mais c'est seulement de nos jours que les faits qui en sont la preuve ont acquis droit d'académie. M. A. Maury (1), en dernier lieu, rejetant les négations frondeuses des contradicteurs scolastiques, n'a pas craint de regarder, comme physiologique, la formation, par suite

(1) Voy. Magie et astrologie, p. 339. Didier.

d'une pensée exprimée, des plaies ulcéreuses des mains, des pieds, du flanc et du pourtour du crâne chez des extatiques religieux. Une chose digne de remarque, c'est que l'on a vu des stigmatisés dont les plaies saignaient tous les vendredis. N'était-ce pas encore sous l'influence d'une pensée fortement rendue que les convulsionnaires de Saint-Médard portaient des empreintes de congestion cutanée à la place des plaies du Christ ? Que de visionnaires n'a-t-on pas rencontrés, montrant sur leur peau les marques rougeâtres qu'avait laissées le fouet du démon ou de l'ange qui les avait châtiés ? « Le célèbre physiologiste Burdac (1) note que l'on vit un jour une tache bleue sur le corps d'un homme venant de rêver qu'il avait reçu une contusion en cet endroit. » Les faits de ce dernier genre ne sont plus aussi difficiles à admettre, depuis que l'on a découvert les nerfs vaso-moteurs dont ils étaient pourtant la démonstration. Il est à noter, d'après ce qui précède, que par la pensée l'on diminue ou l'on augmente l'influence de l'attention, non-seulement sur tout un organe, mais encore sur des parties du corps très-peu étendues ; on circonscrit même cette influence à quelques nerfs parmi ceux qui concourent à une seule fonction ; c'est ce qui permet de défigurer l'action permanente des pensées inconscientes qui réagissent harmoniquement sur l'organisme et d'imprimer sur les tissus, en caractères indélébiles, les pensées conscientes relatives à ces tissus, au point d'y tracer des marques traduisant à la lettre, toute une légende de signes douloureux.

Si la pensée consciente a une action si intelligente sur les régions du corps qui n'en dépendent pas directement, si elle peut modifier la vitalité des parties innervées par le le nerf grand sympathique, de manière à y laisser des

(1) Voy. Magie et astrologie, p. 384, 385.

traces écrites de son passage rendant exactement le sens de l'idée exprimée au cerveau, on ne doit plus avoir de répulsion à admettre l'opinion, tant de fois émise, que la pensée est la formatrice du corps et que ce dernier en est comme la manifestation matérielle.

De la même façon que, par l'attention accumulée ou diminuée sous l'action de la pensée, l'on accélère ou ralentit les contractions du cœur ou des vaisseaux sanguins, de même l'on ralentit ou l'on accélère les sécrétions ; nous avons suggéré à des dormeurs profonds d'avoir des selles diarrhéiques immédiatement ou pour une époque ultérieure, et les selles ont eu lieu en nombre voulu, de la nature indiquée et aux heures désignées d'avance ; les changements consécutifs produits ont rendu, dans ces cas, la pensée suggérée comme l'écriture en donne l'expression vraie, indices que la substance nerveuse, pour me servir d'une expression de Cabanis(1), « entre dans l'intime composition » de l'économie vivante, puisqu'elle se fait obéir de celle-ci au point qu'elle n'en parait que l'expansion.

Ce que, par la pensée consciente, l'on peut, pour paralyser ou stimuler, en particulier ou en général, l'action des nerfs soumis aux pensées inscientes telles que celles qui veillent aux mouvements du cœur, aux contractions des vaisseaux, aux sécrétions des glandes, on doit le pouvoir pour tous les autres nerfs dépendant de la pensée insciente qui préside à l'absorption, à l'assimilation, etc. On peut même davantage, faire obéir les fonctions nutritives de manière à ce qu'elles développent des formes corporelles différentes et autrement placées que celles qui ressortent de la pensée primitive d'après laquelle les ètres sont moulés. Des faits (2) portent à croire que la pen-

(1) Voy. Rapport du physique et du moral, t. II, p. 336.
(2) Voy. Chapitre IV, § 10.

sée des mères, pendant une vive émotion éprouvée au commencement de la grossesse, a suffi pour imprimer en des points insolites un cachet nouveau à certaines parties de leurs fœtus ; des colorations singulières de la peau, des formes étranges d'ongles, de poils, de tissus ont pris naissance sur ces jeunes rejetons et ont été en eux le contre-coup, l'expression de l'éclair vigoureux des idées-images suscitées énergiquement de la mémoire de leurs mères. Dans ces cas, la pensée inconsciente est comme absorbée par la pensée consciente, ou du moins, elle vient prêter son concours à cette dernière jusques à mouler des tissus vivants, non plus d'après son type, mais d'après le type conçu par sa congénère, ce qu'avait déjà entrevu Cabanis (1), car il écrit que le pouvoir sympathique du cerveau « est capable d'exciter, de suspendre et même de *dénaturer* toutes les fonctions. »

Il nous reste à parler de l'élément affectif qui vient à l'appui de la pensée et qui, selon la nature de l'idée, exprime les désirs, les émotions, les sentiments, les passions. Il a son siége dans le nerf grand sympathique et c'est, consécutivement après l'incitation cérébrale, aux dépens de la force nerveuse d'attention accumulée en réserve dans les ganglions, qu'il lui est possible de se manifester, de prendre des formes spéciales. L'élément nerveux affectif est simple par lui-même ; dans l'état ordinaire, il est latent, indéterminé ; mais, sous l'influence de la pensée nettement formulée, il prend un caractère tranché et significatif. « Pour que cette émotion confuse et vague, écrit M. Cerise (2), pour que ce retentissement tumultueux se transforme en un sentiment déterminé, il faut

____

(1) Voy. Rapport du physique et du moral, t. II, p. 336.

(2) Voy. Introduction, par M. Cerise, p. XXXVII, Rapport du physique et du moral.

que nous ayons présente l'idée de la cause qui l'a produite et qui la renouvelle. C'est au moyen de cette idée qu'un grand nombre de phénomènes affectifs, presque semblables, prennent une forme sentimentale distincte, et qu'ils se nuancent exactement. A ne considérer que l'émotion ou le trouble qui la constitue, comment distinguerions-nous l'envie de la jalousie, la pudeur de la honte ou de la modestie, la haine de l'antipathie, la pitié de la tendresse, etc. ? » On ne saurait mieux dire. Si, d'un côté, comme nous venons de le voir, la pensée consciente renforce sa congénère dont dépend le nerf grand sympathique, la force nerveuse, qui est accumulée dans ce nerf, vient à son tour prêter appui à cette pensée consciente, elle lui apporte de la couleur, du ton, de l'énergie là où elle serait restée froide et nue. On voit encore en cela, comme pour toutes les manifestations psychiques dont nous nous sommes occupé, la simplicité des éléments mis en jeu dans l'organisme pour la multiplicité des effets produits : ici, l'attention s'accumulant plus ou moins sur les sens, afin de déterminer la formation des idées mémorielles, puis, cette même force, par son reflux dans le champ de la mémoire, servant à rappeler les idées-images qui y sont déposées et à entretenir le mouvement intellectuel, là cette force encore, selon la nature des idées suscitées, étant l'élément d'une foule de désirs, d'émotions, de sentiments et de passions, divers d'intensité comme de nature. Il est facile, maintenant, de le reconnaître, avec des moyens très-simples la nature multiplie ses manifestations ; c'est cette diversité de phénomènes qui a fait croire à tant de complexité dans les fonctions du cerveau et a rendu la psychologie la science nuageuse par excellence.

Cependant, bien que M. Cerise avance qu'il est impossible de distinguer, sans leurs idées, certains sentiments, presque semblables, et cette opinion nous la partageons, il n'en n'est pas moins vrai, les idées, ou mieux la cause à part, que des émotions, des passions, etc., présentent des signes différentiels tranchés.

Toutes les formes caractérisées de l'état affectif sont marquées par un retentissement local ressenti dans des parties du réseau ganglionnaire, sans doute parce que, sous l'influence du mouvement déterminé par la pensée, c'est, ou là que la force nerveuse s'accumule, ou bien c'est là d'où elle part pour se porter ailleurs. C'est ainsi qu'une pensée de bonheur ou un accès de joie sont accompagnés d'une respiration libre, d'un surcroît d'activité de la circulation et d'une augmentation de la chaleur du corps ; un sentiment de pudeur développe l'incarnat des joues ; la méprise fait battre le cœur ; la tristesse amène la sécrétion des larmes, l'inappétence ; le saisissement donne la colique ; la crainte a pour conséquence la diarrhée ; l'envie est accompagnée de la pâleur de la face ; le désespoir serre la respiration et rend la peau froide et décolorée ; la colère est suivie d'évacuation de bile et de tremblements, etc.

Ces divers phénomènes éprouvés et distribués, selon le genre d'idées, dans les tissus de la vie nutritive, sont bien la preuve que la pensée va puiser l'élément affectif dans des régions spéciales du vaste réseau du système ganglionnaire.

Comme il est le plus souvent impossible d'empêcher le développement de troubles semblables, il n'y a pas à s'étonner que leur exagération ne soit la cause d'un grand nombre de maladies. La tristesse et les chagrins prolongés amènent la paralysie des intestins, de la vessie et des organes de la reproduction, etc.; la colère entraîne l'ictère, des convulsions, des hémorrhagies, l'épilepsie, etc. ; la terreur produit l'imbécillité, des paralysies, la suppression du flux menstruel, etc.

Somme toute, si une pensée émotive a un contre-coup

spécifique, soit sur les vaisseaux, soit sur les poumons, le foie, le tube digestif, les glandes lacrymales, etc., il n'est pas difficile, maintenant, de discerner que Gall a grandement eu tort de mettre le siége des passions exclusivement dans l'organe cérébral ; évidemment, tout procède du cerveau, attention, sensations, idées, mémoire, intelligence ; mais, puisqu'il n'est pas possible d'y trouver une place pour chaque idée, ce médecin aurait pu, avec des motifs plus plausibles, mettre le siége de leur élément passionnel dans les viscères, là où a lieu la modification nerveuse propre à chaque idée émotive (1).

Une émotion, etc., une fois développée, ne s'éteint pas en même temps que l'idée qui en est la cause occasionnelle, elle persiste même, lorsqu'une seconde idée affective et contraire vient lui succéder. On trouve, dans l'ouvrage de M. Chardel (2), un fait curieux à l'appui de ce que nous avançons : « Une mère, en apprenant que son fils venait d'être tué, éprouva dans la région du cœur des contractions qui l'étouffaient : la nouvelle était fausse ; son fils arriva, et ce ne fut que longtemps après qu'elle parvint à arrêter ses pleurs ; des sanglots continuaient à la suffoquer malgré elle. » Ce fait présente bien la preuve la plus irrécusable de la lenteur persistante des mouve-

----

(1) Des phrénologistes fluidistes ont appelé les manœuvres magnétiques au secours de leur théorie, ils ont cru en trouver la démonstration en pratiquant à leurs somnambules des passes sur les parois du crâne, au-dessous desquels ils supposent une faculté. Remarquant en ces dormeurs, et après coup, une tendance fixe de leur esprit dans le sens de la faculté supposée, ils en ont induit du résultat d'une pareille expérience à la réalité de leur science, sans songer que si les effets consécutifs à leurs manœuvres ont confirmé leur manière de voir ; la cause en est due à ce que, sans s'en douter, ils ont suggéré à leurs somnambules la mise à exécution d'une idée préconçue ; pour y arriver, il ne leur a pas fallu une grande intempérance de langage.

(2) Voy. Essai de psychologie physiologique, p. 160. Germer-Baillière, 1844.

ments de la force nerveuse dans le système ganglionnaire. Nous avons cru remarquer en nous un semblable phénomène. Il nous arriva, une nuit, de nous réveiller avec un sentiment de peur, sans en connaître la cause ; ce sentiment n'était, sans doute, qu'un ébranlement suite de l'émotion d'un rêve dont les idées étaient déjà effacées de notre pensée.

Et ce n'est pas seulement l'homme qui est organisé à recevoir le contre-coup d'une idée émotive, ce sont aussi les animaux. Si l'on donne la liberté à un oiseau, il lâche ses excréments. Nous avons vu un jeune chat qui, poursuivi par un vieux matou et réfugié à la cime d'un sapin, eut immédiatement, dans sa détresse, un flux diarrhéique. Un cheval que nous possédions rendait ses excréments chaque fois qu'il allait traverser le même gué; mais continuait-on sa route, au lieu de tourner court vers ce passage difficile de la rivière, il sautait de contentement.

Nous avons expérimenté pour savoir si le réveil des émotions est plus fort dans le sommeil profond que pendant la veille. Nous avons fait naître, chez des somnambules, des sentiments de crainte dont nous ne nous serions pas fait une idée auparavant. Nous avons suscité la confiance, la colère, la peur, avec une grande facilité, et ces sentiments, nous avons pu les rendre excessivement intenses. Nul doute pour nous que la suggestion employée dans le but de guérir ne trouve, dans l'élément affectif, des renforts d'attention accumulée d'une grande utilité pour la guérison des individus mis en charme ou dans le sommeil profond. On peut exagérer cet élément à un très-haut degré. M. Chardel (1) raconte qu'une dormeuse à laquelle on suggéra de voir ce qui se passait en enfer, tomba dans de telles convulsions qu'elle en mourut avant

(1) Voy. Psychologie physiologique, p. 303.

qu'on ne put parvenir à les calmer. Il est difficile de nier ce récit, du moment que des médecins sérieux admettent que l'on peut mourir d'épouvante et même de douleur. Un docteur fort connu, M. Macario, a déjà noté l'exaltation des sentiments dans le sommeil (1) : « Les peines et les douleurs qu'on éprouve dans cet état, dit-il, sont beaucoup plus vives et plus profondes que les pensées et les douleurs de la veille ; c'est au point qu'on peut, en pareil cas, se réveiller tout brisé de fatigue, tout trempé de sueur ou tout mouillé de larmes. De même les plaisirs et les joies des songes sont infiniment supérieurs aux plaisirs et aux joies de la vie réelle.

On a avancé que les émotions, les sentiments, etc., peuvent naître sans des idées qui les réveillent, et qu'ils ne tiennent pas de ces idées leurs caractères spéciaux. Pour soutenir ce paradoxe, on s'est basé sur ce que des hypocondriaques, des épileptiques, des maniaques ont assuré éprouver le sentiment de la peur sans motifs. Il en était du sentiment de ces malades comme de leurs hallucinations, il prenait son origine dans une affirmation insciente ou bien dans des rêveries dont ils avaient perdu le souvenir. Une pareille thèse ne serait soutenable qu'autant que les émotions, etc., auraient un appareil spécial comme les sens. On comprend que l'on ait observé la surexcitation du sens génital sur des sourds-muets aveugles, avant qu'ils n'aient idée du sexe qui en est l'objet, il en est chez eux, de cette appareil comme de notre œil, lequel acquiert nécessairement et primitivement, la conscience de la lumière qui l'innonde, avant d'avoir la connaissance des objets lumineux.

Résumé. Le nerf grand sympathique forme la grande division du système nerveux présidant aux fonctions végé-

____

(1) Voy. Du sommeil, p. 27.

tatives. Il jouit d'abord des mêmes propriétés primitives que les nerfs de la vie animale. Ainsi, grâce à l'intermédiaire de la moelle, il est le point de départ de phénomènes réflexes sur les muscles qu'il innerve et même sur ceux de relation, preuve d'une union étroite et commune entre lui et les autres nerfs moteurs. S'il est le point de départ de mouvements réflexes, c'est qu'il est susceptible de sentir ; s'il sent, c'est sous la surveillance d'une attention qui est au-dessus de lui et que nous supposons, par des effets que l'on ne peut rapporter qu'à cette force ; enfin, s'il sent et s'il réveille des mouvements, c'est qu'il est cause de formation d'idées et qu'il en transmet, c'est qu'il obéit à des pensées dont nous n'avons pas conscience. Ces phénomènes intelligents n'auraient pas lieu si, de même que le reste du système nerveux, le nerf grand sympathique ne correspondait avec l'encéphale par l'intermédiaire de la moelle et s'il ne recevait, comme lui, l'excitation cérébrale sans laquelle il ne serait rien.

On peut considérer le système nerveux comme un grand tout dont la partie la plus essentielle est le cerveau. Ce système est doué de deux sortes de fonctions différentes, s'exécutant chacune par le moyen de nerfs de sentiment et de mouvement très-distincts dont la moelle et l'encéphale réunis sont la tige et le tronc. Les nerfs de sentiment surtout, pouvant être successivement parcourus par des courants centripètes et centrifuges, sont dominés au sommet, dans leurs fonctions, par des pensées spéciales à l'élaboration desquelles ils ont contribué, pensées émergeant du cerveau, les unes conscientes et les autres inconscientes : les premières ont pour but, en présidant aux fonctions extérieures, de conserver l'organisme, et les secondes ont le but de le conserver en présidant aux fonctions intérieures. Dans l'état de somnambulisme, ces deux sortes de pensées, sortant d'un foyer commun, peuvent se renforcer réciproquement à l'aide de l'attention qui les suscite ; elles sont comparables à deux sœurs, les pensées conscientes sont les aînées, en ce qu'elles ont la propriété de commander à leurs congénères en en calmant ou en en surexcitant l'action, ou bien, en se les asservissant, même au point de se formuler en caractères ineffaçables dans les tissus qui en dépendent. Dans le sommeil profond et ses analogues, états où il est possible d'anéantir, de suractiver, à l'aide de la pensée consciente, les fonctions des nerfs du système ganglionnaire, et même de les altérer à un. très-haut degré et à la lettre selon la pensée exprimée, la certitude de ce que nous venons d'avancer, ressort, avec évidence, de nos expériences et de faits connus depuis des siècles, mais que les hommes compétents, peu investigateurs et pleins de préjugés, ont toujours rejetés du domaine de la science, ou comme des tromperies, ou comme appartenant à l'ordre des choses surnaturelles.

Le nerf grand sympathique ne sert pas seulement à former et à transmettre des pensées inconscientes directement et même conscientes indirectement et, cela, dans toutes les parties du corps, il a une autre propriété, il est un réservoir de force nerveuse ; c'est compréhensible, ces fonctions ne pouvant subir d'interruption, il doit écouler son action d'une manière toujours continue et régulière, sous peine de maladie ou de mort. C'est parce qu'il est chargé de force nerveuse en réserve qu'il donne un retentissement si long à certaines idées émotives, affectives ou passionnelles. Cette force s'accumule ordinairement vers une partie du système ganglionnaire ou en reflue sous l'excitation d'une idée, et elle donne à cette idée un ressort puissant. On en peut surtout observer les effets pendant les rêves somnambuliques, et il n'y a plus de doute, pour nous, que la pensée, grâce à un tel secours, ne soit d'une utilité encore plus grande pour modifier les lésions morbides chez les personnes qui tombent en charme ou dans le sommeil profond.

VIII.

Les phénomènes de remémoration dont nous nous sommes occupé plus haut, et qui sont si remarquables par la richesse de leur développement, sont des effets de la réaction de la force d'attention affluant en abondance sur des idées. Ces phénomènes du sommeil, on peut, par suggestion, les ajourner pour une époque ultérieure au réveil. Le dormeur éveillé ne se doute nullement de leur cause antérieure, il les croit spontanés, parce qu'il a perdu le souvenir de ses rêves.

Des faits importants de ce genre ont été parfaitement constatés par de bons observateurs, tels sont A. Bertrand (1) et M. Noizet (2). Nous avons cherché à nous faire une conviction sur cet étrange effet de la suggestion et, le plus souvent, l'événement est venu confirmer nos essais. Ainsi, comme il a déjà été établi au chapitre précédent, nous avons affirmé à plusieurs somnambules d'aller du ventre, soit immédiatement, soit longtemps après leur réveil ; nous leur avons prescrit un nombre déterminé de selles diarrhéiques, et, sans qu'ils se doutassent de notre intervention, ces effets, réalisation des idées fixes imposées, ont eu chez eux leur développemennt de point en point. Deux fois nous avons pu contrôler l'événement par

(1) Voy. Traité du somnambulisme, p. 256, 298, 299.
(2) Voy. Mémoire sur le somnambulisme, p. 169, et suiv. et note p. 319.

nous-mêmes. Dans des expériences du même genre, nous avons réussi, toujours sous l'influence latente et continue d'une idée fixe, à amener d'autres modifications fonctionnelles, telles que diminution de sécrétions, hémorrhagies, etc. Cependant, il y a de bons dormeurs qui ne subissent pas le contre-coup de l'affirmation. L'un des nôtres, sourd-muet d'un âge déjà avancé, ne subissait pas la suggestion pour les actes à exécuter quelques heures après le réveil. Cette particularité coïncidait avec un grand affaiblissement de la mémoire. Une femme qui, sortie du sommeil, accomplissait toutes les choses dont nous lui donnions idée et éprouvait les hallucinations que nous lui suggérions, était bien loin alors d'être aussi puissante sur ses organes internes. Nous lui affirmâmes un jour que nous voulions la purger, qu'elle irait six fois du ventre pendant la journée : le résultat fut complétement nul. Le lendemain, en même temps que nous lui répétâmes les mêmes paroles, nous eûmes soin de lui en conserver le souvenir après réveil, et elle eut trois selles purgatives au lieu de six ; la pensée consciente continuant alors à renforcer l'affirmation reçue, occasionna un effet que le procédé suggestif seul n'avait pu produire. Pour bien nous convaincre de la réalité certaine des actes suggérés et accomplis, pendant le sommeil nous ordonnions de chanter après leur réveil à des personnes qui n'en avaient jamais eu l'habitude, nous les portions à faire, plusieurs heures et même plusieurs jours après, des visites gênantes et sans motifs déterminants, ou bien, des actions réputées folles. Au moment indiqué, l'idée d'exécuter les actes imposés naissait dans leur esprit et, en les accomplissant, elles croyaient fermement agir de leur propre initiative. Une fois même, après quelques suggestions faites dans son somnambulisme, nous avons réussi à changer les goûts d'une jeune fille anémique, à lui inspirer, plusieurs jours, de l'aversion pour les aulx et les échalotes qu'elle aimait, et du penchant pour le lard et les œufs qu'elle ne pouvait approcher de ses lèvres. Chez cette fille, l'idée fixe durait tout au plus quatorze heures ; il aurait fallu, sans doute, vu cette particularité, que nous continuassions plus long-temps à répéter l'affirmation pour parvenir à modifier ses goûts maladifs. Nous sommes aussi arrivé, avec facilité, à imprimer dans l'esprit de quelques somnambules, des hallucinations étranges qui, lorsqu'ils étaient éveillés, les jetaient dans la surprise et même les épouvantaient. Une fois, nous avons donné un désir de femme grosse à un ancien zouave, celui de manger du charbon lorsqu'il serait sorti de son état de somnambulisme. Il en avala et le trouva sucré d'après l'idée que nous lui avions donnée. Dès lors que les femmes enceintes sont d'ordinaire atteintes d'anémie et que, selon M. le Dʳ Louyet, cette maladie prédispose au sommeil profond, nous avons été portés, par ce fait, à croire qu'il est possible que les actes bizarres, les appétits dépravés de quelques-unes d'entre elles, soient l'effet d'une suggestion de rêves à pensées plus concentrés que de coutume, pensées se prolongeant dans la veille en un long écho.

Nous avons fait des expériences pour établir combien de temps se continuait l'hallucination après le réveil, pensant, avec raison, que la persistance bien établie de ce phénomène chez un sujet quelconque, nous serait utile pour présumer d'avance si, une maladie déclarée, il faudrait répéter plusieurs fois l'affirmation, car la guérison, ce que nous avons reconnu, s'effectue d'autant plus vite et plus sûrement que la sensation remémorée se continue longtemps et avec intensité. Or, à la suite d'une seule suggestion, l'effet impressif sur les sens, nul chez des somnambules, a persisté chez d'autres de quelques instants à plus de cinquante-deux jours. Nous avons remarqué que plusieurs sujets éveillés ont vu s'éteindre leurs visions en vérifiant avec leurs doigts ce qu'ils apercevaient des yeux, mais. ceux de ces hallucinés, auxquels nous avions donné l'idée de ne pouvoir se contrôler à l'aide du toucher, étaient incapables de se dissuader de leurs erreurs.

Il ressort aussi de nos recherches que les somnambules qui sont restés le plus longtemps sous l'influence suggestive ont été ceux qui jouissaient de la plus heureuse mémoire, ce qui équivaut à dire ceux qui possédaient au plus haut degré cette force active qui fait surgir les idées mémorielles, l'attention. Au contraire, les malades très-affaiblis et, par conséquent, à conceptions lentes, à souvenirs difficiles, ne sont jamais restés que quelques instants tout au plus sous le poids des créations fantastiques que nous leur avions imposées. Le sourd-muet dont il vient d'être question et qui avait peu de mémoire, se représentait bien les objets comme s'ils étaient réels, mais éveillé il en gardait à peine quelque temps les images. S'agissait-il d'exécuter certains actes quelques heures après son sommeil, la force d'impulsion était déjà épuisée chez lui pour une époque si rapprochée, parce que l'idée d'agir n'existait plus dans le foyer mémoriel. En somme, il nous a paru que la durée de la sensation centrifuge suggérée est proportionnelle à la puissance de remémoration.

L'effet suggestif est toujours la mesure exacte des idées reçues au moment de la suggestion. Nous fîmes voir une fois, à une somnambule, de larges boutons de métal à la place des petits boutons de nacre qu'une de ses amies avait à sa robe ; au réveil, cette dormeuse vit tous les boutons avec leur apparente transformation, moins un seul qui, lorsque nous avions fait l'affirmation, était resté caché sous un fichu. Nous inculquâmes à une autre de voir une de ses voisines habillée en religieuse. Comme nous l'avions maintenue les yeux fermés, pendant ce temps-là, et que nous lui avions annoncé le détail du costume dans lequel elle la verrait, nous fûmes étonné de ce qu'elle aperçut ensuite une sœur en sabot et en tablier de couleur ; c'est que nous avions oublié de lui donner l'idée des chaussures d'ordonnance et de lui faire faire abstraction du tablier de sa voisine.

Une empreinte vivifiée par remémoration mentale ne se répercute donc pas seulement en sensation centrifuge au moment où elle a lieu, ainsi que cela a été antérieurement démontré, elle se prolonge encore au-delà du sommeil, soit qu'on la suggère au somnambule se manisfestant d'une manière continue et consciente, soit qu'on la suggère pour rester latente jusqu'à son éclosion définitive. Idées de sensations remémorées, détermination d'actes à mettre à exécution, appétits, désirs, toutes pensées de ces choses peuvent se prolonger indéfiniment ou s'ajourner pour prendre naissance à une époque ultérieurement désignée. Qu'elle soit toujours présente dans l'esprit ou qu'elle y soit longtemps en germe avant d'éclore, l'idée imposée est, par sa persistance, un phénomène du même genre que la conservation des souvenirs, seulement, pour celle qui est suggérée à longue échéance, l'attention réveille, dans l'avenir et à heure fixe, l'idée jusqu'alors latente de sa manifestation, de la même façon qu'elle rappelle instantanément ce qui était comme effacé de la mémoire. Un caractère des actes effectués dans un moment éloigné de l'époque de la suggestion, c'est que l'initiative pour leur mise à exécution à l'instant où la pensée en naît, paraît au sujet venir de son propre fond, tandis que pourtant, sous l'empire de la détermination qu'on lui a fait prendre, il marche au but avec la fatalité d'une pierre qui tombe, et non avec cet effort réfléchi et contenu, cause de toutes nos actions raisonnables ; il ne se

doute pas plus du piége où on l'a mis, que le fou halluciné se doute qu'il suit l'appât de ses sensations remémorées, lorsqu'il les prend pour des sensations objectives
réelles.

Ce qui est à remarquer dans les faits par suggestion qui
sont exécutés à une époque éloignée du sommeil, c'est
qu'avant leur accomplissement, lors même que l'attention
du sujet est employée aux autres actes de la vie ordinaire,
l'impulsion idéale transmise continue son cours dans son
esprit en vertu du mouvement acquis, jusques au moment
où, avec une précision mathémathique, surgit en lui l'inspiration d'agir. Ce phénomène d'attention dédoublée n'est
pas le seul de ce genre ; nous l'avons déjà constaté, même
dans le cours du sommeil léger.

Lorsqu'on réfléchit, les actes exécutés par suggestion
ne doivent nullement étonner ; dans la vie ordinaire, nous
accomplissons des faits d'une manière analogue, seulement ils se développent fréquemment en sens inverse.
D'abord, de la veille à la veille. Ne nous arrive-t-il pas,
avec connaissance de cause, d'apprendre quelque chose
par cœur pour le réciter à certains moments de la journée ?
Puis, ce que l'on a retenu, on le laisse fixement dans
la mémoire, on ne s'en occupe plus, jusqu'à ce que, par
un effort, on doit le faire reparaître. Dans un tel acte, n'y
a-t-il pas déjà une ébauche de ce qu'est la suggestion
dont il s'agit ? Mais ensuite, de cette conservation des souvenirs à la conservation d'une détermination prise la
veille pour la mettre en exécution dans le sommeil, comme
est celle de l'idée fixe de s'éveiller à heure précise,
il y a un passage insensible à une suggestion plus vraie et
qui, sauf l'inversion du phénomène qui se manifeste de
la veille au sommeil, présente une analogie frappante de
vérité avec les faits qui nous occupent. Et si, pendant le
repos et sans qu'ils les aient suscités volontairement, les

images des songes s'offrent à l'esprit des dormeurs par un
jeu automatique de l'intellect, par un mouvement intestin
spécial, n'y a-t-il pas aussi là un retour des pensées du
passé, retour confus il est vrai, mais se présentant à la cons-
sience par suggestion de la veille au sommeil? Ces images
« se produisent d'elles-mêmes, écrit M. Maury (1), suivant une certaine loi due au mouvement inconscient du
cerveau et qu'il s'agit de découvrir ; elles dominent ainsi
l'attention et la volonté. »....... Cette loi est toute
trouvée, c'est celle de la suggestion, c'est-à-dire, la puissance qu'a la pensée fixe, à notre insu, fatalement, en
dehors de l'attention et de la volonté active, de décrire
sa trajectoire dans l'organisme, de la veille au sommeil
ou du sommeil à la veille, pour être cause finalement de
phénomènes physiologiques très-remarquables.

En dehors des expériences établies sur des somnambules, les faits de suggestion du sommeil à la veille, ceux
qui nous occupent plus particulièrement, se rencontrent,
du reste, à chaque pas. On en trouve les rudiments, principalement chez les enfants qui, éveillés, voient, entendent
encore les personnages de leurs rêves avec tous les caractères de la vérité. Nous avons une fois éprouvé des
impressions semblables, lorsque nous étions étudiant en
médecine. Il nous arriva d'assister à un incendie après
notre réveil, incendie qui était la continuation d'un songe.
On trouve aussi des exemples de ce genre chez les grandes
personnes. Une de nos clientes, qui craignait le tonnerre, rêva qu'il tombait près d'elle : elle se réveilla
sourde. Aucun médicament n'y fit. Son ouïe revint peu à
peu, à mesure que l'effet suggestif de son rêve disparut.
« On voit, écrit M. Charpignon (2), certains individus

(1) Voy. Du sommeil, p. 38.
(1) Voy. Etudes sur la médecine animique, p. 26, Germer-Baillière, 1864.

conserver, au sortir du sommeil, la douleur et la marque
d'une blessure qu'ils ont cru recevoir. » Ces faits ne sont-
ils pas tout-à-fait analogues à ce qui se passa sur une de
nos somnambules à laquelle il nous arriva, après suggestion, de lui laisser au réveil les douleurs de la stigmatisation à l'endroit des cinq plaies du Christ, douleurs qui se
conservèrent comme chez les stigmatisés sans stigmates,
et, aussi longtemps que nous le voulûmes. Personne n'i-
gnore que les névroses sont souvent annoncées par des
rêves bizarres : elles n'en sont alors que l'effet suggestif.
D'après M. Brière de Boismon (1), « il y a des hallucinations qui commencent dans le sommeil et qui, se repro-
duisant pendant plusieurs nuits consécutives, finissent par
être acceptées comme des réalités pendant le jour. La
veuve Schoul..... entend pendant trois nuits une voix
qui lui dit : tue ta fille. Elle résiste d'abord et chasse ses
pensées en s'éveillant ; mais l'idée ne tarde pas à devenir
fixe ; elle ne disparaît plus avec la veille, et, quelques jours
après, la malheureuse mère immole son enfant. » A ces
faits l'on peut encore ajouter celui de ce gendarme (2)
qui, ayant vu de près une exécution capitale et en ayant
été très-ému, rêva, par suite, que le ministre avait décidé sa décapitation. Ce rêve se renouvela. Il finit par
croire à cette idée et il se sauva pour éviter une telle
mort : il était devenu fou. Dans ces deux derniers cas,
une pensée accompagnée d'une profonde émotion a reparu, pendant le sommeil, avec une vivacité encore plus
grande que pendant le jour, les dormeurs se sont suggéré de nouveau ce qu'ils ont rêvé comme une chose
certaine et, une fois éveillés, il y ont cru ainsi que les
somnambules, sortis de leur état, croient ensuite aux

(1) Voy. Traité des hallucinations, p. 274.
(2) Voy. Annales méd.-psych., année 1863, p. 340.

hallucinations et à tout ce qu'on leur a mis dans la tête. Aristote avait déjà constaté que le principe de beaucoup de nos actions a souvent son germe dans les rêves de la nuit. Partageant la même opinion, Maine de Byran s'écrie, à propos de quelques hommes de la grande révolution française : « Qui sait si des songes affreux, tels que pouvait en faire un Néron , etc..... n'ont pas contribué quelquefois à exaspérer, dans ces tigres féroces, l'aveugle passion du crime et à préparer pour le lendemain de nouvelles proscriptions, de nouveaux actes d'atrocité. » Ainsi, les aliénistes et les psychologues ont fourni leur contingent à la thèse que nous soutenons. Des ouvrages récents de médecins comme ceux de MM. Macario (Du sommeil), Charpignon (Etudes sur la médecine animique) , et Padioleau (De la médecine morale), ces derniers couronnés par l'Académie, nous rapportent des faits du même genre invoqués par leurs auteurs pour soutenir l'opinion de l'influence du moral sur le physique.

C'est une femme qui voit, en songe, les objets confus et et brouillés comme à travers un épais brouillard et qui, à la suite, reste atteinte d'ambliopie.

Une autre, à laquelle M. Macario donnait des soins, rêva qu'elle adressait la parole à un homme qui ne pouvait pas lui répondre ; à son réveil elle était aphone.

Teste, ministre de Louis-Philippe, rêva à la Conciergerie qu'il avait eu une attaque d'apoplexie ; trois jours après son rêve, il mourut de cette affection.

Arnauld de Villeneuve se vit, en songe, mordu à la jambe par un chien ; quelques jours après, il se déclara un ulcère cancéreux au même point.

Galien parle d'un malade qui se vit une jambe de pierre en rêvant ; quelques jours après, il y eut paralysie.

Le savant Conrad Gessner rêva qu'il était mordu au côté gauche par un serpent ; peu de temps après, il se déclara au même endroit un anthrax qui le fit mourir.

Cornélius Ruffus rêva qu'il avait perdu la vue, à son réveil il était amaurotique

M. Macario raconte, de lui-même, qu'il rêva avoir un violent mal de gorge. Quoique bien portant à son réveil, il n'en fut pas moins, quelques heures plus tard, atteint d'amygdalite.

Certes, nous sommes loin de croire, avec les auteurs qui les rapportent, que tous les faits de maladie dont il vient d'être question puissent s'expliquer exclusivement par l'action puissante du moral sur le physique. Tout en sachant, avec eux, jusqu'à quel point la pensée concentrée dans le sommeil a d'influence sur l'organisme, nous ne pensons pas qu'elle puisse être la cause directe d'un anthrax ou d'un cancer en quelques jours, il devait y avoir dans quelques-uns des cas précités une diathèse prédisposante. Du reste, avant que les maladies ne se soient déjà déclarées, il y a souvent une travail morbide d'incubation qui, inconnu pendant la veille, peut, pendant le sommeil, devenir sensible dans les organes où il s'opère et être, de là, le point de départ d'un songe. Les impressions tactiles internes, qui sont alors perceptibles, deviennent la cause du rêve morbide sur le siége d'un mal qui n'est pas encore appréciable à l'état de veille, et puis la sensation centripète qui en résulte ne peut avoir que l'influence de hâter, par un retour centrifuge, le développement d'une affection qui n'était qu'en germe.

Les médecins peuvent puiser dans les rêves de précieuses indications, non pas seulement pour la connaissance des maladies qui sont en voie de développement, mais aussi pour leurs cures. Ainsi, des somnambules ont la conviction qu'ils guériront avec des remèdes administrés à l'opposé des règles de l'art; en suivant leurs prescriptions réputées incendiaires, ils retournent rapidement à la santé. C'est que, quand la pensée tient le gouvernail, la thérapeutique des médicaments n'est plus rien. Aussi, dans notre pratique, outre les inspirations médicales des rêveurs, quelque absurdes qu'elles soient, nous avons encore, autant que possible, respecté les désirs formels et les préjugés scientifiques de nos malades, et nous n'avons jamais eu qu'à nous féliciter d'une telle tolérance. D'autres avant nous, ont su agir de même. Dans un ouvrage de M. Teste (1), on trouve une observation curieuse de l'action de la pensée du rêveur sur son organisme. C'est à propos de la guérison de M. Adam, professeur de musique, atteint d'une surdité due à une paralysie incomplète des nerfs acoustiques. Cet homme songea qu'il guérirait si on lui magnétisait les pieds dans un bain chaud. M. Teste, son médecin par désespoir de cause, pensant avec juste raison que la médication s'augmenterait de toute l'influence du rêve, n'eut garde de ne pas suivre cette indication précieuse ; dès le premier bain, le malade entendit les battements de sa montre à $0^m,10$ plus loin qu'avant, succès que ce médecin n'avait pu obtenir en 15 jours de manœuvres magnétiques.

Résumé. Il y a une faculté singulière du sommeil profond, c'est celle qu'ont les dormeurs, par l'effet d'une suggestion venant d'eux ou d'un autre, d'être obsédés d'hallucinations après réveil, d'accomplir des actes, d'éprouver des modifications organiques, etc, sans qu'ils se doutent de la manière dont ces manifestations ont pris naissance. Lorsqu'ils sont portés à agir, ils croient être libres, tandis qu'ils sont fatalement le jouet d'une impression mentale antérieure.

La répercussion suggestive peut se prolonger longtemps après la suggestion. Pour ce qui est de la faculté

(1) Voy. Manuel du magnétiseur, 3me éd.,p. 381. J.—B. Baillière, 1846.

de se représenter les objets, cette faculté, en temps qu'envisagée sous le rapport de l'intensité et de la durée, parait proportionnelle à la puissance de la remémoration. Le plus ou moins de vivacité de cette dernière nous paraît donc le moyen comparatif pour apprécier d'avance le pouvoir qu'a chaque dormeur d'être impressionné par suggestion.

Les effets de la suggestion sont toujours la mesure exacte de la représentation mentale.

Quand l'impression mentale subie par le dormeur, ne se prolonge pas consciemment d'une manière continue, et qu'elle est ajournée pour son développement, l'idée suggérée, en vertu de l'impulsion donnée, continue son chemin, d'une manière latente et avec précision, jusques au moment de l'accomplissement de l'acte qui concerne cette idée, bien que, pendant ce temps-là, l'attention paraisse tout entière dirigée vers les occupations ordinaires de la vie.

On trouve, dans le cours de l'existence, des phénomènes ressemblant aux faits de suggestion dont il vient d'être parlé, faits qui n'ont pas entièrement échappé aux psychologues et aux médecins ; il y en a même de ces derniers qui ont profité de leurs connaissances acquises à ce sujet pour le traitement de quelques-uns de leurs malades.

IX.

De la prévision.

Il est un autre mode de suggestion du sommeil à la veille dont l'effet a lieu longtemps après le réveil. On l'a appelé prévision, à cause de son apparence prophétique. C'est parce que les modifications organiques, etc., annoncées d'avance par les dormeurs, arrivent avec une ponctualité rare et que l'on n'a pas discerné, dans les choses prévues, le mécanisme d'une suggestion à long terme, que des observateurs superficiels ont cru à une faculté transcendante chez les somnambules. Il n'y a pas plus ici de merveilleux que dans tous les autres phénomènes étranges du sommeil. Prévoir ou pressentir un événement sur un autre ou sur soi, ce n'est pas avoir une prescience de ce qui sera, ce n'est pas deviner l'avenir, c'est, par une impulsion propre de sa pensée, développer dans son organisme, pour une époque ultérieure désignée, ce que l'on s'est affirmé à son insu, ou bien, c'est faire naître dans l'organisme des autres la pensée des changements prédits, en s'emparant de leur esprit et déterminant par là en eux, pour le moment futur indiqué, une réaction de leur attention dans le sens de l'idée qu'on leur a formulée.

Que les idées que l'on suggère où que l'on se suggère pour une époque ultérieure, prennent naissance dans le véritable sommeil ou dans les maladies nerveuses qui ne sont que des sommeils morbides, ce que nous démontrerons plus tard, voire même que ces idées naissent dans cet état physiologique du charme où sont toujours certaines personnes, il y a dans tous les cas, suggestion des idées du moment présent pour qu'elles se manifestent sur l'économie dans un moment futur.

Ce que l'on prévoit devoir arriver aux autres n'a de chance de se développer qu'autant que ceux qui en sont l'objet, comme les somnambules, s'affirment, sans pouvoir s'en empêcher, ce qu'on leur a inculqué devoir arriver.

Dans de tels cas, c'est la croyance entière des individus à ce qu'on leur assure qui est la cause du résultat annoncé. Il est assez rare de trouver des gens qui, éveillés, soient dans une pareille disposition à croire. Cependant, d'après l'érudit Salverte, (1) on a vu des thaumaturges prononcer

(1) Voy. Des sciences occultes, p. 311, 3ᵉ édition, J.-B. Baillière, 1856.

un arrêt de mort solennel contre quelqu'un et l'événement venir confirmer la menace. Si la mort donnait raison à l'arrêt fatal, c'est que celui qui était l'objet de cet arrêt restait, par suite, convaincu de ce qui lui était prédit, il y croyait avec une conviction si profonde que l'organisme complétement ébranlé cessait ses fonctions. « Aux îles Sandwich, dit cet auteur, il existe une communauté religieuse qui prétend tenir du ciel le don de faire périr, par les prières qu'elle lui adresse, les ennemis dont elle veut se défaire. Si quelqu'un encourt sa haine, elle lui annonce qu'elle va commencer contre lui ses imprécations : et le plus souvent cette déclaration suffit pour faire mourir de frayeur ou déterminer au suicide, l'infortuné en but à l'anathème. » On le voit, ce qui, dirigé contre l'homme instruit, n'est que parole en l'air, devient contre le croyant une arme terrible. On trouve, dans l'ouvrage de M. A. Morin sur le magnétisme (1), la relation d'une prophétie d'un genre moins sinistre faite dans ces derniers temps à Cideville, par un berger nommé Thorel et réputé sorcier. Cet homme annonça au maire de cette commune qui, en le rencontrant dans les champs, l'avait plaisanté sur ses pouvoirs diaboliques, que dès qu'il frapperait avec le poing sur sa cabane, un de ceux qui l'accompagnaient dans sa promenade et qu'on désigna d'avance, tomberait à terre. Ce qu'il avait prédit arriva ; l'individu qui avait été menacé et qui croyait nécessairement à la puissance de Thorel, subissant la tyrannie de sa propre pensée, fit une chute dès qu'il entendit le bruit des coups de poing du berger. C'est à cette sorte de prévision qu'on peut rattacher des prophéties faites par nous et qui avaient aussi leur réalisation. Nous inscrivions nos prédictions

(1) Voy. Du magnétisme et des sciences occultes, p. 56, Germer-Baillière, 1860.

dans un pli cacheté que l'on devait ouvrir à heure convenue, elles avaient rapport à des changements organiques ou à la mise à exécution d'actes bizarres que nous avions suggérés à nos dormeurs à l'insu de tout le monde. A l'ouverture du billet, où l'on trouvait les faits accomplis coïncider juste avec notre écrit, on nous accusait de compérage, mais l'étonnement et la bonne foi des somnambules dans leurs dénégations donnaient souvent matière à réfléchir.

La prévision le plus souvent suivie d'effet est celle que certaines personnes se font à elles-mêmes pendant le sommeil ou dans des états analogues. Des cas de ce genre ont été remarqués depuis longtemps, même par les médecins. M. Brière de Boismont rapporte (1) qu'en 1662, une fille anglaise, Miss Lee, à la suite d'une vision qu'elle eut pendant la nuit, fut convaincue qu'elle mourrait le même jour, à midi ; elle prit, en conséquence, ses dispositions, et malgré les soins de deux médecins venus pour dissiper cette idée folle, elle succomba à l'heure qu'elle avait indiquée. Il y a des familles, dit le même savant aliéniste, où chacun prédit sa mort. Pour notre part, nous avons connu un curé qui appartenait à une semblable famille ; il annonça aussi lui-même le terme de son existence, et ne se trompa pas. Joseph Franck (2) dit avoir rencontré un si grand nombre d'exemples d'hommes qui prédisaient ponctuellement leur maladie et leur mort prochaine, qu'il a été forcé de croire aux présages de l'âme, il ne se doutait pas, sans doute, qu'un homme frappé d'une idée fixe, ébranle son organisme et le modifie dans le sens de cette idée.

Ce sont surtout les médecins soignant les maladies men-

(1) Voy. Traité des hallucinations, p. 405.
(2) Voy. Pathologie médicale, p. 405.

tales qui ont eu l'occasion de vérifier les prévisions des malheureux confiés à leurs soins, et qui ont acquis la même conviction que le célèbre J. Franck. C'est que les fous, dont l'esprit est parfois si concentré, s'affirment la mort avec tant d'énergie qu'ils impriment à leur organisme une répercussion morbide dont le résultat final est forcément exact. Quand, dans notre pratique médicale, nous rencontrions des malades guérissables atteints de maladies graves, et répétant sans cesse : je suis perdu, je n'en reviendrai pas, je serai mort pour tel jour, nous étions à peu près sûr de les perdre. Il nous est toujours resté dans la mémoire, le souvenir de la mort d'un homme déjà âgé et devenu mélancolique depuis la perte qu'il avait faite de sa femme. Cet homme, guéri d'une fluxion de poitrine, continuait à dire sans cesse que le terme de sa vie approchait. Après notre dernière visite, il nous répliqua avec ironie : oui, je vais mieux, mais vous ne me verrez plus. Ce jour même il prit toutes ses dispositions et indiqua l'heure de sa mort. Par la pensée bien arrêtée de mourir, il avait épuisé sa force nerveuse pour le moment prévu. C'est ainsi qu'un jeune virtuose, atteint de consomption, et auquel Lauvergne (1) donnait ses soins, prédit le jour et l'heure de son trépas. On ne meurt pas seulement, on devient aussi malade par prévision. Les maladies par prévision sont plus communes qu'on ne le suppose. Elles se présentent ordinairement avec des formes bizarres, arrivent à des heures précises et sans fractions, procèdent par accès réglés dans leur marche, sont rebelles aux remèdes, finissent tout d'un coup, bref, s'écartent, dans leurs manifestations, du cadre des maladies avec lesquelles elles ont des rapports de similitude, parce qu'elles sont l'effet de la pensée. Un de nos malades qui,

(1) Voy. Du sommeil, par M. Macario.

d'habitude, menait une vie très-affairée, s'annonçait, tous les ans, l'époque où il tomberait en *jachére* et en sortirait (c'était là le nom qu'il avait donné à sa maladie). Tout arrivait à point, et, pendant ce temps, il demeurait dans son lit mangeant et buvant bien, sauf qu'il·était dans une inertie complète, incapable d'efforts de volonté. Nous avons pu bien observer un accès de cette maladie immortalisée par Molière : elle commença à un moment déterminé par lui d'avance, et elle finit au bout de 100 jours,·ainsi qu'il l'avait prédit. Les affections morbides, arrivant pendant la veille à la suite d'une prévision, sont assez rares ; c'est parmi les hommes névropathiques, les fous, les hypocondriaques qu'on les rencontre.

On est plus à même, lorsqu'on s'occupe d'endormir, de trouver de ces maladies par cause morale annoncées par les somnambules, si surtout l'on garde la funeste habitude de s'en rapporter à eux. Laisse-t-on errer leur esprit à l'aventure, il arrive souvent, s'ils sont déjà souffrants, qu'ils s'annoncent une prolongation de leur maladie ou des complications graves, et, s'ils se portent bien, qu'ils sont capables de prévoir la déclaration infaillible de symptômes morbides ; il suffit, dans l'un ou l'autre cas, qu'ils se soient affirmé ces choses. Les auteurs rapportent, comme succédant au sommeil profond, un grand nombre de modifications organiques, utiles ou nuisibles, résultats obligés d'affirmations spontanées et inscientes de la part des dormeurs. Le plus ordinairement, ils se suggèrent des troubles du système nerveux, ce système étant le plus directement impressionnable. On voit survenir des paralysies, des contractures, des douleurs, des accidents réglés, des attaques nerveuses de tout genre, ou bien, des symptômes d'une production encore facile, tels que des évacuations de sérosité, de bile, de sang, ou, de la vergeture aux joues, de l'infiltration des paupières, ainsi que l'a constaté A. Bertrand, des bronchites avec irritation et sécrétion de la muqueuse pulmonaire, comme nous avons eu l'occasion d'en observer un cas, etc., etc. Il est à remarquer que ces désordres se déclarent presque toujours aux époques prévues.

Tous les accidents maladifs prédits par les dormeurs, du moment qu'ils viennent par la pensée, sont aisés à guérir. On les fait partir, pendant le sommeil, de la même façon qu'ils sont venus, par suggestion. C'est ainsi que A. Bertrand, voyant dépérir une somnambule qui s'était annoncée la mort pour un jour déterminé d'avance, s'avisa de lui affirmer avec autorité que ce qu'elle prévoyait n'aurait pas lieu ; depuis lors, cette victime d'une idée fixe débilitante vit renaitre ses forces épuisées. M. Charpignon, par une affirmtion contraire à celle que s'était faite une somnambule, empêcha le retour d'une fièvre quotidienne à accès répétés matin et soir, et qui, selon la prophétie de la dormeuse, devait durer vingt-quatre jours. Il suffit même, pour arriver à couper le mal dans sa racine, de distraire vivement ces singuliers malades au moment de leurs accès pour que ces accès ne se déclarent pas (1). De cette manière, l'on détourne la plus grande partie de l'attention qui était destinée à la formation des accidents morbides. L'on a vu des malades, atteints d'affections intermittentes et que l'on avait trompés, en avançant l'aiguille de leur pendule, on les a vu être tellement contents de ne pas avoir senti venir l'accès qu'ils attendaient, que cette révulsion émotive suffisait pour les débarrasser à jamais de leur mal. Si l'on s'était douté de la puissance de la suggestion comme moyen préventif, des malheurs auraient sans doute déjà été évités et entre autres le suivant : Une fille en somnambulisme (2) annonça à son curé qu'elle

(1) Voy. Physiologie du magnétisme, par M. Charpignon, p. 109.
(2) Voy. Physiologie du magnétisme, p. 299.

irait se noyer dans la Loire et que rien ne pourrait l'en empêcher. Deux mois après, ce funeste dessein éclos dans un rêve, fut mis à exécution. Il aurait fallu, pour prévenir le suicide de cette fille, lui suggérer pendant le sommeil l'idée fixe négative de ce qu'elle s'était mis dans l'esprit, ce qu'avaient fait, ainsi qu'il est dit plus haut, A. Bertrand et M. Charpignon, l'un, pour dissiper une conception folle, et l'autre, pour couper des accès de fièvres créés par la pensée. Car il faut bien se pénétrer de ce principe : ce qui vient de la pensée dans l'état de repos, s'en va de même dans le même état ; ce qui s'y manifeste avec célérité part vite, et ce qui s'y développe avec lenteur ne peut guérir avec promptitude. Par exemple, des plaies comme celle des stigmatisés, ou même une affection organique, demandent, pour leur guérison, une tension d'esprit plus prolongée et plus fréquemment répétée que pour la disparition d'une simple douleur névralgique. Il est même des douleurs nerveuses, venues par suggestion, qui disparaissent à mesure que s'efface l'empreinte mémorielle dont elles sont la sensation centrifuge répercutée.

Nous avons observé la réalisation d'un certain nombre d'accidents prévus par des dormeurs. Une de nos somnambules, qui s'était prédite une fluxion de poitrine treize jours à l'avance, n'eût, après cette longue incubation, qu'une simple bronchite, mais enfin ce fut une expression symptomatique de ce qu'elle s'était affirmé ; bien que nous eussions fait mettre cette femme dans de bonnes conditions hygiéniques, l'irritation prévue des voies aériennes ne s'en manisfeta pas moins. Nous avons vu cette même somnambule s'annoncer des accès d'éclampsie à des heures sans fractions, ainsi que son horloge les marquait. Ce qui nous a le plus surpris de sa part, c'est que, cinq jours après son accouchement, elle nous assura que dans six jours, à deux heures de l'après-midi, sa fille aurait une hémorrhagie nasale de quelques gouttes. Il se produisit, en effet, chez cette dernière et au jour indiqué, un léger saignement de nez, mais il eut lieu à 10 heures du matin. Cette coïncidence, s'il n'y a que cela, entre la prévision et le fait, est étrange. Pendant son somnambulisme, cette femme aurait-elle revu, dans son esprit, l'empreinte mémorielle d'une suggestion qu'elle se serait faite antérieurement, à propos de l'enfant qu'elle portait alors dans ses flancs ?

Là où les prévisions des dormeurs échouent, c'est dans les cas où l'empreinte idéale par suggestion est sans consistance. Chez un somnambule affaibli et, par conséquent, sans mémoire vive, l'ébranlement communiqué par contre-coup aux organes ne tarde pas à se ralentir, puis à se perdre. Sur les meilleurs somnambules, il y a même des fonctions que l'on ne peut aucunement modifier par l'affirmation. Deux de nos somnambules qui s'étaient annoncé le jour de leur accouchement se trompèrent; nous avons vu davantage : ayant plusieurs fois, par erreur, suggéré leurs règles à des femmes enceintes, nos affirmations furent heureusement sans résultats. C'est qu'il est probablement des fonctions, celles, entre autres, de propagation de l'espèce, qui échappent à l'action de la pensée concentrée.

D'après ce qui précède, il est facile de s'apercevoir que les faits de prévision des dormeurs, de quelque manière qu'ils se manifestent, sont en principe l'effet d'une affirmation du même genre que celle des magnétistes forçant leurs somnambules, après leur réveil, d'accomplir des actions bizarres, d'être en but à des hallucinations, d'éprouver des besoins naturels pressants, etc. Dans l'une et l'autre occurence, il y a, chez les sujets, inscience complète de la suggestion qu'ils se sont faite d'une manière directe ou indirecte, et c'est toujours la pensée formatrice des événements qui continue l'impulsion latente et les fait éclore au moment désigné.

Il est une autre sorte de prévision, ordinairement à court terme, que l'on a remarquée principalement sur les somnambules ; elle est la plus rare et dérive de la faculté qu'ont ces rêveurs de reconnaître des traces encore imperceptibles de maladies, en accumulant leur attention vers des organes où ils ne ressentaient rien auparavant. Ils peuvent alors deviner en eux, par ce qu'ils éprouvent, le développement d'une affection pour l'avenir ; ce n'est plus difficile. Cabanis a fait mention de cette prévision et en a, en même temps, donné une explication rationnelle. Il est des malades, remarque ce physiologiste (1), qui sont en état d'apercevoir en eux-mêmes, « dans le temps de leur paroxysme, ou certaines crises qui se préparent et dont la terminaison prouve bientôt la justesse de leur sensation, ou d'autres modifications organiques, attestées par celle du pouls et par des signes encore plus certains. » Par ce mot, paroxysme, cet éminent auteur avait même déterminé, on le voit, que c'est dans un état de surexcitation que la prévision par sensation a son germe.

Depuis longtemps, la prévision, bien que la cause n'en ait pas toujours été bien comprise, a pourtant pénétré dans le domaine de la science positive, et a été regardée comme un des phénomènes le mieux établi. Non-seulement Cabanis, qui a expliqué certains faits de prévision, et A. Bertrand (2) qui, le premier que nous sachions, en a bien interprété certains autres comme dérivant de l'empire de la pensée des dormeurs sur leur organisation, mais encore un grand nombre d'écrivains distingués les ont signalés. Sans compter les modernes, avant eux, Arétée, A. Béni-

(1) Voy. Rapport du physique et du moral, t. II , p. 35.
(2) Voy. Traité du somnambulisme, p. 123 et suiv.

vonius, Gaspar, Francus, Janilsch, M. Alberti, Quellenetz, Sauvages, Cavalier, Desères, etc., en avaient déja parlé dans leurs écrits.

Il est encore une classe de faits à la réalité desquels nous ne sommes plus éloigné de croire. Ces faits, par cela même qu'ils sont annoncés d'avance, trouvent ici leur place, quoiqu'ils s'expliquent autrement que ceux dont il vient d'être question. On lit, dans la pathologie médicale de J. Franck, que dans les premières nuits de sa grossesse, une noble Lithuanienne, âgée de 20 ans, se réveilla en poussant un cri terrible ; elle raconta à son époux qu'elle avait vu, en rêvant, dans les caveaux d'une église, une femme assise dans une tombe ouverte et allaitant deux enfants. Cette femme lui avait dit : Ne t'effrayes pas, car je suis ton image ; le lendemain du jour où tu auras eu deux fils, tu viendras dormir à ma place. Cette jeune personne, depuis lors, tomba dans une mélancolie profonde. Elle accoucha de deux enfants mâles, comme elle l'avait prédit, et mourut quelques jours après son accouchement. Dans notre orgueil de médecin, nous avons éprouvé, d'abord, à la lecture de ce passage, une envie de critiquer amèrement la bonne foi crédule du médecin allemand, mais notre bon génie nous a soufflé à l'oreille les paroles de ce Grec : frappe, mais écoute. Malgré notre premier mouvement, nous avons cherché à contrôler ce fait par des expériences, et bien nous en a pris. Ce n'est pas la prévision de la mort qui nous a paru absurde et a ensuite attiré notre attention, c'est la devination de la naissance de deux enfants mâles par une mère, quelques jours après la fécondation. Une femme enceinte peut-elle savoir, dans le sommeil, je ne dirai pas le nombre, mais le sexe des produits de sa conception ? Telle est la question que nous nous sommes proposé de résoudre. Une chance heureuse nous a fourni trois somnambules enceintes que nous avons endormies souvent. Nous n'avons eu garde de manquer de leur demander, pendant leur sommeil, quel était le sexe de leur fœtus. Elles nous ont offert cette particularité, que toutes trois ne se sont pas trompées et ne se sont jamais démenties dans leurs apparentes prédictions. Est-ce là un effet du hasard ? En prenant, pour moyenne de la durée de la grossesse, l'époque de 9 mois et, pour sommet de l'échelle de 0 à 9, le jour de l'accouchement, une de ces femmes s'est déclarée enceinte d'une fille 1 mois et 4 jours après la fécondation et les deux autres, à 2 mois 21 jours, et à 7 mois 15 jours de grossesse, se sont annoncées chacune un garçon. Toutes les trois, dans les sommeils suivants, ont toujours soutenu leurs dires avec une conviction profonde, ce que l'événement est venu confirmer pour chacune d'elles.

Si, comme il est probable, les femmes en somnambulisme réussissent à déterminer le sexe des fœtus qui sont renfermés dans leur sein, ce ne doit être que parce qu'elles parviennent à traduire une pensée insciente en pensée consciente. Ces deux sortes de pensées, de même que les sensations centripètes d'où elles dérivent, ont pour foyer commun le cerveau. Il n'y a rien d'étonnant, en raison de ce siége identique, que l'attention ne puisse, dans le sommeil, rendre consciente une idée dont le nerf grand sympathique est le point de départ aussi bien qu'une idée dont les sens sont aussi la source de leur côté. S'il nous est impossible, surtout dans la veille, de rendre saisissables à la conscience les pensées profondes dont la merveilleuse structure du corps est l'expression, c'est qu'elles se manifestent d'une manière si égale, si monotone dans leur continuité, qu'on ne peut trouver en elles de différence appréciable et, par suite, les saisir, les interpréter, les traduire. Si nous n'avions jamais entendu qu'un son continu, aurions-nous idée du son ? Si nos yeux n'avait jamais perçu qu'une couleur, aurions-nous connaissance des couleurs ? Et quand nous appliquons la main sur un corps, sans la remuer ensuite, avons-nous idée, l'impression tactile étant toujours la même, de certaines qualités de ce corps ? La condition, pour être sûr qu'une couleur existe, c'est d'en voir d'autres, qu'un son a lieu, c'est qu'il soit interrompu ou qu'on entende d'autres sons, enfin la condition pour juger de quelques propriétés d'un corps dont l'impression au toucher est permanente, c'est de remuer les doigts pour en sentir la dureté, les anfractuosités ou les autres formes. Ce que nous émettons ressort aussi de la théorie de Socrate qui, en se grattant les jambes après qu'on lui eut ôté ses fers, disait à ses disciples que, sans la douleur qu'il venait de ressentir, il n'aurait pas une idée si vraie de la démangeaison qu'il éprouvait. Donc, perceptions de couleurs variées, de sons interrompus ou différents d'intensité, d'impressions tactiles de dureté, de formes des corps, de douleur, de chatouillement, voilà les conditions essentielles des idées conscientes que l'on peut acquérir sur chaque objet des sens. Sans ces conditions de variabilité, les perceptions continues que l'on éprouverait seraient toujours les mêmes, et l'on n'aurait pas conscience de leurs sensations au cerveau, bien qu'elles existassent réellement sous formes d'idées-images dans le foyer de la mémoire. Ce que nous supposons ici devoir être la cause de l'inconscience des sensations et des idées, c'est ce qui est la cause pourquoi, dans la vie organique, l'on n'a pas conscience des phénomènes internes, sensations, mouvements, etc., et, à plus forte raison des pensées inscientes, permanentes, qui réagissent avec tant de régularité dans les profondeurs des tissus. Mais, dans le sommeil profond, il peut bien ne pas toujours y avoir la même uniformité dans les impressions, les pensées et les actes ayant rapport aux fonctions végétatives ; dès lors

que, par un effort d'attention, il est possible de percevoir des sensations et des mouvements inconscients auparavant, de ralentir ou d'accélérer les mouvements des
muscles à fibres lisses, de faire dilater ou de faire contracter les tuniques des vaisseaux sanguins, d'activer ou
de modérer les sécrétions des glandes, de stimuler la
vitalité des tissus ou de la diminuer au point de produire
des plaies ulcéreuses et même la mort, phénomènes qui
prouvent, sans réplique, la puissance qu'a l'attention
de réagir parfois sur les parties de l'économie où président des pensées inscientes de tous les instants, et d'en
rendre les phénomènes variables, il n'y a rien d'étonnant
qu'une force, qui s'accumule avec tant de puissance sur
la partie du système nerveux où la plupart des sensations
intérieures sont perçues, se porte avec la même abondance
et la même énergie dans le centre où ces sensations s'impriment et où les pensées inconscientes, fruits de ces
sensations, s'élaborent en même temps. Rien d'étonnant
alors que l'attention saisisse des différences, et dans les
sensations internes qui ne nous étaient pas révélées
jusque là, et dans les mouvements ou ordres transmis qui
les accompagnent, et enfin dans les pensées qui, nécessairement, précèdent ces derniers phénomènes. Si surtout,
dans le sommeil profond, l'afflux de l'attention sur les
organes intérieurs et le cerveau doit être susceptible d'y
surprendre une pensée, c'est bien dans ce qui appartient
à une fonction comme celle de gestation, fonction d'une
existence accidentelle ; l'attention concentrée, à cause
des différences qui s'offrent à elles, et dans les modifications organiques, et, par conséquent, aussi dans le centre
cérébral, y trouve les linéaments nets d'une idée inscons-
ciente concernant l'être nouveau en voie de développement dans l'organisme, et elle traduit cette idée en idée
consciente. Car, ainsi que nous l'avons dit, l'attention

percevant, dans l'état de repos, des sensations qui n'ont jamais été senties sciemment jusques alors, pourquoi ne lirait-elle pas des pensées dont on n'a jamais eu conscience dans l'état de veille ?

En résumé, la prévision d'un événement personnel ou d'une modification organique sur les autres ou sur soi, est le plus souvent l'effet d'une suggestion pendant le sommeil où un état analogue, effet se manifestant pendant la veille à l'époque précise, qu'il ait été annoncé d'avance, soit par le dormeur, soit par une autre personne.

On rencontre aussi des prévisions dues à ce que des individus, en paroxysme, retrouvent alors dans leurs tissus des sensations qui leur font pressentir des changements morbides, changements dont ils fixent le moment de la manifestation.

Les faits de prévision sont, sans contredit, les plus admirables preuves de l'action de la pensée et de sa puissance sur l'organisme.

Il est encore un autre phénomène plus que probable, phénomène purement psychique et non suggéré, qui a toutes les apparences de la prévision, en ce que le résultat prévu en est souvent connu, même plus de huit mois à l'avance. Ce phénomène ne peut s'expliquer qu'en admettant la possibilité, chez les dormeuses, d'avoir conscience de pensées toujours inscientes dans tout autre état que le sommeil.

X.

Éducation antérieure.

En s'accumulant sur les sens, sur les idées mémorielles, l'attention, pendant le sommeil, est cause de plus de sensibilité, d'une remémoration plus puissante et, par suite, de plus de profondeur dans l'intelligence ; c'est elle qui, en suscitant des idées émotives, est la condition de passions et de sentiments plus développés que de coutume, c'est elle encore, à l'aide de l'idée, qui stimule les besoins et réveille les appétits outre mesure. Grâce à l'impulsion de cette force dans cet état, les fonctions les plus reculées de l'organisme, celles qui paraissent les plus indépendantes, sont susceptibles d'être excitées et modifiées, elle va même saisir en elles des sensations, des mouvements et, par-dessus tout, des pensées. C'est cette force enfin qui, réagissant sur une idée, donne une impulsion irrésistible aux sensations centrifuges, aux déterminations, aux actes intellectuels, aux modifications organiques, etc., pour que ces phénomènes surgissent chez les somnambules insciemment et fatalement après réveil, aux heures et aux jours désignés d'avance.

La puissance de la pensée étant connue comme levier, dans l'être et le devenir de l'organisme, nous nous sommes demandé si, pendant le sommeil, après avoir reçu l'étincelle de la suggestion, des femmes enceintes, dont la vie est intimement unie à celle de leurs fœtus, sont capables alors de leur transmettre des idées fixes pour la vie extra-utérine, idées fixes se répercutant, ou en formes corporelles, ou en finesse des sens, ou en qualité de cœur, ou en aptitudes intellectuelles, ou en tendances instinctives, etc.? Si, dans l'état de repos et par la pensée, l'on peut développer sur soi, pour l'avenir, des modifications organiques, des idées fixes, etc., n'est-il pas possible aux femmes, dans le même état et par le même moyen, de développer à peu près semblables choses sur les êtres qui sont en voie de formation dans leur sein?

Sous un point de vue moins spécialisé, un enfant perdu, M. de Frarières (1), a lancé, dans ces derniers temps, cette question dans le domaine de la science, non pas

____

(1) Voy. Influences maternelles, nouvelle édition. Didier, 1862.

qu'il en soit le Christophe Colomb ou qu'il l'ait résolue affirmativement; mais il a cherché à démontrer avec une conviction entière, en s'appuyant sur quelques faits et des considérations générales, que la pensée de la mère, lors de la gestation, a une énorme influence sur l'avenir physique et moral de l'enfant qu'elle porte dans son sein, et la conclusion de son livre, c'est que la femme, tout le temps de sa grossesse, doit nourrir son esprit d'aliments intellectuels de choix, et le diriger vers la culture des arts ou vers des occupations nobles et dignes. Tout en acceptant, comme bién venues, l'argumentation et les conclusions établies dans le livre des Influences maternelles. et en y prenant des faits, nous nous sommes mis en quête de nouveaux documents, et, appuyés sur les uns et les autres, nous avons cherché s'il n'y a pas de conditions essentielles favorables au principe de l'éducation antérieure. Ces conditions nous ont paru se présenter surtout dans des états analogues au sommeil profond. Aussi, avons-nous été porté à expérimenter sur trois somnambules enceintes, espérant obtenir des preuves plus directes et plus irréfragables de l'influence de la pensée de la mère sur le produit de sa conception, afin de confirmer directement les nombreux faits plus ou moins avérés qui, jusques alors, ont entretenu l'opinion vulgaire, rajeunie par M. de Frarières. Les hommes compétents ont fort mal répondu à l'initiative prise par cet auteur. Comme à tant d'autres, qui ont pressenti d'utiles découvertes, il lui a été donné des railleries au lieu d'encouragements. C'est qu'il est plus facile de faire de l'esprit à tort et à travers que de juger sainement et avec hardiesse. Seuls, deux ou trois écrivains, soucieux du vrai et n'ayant pas, par position, à ménager les préjugés scientifiques ou l'omnipotence des Académies, ont approuvé un livre qui, sous le rapport de l'initiative, est une courageuse sortie hors des rangs.

Avant d'aborder l'examen des faits, il est bon de jeter un coup d'œil dans ce qui est du domaine de l'hérédité, car la question qui nous occupe y a ses racines. C'est bien dans l'hérédité qu'on trouvera les véritables éléments portant à croire que l'éducation antérieure, fût-elle une chimère, il y a pourtant des raisons d'en faire le sujet d'une étude sérieuse.

L'hérédité se présente sous deux aspects, l'un à peu près invariable, et l'autre variable. Ce qui est invariable dans les êtres, découle de l'idée première qui a présidé à leur formation et se continue d'une manière permanente dans les séries individuelles de chaque espèce. Il y a autour de cette idée immuable comme une force centripète éminemment conservatrice du type primitif. Cette force ramène tout ce qui, par accident, s'écarte de ce type et qui, transmis, aurait pour effet, soit la variation à l'infini des caractères spécifiques, soit des changements incompatibles avec la vie des individus, et, par conséquent, destructifs des races. C'est en vertu de cette convergence uniforme vers la pensée primitive que, depuis le premier être jusqu'au dernier d'une espèce, on trouve la même conformation organique, la même composition intime des tissus essentiels, os, muscles, nerfs, vaisseaux, etc., sauf des différences de volume, de formes. C'est grâce aussi à ce retour vers le plan primordial que les sourds, les aveugles, les boiteux, etc., engendrent des enfants pourvus de tous leurs sens et de tous leurs membres. A cette loi, il y a peu d'exceptions (1), et ces exceptions n'infirment pas cette loi d'immuabilité héréditaire dans les espèces, elles

---

(1) Nous en transcrivons ici quelques-unes, extraites du travail de M. Pr. Lucas. (Traité de l'hérédité naturelle, t. II, p. 493 et suiv.; J.-B. Baillière, 1850.) Blumembach rapporte, qu'en Angleterre, où l'on raccourcit la queue aux chevaux, leurs descendants naissent souvent avec une queue plus courte. Le même savant relate encore que des chiens, ayant eu la queue ou les oreilles

démontrent que ce qui est stable en elles, tend, par exception, à de légers changements, et que la nature ne fait pas le saut. S'il y a donc à perfectionner les hommes, par l'action de la pensée de la mère sur le fœtus qu'elle nourrit dans ses flancs, ce n'est certes pas en tentant la réforme de ce qui est l'expression d'une pensée transmise sur l'organisme d'une manière héréditairement invariable, c'est en cherchant à interpréter la nature là où, dans l'intérêt de la conservation de l'espèce, elle obéit à une tendance centrifuge, là où elle est sujette à des changements, ainsi qu'il arrive pour les goûts, les appétits, les sentiments, les passions, les instincts, les aptitudes, le volume des organes, les formes extérieures du corps, etc., toutes choses qui varient à l'infini. Pour se conserver les êtres tendent par la pensée, à leur su ou à leur insu, à s'harmonier au moral et au physique avec les climats, les produits du sol, les lieux, le milieu social, la civilisation, etc.; de là ces types si différents et si nombreux s'imitant eux-mêmes de générations en générations. Ce sont, nous ne dirons pas les mêmes conditions extérieures, mais les mêmes moyens de réaction idéale dont se sert la nature vis-à-vis de ces conditions, que nous devons employer pour créer les divergences héréditaires par influence maternelle; or, ces moyens sont trouvés, ils se résument dans l'action de l'attention sur des idées imagées ou affectives, surtout pendant le sommeil et les états analogues.

coupées, ont procréé des petits dont ces appendices étaient diminués de longueur. Cuvier rapporte qu'à la ménagerie de Paris, une louve, accouplée avec un chien braque dont on avait enlevé la queue, y mit bas deux métis ressemblant sous ce rapport à leur père. Grognier cite le cas d'une chienne sans appendice caudale et dont les produits femelles étaient dépourvus de ce prolongement comme leur mère. Meckel a vu une difformité des doigts produite par un panaris, chez une femme, se transmettre aux deux enfants qu'elle eut depuis. Blumembach rapporte encore un fait de transmission semblable du père aux enfants. On a même trouvé des juifs naissant circoncis.

La science officielle n'a jamais accepté que, par la
pensée consciente, on pût modifier les êtres héréditairement dans ce qui se perpétue des caractères constants
des races, et, en cela, elle a à peu près raison. Elle est
aussi dogmatique pour les caractères qui sont variables
en eux. Cependant, à propos de ces derniers, quelques
savants, Cardan, Hoffacker, Huffeland, Esquirol, Burdach, E. Seguin, Boesch, Da Gama Machado, Girou de
Bussareingues, etc., ont entrevu que des causes émotives,
telles que l'ébriété, des passions gaies ou tristes, ont, lors
du coït, un contre-coup sur le produit de la conception.
Ils admettent que l'état moral où se trouvent le père et la
mère à l'instant de la copulation, influe pour l'avenir sur
les caractères, les aptitudes, la santé de l'être nouvellement conçu. Ainsi, les parents sont-ils dans l'ivresse, les
enfants auront la même obtusion de la sensibilité et de
l'intelligence ; sont-ils dans une crise de larmes ou de remords, dans un moment de mauvaise humeur, leurs enfants
conserveront toujours un fond de tristesse ou un caractère
bilieux. « Les passions ou les affections morales sous l'influence desquelles s'exerce le coït, dit M. Pr. Lucas (1),
auquel nous empruntons ce qui précède, peuvent trans-
pirer dans le nouvel être, et se réveiller chez lui en impressions natives, par une réminiscence héréditaire de
l'âme. » Si l'on va jusques à croire que l'état émotif où se
trouvent les parents, dans le court passage de la copulation, rejaillit sur la santé, les aptitudes, le caractère, etc.,
des enfants alors conçus, c'est que l'on admet implicitement l'action de la pensée du père et de la mère sur l'être
qu'ils ont procréé, car, pas d'émotions sans idées qui les produisent ; et si, un éclair de la pensée réveillant un trouble
affectif pendant l'acte de la fécondation est empreint, in-

____

(1) Voy. Traité de l'hérédité naturelle, t. II, p. 504.

carné dans le nouvel être , à combien plus forte raison doit-on conclure qu'une mère impressionnable, par des pensées renouvelées l'espace de plusieurs mois, peut avoir d'influence sur les qualités ou les défauts futurs du produit de sa conception. Et si, en outre, cette mère mise dans le sommeil profond est influencée alors par suggestion, l'incubation morale sera encore plus grande sur son fœtus que dans les moments les plus favorables de la veille; elle aura, en un instant, un pareil effet que celui qu'admettent les auteurs précités, lors de l'acte de l'accouplement des sexes, état avec lequel le somnambulisme a une certaine analogie, ce que nous prouverons plus loin.

La manière de voir des savants, auxquels nous en avons appelé, est pour nous toute rationnelle, même sans l'appui de preuves directes. Du moment que nous savons qu'une idée fixe imprimée dans l'esprit d'un dormeur va éclore chez lui, à son insu, et fatalement à une époque ultérieure très-éloignée, le bandeau est levé, tout s'explique. Il n'y a plus rien d'irrationnel d'accepter la croyance qu'une idée des parents, à l'instant de la fécondation , soit transmise au fœtus et reste latente en lui pour le porter plus tard, dans la vie extra-utérine, à diriger involontairement ses actes vers le sens de l'idée imposée en premier lieu. Tendances passionnelles, dispositions intelligentes, habitudes, goûts des parents, tout ce qui est dominé par une idée, passe ainsi à l'état de fixité dans les produits qu'ils ont conçus. Les fils ne peuvent plus se détourner des idées, fruits de l'expérience léguée par les ancêtres, tant que leur raison ne s'est pas encore développée. On n'a pas tort de placer toutes ces tendances inscientes au nombre des instincts. Qu'entend-on par instincts ? Ne sont-ce pas exclusivement ces pensées des ascendants, qu'elles quelles soient, pensées répercussivement transmises par représentation mentale lors du coït et d'autres états organiques et qui, produits des connaissances acquises, se continuent héréditairement en idées fixes, d'une manière latente et inconsciente, pour guider leurs descendants avant que leur intelligence ait acquis du développement ? Ce sont ces idées transmises qui sont la cause pourquoi, par exemple, « les animaux (1) discernent les aliments qui leur sont propres, au moyen d'un flair, d'un pressentiment qui ne doit rien à l'éducation, mais qui est inné. Il faut qu'ils portent en eux les images des choses qui leur conviennent, qu'ils reconnaissent ces choses comme leur étant destinées, sitôt qu'ils les aperçoivent au dehors. L'homme trouve aussi en lui ces signalements, mais à un degré beaucoup plus faible. » A notre insu et surtout avant que nous ne fassions usage de la raison, cette pensée d'emprunt veille à la place de l'intellect, par prescience, absolument comme une idée fixe suggérée à un dormeur reparaît en lui dans un avenir lointain, sous forme d'une vision fantastique, ou le pousse à accomplir des actes raisonnés antérieurement par autrui, actes qu'il exécute longtemps après, en automate, et sans se douter qu'ils lui ont été dictés. Qu'on explique différemment pourquoi (2) « le canneton s'achemine vers l'eau malgré les cris d'une mère adoptive d'une espèce différente, » pourquoi « la petite tortue, tout humide encore des fluides de l'œuf dont elle s'échappe à peine, se dirige sur le champ vers la mer, en prend le chemin, le suit sans détour, le reprend vingt fois, même à de grandes distances et de quelque côté qu'on lui tourne la tête (3) ? » Ces considérations incidentes émises, nous pouvons ren-

(1) Voy. De l'âme, par M. E. Cournault, p. 218. Ladrange, 1855.

(2) Voy. Rapport du physique et du moral, par Cabanis, t. II, p. 264.

(3) C'est l'expérience acquise qui fait disparaître les instincts, aussi se conservent-ils d'autant plus dans les espèces qu'elles sont moins intelligentes ou qu'elles acquièrent des connaissances avec lenteur.

trer dans le vif de notre thèse et aborder les faits à l'appui. Ceux que nous rapportons sont pris parmi les mammifères et l'homme.

1° M. de Frarières (1) tient pour certain que les bons chiens de chasse sont ceux dont les mères ont été en activité pendant leur gestation ; il cite une observation à l'appui.

2° Le père du même auteur (2) a remarqué que les chiens, nés d'une mère enchaînée pendant la gestation, sont moins doux que ceux qui sont venus au monde lorsqu'elle était libre.

3° D'après Van Helmont et Haller (3), la jument, après avoir engendré un mulet, si elle est ensuite saillie par un cheval, est capable alors de donner le jour à un produit qui tient de l'âne. Ce fait est connu des Arabes. Avant de se défaire d'une jument qui leur donnait de beaux poulains, s'ils craignent sa concurrence pour l'avenir, ils lui font perdre cette qualité précieuse en la faisant saillir par un âne.

4° Home rapporte (4) qu'une jument mit au monde un mulet venant d'un couagga ; le mulet·fut tacheté comme son père. Aux trois générations suivantes, cette jument, fécondée par des étalons arabes, eut des poulains tachetés comme le couagga.

5° D'après Meckel (5), une truie, fécondée par un sanglier, mit bas plusieurs métis dont quelques-uns portaient le pelage brun du père. Le sanglier mourut. Longtemps après sa mort, la même truie s'accoupla différentes fois avec des verrats domestiques et, à chaque portée, on

---

(1) Voy. Influences maternelles, p. 102.
(2) Voy. id., p. 109.
(3) Voy. Traité de l'hérédité naturelle, p. 58, t. II, par M. Pr. Lucas.
(4) Voy. id., t. II, p. 59.
(5) Voy. id., t. II, p. 59.

eut la surprise de voir reparaître sur une partie des petits des lambeaux de la robe foncée du sanglier.

6° D'après Starck (1), il y a des retours analogues chez les chiens. On a vu des femelles de ces animaux, couvertes par des mâles d'une race différente et étrangère, qui, toutes les fois qu'elles étaient ensuite saillies par d'autres chiens, mettaient bas à chaque portée, parmi les petits de la race du dernier père qui les avait fécondées, un petit appartenant à la race du premier qui les avait couvertes.

7° Les poulains (2) provenant de parents dressés au manège naissent, selon Burdach, avec de semblables aptitudes.

8° Selon le même physiologiste (3), plus les chiens couchants ont été dressés à aller à l'eau, plus leurs petits témoignent de penchant à s'y jeter.

9° Au rapport de Sigaud de Lafond (4), une chienne fut éreintée pendant l'accouplement, à la suite d'un coup violent sur la colonne vertébrale. Elle en resta plusieurs jours paralysée du train de derrière. Des huit petits qu'elle mit au monde, tous, à l'exception d'un seul, étaient contrefaits ; ils avaient la partie postérieure du corps ou défectueuse ou mal conformée.

10° Une personne de ma connaissance a un fils dont la racine du nez est marquée d'une lentille brune. Elle attribue cette tache à une émotion quelle éprouva, au commencement de sa grossesse, à l'aspect d'un homme qu'elle n'avait pas vu depuis quinze ans et qu'elle reconnut soudain à un signe tout-à-fait semblable et siégeant à la même place où se trouve la lentille de son fils.

(1) Voy. Traité de l'héridité naturelle, t. II, p. 59.
(2) Voy. id., t. II, p. 483.
(3) Voy. id., t. II, p. 485.
(4) Voy. id., t. II, p. 501.

11° Je connais un vigneron dont la tête ressemble, à s'y méprendre, à celle du patron de son village telle qu'elle est représentée dans l'église. Tout le temps de sa grossesse, sa mère avait eu dans l'idée que son enfant aurait une tête pareille à celle que l'image du saint présentait à ses yeux.

12° Montaigne parle d'une fille (1) qui fut présentée au roi Charles, de Bohême, laquelle naquit toute velue, parce que sa mère avait au pied de son lit une image de saint Jean-Baptiste.

13° Jacques IV, d'Écosse (2), ne pouvait voir une épée nue sans se trouver mal, parce que, pendant qu'elle en était enceinte, Marie Stuart aurait éprouvé une indélébile empreinte en voyant percer le malheureux Rizzio jusque dans ses bras.

14° Une femme enceinte (3) tourmentée de manger des écrevisses, en dévora une si grande quantité qu'elle en eut la diarrhée. La petite fille dont elle devint mère naquit avec un goût si décidé pour ces crustacés qu'elle les mangeait tout crus.

15° Ampère raconta un jour à M. Noizet (4) qu'un jeune homme, désirant vivement se marier avec une personne qu'il aimait et qui ne consentait au mariage qu'à la condition qu'il ne priserait plus, promit de renoncer à sa poudre favorite. Mais ce ne fut pas sans éprouver, dans les premiers moments de son mariage, un extrême désir de prendre du tabac. Sa femme devint alors enceinte et elle accoucha d'une fille qui, plus tard, vers trois à quatre ans, avait une tendance invincible pour cette poudre narcotique ; elle se jetait sur toutes les tabatières.

(1) Voy. Essais, chap. XX, l. 1.
(2) Voy. Influences maternelles, p. 21.
(3) Voy. Éphémer. germ., déc. iii, an. ix et x, obs. 33.
(4) Voy. Mémoire sur le somnambulisme, p. 40.

.16° En 1831, M. Chardel a vu, à la foire de Saint-Cloud (1), sur une fille âgée de six à sept ans, un singulier effet de l'action de l'esprit de la mère ; cette fille portait écrit autour de la prunelle de ses beaux yeux bleus, les mots : Napoléon empereur.

17° M. de Frarières a vu, en 'Italie (2), une jeune fille qui était toujours obligée de porter constamment un fichu très-épais sur ses épaules pour y cacher les formes en relief d'une chauve-souris ; rien n'y manquait, poils gris noirs, griffes et museau. Une chauve-souris, attirée par la lumière dans une salle de bal, alla s'abattre sur les épaules de la mère de cette jeune fille, pendant qu'elle en était enceinte ; par suite, l'impression de terreur que cette dame éprouva fut si forte qu'elle s'évanouit.

18° Le même auteur a rencontré, en Suisse (3), un très-joli enfant qui n'avait pas de mains, par l'effet de l'impression que sa mère ressentit, lorsqu'elle en était enceinte, à la vue d'un vieux militaire qui avait eu les deux mains gelées en Russie. Cette impression avait été tellement forte qu'elle était tombée évanouie.

19° Un brave officier anglais (4), très-audacieux à la chasse du tigre et de l'éléphant, avait extrèmement peur de tous les petits chiens ; or, sa mère avait été mordue, lors de son intéressante position, par un de ces favoris des dames.

20° On a vu un jeune pâtre (5), d'une aptitude extraordinaire sur le calcul, qui ne devait le développement de sa faculté déductive, qu'à ce que sa mère, pendant une certaine époque de sa grossesse, s'occupa de compter

(1) Voy. Psychologie physiologique, note, p. 350.
(2) Voy. Influences maternelles, p. 17.
(3) Voy. id., p. 19.
(4) Voy. id., p. 22.
(5) Voy. id., p. 24.

les bénéfices présents et futurs de ses spéculations de ménage.

21° M. de Frarières a connu une dame (1) dont les enfants ont hérité des prédispositions artistiques en harmonie avec ses goûts pendant qu'elle était enceinte.

22° M. V. Hugo attribue son génie poétique (2) aux impressions ressenties par sa mère, pendant un long voyage, dans des lieux extrèmement pittoresques, voyage qu'elle fit précisément lorsqu'elle le portait dans son sein.

23° On peut lire, dans l'Abeille médicale (3), l'article d'un médecin d'Amiens, sur une fille de 14 ans, dont la peau, marquée de petites taches brunes, est recouverte de duvet, et présente beaucoup d'analogie avec celle du tigre. Étant enceinte, la mère de cette jeune fille avait éprouvé, à la vue d'un tigre, un ébranlement nerveux profond.

Les faits que nous venons de relater ont été pris aux sources qui nous ont paru les plus certaines. Il n'est pas difficile de leur opposer des objections, même à ceux que nous rapportons nous-mêmes. N'y a-t-il pas eu des rapports de coïncidence entre les faits remarqués et les pensées auxquelles on les aurait attribués ? Les histoires que l'on a récitées aux écrivains sont-elles réellement vraies ? Ont-ils bien vu ce qu'ils ont avancé et n'ont-ils pas, légèrement, ajouté foi aux racontages de gens non initiés à la science, gens toujours crédules et abondant dans le sens des préjugés ? Nous prions le lecteur de demeurer dans ces dispositions de doute si favorables à la découverte de la vérité, à la condition, qu'après nous avoir lu, il expérimentera, comme nous avons tenté d'expérimenter ; en attendant, qu'il retienne sa langue.

---

(1) Voy. Influences maternelles, p. 25.
(2) Voy. id., p. 47.
(3) Voy. année 1863, n° 46, p. 368.

Les faits cités par nous, se rapportent à des mammifères et en particulier à l'homme. Dans leurs expériences, les physiologistes ont coutume de conclure, à l'égard de l'espèce humaine, par ce qui se passe dans les espèces les plus élevées dans l'échelle zoologique, et ils admettent que les déductions qu'ils tirent pour l'homme de ces expériences sont approximativement vraies. A plus forte raison, lorsque les observations prises parmi ces deux sortes d'êtres, déjà si différents, coïncident entre elles, il n'y a plus de doute possible et elles sont bien la double expression de la vérité.

Les considérations suivantes découlent des faits qui ont rapport à des mammifères.

Les idées qui ont préoccupé les mères pendant leur gestation, qu'elles soient causes de sensations répercutées et en même temps accompagnées d'émotions hostiles ou ennuyeuses, ont la propriété d'être transportées en dispositions mentales de ces mères à leurs petits (voyez obs. 1, 2, 7, 8).

Un mâle, d'une variété ou d'une espèce toute différente de mammifères, ayant couvert d'abord une femelle d'une autre variété ou d'une autre espèce, il arrive que cette dernière, bien que fécondée plus tard par des animaux qui lui ressemblent complétement, imprime, par remémoration, dans ses futurs nouveaux-nés, des marques appartenant au mâle qui l'a saillie à l'époque la plus éloignée. Ces modifications rejaillissent parfois sur plusieurs parturitions subséquentes (voyez obs. 3, 4, 5, 6). Et remarquonsle, si les petits ressemblent à un père qui n'est pas le leur et qui, longtemps avant le véritable, s'était accouplé avec leur mère, cet étrange phénomène ne peut être attribué qu'au contre-coup d'une réaction morale, à une représentation imagée et émotive du précédent objet de l'amour de cette mère. Si un tel résultat était dû à une influence séminale antérieure, comme il arrive aux poules qui ont une seconde couvée, quoique dans l'intervalle elles aient été privées des approches d'un coq, on aurait déjà vu les animaux dont il est question, chiennes, cavales, truies, avoir à une ou à plusieurs reprises, des petits, après la seule approche du mâle remontant au-delà de la première litée, mais ce prodige est encore à trouver dans la classe des mammifères. Pour expliquer de pareilles fantaisies dans la reproduction, nous sommes obligé d'admettre une véritable action de la pensée de la mère sur ses produits.

Enfin, une idée émotive qui, pendant l'accouplement, est accompagnée d'une lésion temporaire chez la femelle, est traduite dans ses petits par une modification morbide du même genre : ce qu'elle a ressenti, elle l'a imprimé dans sa progéniture (voyez obs. 9).

Voici maintenant les considérations que nous tirons des autres faits, rapportés plus haut, et qui sont relatifs à l'homme. Beaucoup d'entre ces faits présentent, quant à leur mode de formation, de l'identité avec ceux que nous venons de signaler chez les animaux, et cet accord est déjà une preuve portant à induire que la pensée des mères a réellement une répercussion véritable sur l'avenir physique et moral de leurs fœtus.

Une idée de désir sensuel, idée permanente dans l'esprit du père lors de l'acte conjugal, se transporte de lui à l'enfant procréé (voyez obs. 15). Ce fait corrobore l'opinion de certains physiologistes qui pensent qu'au moment de la copulation, non-seulement la mère, mais le père photographient dans leurs produits le reflet des pensées qui les préoccupent alors le plus.

Les linéaments écrits d'une pensée sont exactement reproduits sur l'iris d'une jeune fille, par action mentale de la mère sur son fœtus (voyez obs. 16). Pareil fait devrait être regardé comme un conte ridicule, si l'auteur qui le rapporte n'était honorablement connu et, au moins, par son instruction, d'une perspicacité à déjouer, en ce cas, la fraude d'un charlatan. Ce qui conduit à supposer que l'invraisemblable peut ici être vrai, c'est que chez les mystiques, le désir exprimé de souffrir en réalité, comme le Christ, recrée sur leur corps les cinq plaies qu'ils se représentent en souvenir.

Dans deux cas, une préoccupation idéale durable (preuve que la pensée moule le corps) a donné aux enfants une ressemblance calquée sur l'image de deux tableaux représentant des saints (voyez obs. 11, 12) ; une autre fois, elle a transmis l'aptitude à combiner les nombres (voyez obs. 20), et enfin, dans deux derniers cas, elle a favorisé des dispositions artistiques et même le génie poétique (voyez obs. 21, 22).

Dans sept observations, l'on remarque qu'une femme, prise d'une idée simple accompagnée du violent désir d'un aliment, a donné la même idée de désir permanent à son enfant (voyez obs. 14) ; une autre, par la pensée, a fait revivre sur son fœtus la particularité imagée qui, avec surprise, a frappé ses yeux (voyez obs. 10) ; d'autres enfin, se représentant l'image d'un objet avec crainte ou frayeur, ont reproduit sur leurs enfants la forme de ce qui a frappé leurs sens (voyez obs. 17, 18, 23) ou ont transmis à leur progéniture une disposition à la frayeur de l'objet ou de l'être aperçu (voyez obs. 13, 19). C'est, à notre avis, quand l'émotion a accompagné l'affirmation mentale d'une idée, dans un état analogue au sommeil, que la pensée de la mère est transmise dans le cerveau ou traduite le plus sûrement dans l'organisation du fœtus, si surtout elle éprouve cette émotion dans les temps les plus rapprochés de la conception. Il est clair que, dès lors qu'une idée affective, pendant l'excitation du coït, se traduit par un contre-coup sur presque tous les petits d'une femelle (voyez obs. 9), dès lors que l'envie d'un père pour un objet, à l'instant de la fécondation, rejaillit pour rester empreinte en idée fixe dans le nouvel être et éclore en lui dans la vie extra-utérine, il est clair qu'une pensée, même passagère, mais vivement éprouvée par une mère dans les jours les plus rapprochés de l'acte fécondant, peut bien être cause d'un semblable effet sur le produit de sa conception.

Une seule fois, il y a eu, par la pensée (voyez obs. 18), modification à ce qui a rapport à la forme à peu près immuable de l'hérédité, et cet important résultat de la représentation mentale répercutée a eu lieu dans un moment de vive émotion de la mère.

Des remarques précédentes, il découle des considérations importantes et d'un intérêt majeur. Les préoccupations d'esprit des parents ont rejailli sur les produits de leur conception en caractères tranchés, soit sur le moral par la transmission d'idées fixes, soit sur le physique par des idées-images repercutées, dans trois circonstances différentes : 1° lors de l'acte très-court de la copulation, et 2° et 3°, lors de la grossesse, ou à la suite d'un appel subit de l'attention accumulée sur une idée émotive, ou par une incubation lente et continue de cette force sur une idée prédominante.

1° Huffeland, Girou, Spurzheim, Hoffacker, Burdach, M. Pr. Lucas, admettent formellement que la prépondérance héréditaire appartient à celui des deux sexes qui déploit le plus d'énergie dans le rapprochement vénérien. Comme dans cet acte, c'est la pensée qui gouverne, cela équivaut à dire que cette prépondérance découle du parent dont l'excitation d'esprit est la plus énergique. Le fait, observé par Sigaud de Lafond (voyez obs. 19), de cette chienne éreintée dans son accouplement, et qui mit bas sept petits ayant le train de derrière contrefait, et celui dont Ampère fit part à M. Noizet, concernant un jeune homme (voyez obs. 15) qui, obsédé d'une violente envie de priser, à l'époque de ses premières amours, transmit à sa fille l'idée fixe du même désir sensuel, vient confirmer l'opinion que nous émettons. Évidemment, dans ces deux cas, c'est de toutes les pensées des conjoints la plus prédominante, la plus fixe qui, plus tard, reparaît en saillie dans le nouvel être. Il y a là une indication pour faire admettre que le produit de la conception conserve, avant tous autres, les signes moraux et physiques du contre-coup de la pensée du plus ardent des deux parents au moment de l'union sexuelle, à ce moment où toutes les forces, en donnant la vie au fœtus, par une représentation mentale vive, se concentrent sur cet embryon naissant, et impriment en lui la marque de ses idées prédominantes et de ses formes futures. Le mouvement de l'action cérébrale des deux parents sur la vésicule de Purkinje est tout à fait comparable à celui de la sensation centrifuge qui, dès qu'elle est exprimée au cerveau, se répercute instantanément en impression dans les organes sensibles. Ici, c'est la tache nerveuse germinative de l'œuf fécondé qui garde les empreintes idéales reçues, comme le cerveau les conserve à la suite d'une perception, et ces empreintes indélébiles sont les types d'après lesquels se forment les éléments constitutifs du nouvel être, éléments entretenus aussi par les pensées de la mère tout le temps de sa grossesse. Dans ce rapprochement nécessaire à la propagation des espèces, l'être qui s'y abandonne est entièrement à son objet, il ne songe à rien autre, insensible, isolé du monde extérieur, il est dans une véritable espèce de contemplation extatique, et la preuve nous l'empruntons aux physiologistes. La grenouille en chaleur demeure indifférente aux piqûres, aux brûlures, à l'arrachement des membres sans interrompre la fécondation (Spallanzini). Le crapaud accouplé se laisse enlever les chairs et couper les cuisses, sans se détacher de la femelle qu'il embrasse (Spallanzini, Magendie). Le coq de bruyère perd l'ouïe et la vue de tout autre objet que celui de son amour : il est insensible au bruit du fusil du chasseur, il reste, après comme avant le coup qui l'a manqué, les deux ailes pendantes, la queue étalée, et tout le corps frémissant, sur la branche isolée où il se tient perché et répète son cri de joie (Valmont-Balmore). Dans le rut, les chiens ne se plaignent pas des coups les plus violents (1). L'absorption psychique, qui assure la propagation des races animales, ainsi que nous venons de le voir dans ce petit aperçu, a aussi sa répétition parmi les amants de l'espèce humaine, et cette courte folie, à ne considérer que l'insensibilité, l'isolement, la concentration de l'esprit, n'est-elle pas frappante de vérité avec ces mêmes caractères que nous a révélés le rêve somnambulique ? Ce n'est pas tout, la même analogie d'état se rencontre aussi dans les deux autres circonstances qui ont favorisé la transmission aux enfants, des pensées qui ont vivement occupé les mères après l'acte de fécondation.

2° Lorsque, dans sa gestation, les sensations idéalisées par la mère ont été transmises et comme gravées dans le moral et le physique de l'enfant qui est né ensuite, on a remarqué que la formation de ces empreintes fœtales coïncidaient le plus souvent à un état de surexcitation subite de l'esprit avec émotion, espèce d'accès explosif ressemblant, à la fois, à l'orgasme vénérien et au somnambulisme, au moins, pour les caractères que nous en avons fait ressortir un peu plus haut. En effet, si l'on compare un mouvement violent d'émotion avec la surexcitation du

(1) Voy., pour ces détails, le Traité de l'hérédité, par M. Lucas, t. II, p. 267.

coït et avec la préoccupation du rêveur profond, on y remarque les mêmes éléments principaux : l'insensibilité, l'i-
solement du monde extérieur et l'arrêt de l'attention accumulée sur une idée. N'y a-t-il pas chez les animaux et l'homme
de ces moments où, soit la peur, soit d'autres sentiments
s'emparent d'eux, les isolent et les pétrifient à la vue d'un
danger imminent ou d'un objet qui les surprend ou les attire ? Celui qui est saisi d'épouvante, par exemple, ne songe
plus à fuir ni à se défendre, il n'entend plus rien, ne voit
plus que ce qui absorbe son esprit, son corps en catalepsie trahit l'arrêt de sa pensée. On a trouvé des animaux
qui, en proie à une idée fixe cause de leur frayeur, restaient dans la plus complète immobilité. On a pu saisir, à
la main, des oiseaux paralysés à la vue d'un rapace; on a
remarqué des souris demeurer comme anéanties en face
d'un chat, et se laisser happer par lui sans être capables
d'exécuter le moindre mouvement pour se sauver. Sous
ce rapport, l'homme même ne le cède pas aux bêtes ; le
seul bruit de la queue d'un crotale, caché dans l'herbe,
le glace d'effroi et l'immobilise. Si, pendant l'acte de la
génération où la pensée est en arrêt et les sens isolés, les
parents impriment leurs pensées les plus vives sur les
produits de leur conception, il n'est pas étonnant que dans
des accès de concentration psychique et, par conséquent,
d'isolement semblable à celui du rapprochement sexuel,
accès de même nature émotive que ceux que nous venons
de signaler chez l'homme et les animaux, il n'est pas
étonnant, disons-nous, que dans le moment de ces accès,
arrivant dans la période des neuf mois de la grossesse,
les mères n'aient alors la propriété de communiquer aussi,
par la pensée, à leurs fœtus, le caractère de ce qui, en
ces accès, a fixé le plus leur attention. Les faits à l'appui
de l'action de la pensée des femmes sur le moral et le
physique de leurs futurs produits, lors d'un accès court

et subit de paroxysme mental, sont assez nombreux (voyez obs. 10, 13, 14, 17, 18, 19), et il est probable que la plupart d'entre eux ont pris leur point de départ au commencement de la grossesse, dans la période où l'embryon, informe, gélatineux, commence à apparaître dans ses membranes.

3° Dans d'autres cas, la préoccupation continue de l'esprit sur des idées irritantes ou agréables ou sur des objets qui ont frappé leur vue, a été cause, chez des femelles d'animaux, de modifications de caractère, d'aptitudes et de pelage dans leur progéniture. Chez les femmes, des occupations intellectuelles, artistiques, ont développé dans leurs enfants des aptitudes scientifiques, poétiques et musicales (voyez obs. 20, 12, 22) ; la vue souvent répétée d'un objet a transmis sa représentation dans les produits conçus (voyez obs. 11, 12), et même une pensée se serait écrite en linéaments indélébiles dans l'œil de l'un deux (voyez obs. 16). Il est probable que ces femmes tombaient dans une espèce de charme semi-extatique, état favorable pour imprimer dans le fœtus les idées qu'elles s'étaient affirmées, et que le sentiment du beau et le sentiment religieux ont accompagné ces idées.

Maintenant que, connaissant la puissance de la pensée des dormeurs sur leur organisme, nous avons établi des expériences pour confirmer l'induction qui nous a conduit à inférer la possibilité qu'a une mère, mise en somnambulisme, d'avoir sur son fœtus la même action que sur elle-même, nous avons eu grandement raison ; car voilà que des faits de réaction de la pensée de la mère sur son enfant, faits d'une certitude laissant d'abord en apparence à désirer, et que nous invoquons, présentent, à notre examen, un caractère saillant qui en démontre la réalité, c'est qu'ils se sont manifestés dans des conditions semblables à celles du sommeil où le dormeur imprime dans son organisme ce que son esprit a conçu. Une telle coïncidence, une telle similitude dans les résultats de deux opérations psychiques différentes d'aspect, mais analogues au fond, est déjà une démonstration de la vérité du principe que nous dégageons. Il ne nous reste plus qu'à attendre les résultats de nos expériences sur des dormeuses pour rendre plus sûr ce qui est déjà presque certain à nos yeux. Malheureusement, sur les trois cas où nous avons suggéré à des somnambules enceintes les qualités qu'elles désiraient pour leurs enfants, deux de ces derniers ont passé de vie à trépas. Nous en sommes d'autant plus affligé que pour chacun nous avions affirmé à leurs mères, à plusieurs reprises, des aptitudes tout à fait spéciales. Il nous reste une petite fille pleine de force, née le 26 mars 1862. Sa mère ne désira pour elle, à partir du second mois de sa grossesse, que la sagesse, l'intelligence et la beauté. C'était trop. Nous aurions voulu moins et une qualité tranchée. Ce qu'il adviendra de nos affirmations, nul ne le sait encore. Toujours est-il que c'est en employant la suggestion sur une femme enceinte et en état de sommeil, que l'on établira sûrement la réalité de la thèse que nous soutenons. Notre expérience des effets de la pensée sur l'organisme chez les somnambules, la loi de l'hérédité variable, loi due à des actions psychiques, la ressemblance avec l'état de repos de l'état où se sont formés ces singuliers faits que nous avons rapportés, nous entraînent déjà, sauf expériences confirmatives, à croire que l'éducation antérieure est une vérité dans ses effets et non un rêve généreux, car un rêve ne repose pas sur des bases si fondées.

Résumé. Le pouvoir du moral sur le physique pendant le sommeil profond étant connu, une femme enceinte déjà si puissante sur elle-même lorsqu'elle est endormie, doit aussi, par affirmation, être capable, dans le même état, de transmettre à son fœtus des dispositions psychiques, des empreintes corporelles, contre-coup de sa pensée, car la vie de l'une est intimement unie à la vie de l'autre. Mais ces modifications n'ont de chance d'être obtenues que pour ce qui, dans l'homme, relève de l'hérédité dans ses modes variables, et, comme par suggestion, un somnambule est apte à opérer des changements dans son organisme, pour une époque future encore éloignée, on est en droit de supposer que ce qu'une femme enceinte peut sur elle-même, elle le peut aussi, de la même façon, sur son enfant. Des faits, quoique mal observés pour la plupart, viennent confirmer cette dernière assertion et, vu un de leurs caractères qui leur est commun, ils nous apportent la preuve très-probable que tous états de concentration d'esprit, surtout avec émotion, tels l'acte de la reproduction, la surprise, la frayeur, etc., ont contribué à favoriser, dans l'enfant à naître, le développement futur de marques extérieures, de formes du corps, de désirs permanents, de passions, d'aptitudes, qui étaient alors les objets de la préoccupation de la mère. Connaissant le lien étroit existant entre ces états de l'esprit et le somnambulisme, lien qui se résume en ces mots, concentration de la pensée, isolément, nous croyons que dans le sommeil profond, par la réaction de la pensée de la mère sur son fœtus, on amènera le résultat que l'on désire obtenir sur lui lorsqu'il sera né. Aussi, avons-nous expérimenté dans ce sens, espérant arriver à la certitude d'une importante vérité.

XI.

Disparition du sentiment de fatigue et mécanisme de la réparation des forces pendant le sommeil.

La force nerveuse se reproduit continuellement au moyen de l'apport des fonctions de nutrition, fonctions ayant lieu sous l'influence permanente du grand sympathique qui, lui-même, reçoit son excitation du cerveau par l'intermédiaire de la moelle. La nutrition, à l'aide de laquelle les forces se renouvellent, a pour moteur premier, nous l'avons déjà reconnu, des pensées inscientes partant de l'encéphale et se manifestant sur l'organisme à tous les instants de la vie ; c'est par l'influx de ces pensées sur la nutrition que les nouvelles forces se constituent, c'est par le même influx que ces forces se reportent au cerveau pour s'ajouter aux anciennes et se répandre sans cesse sous l'action de cet organe dans toutes les parties de l'économie où elles sont nécessaires. Etant admis que l'apport de la nutrition est toujours égal, la réparation des forces est plus grande pendant le sommeil que pendant la veille, parce que, dans le sommeil, par suite du détour révulsif de la pensée en arrêt, il ne se fait plus que peu de pertes nerveuses du côté des sens émoussés, des muscles et du centre cérébral à peu près inactif, il s'en fait aussi moins du côté de certaines opérations organiques, telles que la respiration, la circulation, les sécrétions, etc., opérations qui sont de beaucoup ralenties.

Mais il est un autre effet réparateur du sommeil qui découle directement du sentiment de fatigue. Lorsqu'on s'endort, l'attention s'accumule sur l'idée de prendre du repos, celle de ce besoin se présentant naturellement à l'esprit à l'exclusion de toute autre. La pensée fixe de reposer les parties fatiguées du corps se substitue alors négativement à celle de la sensation pénible que l'on y éprouvait, bientôt cette sensation, n'étant plus alimentée, disparaît de la conscience, l'attention accumulée vers les organes irrités recevant une impulsion en sens contraire vers le cerveau, elle se remet en équilibre dans les tissus et tout sentiment de lassitude disparaît. (1)

(1) Voy. pour plus amples explications, 3me partie, chap. 3.

La théorie précédente de la disparition de la sensation de fatigue pendant le sommeil est confirmée par l'expérience directe. Il nous est arrivé d'affirmer à des dormeurs exténués le bien-être que l'on éprouve d'ordinaire après une bonne nuit et, en quelques instants, l'effet désiré a eu lieu ; il se passait, dans ces cas, la même modification que lorsque nous suggérions la disparition de leurs douleurs à des somnambules, chez lesquels l'attention détournée de l'organe lésé n'apportait plus de perceptions pénibles au foyer de la conscience : faute d'affluence de cette force dans les tissus, les souffrances n'étant plus nourries par elle, cessaient. Nous avons aussi appris, par expérience, que plus on est endormi, plus l'impression mentale suggérée est d'un effet réparateur sur l'économie, parce qu'étant alors maître d'une plus grande quantité d'attention, plus il est possible de ramener vite cette force à l'équilibre et de l'y maintenir longtemps. Dans le sommeil léger, l'action mentale est moins rapide chez les dormeurs, mais la prolongation de la pensée fixe de reposer, qui dure parfois une nuit entière, compense et au-delà l'action du même genre instantanément si puissante dans le sommeil profond. Il découle de ce qui précéde que si l'on rencontre des hommes qui n'ont besoin que d'un repos très-court, c'est qu'il est à croire qu'ils dorment avec profondeur et qu'alors, par la concentration de leur pensée, ils obtiennent en peu de temps l'équilibre réparateur qui n'est amené chez d'autres qu'après un repos très-prolongé. Et s'il y en a qui, en s'éveillant, sont tout harassés, plus mal à l'aise qu'avant de s'endormir, c'est que, pendant le temps employé au sommeil, leur attention s'est arrêtée sur des idées débilitantes ou qu'ils ont été sous le poids de rêves pénibles. En ces cas, la pensée, cause habituelle du rétablissement de l'harmonie de la force nerveuse pendant la vie passive, a rompu encore davantage l'équilibre de cette force : c'est que son póuvoir en bien et en mal est très-développé dans ces deux sens opposés. Nous avons, maintes fois, remarqué le contre-coup nuisible et peu ordinaire qu'elle a dans le sommeil, et, la cause mentale en étant découverte, nous avons été affermi indirectement dans l'explication que nous donnons de l'influence réparatrice du repos par la nature bienfaisante de la pensée fixe qui domine en cet état. Il est encore d'autres faits, qui, bien que n'appartenant pas à la période du sommeil, apportent de la valeur à la théorie émise par nous. Tout le monde sait que, même dans la veille, le moral a de l'influence sur le physique, surtout lorsque la pensée est renforcée par l'émotion ou la passion. Quand l'esprit est bercé d'idées agréables, le corps se fortifie, dès qu'il est assailli d'idées tristes, le corps se débilite : la pensée, dans le premier cas, harmonie la distribution de la force nerveuse, dans le second, elle la dissocie.

Et pourquoi l'attention accumulée et immobilisée sur l'idée de reposer, n'aurait-elle pas sur les organes fatigués l'influence que nous lui avons reconnue, quand dans l'état de sommeil, à l'aide de la suggestion c'est-à-dire d'une réaction de la pensée sur des idées spécialisées, elle calme ou surexcite tour à tour, l'énergie musculaire, les sens, la mémoire, l'intelligence et les fonctions soumises aux nerfs ganglionnaires ? Si, par la pensée, cette force diminuée ou augmentée sur les tissus a tant de puissance sur eux, non-seulement comme agent de sédation et d'excitation, mais encore comme agent pondérateur, c'est qu'entre elle et l'organisme qui en dépend, le rapport est aussi exact que l'est dans une pendule la marche du temps avec le timbre qui sonne les heures ou l'aiguille qui les marque ; sous l'action magique de la pensée, le corps se modifie comme une cire molle, il est l'esclave, elle est la maîtresse.

D'après ce que nous venons de dire , on doit entrevoir la solidarité qui existe entre les fonctions de relation et les fonctions végétatives. Tandis que , dans le sommeil, sous l'influence de la pensée insciente , la nutrition continue à réparer les forces perdues , la pensée consciente dont les organes par lesquels elle se manifeste sont plus ou moins irrités, appelle l'attention au cerveau sur l'idée de la disparition de la fatigue ; il résulte de là , d'une part, une dépense de force en moins vers les sens , les muscles, le cerveau et certaines fonctions organiques et , de l'autre, un retour à l'équilibre de la force nerveuse désharmoniée dont le sentiment de fatigue est le signe. Ces deux sortes de pensées divergeant sur les deux divisions du système nerveux , convergent , chacune dans leurs attributions, à la conservation de l'existence, l'une , en se fixant , épargne par cela même de nouvelles pertes de force , et , avec ce qu'elle reçoit , ramène à l'harmonie les forces dissociées, l'autre continue, à l'aide de la nutrition, à faire élaborer de nouvelles provisions de ces forces qui viennent se condenser au cerveau. Si , dans l'état de repos, il y a moins de dépense de l'influx nerveux , s'il y a retour de cet influx à sa juste répartition dans l'économie, s'il y a création continue de nouvelles provisions nerveuses, le sommeil, si simple dans ses moyens et si prodigue dans ses effets , est réellement l'état de l'organisme le plus réparateur, et il mérite à double titre d'être appelé le meilleur des remèdes.

XII.

Du réveil.

Bien connaître ce qu'est l'entrée dans le sommeil, c'est avoir les données principales de ce que doit être le réveil. Or, voici ce qui arrive lorsqu'on s'endort. L'attention, sans qu'on en saisisse facilement le mode fonctionnel, afflue peu à peu, avec le consentement du dormeur, sur l'idée fixe de reposer ; elle exécute un mouvement centripète d'accumulation convergeant des organes de relation au cerveau ; elle abandonne d'abord les sens fermés, le goût et la vue, puis l'odorat, l'ouïe et enfin le tact ; il arrive, en même temps, que le système musculaire ne reçoit plus d'ordre et tombe de toute nécessité en résolution ; des fonctions organiques même diminuent d'énergie. Pendant le sommeil, là concentration de la pensée a donc finalement pour expression caractérisque, outre le ralentissement des fonctions organiques innervées par le grand sympathique, l'isolement plus ou moins complet des sens et l'inertie des muscles. Cette opération intellectuelle qui conduit à dormir est favorisée par la faiblesse et la fatigue dont les effets sont d'amortir les sens, elle l'est encore par toutes les autres causes qui empêchent l'attention d'être continuellement active, tels sont le bercement, un bruit monotone, etc., voire même elle l'est, par l'habitude raisonnée qu'a le dormeur de mettre ses sens à l'abri de ce qui est susceptible de les exciter, habitude présupposant chez lui la connaissance que, pour se recueillir dans la pensée de reposer, il ne faut pas que l'attention soit distraite. Eh bien ! si l'inertie progressive des sens et des muscles, par l'effet du retrait de l'attention des organes des sens pour s'accumuler sur l'idée fixe de reposer, est le secret de l'entrée dans le sommeil, c'est aussi, mais d'une manière inverse, le secret du réveil. S'éveiller, c'est en principe faire retourner vers les parties sensibles du corps l'attention mise en arrêt sur l'idée de reposer pour qu'elle recommence à être active vers ces parties, c'est, par un mouvement centrifuge, ramener du cerveau où elle était captivée, c'est ramener cette force vers les organes des sens où, redevenue libre, elle est de nouveau cause de sensibilité et de mouvement, ce qu'il s'agit de démontrer.

Il est reconnu qu'à mesure que l'on avance dans le sommeil, les rêves deviennent de mieux en mieux dessinés, plus suivis. A l'activité plus grande de la pensée, correspond même parfois quelques contractions musculaires. Il est aussi admis, qu'en même temps que l'esprit sort peu à peu de son inaction, les sens parviennent parallèlement à récupérer leurs fonctions. Les organes sensibles qui, lors de l'entrée en sommeil deviennent obtus les premiers, sortent les derniers de leur isolement au réveil, tandis que les derniers émoussés reviennent les premiers à l'activité, étant de tous les plus excitables. On sait encore qu'il est un moment consécutif, qui n'est déjà plus le sommeil, où il est possible de continuer à saisir cette transition psychique s'exécutant au rebours de ce qu'elle s'est faite au début de la période de repos. Certains dormeurs paraissant éveillés, ne le sont qu'à demi, ils voient trouble, entendent dur, ont la peau engourdie et, en même temps, leur pensée paresseuse coordonne mal les mouvements ; ils chancellent s'ils marchent et sont maladroits des mains s'ils veulent s'en servir. Pour peu qu'on les observe, on peut entrevoir facilement chez eux la filiation graduelle du retour progressif des sensations. Une personne fort âgée, de nos connaissances, restait ordinairement assise une demi-heure sur son lit avant d'être bien réveillée, elle sentait et entendait qu'elle ne voyait pas encore. Même dans certaines affections, celles que l'on doit appeler les maladies du sommeil, parce qu'elles sont l'expression exagérée de cet état, la solution vers la guérison se fait par la disparition des symptômes en sens inverse de leur développement. Rien donc de plus avéré, que le sommeil soit physiologique ou morbide, il s'en va comme il s'en vient, seulement la succession

des phénomènes de sortie de cet état a lieu à l'opposé de
la succession des phénomènes d'entrée. Tel est le fait brut
du réveil ainsi qu'il est accepté dans la science. Or,
puisque les signes en sont les mêmes que ceux de l'entrée
en sommeil, sauf qu'ils sont renversés dans l'ordre de
leur développement, et puisque la pensée est la cause
efficiente et directe de ces derniers, il s'en suit que la pensée
est aussi la cause directe de la cessation du repos des
organes, seulement son action est intervertie ; si l'on
s'endort par une opération croissante de concentration de
l'esprit, ou se réveille donc nécessairement par une opération décroissante de même nature, ce ne sont pas moins
les règles de la logique qui le démontrent que des faits positifs observés au réveil chez les dormeurs profonds.

L'action de la pensée qui procède au réveil n'a pas son
point de départ dans une qualité propre au sommeil ; cet
état où l'attention est fixée sur une idée, ne permet aucune
initiative, aucun effort propre de volonté, le dormeur,
passif d'esprit de même qu'il l'est de corps, peut continuer le mouvement donné à sa pensée, mais il ne peut le
faire naître de lui-même, il est dans la situation de recevoir l'impulsion à faire automatiquement acte d'intelligence, mais il n'est plus dans celle de susciter activement
des idées avec connaissance de cause. C'est pendant la
veille et en s'endormant que l'effort d'esprit fait par lui
pour s'éveiller prend son origine. Ce qui, d'abord, démontre sans réplique que le réveil est l'effet d'une action
psychique, abstraction faite du moment utilisé pour le
susciter, c'est le moyen employé pour ramener les dormeurs profonds à la vie active. Les magnétistes, sans
exception, annoncent toujours d'avance à leurs somnambules, soit par le geste, soit par la parole, qu'ils vont les
réveiller, et ceux-ci s'éveillent à l'idée qu'on leur en donne
de même qu'ils se sont endormis, par affirmation, lorsque

leur consentement au sommeil a été secondé par l'injonction : dormez. Ce phènomène est un des mieux établis et
des plus incontestables. Par le réveil que l'on suggère au
somnambule, on ne fait que transporter dans la période
de repos ce que ce sujet fait d'habitude spontanément
avant de dormir du sommeil artificiel et, par conséquent,
du sommeil ordinaire. Et en effet, si, comme nous l'avons
fait, on lui dit en l'endormant, vous reposerez cinq minutes, vingt minutes ou plus, il sortira de son état à l'instant
indiqué et d'après l'idée qui lui aura été imposée. Pourquoi le réveil suggéré à quelqu'un avant qu'il ne dorme
et qui se manifeste ponctuellement à l'époque fixée, n'ar-
riverait-il pas toujours par une suggestion propre que l'on
se ferait à soi-même lorsqu'on se prépare à se livrer an
repos ? Nous avons établi, un peu différemment, d'autres
expériences sur des somnambules et ces expériences sont
venues confirmer celles qui précèdent. Nous laissions nos
dormeurs se livrer au sommeil d'eux-mêmes, seulement
ils désignaient d'avance l'heure où ils sortiraient de cet
état ; leur réveil arrivait encore au moment précisé.
Nous ne craignons pas de l'affirmer, si l'on tente de répéter nos essais, le sujet, pour peu qu'il dormira profondément, ne manquera jamais d'obéir à sa pensée ; c'est que
devenu passif dans son sommeil, il subit l'effet de sa
suggestion de la veille, comme pendant son somnambulisme il subit celle de son endormeur. Mais ce que l'on
obtient sur des dormeurs artificiels a lieu journellement
chez les dormeurs ordinaires. Il n'est presque personne
qui ne sache, par expérience, que lorsqu'on est fortement
préoccupé de se lever à une heure insolite de la nuit, le
réveil a lieu au nombre de coups de la sonnerie d'une
pendule correspondant à la pensée prise en s'endormant
de s'éveiller à ce nombre : on ne sort pas du sommeil quand
le marteau frappe sur le timbre une, deux, trois fois, mais

quand il y frappe les coups de l'heure que l'on s'est fixée, par exemple, quatre fois. L'attention, tendue sur l'idée de sortir de l'état de repos à quatre heures, cesse seulement alors d'être inerte, le réveil arrive parce que l'esprit du dormeur a compté le temps et que son oreille excitée a perçu le bruit dont la réalisation est attendue. C'est encore ainsi, par suite d'une idée conçue dans la veille, que le meunier s'éveille quand cesse le tic-tac de son moulin.

Si donc, dans le sommeil profond, et même dans quelques cas de sommeil léger, la pensée de s'éveiller prise en s'endormant est cause de réveil, pourquoi cette même pensée ne jouerait-elle pas toujours le même rôle chaque fois que l'on sort naturellement de la période de repos ? Lorsque d'habitude l'on cesse de dormir, il est vrai que ce n'est plus à une heure fixe, mais à une heure indéterminée, n'est-ce pas aussi parce qué l'on s'endort avec l'idée de s'éveiller mais sans préciser dans son esprit le moment du réveil, n'ayant aucun motif qui y porte ? Si, sans que nous nous en doutions, tant l'habitude rend les faits psychiques inconscients, nous nous endormons avec l'idée de mettre les organes en repos, pourquoi en même temps ne nous endormirions-nous pas insciemment avec celle de nous éveiller et ne nous réveillerions-nous pas d'après notre désir ? Ne savons-nous pas déjà que plusieurs idées fixes peuvent avoir à la fois leur cours et leur réalisation dans l'organisme ? Quand a lieu, insciemment, fatalement et à une époque déterminée, un acte que nous suggérons à un somnambule pour qu'il l'accomplisse après réveil, pourquoi un dormeur quel il soit, n'aurait-il pas d'ordinaire, de la veille au sommeil, le pouvoir de s'éveiller par une suggestion qu'il s'est faite de lui-même à son insu ?

Puisque les phénomènes de l'entrée dans le sommeil, phénomènes dus à l'influence de la pensée, se retrouvent au réveil et qu'ils y impliquent la même action psychique en sens inverse, puisque des faits viennent ensuite corroborer ce principe, que l'on se réveille par l'idée que l'on en a prise pendant le sommeil ou avant de s'endormir, il s'en suit que si notre théorie est positivement vraie, la pensée de ne pas s'éveiller doit avoir pour résultat un sommeil prolongé indéfiniment, de même que celle de ne pas être capable de songer à dormir a pour effet, chez certains fous agités, par exemple, une absence complète de sommeil, pendant une longue durée. Cette induction nous l'acceptons. Et en effet, il n'y a pas de motif pour que la pensée qui déjà amène, empêche, limite le sommeil, ne puisse aussi le prolonger, surtout s'il est profond. Si la pensée n'avait le pouvoir de conduire la période du sommeil qui est sa création au-delà des limites habituelles, il y aurait contradiction flagrante dans son mode d'agir, et la thèse que nous soutenons sur le sommeil, comme étant un effet de la pensée, s'écroulerait, mais il n'en est pas ainsi. On sait qu'après l'opération si connue de M. J. Cloquet (1) sur la dame Plantain, le Dr Chapelain, par la suggestion qu'il fit à cette femme de ne pas s'éveiller avant deux jours, la conserva encore tout ce temps dans le sommeil profond. On peut lire dans l'ouvrage de M. Chardel (2), qu'après les avoir maintenues deux mois dans le somnambulisme, il réveilla dans le parc de Monceaux, sous des touffes de lilas et de cytises, deux jeunes filles qu'il avait endormies au mois de janvier lorsque la neige couvrait la terre. Le même auteur rapporte que le comte de B*** lui fit le récit qu'en 1793, forcé de fuir sa patrie, il fut obligé, pour que sa femme se confiât à la mer, de la mettre dans le sommeil pour tout le temps de la traversée,

---

(1) Voy. Manuel du magnétiseur, 3e éd., p. 73, par M. Teste.
(2) Voy. Psych-phys., p. 243.

et il ne la réveilla qu'à son débarquement sur le continent américain. Si la suggestion faite à des somnambules prolonge leur repos, pourquoi une semblable suggestion prise, par ces dormeurs ou par d'autres, avant de s'endormir, n'aurait-elle pas un pareil résultat ? Il faut le dire, dans les cas précédents, les expérimentateurs, en conservant leurs sujets en somnambulisme, les mettaient plus ou moins en rapport avec eux-mêmes et avec le monde extérieur, de telle sorte qu'ils pouvaient satisfaire tous leurs besoins, faim, soif, déjections, etc., et qu'ils restaient ainsi à l'abri des causes de sollicitation au réveil. Mais il nous semble, que l'on aurait pu faire durer le sommeil sans ces précautions, en suggérant à ces somnambules de dormir avec les idées de n'éprouver ni besoin de nourriture, ni travail d'esprit et de corps, ni rien enfin de ce qui porte peu à peu au réveil. N'est-ce pas parce que certains mammifères s'endorment dans des pensées du même genre, qu'ils restent des mois sans prendre d'aliments, sans satisfaire de besoin d'évacuation et qu'ils s'éveillent amaigris, il est vrai, mais encore pleins de vigueur. Puisque, lorsqu'il le veut et autant qu'il le veut, l'homme a la possibilité de dormir du sommeil profond, il est donc plus que probable qu'il a aussi la propriété de prolonger son repos ordinaire, et que s'il ne le fait pas, c'est qu'il n'en éprouve pas la nécessité.

Telle est la première et véritable cause du réveil, c'est la pensée prise en s'endormant de s'éveiller, laquelle agit d'une manière latente sur l'organisme, tout le temps de la période de repos, et aboutit à ramener le dormeur à l'état de veille. Mais elle n'est pas la seule. Il en est aussi une autre très-importante, quoique secondaire, nous voulons parler de la restauration des forces nerveuses épuisées par la veille, restauration due à l'apport des fonctions nutritives pendant la durée du sommeil. La réparation de la force nerveuse se faisant peu à peu et progressivement, il arrive qu'à mesure que cet effet a lieu, l'attention a plus de facilité de se porter vers les points d'excitation où elle se dirige habituellement et particulièrement les sens. Un moment se présente où les moindres sensations intérieures ou extérieures, les émotions du rêve, les besoins vivement ressentis, etc., apportent des impressions et des idées nouvelles à l'attention, la distraient de ce qui l'attache et appellent cette faculté à recouvrir son activité. Ces causes jouent, pour amener le réveil, le même rôle en sens inverse que la fatigue, l'ennui, etc., pour faire naître le sommeil. Si la rupture d'équilibre des forces prédispose, lorsqu'elle est légère, à s'endormir indirectement, leur réparation porte de même à s'éveiller, mais au-dessus du plus ou moins d'influx nerveux que l'on a perdu ou gagné, il y a toujours cette cause supérieure du sommeil et du réveil, la pensée.

En résumé, les phénomènes du réveil sont les mêmes, mais dans un ordre opposé, que les phénomènes de l'entrée dans le sommeil. Or, comme il est dejà établi précédemment que c'est l'accumulation de plus en plus grande de l'attention sur une idée qui est la cause de ces derniers, c'est aussi la pensée qui, nécessairement, amène le réveil, mais alors, par un mouvement opposé, elle se détend jusqu'à ce que le dormeur retourne à la vie active. Ce n'est pas seulement la logique du raisonnement qui démontre ce principe, ce sont aussi les preuves qui ressortent des moyens employés pour réveiller les somnambules et, surtout, les faits plus péremptoires de dormeurs profonds et même ordinaires s'endormant avec l'idée de sortir du sommeil à l'heure qu'ils désirent et s'y réveillant effectivement. On s'éveille donc par une suggestion que l'on s'est faite en entrant dans la période de repos. De plus, puisque l'on a la possibilité de lutter longtemps contre le besoin de reposer, puisque l'on s'endort par un consentement de l'esprit, il n'y a pas d'obstacle pour que ce que la pensée empêche ou développe, elle ne puisse le prolonger davantage que de coutume par un acte de volonté. Des faits viennent confirmer cette vérité et affermir encore plus celles d'où elle découle comme corrolaire. Ainsi, si la pensée empêche le sommeil, le crée, le prolonge, à plus forte raison le limite-t-elle.

De plus, la recomposition, pendant le sommeil, de la force nerveuse qui dérive du stimulus de la pensée sur les fonctions nutritives vient, d'un autre côté, fournir peu à peu plus de ressort à l'attention ; elle lui permet insensiblement d'avoir une vive conscience des sensations, des émotions, des rêves, des besoins. Cet afflux de force vient, ainsi, par une autre voie, en aide à l'affirmation primitive que l'on s'est faite, en s'endormant, de sortir enfin du sommeil. Ces deux causes réunies, détermination suggestive de s'éveiller prise avant de dormir et réparation de la force nerveuse, s'aident mutuellement, se relient entre elles dans le même but final, le réveil. On le voit, dans tous les faits dont nous avons parlé, ici et plus haut, l'on distingue toujours la simplicité, l'harmonie, l'économie des procédés de la nature dont le moteur premier est l'attention s'accumulant sur diverses idées. Nées de l'attention par l'intermédiaire obligé des sens et formulées au cerveau grâce à elle, les idées, au moyen de la même faculté, retombent comme une pluie bienfaisante sur l'organisme qui d'abord a servi à leur éclosion.

XIII.

De l'oubli au réveil.

Lorsque les dormeurs profonds sont sortis de leur sommeil, il ne leur reste aucun souvenir de ce qu'ils ont pensé ou fait et de ce qui s'est passé autour d'eux, à leur escient, pendant qu'ils dormaient. On comprend qu'au réveil l'on ne conserve rien dans la mémoire, du moment qu'il n'y a pas eu de rêves, ce qui arrive dans certains sommeils profonds; par suite de l'accumulation et de l'arrêt consécutif de l'attention sur une ou plusieurs idées fixes, il y a obtusion des sens et inactivité complète de l'esprit, dans ces cas, en s'éveillant, on ne peut se souvenir de ce que l'on n'a ni senti, ni pensé, ni même des idées dans lesquelles on s'est endormi et qui sont dans le cerveau ce qu'est sur les sens une impression toujours permanente et égale ; ces idées, faute de variabilité, et, par conséquent, de terme de comparaison pour qu'on puisse les rendre conscientes, demeurent habituellement inconnues au dormeur. Mais pourquoi, au réveil, la majorité des dormeurs qui ont rêvé ne se rappellent-ils plus de rien ? Pourquoi quelques-uns se rappellent-ils de quelque chose ? Bien connaître la différence essentielle entre le sommeil profond avec rêve et la veille, puis saisir les caractères distincts des cas où il y a souvenance et des cas exceptionnels où il y a oubli au sortir du somnambulisme et d'autres états analogues, c'est mettre le doigt sur la cause de ce problème, c'est en trouver la solution.

Le phénomène le plus saillant du sommeil profond avec rêve, celui qui domine tous les autres, car il en est le point de départ, c'est l'accumulation de l'attention sur des idées. Après la mémoire, presque jamais ce ne sont chez les somnambules que les facultés déductives et rarement quelques sens, qui entrent en jeu pour servir au développement de la trame des conceptions de leur esprit. Les organes sur lesquels l'attention se dirige dans le sommeil ne deviennent plus parfaits dans leurs fonctions, que, parce que cette force a abandonné à leur profit les points du corps où elle était en plus grande abondance auparavant. Le plus souvent, les productions psychiques des dormeurs n'embrassent qu'un sujet étroit, elles roulent autour d'une idée principale, et quand un sens vient même se mettre au service de ces productions, les impressions en sont plus énergiques, mais souvent elle sont relatives à un seul objet, à une seule opération de l'esprit. Cela résulte d'observations faites, entre autres, par M. Noizet, à l'Hôtel-Dieu. Nous avons constaté nousmême que si un rêveur reçoit la suggestion de lire, il fait fort bien sa lecture, mais met-on un écran devant ses yeux, il s'arrête court, sans soupçonner qu'un corps opaque a été placé entre lui et son livre. Pour qu'il se doute de cet obstacle, on est obligé de le lui faire connaître, il a si peu d'initiative, et c'est l'effet de l'accumulation de son attention, qu'il ne peut déplacer cette force pour découvrir la cause de l'impossibilité où il est de continuer sa lecture. C'est donc ce manque d'initiative, fruit de l'attention massée sur un seul point, qui emprisonne l'esprit des somnambules dans un cercle infranchissable, et empêche cette force de refluer vers les autres organes où elle se portait avec liberté pendant la vie active, mais aussi, c'est le cumul de cette même force qui fait que les facultés intellectuelles et les sens sur lesquels elle se dirige étroitement, ont une puissance d'action supérieure à celle qu'ils avaient dans l'état de veille. Le sommeil profond a donc pour caractère culminant la concentration de l'attention affluant de tous les points du corps pour s'arrêter sur un ou quelques organes, de là, la perte d'initiative des dormeurs, l'énergie de leurs facultés et de leurs sens mis en jeu et la nullité des facultés et des sens que l'attention a abandonnés. Or, comme l'état ordinaire où rentre ensuite les somnambules est, dans son élément essentiel, absolument le contraire de ce qui existe pendant le sommeil profond, en d'autres termes, comme l'attention ayant perdu alors sa concentration, s'est remise de nouveau en équilibre dans l'économie, a récupéré sa liberté de mouvement et son initiative, est revenue présente partout, cet état nous fournit, de son côté, les autres données utiles pour aider à la découverte de la cause de l'oubli au réveil.

Ce qui frappe au premier coup d'œil, c'est qu'il y a un relâchement inopiné de l'attention dès que l'on sort du sommeil ; au moment où elle se détend, elle ne diminue pas en quantité dans l'organisme, mais se répandant sur une plus grande surface, retournant aux organes qu'elle avait abandonnés pendant l'état de repos, elle est devenue amoindrie dans chacun de ceux vers lesquels elle était auparavant accumulée. Il arrive qu'à égalité d'empreintes mémorielles, l'homme qui s'éveille ayant, par conséquent, moins d'attention au cerveau, quoique plus d'initiative, il n'y peut retrouver ce qu'il y saisissait antérieurement, il est comparable à celui qui, bien que n'ayant pas perdu de ses forces et de sa volonté, ne peut remettre sur ses épaules le lourd fardeau qui s'en est échappé, parce que la puissance musculaire qu'il appelle pour y parvenir est moindre que celle qu'il employait pour le porter. A. Bertrand seul (1) a été sur la voie de la cause, mais non de l'explication, du fait de l'oubli après le sommeil, quand il attribue à la même cause le rappel, pendant le somnambulisme, des souvenirs oubliés de la veille et l'oubli des souvenirs des rêves du sommeil profond lorsqu'on est éveillé. « La même raison, dit-il, qui fait que des traces imperceptibles dans le cerveau, pendant la veille, sont aperçues par le somnambule endormi, peut bien être cause aussi que des impressions assez fortes, dans le sommeil, pour produire les effets les plus marqués, ne puissent plus être aperçues au moment du réveil. » Cette cause ou cette raison, il l'a même claire-

(1) Voy. Traité du somnambulisme, p. 488.

ment désignée sous le nom d'activité, ce n'est autre que ce que nous nommons l'attention. Quand cette force est en plus ou accumulée sur le cerveau, elle retrouve des traces imperceptibles de souvenirs auparavant perdus, c'est ce qui arrive pendant le sommeil profond ; quand, sans être pour cela amoindrie dans sa quantité, elle est répandue de nouveau dans tout l'organisme comme il arrive au réveil, elle est, par suite, relativement dirigée en moins sur le cerveau, aussi, ne retrouve-t-elle plus les empreintes des actes du somnambulisme, lesquelles, quelque vives qu'elles aient été, n'ont pas assez laissé de traces dans le foyer de la mémoire, ou au moins, autant que les souvenirs habituellement gravés dans ce foyer pendant la veille. Cette explication anticipée ressort, non-seulement d'inductions théoriques, mais encore des faits qui font exception à la règle de l'oubli au réveil.

Pourquoi, si avant de réveiller un dormeur profond, on lui suggère le rappel de son rêve en action, en conserve-t-il le souvenir ? N'est-ce pas que l'attention qui aurait cessé d'être concentrée après le réveil, a continué de rester accumulée sous l'influence de l'impulsion transmise pour éclairer encore de même le foyer mémoriel ? Par la suggestion, l'on a empêché que l'attention portée en abondance dans le cerveau, n'y diminue ensuite de quantité, ainsi qu'il arrive dès qu'on s'éveille ; de là, au lieu d'être obscurcies, les traces du rêve somnambulique demeurant toujours aperçues. Il en sera de même si, avant de remettre ce dormeur dans le somnambulisme, on lui donne alors l'idée de garder, au sortir de cet état, les images de ses rêves continuellement présentes à la mémoire, il se réveillera avec ces impressions toujours bien nettement dessinées, et cela, par la raison que nous venons d'établir. La manière dont prend naissance le fait de cette dernière sorte nous donne l'explication comment il arrive que certains somnambules éveillés, au lieu de les avoir oubliés, se rappellent de leurs rêves en action, c'est qu'en s'endormant ils ont pris la résolution de s'en souvenir. On peut expliquer de même la cause de la conservation mémorielle de leurs actes au sortir de l'accès, chez les extatiques, les sorciers, etc. Si les inspirés douteux sous le rapport de l'orthodoxie, écrit A. Bertrand (1), sont de tous les contemplatifs ceux qui ont présenté le plus d'exceptions sous le rapport de l'oubli au réveil, c'est que « cet oubli ayant été donné autrefois comme une preuve de l'influence du diable, ils faisaient usage de leur volonté pour conserver un souvenir qu'ils pouvaient opposer à leurs adversaires. »

La théorie que nous développons est encore étayée par ce fait que, dans un sommeil consécutif, pour peu qu'il y soit excité, le dormeur se souvient des actes des sommeils antérieurs et même des empreintes mémorielles qui ont alors été perçues par lui sans qu'il ait paru s'en douter, parce qu'il est retombé dans un semblable état de concentration d'esprit que dans ces sommeils, et qu'il possède ainsi assez d'attention accumulée pour retrouver ce qu'il avait oublié dans l'intervalle. Le principe soutenu par nous est tellement vrai, qu'en rendant à des somnambules éveillés l'attention concentrée qu'ils n'avaient plus, la mémoire des actes oubliés du sommeil leur revient. Nous sommes parvenu très-vite, sur trois d'entre eux revenus à la vie active, à faire replier leur attention avec force sur les empreintes de leurs rêves. Par une contention d'esprit soutenue, ils arrivaient dans un charme prononcé et, alors, ce qui était déjà effacé pour eux, réapparaissait à leur mémoire comme les objets d'une chambre obscure, lorsqu'on y laisse entrer la lumière.

(1) Voy. Traité du somnambulisme, p. 31.

Il est facile de le voir, si les somnambules éveillés ne se souviennent plus, ce n'est donc pas parce que qu'ils n'en peuvent faire l'effort, ils en ont récupéré le pouvoir, c'est parce qu'il ne leur est plus resté assez d'attention accumulée au cerveau pour retrouver dans le champ de la mémoire les images de leurs rêves.

Comprend-on mieux maintenant, après cet examen des exceptions à la règle de l'oubli au réveil, les véritables causes de cette règle ? Si les somnambules, lorsqu'ils se rappellent, le doivent à ce que leur attention est restée ou redevenue accumulée au cerveau, il faut conclure que lorsqu'ils oublient c'est que leur attention a diminué dans le même organe et ne peut, pour cette raison, saisir de nouveau ce qui y est conservé, preuve que les empreintes mémorielles des actes du rêve sont plus faibles que celles de la veille, puisque l'attention qui retrouve alors les empreintes de tous les jours ne peut retrouver celles du sommeil qui sont pourtant les plus récentes ; c'est qu'en général elles sont aussi moins imagées.

Outre le sommeil profond, il est aussi des états analogues qui, de même, ne laissent pas de traces de souvenir, quand on en est sorti. Ce qui se passe dans ces états vient, par son importance, confirmer notre explication de l'oubli au réveil et lui donner le caractère d'une loi physiologique. On rencontre des hommes éveillés ayant de la facilité à concentrer leur pensée, chez lesquels, si des circonstances inopinées les font passer d'une grande excitation d'esprit à un calme relatif, l'on retrouve après coup, nous ne dirons pas la coïncidence de l'oubli au réveil, mais sa loi, chaque fois que le calme a succédé à l'excitation cérébrale. Nous nous rappelons toujours d'un homme violent et colère qui, un instant après, niait ce qu'il venait de dire dans son emportement. Si l'on insistait pour le persuader de la réalité des paroles prononcées par lui, il se fâchait de nouveau, tant il était de bonne foi. Il n'est pas le seul de ce genre que nous ayons vu. Il en est aussi qui, retombés en surexcitation et recouvrant ainsi une plus forte somme d'attention, retrouvent les souvenirs des états antérieurs semblables et même des particularités de leur état de veille oubliés depuis longtemps ; cette exception, ce revers de médaille est encore ici la confirmation de cette règle que nous retrouvons, non-seulement dans le sommeil, mais dans ses analogues.

C'est encore d'après la même loi générale, celle de la diminution de l'attention au cerveau, que beaucoup de buveurs ne se rappellent plus des faits et gestes de leur ivresse et que certains malades peu affaiblis ne se doutent plus, étant en convalescence, de leur excentricité lors de leur délire. Dans tous états passagers de l'organisme où l'on retrouve l'oubli, au sortir de ces états, des actions que l'on a faites pendant le temps de leur durée, l'on a la preuve positive qu'ils sont des analogues du sommeil.

Une remarque établie par nous, c'est que des dormeurs, sortis de leurs rêves, se souviennent seulement de ce qui les a vivement émus. J'ai vu deux somnambules, présentant d'habitude l'oubli complet au réveil, conserver une fois, l'une et l'autre, le souvenir d'une hallucination suggérée et qui avait produit sur elles un violent sentiment de terreur. Nous avons aussi observé cette tenacité des souvenirs pour des douleurs d'accouchement. Les empreintes excessivement vives de ces douleurs ont encore laissé assez de traces pour qu'elles puissent être retrouvées après le réveil. Bien qu'en général le moi soit amoindri chez les dormeurs, les impressions ayant rapport à la personnalité sont perçues si énergiquement, que les empreintes qui en demeurent gravées dans la mémoire y restent toujours assez, pour qu'elles tombent encore à la connaissance de l'attention, quoique diminuée au cerveau au sortir de l'état de sommeil. On peut citer, à l'appui de cette remarque, l'observation faite depuis longtemps que des fous, revenus à la raison, se rappellent seulement des paroles blessantes qu'on leur a adressées et des mauvais traitements qu'ils ont reçus dans leurs accès. Ces quelques dernières exceptions à la règle n'infirment pas la loi reconnue, elles démontrent que lorsqu'on se souvient de certains faits, la cause en est due à ce que, mieux que d'ordinaire, les images des rêves sont alors restées imprimées au cerveau et, au moins, aussi bien que celles de la veille.

M. A. Maury, (1) explique différemment l'oubli au réveil. « La concentration a été si vive, l'absorption de la pensée si profonde, que les parties du cerveau qui ont agi dans cet acte de contemplation et de pensée sont épuisées et, l'accès passé, au lieu de continuer leur action, elles demeurent comme frappées d'impuissance..... Le somnambule oublie son acte, précisément parce que l'intensité de l'action mentale a été portée à ses dernières limites ; l'esprit s'est épuisé dans son commerce avec lui-même. » Cette manière de penser n'est pas acceptable, car les dormeurs se réveillent presque toujours plus dispos au moral et au physique ; au lieu d'avoir perdu de la force nerveuse, ils en ont gagné. Admettant par hypothèse la vérité de la théorie de M. A. Maury, il nous reste toujours à lui demander pourquoi, lorsque le somnambule éveillé est de nouveau remis dans le sommeil profond, presque aussitôt après sa sortie de cet état, lorsque, par conséquent, les forces mentales doivent être épuisées, pourquoi, disons-nous, il ressaisit pourtant les linéaments de ses rêves, linéaments insaisissables un moment auparavant ? L'opinion

(1) Voy. Du sommeil, p. 189.

de M. A. Maury n'a de valeur que pour l'explication de l'oubli après les maladies délirantes graves. Il y a alors un affaiblissement général de l'élément nerveux et, dans ces cas, cet affaiblissement peut être une cause de perte de la faculté de se ressouvenir ; l'attention est devenue comparable à une lampe qui, manquant d'huile et éclairant mal, laisse les objets dans l'ombre. Admettre un épuisement de l'action mentale après le réveil des somnambules est donc une erreur, il y a seulement un changement d'équilibre dans la distribution de la force nerveuse et, par suite, moins d'attention au cerveau, mais il n'en n'est pas moins vrai que l'explication de M. A. Maury est applicable à la faiblesse de remémoration succédant aux maladies longues et graves.

Résumé. D'après ce qui précède, il résulte que l'oubli au réveil est dû à ce que, en sortant du somnambulisme, l'attention accumulée au cerveau a diminué tout d'un coup dans cet organe. Cette force, le plus souvent réparée après un repos prolongé, mais répartie ensuite avec égalité dans toute l'économie et n'étant plus, conséquemment, autant accumulée sur un seul point, a réellement moins de puissance pour susciter les souvenirs des rêves, souvenirs nécessairement plus mal imprimés dans la mémoire que ceux de la veille. Cette règle, qui s'étend aux états analogues au sommeil et prouve leur parenté réciproque, est tellement générale qu'elle a les caractères d'une loi psychologique et est confirmée par ses exceptions mêmes, car si un somnambule se rappelle de ses actes du sommeil profond, c'est qu'il a su faire appel à plus d'attention. Cependant, il est des cas exceptionnels où les souvenirs des rêves somnambuliques sont conservés au réveil, parce que les idées-images qui en forment les empreintes, ont été gravées avec plus d'énergie que de coutume. Les empreintes mémorielles du sommeil, ordinairement moins bien dessinées que celles de la veille, ont, dans ces cas, été plus fortement marquées. Ce n'est que dans certaines maladies débilitantes, que l'opinion de M. A. Maury, sur l'effacement des souvenirs par épuisement de l'action nerveuse, présente un côté vrai.

CHAPITRE V.

Maintenant, que nous sommes arrivé au bout de notre première étape, que nous avons donné l'analyse du sommeil en en exposant les caractères, et en en faisant connaître les propriétés, il est bon d'en établir la synthèse, d'en lier les manifestations principales sous un point de vue plus philosophique, d'en faire ressortir l'essence à grands traits.

Pendant la veille, l'homme jouit de l'aptitude de faire effort, de porter volontairement son attention à connaitre les objets extérieurs à l'aide des sens, il jouit de la faculté de déposer les perceptions reçues dans le foyer de la mémoire sous forme d'idées-images, il a encore celle de susciter ces idées, de les opposer les unes aux autres, d'en créer de plus abstraites, enfin, avec ces matériaux de pure représentation mentale, il peut faire acte de jugement, d'intelligence et apporter au secours de sa raison, et les sens d'où viennent déjà ses connaissances et ses organes de locomotion dont il a besoin pour arriver à son but. Tout le temps de sa vie active il est dans un état perpétuel d'effort, soit pour percevoir, soit pour fixer les perceptions, soit pour raisonner et agir, et, dans la manifestation de ces phénomènes où l'attention est mobile et présente partout, on aperçoit clairement la pensée au sommet, tenant le gouvernail. Tant qu'il veille, l'homme est donc par l'attention le créateur de ses sensations, de ses idées et de ses conceptions, il est le promoteur et le maître libre de ses décisions et de ses actes, mais, à la suite d'une agitation si continuelle de l'esprit et du corps, il arrive à perdre de la force nerveuse malgré les apports de la nutrition, il éprouve de la fatigue et il survient un moment où il sent le besoin d'arrêter le mouvement de sa pensée et, conséquemment, le fonctionnement de ses sens et de ses muscles. Alors il cesse de penser activement et de se servir de ses organes de sensibilité et de locomotion, il tombe dans un état opposé à celui d'activité mentale dans lequel il était auparavant, il se met en état passif, il dort.

Pour cela faire, il replie son attention sur une idée mémorielle et, naturellement, c'est celle de réparer les forces épuisées. Cette faculté abandonne les sens où elle veillait aux perceptions internes et externes, elle délaisse même les parties du cerveau où elle fixait les perceptions, elle ne s'exerce plus sur des idées pour exciter les contractions et mouvoir le corps dans le but de satisfaire les besoins de conservation, elle ne fait plus, avec une conscience nette, acte de jugement et de raison, elle cesse de se mouvoir de ce mouvement de va-et-vient de l'organe cérébral aux sens et aux muscles pour s'accumuler, se mettre en arrêt sur une idée et retentir, par la pensée fixe qui en naît, dans toutes les parties de l'économie. Il résulte donc de la retraite sur une idée de cette force qui est la cause primitive des phénomènes de la vie animale ; que les sens sont éteints, les muscles dans le relâchement, bref, que le système de la vie de relation ne fonctionne plus. Ce nouvel état, ou plutôt cet état consécutif, est absolument l'opposé de la veille. On a critiqué Bichat, et avec droit, pour avoir dit de la mort qu'elle est le contraire de la vie, et en effet, pour définir ainsi la mort, il fallait qu'il sut ce qu'est la vie, qu'il en dégagea d'abord l'inconnu dont elle est l'écho, mais, dans ce que nous émettons, nous ne tombons pas sous un tel reproche ; la veille étant la manifestation de la pensée consciente en mouvement, nous pouvons affirmer que le sommeil est tout le contraire si on le considère dans le sens le plus absolu. C'est, mathématiquement parlant, la manifestation de la pensée consciente en repos et devenant parfois insciente faute de se mouvoir. Dormir c'est, en principe, avoir toute l'attention accumulée et arrêtée sur une idée mémorielle quelconque, c'est n'avoir plus, pour un temps, qu'une pensée unique, c'est, dans le terme le plus juste, être en idée fixe, ce que trahit l'immobilité du corps. De cette puissance en mouvement, la pensée, à cette puissance complétement en repos, il y a un abime, mais ici comme en toute choses, la nature ne laisse pas sans transition deux manières d'être si différentes de la principale des deux archées de la vie.

Le sommeil avec inertie complète de la pensée est peut être une conception pure de notre esprit, mais s'il existe, il n'est pas à supposer qu'il soit de longue durée. A mesure que cet état se prolonge et que les forces se réparent, l'attention concentrée, sans qu'elle cesse d'être attachée à l'idée inconsciente prise en s'endormant, reprend peu à peu de l'expansion, retourne vers les organes sensibles pour y veiller, où se met à la remorque d'autres idées mémorielles.

La faible quantité de cette force devenue mobile suffit pour permettre déjà des sensations obscures, des mouvements vacillants des idées aux idées : le rêve prend naissance. C'est que l'attention s'est dédoublée. Cette force, toujours immobile d'un côté sur une idée fixe et, d'un autre côté, redevenue libre vers les points où elle se dirigeait d'habitude, est donc portée vers deux pôles, l'un où elle s'est immobilisée et est restée encore en grande partie passive, et le second où elle redevient en partie active et libre.

C'est parce que une portion de l'attention retrouve déjà

imparfaitement le chemin de la veille, c'est parce qu'elle flotte quelque peu vers les sens et sur les idées imprimées dans la mémoire, que ces fantômes, les songes, commencent à se développer. Des rêves roulant sur des idées vagues et des sensations obscures aux rêves où l'on acquiert le pouvoir de mettre les muscles au service des pensées, il y en a des variétés infinies; quelque en soit le nombre, ils se rangent en deux classes. Les uns correspondant au sommeil léger, état où l'attention est dédoublée et dont le caractère distinctif est le souvenir que l'on a d'avoir rêvé, sont construits avec ce qu'il y a d'attention déjà libre. Tandis que la plus grande partie de cette force demeure toujours fixée, la faible partie d'elle-même devenue active retourne vers les sens à la perception d'impressions obscures et, dans le champ de la mémoire, au rappel d'idées souvent nombreuses et qu'elle associe d'une manière incohérente. Les autres, correspondant au sommeil profond, état où l'attention consciente est parfois entièrement immobilisée et dont le caractère distinctif est l'oubli au réveil, sont au contraire formés à l'aide de la plus grande partie de cette force concentrée, mais mobilisée ensuite par une suggestion qui, chez les dormeurs naturels, est antérieure à l'entrée dans le sommeil. Aussi, ces rêves étant filés avec de l'attention accumulée, diffèrent-ils des précédents du tout au tout. A la suite de l'impulsion donnée et autour de l'idée principale du rêve, se reveillent avec énergie, mais dans un sens étroit et logique, les fonctions des organes qui peuvent servir d'auxiliaires à la trame développée par l'esprit, pendant que les autres fonctions de la vie de relation restent anéanties.

Si dormir, dans le sens le plus absolu du mot, c'est avoir toute son attention fixée sur l'idée de reposer prise en s'endormant, rêver c'est, tant qu'il y a de l'attention accumulée sur cette idée, remuer des pensées, percevoir des sensations, soit avec une partie de cette force massée à son pôle passif et détournée de l'idée fixe, soit avec celle qui est encore libre à son pôle actif. Ce qui, en définitif, caractérise donc le sommeil avec rêve ou sans rêve, c'est l'accumulation de tout ou partie de l'attention sur l'idée devenue fixe dans laquelle on s'est endormi et, comme tout cumul d'attention est cause de manque d'initiative, dormir c'est encore, par suite de ce cumul, être non-seulement en idée fixe, mais encore être incapable de faire des efforts libres de volonté.

En se portant, en grande partie, des sens et de l'appareil musculaire vers le cerveau où elle s'accumule, s'arrête sur une idée, ce qui amène d'un autre côté le ralentissement de la pensée, l'affaiblissement des sens et la suspension des contractions musculaires, l'attention, dans ce mouvement de concentration, allant de la périphérie au centre, n'a pas encore offert tous les caractères essentiels du sommeil ; à côté de ces signes d'inertie de la pensée et du corps et de ces signes d'insensibilité, contre-coup du mouvement dynamique de l'attention, il s'en joint d'autres, dans cet état, qui en expliquent les qualités particulières, intimes ; ils sont la conséquence de l'accumulation de cette force sur une idée. Outre que, dans le sommeil, il y a économie de dépenses et que, tout le temps de sa durée, la nutrition continue à apporter des provisions nerveuses, ce qui entraîne nécessairement une réparation des pertes faites pendant la veille, il est une action propre de la pensée fixe dans laquelle on s'est endormi et qui, lors de la période de repos, agit sur l'organisme par une incubation lente, pondératrice ; cette pensée ramène à l'équilibre les tissus fatigués, surchargés de force nerveuse ; c'est là ce qui fait du sommeil une fonction réparatrice du cervau réagissant sur l'économie.

Envisagé par ses phénomènes psychiques surtout, le sommeil est donc autre chose qu'une folie physiologique ;
dans cet état, le dormeur déraisonnable par les pensées
qui surgissent librement dans son esprit, est raisonnable
par ce qu'il a reçu de la veille, l'idée fixe de reposer qu'il se
suggère avant de fermer les yeux et qui se perpétue tant
que n'arrive pas le réveil. Pendant que l'attention mobilisée ou libre, d'une part, est ralentie et erre à l'aventure
et sans frein des sens à la mémoire et d'une idée à d'autres
idées, ce qu'il y a d'attention accumulée et en arrêt sur la
pensée de reposer, a la propriété, d'autre part, de réagir
sur les organes auxquels cette pensée d'harmonier les
forces s'adresse. Cette vérité, quelque antipathique qu'elle
doive être à qui l'entend pour la première fois, fera son
chemin, nous en sommes sûr. Il n'y a rien à lui opposer
quand on a reconnu avec nous, quel est pouvoir de la
pensée, dès qu'elle se réfléchit pendant le sommeil, et sur
le système de la vie animale, et sur le système de la vie
végétative. Tel qu'il est alors sous l'influence de celui
qui le dirige ou sous la sienne propre, le dormeur, grâce
à l'attention accumulée, n'exalte pas seulement chaque
sens en particulier, ses facultés, ses forces, mais il modifie encore ses tissus avec une puisssance magique, il
transforme, il crée ; aussi, à plus forte raison, peut-il ramener les forces à l'équilibre là où le travail de la journée
en avait rompu l'harmonie.

L'homme est donc soumis à un mouvement alternatif de
la veille au sommeil ; le moteur suprême en est sa pensée.
Des sens où l'attention est disséminée, du foyer de la mémoire où elle fouille, du cerveau où elle fait acte de raisonnement et réagit sur le système musculaire pour nous
mieux mettre en rapport avec le monde extérieur, elle
se replie, lorsque le besoin de repos se fait sentir, sur une
idée ordinairement cause, par sa nature, de changements

utiles dans les organes fatigués et, si elle ne n'y arrête pas complétement, ce qu'il en reste de libre flotte encore quelque peu vers les idées mémorielles, et veille en sentinelle dans les sens.

Cette loi d'alternance de l'attention plus ou moins en repos succédant à l'attention mobile sur des idées, Burdach, sans en chercher la cause, l'a signalée le premier dans les profondeurs des tissus innervés par le grand sympathique. Pour nous, qui ne comprenons rien dans notre corps qui ne soit l'interprétation et le fruit d'une pensée, il ne nous répugne pas d'admettre que la pensée inconsciente qui forme l'organisme et l'entretien, qui veille continuellement sur les rouages si complexes servant à la conservation de l'existence, il ne nous répugne pas d'admettre que le système nerveux ganglionnaire soumis à une telle influence, ne transmette aux muscles à fibres lisses des successions de mouvements et de repos, qu'ils ne reprennent des forces après chaque contraction, par une incubation intelligente semblable à celle qui a lieu à l'aide des nerfs de la vie de relation. Ainsi, pour les deux divisions du système nerveux, se complète l'entretien de la vie dans cet admirable flux et reflux de deux sortes de pensées, conscientes et inscientes, lesquelles, placées au sommet de l'être, peuvent, grâce à l'appui de cette alternative de mouvements et de repos, non-seulement créer, développer, mais conserver, harmonier la merveilleuse organisation humaine.

DEUXIÈME PARTIE

Dans cette partie de notre travail, nous allons nous occuper des phénomènes psychiques et organiques ayant lieu dans des états physiologiques analogues au sommeil, états se rapprochant, les uns du sommeil léger, et les autres du sommeil profond. Pour ne pas nous répéter, nous laisserons de côté le fond de ces états, dont le sommeil est le type, pour nous occuper exclusivement de leurs manifestations les plus importantes. A mesure que nous avancerons, on reconnaîtra toujours la présence de la pensée comme motrice première des phénomènes qui s'offriront à notre examen.

CHAPITRE PREMIER.

DE L'IMITATION.

Un des caractères du sommeil profond, c'est l'automatisme dans lequel se trouve le dormeur ; par suite de l'inertie de sa volonté, il subit toutes les impulsions qu'on lui donne ; un enfant peut le gouverner à sa guise. C'est sur un état semblable, état prédisposant à recevoir l'affirmation sans aucune réaction de l'esprit, que se greffent les faits d'imitation, seulement ces faits, au lieu d'être la conséquence d'une suggestion venant d'autrui, sont le produit d'une suggestion que l'on se fait involontairement à soi-même. Bien qu'il y ait des prédispositions d'âge à l'imitation, comme la jeunesse et l'enfance, de sexe comme le sexe féminin, de tempérament comme le tempérament nerveux, etc., les faits par imitation prennent habituellement naissance chez tout le monde, parce qu'il est, dans chacun, des moments où l'attention reste inactive et, sans que l'on y fasse résistance, s'attache à la première impression venue.

Les faits par imitation, sensations, sentiments, pensées, actes, etc., se développent dans la veille, soit lorsque l'attention est inactive, comme dans ces moments où l'on ne paraît penser à rien ou que l'on est oisif, soit lorsqu'elle est à la remorque d'idées vagues ou de rêveries, soit lorsqu'elle est détendue après des occupations sérieuses, etc. Etant déjà légèrement inerte, cette force transmet alors au cerveau, sans aucune réaction volontaire, les impressions qui lui viennent des organes de perception, et, par une affirmation souvent inaperçue, l'esprit s'approprie, puis le corps reçoit ou exécute en automate ce qui a été observé ; c'est l'image qui se reflète dans la glace. Dans ces cas, l'attention quitte ses occupations intellectuelles trop peu attachantes pour s'abandonner à un laisser-aller qui a ses attraits ; car, au lieu de s'exercer avec effort sur des éléments choisis, elle se livre avec nonchalance aux impressions reçues, pour peu qu'elles soient vives, et l'esprit adopte ce que les sens lui révèlent et que la volonté ne repousse pas.

Les faits d'imitation impliquent que l'on a en soi-même ce qui est dans autrui, organisme, besoins, idées, passions, etc. Aussi a-t-on raison de dire que chacun porte en soi l'humanité et c'est là, précisément, ce qui fait, qu'en outre de la faiblesse et des intérêts qui, par nécessité, tendent à rapprocher les hommes, il existe au-dessus un véritable lien commun d'association dans cette tendance instinctive qu'ils ont tous à marcher du même pas, à vivre de la même vie, à avoir les mêmes sympathies réciproques, à s'imiter enfin. Si l'on considérait bien attentivement ce qui se passe dans les hommes depuis leur naissance jusques à la mort, on verrait que cette prédisposition à imiter, est un besoin de leur nature éminemmment sociable, un complément harmonique de leur existence. Il n'y à pas, dans le jeune âge surtout, où l'aptitude à faire effort est encore peu développée, où la réflexion, par conséquent, ne commence qu'à poindre, il n'y a pas une idée, un acte qui ne soit d'imitation. On pense, on croit, on juge, on s'exprime par imitation, il n'est pas jusques aux moindres actions que l'on fait qui ne soient la parodie de ce que font les autres, actions que l'on exécutera plus tard avec conscience, avec examen et connaissance de cause dans un âge plus avancé. En attendant que la raison gouverne, on reçoit des autres, par imitation, cette raison qu'on n'a pas.

C'est, avons-nous dit, une prédisposition innée à l'inactivité de l'attention, prédisposition très-variable dans chacun, qui fait que l'on imite machinalement, involontairement, et souvent à son insu, une foule de choses remarquées chez les autres. On bâille quand quelqu'un bâille, on siffle, on chante, quand il siffle ou chante, on fait ainsi mille autres choses vulgaires sans même se douter de leur point de départ. Il nous est arrivé de chantonner et de croire en même temps que c'était de notre propre initiative, mais il n'en était rien, nous répétions ce qu'un chanteur faisait entendre au loin, ce que l'on nous fit remarquer ensuite. On se crée des habitudes, depuis celle d'employer sa journée jusqu'à celle de priser et de fumer, on dort même par imitation (1), et nous en avons eu souvent la preuve lorsque nous endormions des somnambules. Il n'était pas rare que nous ne rencontrassions des personnes

_____

(1) Preuve que le sommeil est le résultat de l'action de l'attention sur une idée.

présentes d'un tempérament nerveux, des femmes surtout, se laissant aller au sommeil, ou éprouvant des signes de cet état comme le relâchement musculaire, l'insensibilité, etc. Cela ne doit pas étonner pour le sommeil et ses signes, ils ne sont, évidemment, que l'expression d'un degré plus élevé de passiveté de l'attention. C'est par un même abandon instinctif que l'on prend les vêtements, les manières, les formes de langage, l'intonation, les habitudes, bonnes ou mauvaises, du milieu où l'on vit, et c'est précisément à cause de cette tendance à imiter, qui naît du contact et que l'on reconnaît si puissante, que l'on tient tant à placer ses enfants dans des institutions ou dans une société où ils acquièrent à leur insu, avec l'instruction, ce que l'on appelle la distinction des manières, le bon ton, choses variables selon les civilisations, mais toujours essentiellement l'effet d'une prédisposition à se modeler sur les autres.

On n'imite pas seulement ce qui frappe les sens, on imite aussi ce qui frappe l'esprit ; les idées des autres, on les adopte comme siennes. Ainsi, sans que l'on s'en rende compte, on acquiert des notions morales et politiques, des préjugés de famille, de race, etc., on s'imprègne des idées qui font atmosphère autour de soi. Il est des principes sociaux et religieux qui ne devraient pas résister devant le sens commun, pour ne pas dire devant la raison, auxquels on croit de bonne foi et que l'on défend comme son propre bien. Ces principes étaient ceux des ancêtres, ils sont même nationaux, ils se sont incarnés des pères aux fils ; les détruire par le raisonnement est impossible et, par la force, c'est dangereux ; on a beau en démontrer la fausseté, il y a dans les hommes des pensées par imitation qui, toutes absurdes qu'elles sont, font corps avec eux-mêmes et finissent par se transmettre de génération en génération à la façon des instincts.

L'imitation aussi joue un rôle important pour la destinée future d'un homme au milieu de la société. Il ne faut pas s'étonner si l'église, si les dynasties tiennent tant à conserver entre leurs mains l'éducation des enfants, elles savent combien l'on peut modeler la jeunesse à son gré, combien, sauf quelques dissidents, on lui fait épouser pour toujours les idées qu'on lui inculque. Tel, né dans une famille dévote sera apologiste de sa foi, qui, né d'un père incrédule, sera radicalement irréligieux et prônera le libre examen. Au-dessus de lui, au-dessus de sa raison, quelque bien trempée qu'elle soit, il y a des principes, bons ou mauvais, qu'il a sucés par imitation, auxquels il s'est identifié, sans s'en douter, à la remorque desquels il ira et contre lesquels, plus tard, tout raisonnement sera inutile. Aussi, l'être dont il faut le plus se méfier, parce que c'est celui qui nous circonvient avec le plus d'adresse et le plus étroitement, comme dans des mailles de fer, c'est soi-même.

On est surtout porté à l'imitation par sentiment, de là les sympathies et les antipathies. Joie, pleurs, mépris, horreur, haine, vengeance, etc., on adopte toutes ces choses sans examen. Un des sentiments le plus commun est celui que l'on ressent involontairement pour les peines et les souffrances de ses semblables, la pitié. Par remémoration mentale, et instantanément, on se représente les maux physiques et moraux qu'ils éprouvent. Un homme a faim, on se met à sa place, on a faim ; il a soif, on s'affirme le même besoin ; il souffre, on souffre avec lui ; il a des chagrins, on s'attriste et l'on pleure. Les maux dont on se donne conscience sans le vouloir, on est porté ensuite à les soulager pour se soulager. Cette imitation par sympathie est très-commune chez les somnambules, et c'est une des causes pourquoi des magnétistes fluidistes ont cru que l'élément impondérable des nerfs passe d'un corps à un autre, mais elle n'est pas rare non plus parmi les hommes à l'état de veille. On en rencontre qui, aussi facilement que les dormeurs, se suggèrent les souffrances d'autrui. Il n'est pas de médecin qui n'ait observé des cas de maladies par sympathie. Parmi les exemples connus, l'on peut citer le fait de ce savant, dont parle Mallebranche, qui, en voyant saigner quelqu'un au pied, éprouva, dans le même membre et à la même place, une douleur qui ne se dissipa qu'avec une extrême lenteur. Il en est d'autres plus rapprochés de nous et qui sont rapportés par des médecins. Vircy raconte qu'une femme de chambre, voyant un chirugien percer un abcès au bras de sa maîtresse, sentit à l'instant une douleur au même point. D'après le témoignage de Hocquet, un homme, à la vue d'un malheureux suspendu par le talon aux crochets d'une voiture, ressentit immédiatement une douleur si poignante à cette même partie du pied, qu'il en resta boiteux toute sa vie. Dans ces derniers temps, M. Bérigny a relaté, dans le Moniteur des Hôpitaux, qu'une femme, entendant les cris d'une autre femme en mal d'enfant, éprouva, sans être enceinte, des maux aussi violents que si elle accouchait elle-même. Il n'est pas jusques à la mort qui ne soit recherchée par imitation, tels ces misérables qui, venant de voir fonctionner la guillotine, n'ont rien de plus pressé que de verser le sang humain : le sang appelle le sang ; tels encore, ces soldats désireux de braver la mort, qui, sortant de fusiller un de leurs camarades, se hâtent d'assassiner quelqu'un pour avoir la satisfaction d'affecter une belle pose, en mourant de même que celui qui est tombé devant leurs yeux avec une dignité toute martiale.

Les faits d'imitation ne sont pas toujours faciles à reconnaître. Si l'on se mettait à leur découverte, on pourrait lever le bandeau d'un grand nombre de phénomènes de psychologie, latents, inexpliqués. Nous avons été pris longtemps d'un besoin d'uriner, lorsqu'un liquide quelconque coulait devant nos yeux, nous avons fini par reconnaître que ce besoin, commun dans les mêmes circonstances parmi les personnes nerveuses, a pour trait d'union avec sa cause une association d'idées par laquelle on conclut à réaliser sur soi un phénomène semblable à celui que l'on voit. L'on arrive ainsi à s'affirmer, avec inconscience et sans le vouloir, l'idée d'un besoin, véritable imitation d'un mouvement physique que l'on observe. Il est une autre façon d'imiter, inverse de celle dont nous venons de citer un fait personnel, c'est celle où l'on agit contrairement à ce que l'on remarque et toujours par l'intermédiaire d'une association inconsciente d'idées. On relate dans les Annales médico-psychologiques (1), d'après M. Finkelnburg, le fait d'une femme qui, en voyant verser des larmes, ne pouvait s'empêcher d'éclater de rire (2).

L'imitation ayant lieu isolément d'individu à individu, finit par les pénétrer tous de la même manière, mais là où elle est d'une puissance prodigieuse, c'est lorsqu'elle est collective. Elle explique bon nombre d'entraînements

(1) Voy. année 1863, p. 103.

(2) Les associations inconscientes d'idées se rencontrent souvent dans les rêves et même pendant la veille. Les plus remarquables sont celles qui se font à l'inverse, comme le dernier acte d'imitation que nous venons de citer. M. A. Maury a connu une dame hystérique qui, « sous l'empire de la crainte qu'aucun mot inconvenant ne sortît de sa bouche, prononçait, malgré elle et sans bien savoir ce qu'elle disait, des mots obscènes...... » Les aliénés, dit encore le même auteur, font souvent ce qu'ils ne croient pas faire, et attribuent à des causes surnaturelles des actions dont ils sont eux-mêmes, à leur insu, les auteurs. (Voy. Du sommeil, p. 419.) Des actes par association d'idées inscientes et en sens opposé, ont souvent été remarqués par nous. Nous avons vu surtout des malades, que nous invitions à se coucher sur le dos, quitter leur position de côté pour se placer à plat ventre ; ils avaient bien entendu, mais les paroles prononcées par nous avaient réveillé en eux l'idée du contraire et, sans s'en douter, ils avaient subi la tyrannie d'une association d'idées.

populaires, politiques et religieux ; les hommes se suivent alors comme un troupeau. Et ces revirements irréfléchis des masses flottantes, hier à la poursuite d'un mirage mensonger, aujourd'hui fascinées par un autre mirage encore plus trompeur, comment les comprendre autrement ? Ce n'est pas que l'imitation collective ne conduise à faire de grandes choses, c'est elle qui aide à précipiter un peuple à la défense de son territoire, c'est elle aussi qui l'entraîne à reprendre sa liberté, ce bien le plus précieux.

Lorsque l'imitation collective est le fruit d'une prédisposition maladive de l'esprit, on la dit épidémique. Ce n'est pas que l'on ne trouve des sympathies morbides d'homme à homme, nous en avons rappelé plus haut des exemples, mais lorsque des tendances semblables à se modeler sur les autres se rencontrent parmi un grand nombre des membres d'une société, il en résulte de véritables épidémies de maladies par imitation et dont on se rend aisément compte : les faits bizarres observés frappant plus l'esprit que des phénomènes vulgaires, on doit davantage être porté à les imiter. Depuis les filles de Millet, qui allaient se pendre l'une après l'autre, jusques aux filles de Lyon qui couraient se noyer ensemble dans le Rhône, depuis les possessions des couvents de femmes et la rage imaginaire des religieuses des couvents d'Allemagne, jusques aux possédés récents de Morzines et les accès hystériques, par fusée, si fréquents dans les salles des hôpitaux, que d'actes par imitation nuisibles à la pauvre espèce humaine ! N'a-t-on pas vu des guérites fatales où ceux qui y montaient la garde se brûlaient la cervelle, une porte aux Invalides où les vétérans de cet asile venaient se pendre tour à tour ? N'a-t-on pas vu en Algérie, un grand nombre de soldats du 1er régiment étranger et du 8e chasseurs se décharger leur fusil à l'envie dans le même poignet ? C'est encore parmi les adeptes du magnétisme que l'on trouve des exemples d'imitation collective. Un endormeur est un véritable grand-prêtre ; les êtres impressionnables dont il est entouré se façonnent sur sa personne, habitudes, langage, théories morales, sensations douloureuses, maladies, etc., ils acceptent tout de lui, à leur insu, ils vivent de sa pensée et de sa chair, ils sont les os de ses os(Ces épidémies, outre une impression vive des sens et une représentation mentale exagérée dans chacun, ont pour accompagnement individuel une émotion, et, pour se propager, elles s'implantent sur cet état de l'inertie de l'attention, commun à beaucoup dans les mêmes circonstances) C'est ce qui fait qu'elles règnent principalement dans les villages retirés au milieu des montagnes, parmi les soldats passifs par profession et s'ennuyant au bivouac ou dans leurs casernes, dans les maisons religieuses, où l'esprit est discipliné à la contemplation, à l'obéissance, au renoncement à se guider soi-même, et, si elles se réveillent dans les hôpitaux, c'est que, généralement, l'on y est devenu oisif. Ainsi, dans de telles conditions, une idée forte vient-elle s'emparer des pensées, elle agit comme une étincelle sur une traînée de poudre.

On peut remarquer, par ce qui précède, quelle penchant à l'imitation a son bon et son mauvais côté. D'une part, utile au développement intellectuel et physique de l'enfance et de la jeunesse, utile à la conservation d'habitudes convenables, d'idées d'association et de bons rapports, utile comme lien commode et inaperçu servant à adoucir dans l'espèce humaine la nécessité de vivre en société ou de concourir au même but de bonheur ; il est, d'autre part, lorsqu'on est à la remorque de sensations douloureuses, d'idées fausses, de principes étroits, non-seulement une cause de maux et de vices que l'on se crée, mais encore une cause de calamités publiques, d'arrêt de la civilisation et d'épidémies morales invétérées et funestes.

L'imitation, si avantageuse à l'humanité lorsqu'elle est limitée dans de justes bornes, est opposée à l'esprit d'examen, elle en est un de ses inexorables adversaires. Si elle existait dans chacun à un haut degré, les hommes resteraient stationnaires. Qu'attendre d'individus qui se copieraient réciproquement et qui feraient toujours de même ? Le savant a continuellement à se défendre contre les envahissements de cet ennemi prêt à s'emparer de lui sans qu'il s'en aperçoive. Lorsque l'on est en son pouvoir, ce n'est pas chose facile de faire table rase, dans son esprit, d'une foule d'idées préconçues que l'on croit vraies et que l'on caresse comme siennes ; on ne sacrifie pas aisément ses enfants adoptifs. Ce n'est pas que la prédisposition à imiter ne serve à la science, on doit faire arme de tout bois. On rapporte que Campanella, lorsqu'il voulait connaître ce qui se passait dans l'esprit de quelqu'un, contrefaisait de son mieux la physionomie et l'attitude de cet homme en concentrant en même temps sa pensée sur ses émotions propres. A son insu, les gestes et les traits qu'il affectait faisaient naître en lui des idées et des sentiments analogues à ceux de ce personnage, tant les expressions externes que nous imitons ont la propriété de réveiller les idées qui leur sont relatives ; on peut dire qu'elles font corps ensemble, ce dont nous nous sommes convaincu dans nos expériences sur des dormeurs. Joint-on les mains à une somnambule, aussitôt elle se jette à genoux ; donne-t-on à son corps et à son bras une posture menaçante, elle s'irrite à l'instant et devient aggressive ; dans l'état passif surtout, la pensée suit l'attitude et en devient le complément inséparable.

En résumé, il est, pendant la veille, un état de l'esprit où l'attention inactive s'abandonne aux impulsions venues du dehors. Les impressions qui frappent les sens réagissent sur la pensée et la mettent en mouvement, parfois insciemment et sans que la volonté y participe. Conséquence de l'inertie où l'on se trouve, les idées qui naissent et les actions que l'on accomplit alors ont lieu par suggestion involontaire, et sont la copie de ce qui se passe autour de soi. Il est un âge, un sexe, un tempérament où la prédisposition à imiter est remarquable. Cette prédisposition existe à un haut degré dans le sommeil, qui n'est lui-même qu'une amplification de l'état passif favorisant d'ordinaire l'imitation. L'imitation roule sur des sensations, des sentiments, des idées, des principes, etc.; elle est personnelle ou collective, physiologique ou morbide; elle remplace la raison dans l'enfance et même dans tous les âges, elle sert aussi de lien social. Quand on y est trop prédisposé, on est sous une baguette magique conduisant souvent vers le bien, mais aussi vers le mal, vers des sentiments de pitié, de commisération ou vers des sentiments de haine et de vengeance, vers des préjugés, des entrainements dangereux ou vers des aspirations généreuses et des mouvements héroïques. Comme elle est l'antipode du raisonnement, effet d'efforts volontaires et réfléchis, elle est un ennemi né de l'esprit d'examen auquel elle peut pourtant quelquefois servir d'auxiliaire.

CHAPITRE II.

Dans le vulgaire, le mot fascination veut dire : être sous le charme, être ensorcelé. C'est que le peuple qui observe, mais ne réfléchit pas assez pour remonter à la source des choses, attribue à des causes hyperphysiques les faits qu'il ne peut expliquer par des causes sensibles. Les phénomènes de fascination sont les mêmes que ceux qui caractérisent le sommeil profond sans rêve, ce sont, par suite de l'arrêt de l'attention sur une idée, l'immobilité du corps, l'insensibilité, la suspension de la voix et la profondeur du souffle. C'est un fait généralement connu que, si un homme ou un animal sont saisis de frayeur à la vue d'un ennemi, ils demeurent transis, pétrifiés, leur respiration est entrecoupée, ils ne songent, ni à fuir, ni à avancer. Au seul bruit de la queue d'un serpent à sonnettes, on a vu des individus rester immobiles, parce que leur attention s'était concentrée avec force sur l'idée du danger ; ainsi que le dormeur sans initiative, ils étaient incapables de la porter à l'idée de s'enfuir, et encore moins à celle de se défaire de cet ennemi. Des voyageurs racontent qu'ils se sont sentis entraînés vers des boas par une attraction involontaire. Ces derniers étaient encore sous le charme, mais captés par l'idée qu'ils avaient puisée dans le préjugé populaire, qu'à la vue de ce serpent on est obligé d'aller à lui. On peut aussi admettre que la pensée d'avancer naissait, dans leur esprit, par cette imitation à l'inverse qui est le résultat d'une association inconsciente d'idées opposées à celle plus naturelle de fuir. Chacun peut étudier, sur les autres et sur soi-même, ce que l'on devient dans un saisissement subit de frayeur, par exemple. L'attention est alors tèllement accumulée sur l'idée de crainte, que l'on tombe en cata-lepsie, il y a une absorption complète de l'attention sur cette idée à l'exclusion de toute autre, de là l'insensibilité, l'impuissance de se mouvoir et parfois de crier ; il en est ici de même que dans ces rêves où, plein d'effroi et cherchant à appeler et à s'enfuir, on se sent muet et cloué à la même place. Cette inertie du corps, par l'effet de l'immobilisation de la pensée, je l'ai éprouvée une fois dans ma jeunesse, lorsque, pendant une récréation, on instruisait mes camarades et moi à marcher au pas gym-nastique. Préoccupé d'une observation brutale sur ma manière d'avancer, et pris d'un violent battement de cœur, je restai en arrière sans bouger, tandis que tous les autres continuaient leur chemin. Je ne comprends pas pourquoi l'on n'admettrait pas la puissance de fascination que le serpent exercerait par le regard sur le crapaud et la souris, ou que les rapaces auraient sur les petits oiseaux et les poissons ? J'ai entendu bien des récits de charme déterminé par un animal dangereux sur un être plus fai-ble que lui, ils concordent tous entre eux. Un de mes parents, homme digne de foi, m'a raconté qu'un jour, pendant qu'il travaillait aux champs, il fut distrait par les cris de détresse d'un oiseau perché sur un arbre peu éloigné, et il vit en même temps un petit faucon au-des-sus de cet arbre. Il accourut, agitant son mouchoir, et arriva assez à temps pour sauver le volatile menacé qui, plus mort que vif, venait de tomber à terre. Il put le ra-masser et lui donner ensuite la liberté. Montaigne parle d'un oiseau qui se laissa choir à moitié mort entre les griffes d'un chat. Son assertion est plus que vraisemblable pour qui sait que la souris se laisse souvent prendre sans bouger.par le même quadrupède. On ne rencontre personne niant le fait que la perdrix reste immobile devant les yeux du chien. A Londres, il a été constaté que le lapin, mis en face d'un boa, reste paralysé de tous ses membres. A l'appui de la thèse que je soutiens, je ne puis apporter que l'observation personnelle d'un fait connu depuis long-temps. En voyageant le long des bords de la Moselle, j'ai souvent vu un balbusard qui, après avoir plané quelques instants au-dessus l'eau, s'y précipitait avec la rapidité d'une flèche et une impétuosité telle qu'il y disparais-sait, mais pour s'en retirer presque aussitôt avec un poisson entre les serres. Certes, si cet oiseau n'intimidait pas sa proie, il n'en deviendrait pas le maître : les pois-sons sont excessivement vifs et difficiles à saisir dans l'eau, ce dont on peut se convaincre en s'exerçant à en prendre avec la main. Les animaux, lorsque leur atten-tion est fixée sur l'idée bien nette du danger qu'ils cou-rent, sont, en général, plus que l'homme, disposés à de-venir immobiles de pensée et cataleptiques, ils se sentent moins de défense. Aussi, si ce dernier est assujéti à l'in-fluence de la fascination, à plus forte raison les bêtes doivent-elles la subir ?

L'on a toute possibilité de contrôler, par soi-même, la réalité de la fascination d'un animal sur un autre. Le roi de la création, outre plusieurs ressemblances qu'il a avec le serpent et les rapaces, partage surtout avec eux la puissance de fasciner. Sans remonter à la fable de ce fau-connier, dont parle Montaigne, qui, en arrêtant obstiné-ment la vue sur un milan, pouvait le ramener à lui par la force de son regard ; sans ajouter foi à M. Lafontaine, qui tue les grenouilles de la même façon, il est averé que l'œil de l'homme maintient en respect les bêtes, même les plus féroces. C'est par un regard fixe et hardi, com-biné avec d'autres moyens, que les dompteurs restent saufs vis-à-vis des animaux non apprivoisés de leurs ménageries ; s'ils tournent le dos, malheur à eux ! Il faut le remarquer, une bête fauve attaque rarement un homme en face. M. A.-S. Morin (1) a donné la relation de la manière dont s'y prit le maître de la ménagerie Martin, pour rendre docile un chien hargneux et méchant. J'ai répété deux fois une expérience du même genre à peu près, d'abord sur un chien courant qui me montrait les dents au moment où j'entrais dans la maison de son maître. Je fixai ses yeux et je m'avançai en lui présentant, en même temps, deux de mes doigts disposés en fourche. Il aboya longtemps, puis recula et alla se réfugier entre les jambes de quelqu'un. Alors je l'appelai, il vint à moi, reçut mes caresses et se coucha non loin. Je tentai encore pareille expérience sur un chien de même race réputé méchant. Ce fut dans la rue et il était libre ; il aboya beaucoup, mais n'osa approcher.

Et cette puissance de fascination que les hommes ont sur les animaux, ils la possèdent même entre eux. Le respect n'est-il pas l'effet d'une influence morale ? N'y a-t-il pas des noms prononcés qui, à eux seuls, arrêtent une foule furieuse dans certains cas et, dans d'autres, imposent le silence ou la crainte ? J.-J. Rousseau, dans ses Confessions, s'accuse d'être sans mémoire : lorsqu'il avait appris quelque chose, à grand renfort de labeur, il ne savait plus rien de ce qu'il fallait qu'il récitât, dès qu'il se trouvait en présence d'un auditoire. C'est qu'alors une idée avec émotion s'emparait de lui, toute son attention refluait sur cette idée sans qu'il put en détourner de nouveau cette faculté pour retrouver dans sa mémoire ce qu'il y avait mis. C'est là le propre de bien des pauvres martyrs des écoles, qualifiés d'ineptes, comparativement à

(1) Voy. Du magnétisme, p. 87.

d'orgueilleux perroquets d'élèves, lorsque pourtant, ils ont la qualité la plus précieuse, celle qui entretient le feu sacré du talent, le pouvoir de se concentrer et de s'émouvoir.

Cette disposition qu'a l'homme d'être influencé par son semblable a été connue de tout temps. Les conducteurs de l'humanité ont été prodigues de moyens de fascination : revues, musique, tambours, spectacles, fêtes publiques, luxe des temples, chants sacrés, parfums, etc., ils ont employé tout ce qui rassasie les sens et prédispose à l'inertie de la pensée ; une fois que l'attention est immolisée dans les masses, pareilles aux somnambules, elles suivent comme des moutons. Des chefs habiles de religion sont allés jusqu'à demander la foi à leurs futurs adeptes, ce qui équivaut à dire, le consentement à tout accepter d'eux sans examen, ou le renoncement à penser par soi-même en matière religieuse. C'est que cette condition, qui rend l'esprit inoccupé, inerte et prédispose à l'imitation collective, est ce qu'il y a de plus favorable pour permettre aux indécis rassemblés de se laisser fasciner par les doctrines et les récits merveilleux dont est entouré le berceau des sectes naissantes. Les réformateurs n'eussent jamais rien fondé, s'il eût fallu qu'ils gagnassent chacun tour à tour par une discussion raisonnée ou par la seule propagation de leurs écrits. C'est encore la connaissance qu'ils avaient de la prédisposition des hommes à être fascinés, qui a porté les premiers d'entre eux à constituer le droit divin, ce vieux système d'autorité, fruit d'une science diabolique ayant pour expression pratique, d'un côté, l'ignorance ou l'idiotisme intellectuel, et de l'autre, un déploiement répété de ce qui, frappant les sens avec force, empêche la réflexion de naître. Et ce système immoral, pour conduire les hommes, on serait porté à croire qu'il sort des entrailles du peuple, quand on voit tant d'endormeurs faisant la nuit d'un côté et le jour de l'autre, prêtres en chair, avocats à la barre, médecins au lit du malade, marchands à leur comptoir, etc.

La fascination, dont il vient d'être question, est amenée par une cause étrangère, mais, quelle que soit cette cause, c'est la pensée des sujets réagissant sur l'économie qui en est réellement l'élément formateur. Les phénomènes dont je vais parler ne diffèrent des précédents, que parce qu'ils n'ont pas l'apparence trompeuse d'être déterminés par une puissance occulte extérieure, et qu'ils sont plus personnels, plus volontaires. De plus, pendant leur accomplissement, l'attention, au lieu d'être concentrée et en arrêt sur une seule idée, ainsi qu'il arrive le plus souvent dans la fascination proprement dite, est concentrée et en mouvement sur des séries d'idées.

De ces phènomènes, les actes de réflexion et de méditation sont les plus simples. Lorsque, dans ces cas, l'attention repliée sur le centre cérébral, suscite des idées et procède à des raisonnements, elle le fait aux dépens des sens extérieurs auxquels elle ne prête plus assistance. Alors, on ne ressent ni les piqûres d'insectes, ni les odeurs, on ne perçoit plus les bruits, etc., on oublie même les autres affaires importantes de la vie, tant on est à son objet. C'est dans un état analogue, et si ressemblant à l'isolement des rêveurs somnambules, qu'était Archimède, lorsqu'il fut tué par le soldat envoyé pour le chercher et qui s'impatienta de son silence. On a rencontré bon nombre d'hommes illustres auxquels, heureusement, une telle excentricité n'a pas causé le même malheur. On cite Campanella, Newton, Pascal, Lafontaine, Kant, etc., comme étant très-abstraits. Sans remonter à des génies, chacun peut trouver en soi l'isolement où l'on arrive en concentrant sa pensée. Quand on est tout entier à une occupation prosaïque, telle que la chasse, le jeu, on devient de grands hommes sous ce rapport : hormis les yeux et les membres qui servent d'auxiliaires à la pensée, on fait abstraction du reste de son corps , de ses affaires urgentes, et la révulsion de l'attention vers le cerveau est tellement forte, que parfois même la digestion se dérange. C'est dans des cas de tension grande de la pensée que l'on a vu des philosophes, des poètes, des réformateurs être souvent pris d'hallucinations. Il leur arrivait, en se concentrant, ce qu'il advient au dormeur lorsqu'il replie son attention pour se livrer au sommeil : aussitôt que cette force n'est plus aux sens et qu'elle s'accumule sur des idées-images remémorées, elle met ces idées en mouvement, elle les vivifie au point de leur redonner, en apparence, la réalité objective.

Lorsqu'on est en proie à des pensées qui réveillent des émotions , des passions vives, telles que la peur , la colère, etc., l'on tombe dans un isolement remarquable très-ressemblant encore à celui des somnambules. Mais il est, en fait de causes de surexcitation d'esprit, un sentiment dont nous avons déjà parlé et qui éclipse les autres, c'est celui de l'amour (1). Les anciens l'ont personnifié ; Aristophane en a fait le fils de la nuit, et on le représente enfant avec un bandeau sur les yeux ; c'est qu'il va en étourdi et en aveugle, comme l'esprit dans un rêve, et c'est tout dire. De quelque manière que l'on soit agité , l'attention ne se porte, ni à voir, ni à entendre, ni à observer ce qui est en dehors des préoccupations par lesquelles on est obsédé. Même dans les moments de distraction que l'on se crée , pour peu que l'on soit excité , on redevient abstrait. Chacun a pu faire la remarque qu'à la fin d'un repas, lorsqu'on est animé par la conversation, l'on ne trouve plus autant de saveur aux mets et de bouquet aux vins. Mais c'est sur le champ de bataille que l'on rencontre

(1) Voy. 1re partie, chap. IV, § 10.

principalement des effets de surexcitation. Des soldats blessés combattent sans avoir conscience de leurs blessures; d'autres, frappés grièvement, ne ressentent aucune douleur. Pourquoi cette stupeur, persistant jusque dans les ambulances ? Des chirurgiens l'ont regardée comme ayant son point de départ dans les plaies, d'où elle rayonne dans la totalité de l'organisme. C'est une erreur profonde, elle a sa source dans le cerveau et elle est le résultat d'une forte révulsion de la pensée. J'ai eu, par devers moi, la preuve que l'on peut bien ne plus avoir conscience de ses maux sur le théâtre d'un combat, un jour que, dans une tournée médicale, je fus renversé de voiture et lancé sur le sol. Je me relevai, je dételai mon cheval et, à l'aide des passants, je remis la voiture sur ses roues, en me félicitant de me sentir si ingambe. Ce fut seulement trois heures après que je m'aperçus de souffrances à la malléole externe et au bras droit. J'étais affecté surtout d'une contusion du coude avec ecchymose, contusion qui m'empêcha, près d'un mois, de me servir librement du membre lésé. Je n'éprouvai donc de douleurs que dès que mon excitation d'esprit fort légitime fut disparue. Pourquoi, si je ne ressentis pas mes maux à la suite d'une émotion accompagnant une simple chute, des soldats animés au combat et concentrés, par conséquent, outre mesure, ne seraient-ils pas, à plus forte raison, insensibles ? Voici ce qui arrive. Leur attention est révulsée et accumulée sur des idées émotives, ils sont par là dans l'isolement des sens dont ils ne se servent pas, ainsi qu'il advient dans le somnambulisme et, par suite, ils perdent conscience de blessures qui, reçues de sang-froid, auraient été très-douloureuses.

En somme, la fascination, caractérisée par l'immobilité et l'insensibilité du corps, est le contre-coup de la fixité subite de l'attention accumulée sur une idée émotive;

de là, en même temps, l'impossibilité de faire des efforts pour changer de pensée et se mouvoir, c'est-à-dire, rompre le charme, le ressort de la volonté étant détendu. Il est d'autres faits analogues à ceux de la fascination, faits caractérisés surtout par l'isolement de tout ou partie des sens ; ils naissent plus au choix des sujets, résultent moins d'une cause extérieure et sont presque toujours accompagnés de mouvements du corps, effets de la pensée en action. Dans ces derniers cas, l'attention accumulée, au lieu d'être arrêtée subitement sur une idée, va, par une impulsion donnée, à l'accomplissement des idées que l'on a dans l'esprit. Les phénomènes du premier genre ressemblent au sommeil profond sans rêves : pensée et corps en repos ; ceux du second genre ressemblent au somnambulisme : pensée et corps se mouvant plus ou moins automatiquement. Les uns et les autres phénomènes appartiennent véritablement à des états analogues au sommeil, car ils en présentent plusieurs caractères spécifiques : l'accumulation de l'attention sur des idées ou la concentration de pensée, la profondeur du souffle, l'isolement des sens ou de quelques-uns d'entre eux, l'immobilité cataleptique et l'imposibilité de réagir sur soi par la volonté.

CHAPITRE III.

L'homme n'est pas toujours le maître de diriger son attention consciente à son gré. Dans le sommeil, surtout, cette force en se repliant vers le cerveau, se dédouble pour agir de deux manières différentes (1). Pendant que, d'un côté, elle se fixe sur une idée, de l'autre, elle suscite des souvenirs, réveille des sensations et, dans le sommeil le plus profond même, elle préside encore à la réception des impressions des sens, sans que le dormeur en paraisse avoir conscience. Ce dédoublement de l'action de l'attention dans les opérations intellectuelles a aussi lieu pendant la veille et, alors, ces opérations, sur deux plans opposés, ne se présentent pas toujours à la fois toutes les deux à la conscience, il en est souvent une d'inconsciente. Si, par exemple, en même temps que l'on s'applique à un ouvrage manuel, on a, non-seulement connaissance nette de ce que l'on fait, mais encore de ce que l'on entend et de ce que l'on réplique, il arrive, au contraire, dans des cas où l'on applique fortement son esprit, qu'un des deux éléments du travail double de la pensée disparaît à la conscience comme pendant le sommeil. Un des plus curieux phénomènes de ce dernier genre a lieu, lorsqu'on dirige les yeux avec fixité sur un objet que l'on tient suspendu

____

(1) Voy. 1re partie, chap. III et chap. IV, § 2.

à l'aide des doigts ou que l'on touche seulement, il survient, à force de regarder cet objet que l'on a idée de voir s'ébranler, que, s'il se meut, et c'est nécessairement sous l'influence de sa propre pensée et de l'impulsion musculaire, le mouvement en est attribué presque toujours à une cause différente de la véritable, parce qu'il est inconsciemment communiqué. Une personne impressionnable a-t-elle le désir de voir tourner un corps suspendu à un fil qu'elle tient entre le pouce et l'index? En attachant ses regards sur cet objet, cet objet subira, en effet, une rotation dans le sens du désir qu'elle aura exprimé et sans qu'elle croie y avoir contribué. Cette personne ne s'étant pas sentie agissante en faisant son expérience, s'étonnera du mouvement produit et, pour peu qu'elle soit initiée à la science de Mesmer, elle l'attribuera à une émanation fluidique. Il n'en est rien. Ce phénomène si simple tient à ce que, à mesure que l'attention accumulée se dirige à observer le corps que l'on maintient suspendu, cette force se dédouble. Tandis qu'à l'aide d'une partie de cette force, l'on observe si le pendule va remuer, l'autre partie se met à la remorque de l'idée fixe que l'on a dans l'esprit, les doigts obéissent insciemment à cette idée et impriment une impulsion au fil suspenseur dans le sens désiré.

On peut expliquer de même le mouvement de la baguette devinatoire. C'est une petite fourche, ordinairement en bois de coudrier, et dont les deux branches sont plus longues que la tige d'où elles sortent. Les bras étant mis en supination, on fait passer les rameaux de cette fourche sous la face palmaire des doigts de chaque main, à l'exception des auriculaires qui en reçoivent les extrémités sur leur surface dorsale. Pour achever de s'en servir, on écarte légèrement les mains l'une de l'autre et l'on se met en marche en regardant avec fixité le bout

de la baguette d'où partent les deux rameaux, bout dont
on a eu soin de diriger la pointe vers le ciel. Dans une
telle disposition des choses, il faut déjà prendre des précautions pour que cet instrument si simple ne tourne pas,
car si l'on s'avise d'écarter les poignets en serrant un
peu les doigts, il réagit par son élasticité et s'ébranle du
côté de l'expérimentateur. Dès qu'à force de regarder le
point de repaire de son milieu, elles ont massé sur lui leur
attention, il n'est pas étonnant que les personnes qui se
servent de cet objet n'aient plus conscience de l'impulsion qu'elles lui donnent en même temps sans s'en douter.
L'illusion, pour elles, devient plus qu'une certitude, si
elles songent à vouloir arrêter le mouvement imprimé en
serrant les mains : la magique baguette n'en va que plus
vite. Cet instrument, d'une primitive simplicité, a été remis en honneur par le comte Tristan et les magnétistes ;
il date de la plus haute antiquité et on l'a retrouvé de nos
jours jusque parmi les peuplades nègres. Il sert à découvrir les sources, les objets perdus et les trésors. Ses partisans civilisés croient à une attraction de leur fluide
émis de la baguette vers les liquides, les métaux, etc.,
et ses fidèles sauvages croient à l'intervention d'un esprit
bienfaisant par son intermédiaire.

De l'explication du mouvement de la baguette devinatoire à celle de la rotation des tables, il n'y a pas de transition. Parmi les personnes qui ont les mains appliquées
sur un guéridon dans l'intention de le faire tourner, il en
est qui passent aussi dans des états analogues au sommeil.
Une fois sous le charme, leur attention se dédouble :
pendant qu'une partie est occupée activement à remarquer
si la table s'ébranle, une autre partie se met en arrêt sur
l'idée principale qui occupe leur esprit et, insciemment,
par l'influence de la pensée de désir formulée primitivement, leurs mains obéissent à cette pensée comme à un

ordre transmis et font mouvoir le meuble sur lequel elles s'appuient. Chacune de ces personnes, si elle a confiance à ses voisines, reste émerveillée de la rotation à laquelle elle est convaincue de ne pas participer activement. On en rencontre qui mettent en branle les tables les plus massives. Pour exécuter, à leur insu, des efforts si violents, ces derniers tombent dans un véritable somnambulisme (1), car, lorsqu'elles ont fini leur promenade circulaire, elles sortent de cet exercice sans en garder le plus faible souvenir, et cette absence de mémoire augmente leur certitude de n'avoir pas aidé au mouvement. Ces derniers personnages, rêveurs somnambules en actions, on les a appelés médiums, parce qu'ils sont regardés par les amis du merveilleux comme des intermédiaires des puissances surnaturelles.

Les phénomènes de la rotation des tables et autres objets, phénomènes connus des Grecs, des Romains, et même des Hébreux, ont donné lieu à toutes sortes d'explications erronées et, sous ce rapport, les modernes ne se montrent pas plus raisonnables que les anciens. A l'influence de volontés supérieures agissant sur les volontés humaines, ou d'esprits obéissant aux évocations qui leur sont faites, ils ont ajouté une autre cause hypothétique, l'action d'un fluide émergeant des doigts à l'instar de l'électricité qui se dégage des conducteurs d'une machine électrique. Ce serait perdre son temps que de combattre cette dernière erreur tant de fois réfutée.

Somme toute, les mouvements circulaires du pendule magnétique, de la baguette devinatoire et des tables sont, dans leurs manifestations réelles, des piéges que les expé-

---

(1) C'est bien là une preuve que le sommeil naît à la suite d'un dédoublement de l'attention, puisqu'il succède, ici, à un état intermédiaire à la veille pendant lequel cette force se présentait déjà partagée vers deux courants opposés, l'un conscient, l'autre inconscient.

rimentateurs se tendent à eux-mêmes. Etant tout éloignés, dans leurs essais, de déterminer volontairement ces faits de rotation qu'ils ont le désir de voir, et ces faits se produisant sans la participation de leur volonté, et sans qu'ils aient conscience de les avoir déterminés par un acte quelconque, ils ne saisissent pas le fil qui relie de tels faits à une opération intellectuelle latente et à une impulsion musculaire consécutive de leur part, et ils attribuent à un fluide ou à des intelligences cachées aux sens physiques, mais non aux yeux de l'esprit, ce qui, au fond, n'est que l'effet d'un ordre venant d'eux-mêmes et qu'ils exécutent insciemment. C'est que, pendant l'état où ils tombent, leur attention se dédouble ainsi qu'il arrive dans le sommeil. Tandis qu'une partie de cette force continue son mouvement sur les idées qu'ils se sont suggérées et qui ont rapport aux phénomènes en voie de se manifester, l'autre partie est employée activement à examiner ces mêmes phénomènes ; en les observant, les expérimentateurs ne se doutent pas qu'ils en sont, d'un autre côté, intellectuellement et physiquement la cause.

CHAPITRE IV.

FICTIONS, D'ORIGINE HYPNOTIQUE, BASÉES SUR DES PHÉNOMÈNES PHYSI-
QUES DONT ON EST L'AUTEUR ET QUE L'ON ATTRIBUE A DES CAUSES SUP-
POSÉES. (SPIRITISME.)

Le spiritisme découle d'une interprétation fausse de phénomènes que l'on produit sans que l'on s'en croie la cause déterminante, telle est la rotation des tables et d'autres objets. Du moment qu'une table ou un objet quelconque sur lequel on applique les mains, se meut sans que l'on ait conscience de le faire mouvoir soi-même, on est porté à chercher, en dehors de soi, de quelle influence cette table ou cet objet reçoit une impulsion. Les plus raisonnables des partisans de l'occultisme y voient le résultat d'une action fluidique, les plus fous y découvrent une intervention d'êtres surnaturels. De ne pas se croire la cause d'un mouvement que l'on détermine à son insu à attribuer à ce mouvement une cause surnaturelle, il n'y a qu'un pas. Et ce pas est facile à franchir si, surtout, passant à un état plus concentré et analogue au somnambulisme, on adresse des questions sur des choses personnelles à l'être que l'on suppose caché dans l'objet que l'on a sous la main. C'est ce que l'on a pris l'habitude de faire à l'égard des tables, après avoir convenu d'un langage par signes. L'esprit décèle ce que les interrogateurs ont dans leurs poches, dans leur bourse, ce qu'ils cachent sous leurs vêtements et dont ils n'ont dit mot à personne ! Un homme qui, éveillé, méconnaît sa pensée et s'objective les mouvements que par elle il imprime à des corps bruts, peut, à plus forte raison, dans un état plus

analogue au sommeil, s'objectiver des pensées à ses pensées, se répondre à soi-même. Aussi cet homme, après
avoir fait tourner une table à lui seul et en avoir obtenu
des reparties dont nul de ses pareils n'est capable, en
conclue-t-il qu'il vient réellement des esprits dans cet
objet. En imputant, de cette sorte, à des êtres fictifs les
réponses qu'il se fait, ce médium spirite est dans les
mêmes conditions psychiques que le rêveur qui s'entretient avec des personnages sans réalité et auxquels il croit
tant qu'il n'est pas éveillé. Maintenant étant admis, par
hypothèse, qu'un esprit s'insinue dans un meuble, il saute
aux yeux qu'il peut aussi bien se loger et répondre partout ailleurs si on lui en fait la requête, dans une planchette
ou une corbeille armée d'un crayon, ou dans une plume
que l'on tient à la main, et enfin, pourquoi celui qui
l'évoque n'entendrait-il pas sa voix, ou, absorbé par lui,
n'en deviendrait-il pas le sanctuaire ? La logique et un
exercice d'évocation souvent répété, ont en effet, conduit
quelques spirites, lorsqu'ils tombent en crise, à se regarder alors comme les organes des esprits et à parler d'inspiration. On rencontre même de ces songe-creux qui en
sont arrivés à croire ces êtres fictifs incarnés continuellement en eux, preuve que les fictions que les spirites
s'objectivent au début leur sont personnelles, puisqu'ils
aboutissent, finalement, à ne plus se distinguer de leurs
créations imaginaires.

L'épidémie des tables tournantes qui, de nos jours, a
parcouru le monde, a eu pour conséquence de faire connaître qu'il y a un grand nombre d'hommes prédisposés
à pouvoir devenir apts à appeler les esprits dont on suppose l'univers peuplé. Ceux qui se livrent à ce rapport
avec des intelligences ultra-mondaines sont désignés à
notre époque sous le nom de Spirites. Mais ils ne sont pas
d'hier, on les rencontre parmi les fervents, surtout au ber-

ceau des religions naissantes. C'est seulement de notre temps, grâce à des circonstances favorables, qu'il se sont séparés des anciens cultes pour faire bande à part. Déjà nombreux, il est à croire que ces sectaires le deviendront davantage, parce que, avec le peu d'art et d'exercice dont ils se servent pour se mettre dans un état passif convenable, il n'est personne qui, en suivant leur exemple, ne puisse être prédisposé à tomber dans ce charme demi-extatique, véritable base commune des rêveries d'où sont parties toutes les superstitions humaines. Tel qu'il se présente, le spiritisme est une religion nouvelle où chaque membre, indépendamment de ce que croient les autres, se met en communication directe avec des révélateurs du monde surnaturel. Pour l'adepte de cette croyance, les révélations antérieures et même celles de ses corréligionnaires n'ont de valeur qu'autant qu'elles coïncident avec celles qu'il reçoit : du reste, il n'a que faire des révélations d'autrui, c'est temps perdu de chercher à les connaître, puisqu'il possède par devers lui la source directe de toute vérité, il peut évoquer les esprits qu'il veut, car, pour lui, l'expérience, aussi bien en matière religieuse qu'en matière scientifique, est supérieure aux témoignage des hommes. Par cela même, pour le spirite, est donc supprimée du coup toute autorité religieuse autre que la sienne; pour lui, il n'y a plus de traditions respectables, de dogmes vénérés et il n'est plus besoin de réunion de fidèles dans les temples pour écouter les dépositaires des révélations antérieures, du moment qu'à l'aide des esprits qu'il a appelés et qui ont obéi à sa voix, il a conscience, dans son for intérieur, d'une parole divine autrement directe et autrement sûre. Quelle est la nécessité, pour lui, de ces intermédiaires humains de la révélation interposés entre les hommes et cet inconnu, appelé Dieu, que l'on poursuit sans cesse comme un mirage ? Il n'en a pas besoin, il est à lui-même son révélateur et son prêtre. La révélation spirite laisse donc derrière elle toutes les autres et les remplace : son dernier mot, c'est qu'elle est la parole divine descendant directement à la portée de chacun et se diversifiant, par le secours des esprits, en autant de choses révélées que de croyants. Après cette révélation, on ne voit plus rien venir. Aussi le spiritisme, dans les phases que suit le développement humanitaire, paraît-il la dernière et la plus radicale des révolutions religieuses. Il possède un élément de vitalité qu'aucune religion n'a jamais eu à son service, chacun ayant le secret de se mettre dans l'état propre à l'évocation des esprits révélateurs et d'être le sanctuaire de leur présence. Quel est le fidèle d'un autre culte qui arrive à une fermeté de croyance reposant sur des preuves aussi directes que les siennes ? Le spiritisme, étant individuel en principe, a l'inconvénient de se propager avec lenteur ; mais, sous les autres rapports, il a des conditions de succès. Ainsi, l'on ne peut le combattre dans un réformateur ou dans ses disciples, il n'en a véritablement pas, on ne peut donc lui enlever la vie en lui séparant la tête du tronc, il n'a que des têtes et, pire que l'hydre de Lerne, il lui est possible de les cacher à ses ennemis. Comment saisir ses fidèles dans des conciliabules, ils ne sont pas dans la nécessité de se réunir et peuvent, conséquemment, s'absenter de faire des actes de latrie. En face de leurs persécuteurs, ces mêmes fidèles ne craindront même pas d'invoquer leurs révélateurs favoris, rien ne les décélera et, dans ce siècle où, plus que jamais, il est des accommodements avec les puissants ainsi qu'avec le ciel, rien ne les empêchera de garder les formes des religions officielles, en rendant à César, c'est-à-dire, au plus fort ce qu'il exige.

Il n'y a pas que quelques adeptes qui ont la propriété d'entrer en communication avec les esprits, on a vu des personnes très-réfractaires parvenir, par une application longuement continuée, à se mettre dans ce bienheureux recueillement qui permet d'écrire sous la dictée d'un révélateur céleste. L'induction, du reste, vient confirmer l'expérience : du moment que l'on dort, chacun doit pouvoir glisser, de soi-même, dans cet état du rêve spirite analogue au moins à un sommeil semblable à celui où l'on tombe d'ordinaire, lequel, n'en diffère que parce que l'on choisit d'avance le sujet de son rêve.

Les esprits ne se révèlent pas seulement dans les tables, les corbeilles et les plumes de ceux qui les appellent, ils ne s'incarnent pas seulement en leur corps pour les inspirer, ils les transportent encore d'un lieu à un autre, ils frappent, ils déplacent des objets, des meubles, etc., et contre ces témoignages sensibles, fruits de sensations remémorées prises pour des perceptions réelles, il est difficile à un incrédule, et même à un raisonneur, de faire mettre le doigt à ces hallucinés sur la cause psychique de leurs visions. Il faut le dire, il n'y a que les médiums tombant dans un état analogue au somnambulisme qui reçoivent des preuves si évidentes de la présence des êtres surnaturels. Au désir de ces spirites, les âmes des morts reviennent même avec leurs enveloppes corporelles ; ils les voient, les entendent, les touchent ; ils mangent, ils boivent avec ces ressuscités, ainsi que du temps de leur séjour sur la terre, lorsqu'ils avaient encore leurs formes matérielles. Mais il n'est pas donné à tous d'arriver à une telle puissance sur les habitants du monde surnaturel, chacun n'a pas acquis une assez grande perfection de sainteté pour les faire obéir avec une telle ponctualité. C'est là la cause pourquoi, il y a des catégories de croyants dans le spiritisme, et qu'il se forme des cercles de fervents autour des hommes favorisés du ciel au point d'être l'objet des manifestations les plus miraculeuses des esprits. Aussi l'on cherche la société de ces révélateurs, les premiers entre tous, c'est dans leurs entretiens que l'on va se perfectionner dans la contemplation et dans les autres modes de la vie spirite. Et puis, près d'eux, lorsqu'on est un certain nombre, l'attention de chacun devient plus facilement inerte et l'on est plus fortement entraîné à l'imitation et, par suite, aux visions et à l'adoption des croyances dont on est assuré d'obtenir les preuves sensibles.

Le spirite parfait (médium) et le somnambule, comparés l'un à l'autre, ne présentent pas de différence dans leur état passif : concentration de la pensée pour entrer dans leurs rêves en action, isolement, automatisme, perte de souvenir au réveil, tous ces signes leur sont communs, seulement le médium, entrant dans son rêve avec l'idée qu'il se souviendra de la révélation des esprits et de leur apparition, garde plus souvent que le somnambule la mémoire des actes de son état passif. Ce qui m'a confirmé dans l'analogie de l'état de ces véritables dormeurs partis de deux points si opposés et à l'aide d'idées si différentes, c'est l'expérience directe. Après avoir rappelé à un somnambule naïf, un sourd-muet nommé Loué, que les hommes ont la faculté de mettre sous leur puissance les âmes de ceux qu'ils évoquent avec amour et respect, et qu'ainsi on les fait revenir en ce monde sous les véritables formes de leur existence terrestre, je donnai un jour l'idée à cet homme de se concentrer, en se représentant son père tel qu'il l'avait vu, deux ans auparavant, lorsqu'il était encore plein de vie. Je lui assurai que l'auteur de ses jours viendrait à lui, qu'il pourrait lui exprimer tous ses sentiments et conserver le souvenir de cette entrevue. Ce somnambule se mit aussitôt à baisser la tête, sa respiration devint bruyante, sa figure prit une expression sérieuse, et au bout de quelques minutes il se leva, l'œil fixe, et se dirigea vers la porte de l'appartement. Les témoins de son rêve et moi nous le vîmes tendre la main, déposer un baiser dans le vide, puis, il offrit une chaise à l'objet présent de son évocation, se mit assis en face de ce siége vide, gesticula longtemps d'une manière expressive, se leva de nouveau et reconduisit l'ombre évoquée jusques à la porte, en lui donnant les mêmes témoignages d'affection qu'à son arrivée. Au sortir de son état, Loué se rappela avec satisfaction l'entretien qu'il avait eu avec son père et il resta convaincu de sa vision. Une chose seulement le chagrina, c'est que son père avait refusé d'accepter une réfection et avait été trop pressé de rentrer dans le séjour des morts. Pendant cette scène étrange, où un homme plein de vie conversait par geste avec un être imaginaire, il entra quelqu'un dans la chambre, ce dont ce somnambule ne s'aperçut pas, et sa vision éteinte, il fut étonné de voir au milieu de nous un personnage nouveau. Depuis lors, ce sourd-muet appela souvent les morts qui lui furent chers et ce devint pour lui une occupation attrayante, il s'y plut comme le buveur dans une légère ivresse et comme les mangeurs de haschisch et d'opium dans leur délire plein de charmes. Cet homme n'est jamais parvenu à faire apparaître ce dont il n'avait pas une idée nette. Dieu qu'il évoqua, ainsi qu'un personnage qu'il n'avait jamais vu, ne se rendirent pas à son appel parce qu'il ne les concevait pas sous une forme déterminée. Une preuve encore de l'analogie qu'il y a entre les spirites et les dormeurs profonds, c'est que l'on a remarqué dans la veille, chez ces derniers, des faits semblables aux apparitions spirites. Maintes fois, des somnambules éveillés, en pensant à leurs endormeurs ou à d'autres personnes, les ont vu apparaître devant eux, en ont reçu des réponses, et l'on a eu même ensuite de la difficulté à les convaincre qu'ils sortaient d'un songe, autre démonstration encore de la ressemblance frappante qu'il y a entre les médiums en accès et les rêveurs somnambules (1).

Le spiritisme n'est donc, dans son origine, que le culte de certains hommes qui, par un exercice de contention de de l'organe de la pensée renouvelé souvent, tombent dans un état analogue à la rêverie du sommeil ordinaire ou profond. Ce culte est basé sur des révélations faites par des esprits que l'on a supposé être la cause interne du mouvement circulaire des tables. On les a d'abord évoqués dans ces meubles après avoir convenu d'un langage par signes, langage d'évolution auquel ces êtres aériens se soumettaient de bonne grâce. Puis, on s'est aperçu qu'une personne pouvait, seule, avoir le privilége de faire parler ces êtres invisibles par l'organe d'un objet quelconque sur lequel on appuie les doigts; enfin, l'on a fait la découverte d'un large point de doctrine existant déjà en dogme étroit dans toutes les théogonies, à savoir : que les esprits et autres puissances surnaturelles, que l'on n'avait vu se mettre en rapport qu'avec les réformateurs et des hommes parfaits tels que les prophètes et les saints extatiques, peuvent descendre à la voix du premier venu, dans un objet et, à plus forte raison, dans le propre corps de celui qui leur en fait la prière ou l'injonction pour en être inspiré et en recevoir la science des choses célestes. Dans l'inconscience où il est d'être la cause de phénomènes physiques, résultats de pensées qui lui sont propres et qu'il s'objective, le spirite, pour expliquer ces phénomènes, admet donc l'existence d'esprits invisibles venant répondre à sa voix et, finalement, comme nous allons le voir, il est conduit à se sentir absorbé par ces êtres hypothétiques.

(1) Voy. Physiologie du magnétisme, par M. Charpignon, p. 413.

Le spiritisme est réellement en principe la révélation mise à la portée de tout le monde, c'est la révélation directe remplaçant les révélations du passé, basées sur l'autorité de quelques hommes et la tradition. De même que les autres religions, il s'appuie, mais plus généralement, sur des inspirations dont la véracité est attestée aussi pour ses adeptes par des preuves sensibles. Il est difficile de déraciner en ces hommes la croyance à ces preuves, tant les sensations remémorées qu'ils suscitent ressemblent à des perceptions extérieures réelles. C'est parce que les spirites tombent dans un rêve analogue à celui des dormeurs qu'ils peuvent ainsi s'objectiver, dans des êtres supposés, leurs inspirations et leurs créations fantastiques.

CHAPITRE V.

Nous avons expliqué, dans le chapitre précédent, de
quelle manière un homme raisonnable est conduit à attribuer à une puissance surnaturelle et extérieure à lui, certains faits réels qui sont son ouvrage et dont il ne se croit
pas l'auteur. Dans l'incapacité où il tombe de saisir avec
conscience l'opération double de son esprit et les mouvements consécutifs à ses efforts musculaires, pendant des
états analogues au sommeil, cet homme, insensiblement et
avec une logique rigoureuse, est amené à imputer à un esprit des phénomènes dont il est le promoteur à son insu.
C'est par des déductions semblables basées sur des faits
mal interprétés, précisément parce qu'ils étaient dans un
état de passiveté analogue à celui des spirites, que des
fondateurs de religion, des philosophes, des magiciens et
autres hommes passifs et impuissants à faire effort pour
se saisir comme cause volontaire de leurs sensations,
de leurs idées et de leurs actes, ont conclu à des êtres surhumains, Dieux, Anges, Génies, Démons familiers, etc.,
agissant sur eux-mêmes, leur parlant et se servant d'eux,
pour révéler à leurs semblables des choses vraies et utiles
à leur bonheur dans ce monde et dans l'autre. De là, des
livres sacrés, des traités philosophiques, des grimoires,
etc., conséquence de leurs pensées qu'ils s'objectivèrent
comme étant la parole des esprits qui les dictaient par leur
intermédiaire.

Mais il est un autre mode de révélation, c'est celui qui se fait par des hommes se croyant en possession d'êtres surnaturels. Nous allons dire quelques mots de ces possédés que nous croyons sains d'esprit. Ils se présentent sous deux types : les uns prétendent être sous la puissance de bons esprits, les autres, sous l'influence de mauvais. Il est encore d'autres possédés, mais ils sont fous, nous ne nous en occuperons pour ainsi dire pas, nous ferons presque exclusivement des réflexions sur ceux qui tombent en somnambulisme ou dans des états analogues, lesquels, par conséquent, malgré des conceptions délirantes, jouissent complétement de leur raison.

Les possédés des bons esprits sont plus rares que les possédés des esprits malins. La raison en est qu'avec le sentiment de justice, placé au fond de la conscience de chacun, on est conduit plus naturellement à attribuer à un être immoral l'esclavage de son corps et le vol de son âme. Ce sont principalement les extatiques religieux qui présentent cette espèce de possession. Ces possédés furent assez communs dans l'antiquité, mais maintenant ils le sont beaucoup moins. A part quelques prophètes des Cévennes, se croyant au pouvoir du Saint-Esprit, nous n'en avons découvert qu'un seul de très-remarquable dans l'époque moderne, c'est Michel Vintras, fondateur d'une église, l'œuvre de la miséricorde. Par lui, on peut juger les autres. Ce n'est plus une puissance surnaturelle objectivée qui lui fait des révélations, c'est mieux, il est le vase d'élection du prophète Élie, il en est la seconde incarnation. Aussi, sa mission est-elle d'agir sur la nature et de prophétiser. Dans ses prédictions, dont nous avons eu un manuscrit entre les mains, l'on retrouve le genre sombre des prophètes bibliques. Ses adeptes, heureux d'appartenir au petit nombre qui ont eu la grâce de le connaître, ne l'approchent qu'avec un profond respect et ne le traitent, entre eux, que du nom de prophète. Cet homme, prototype du révélateur, est un véritable somnambule. Il est presque toujours pris de ses accès dans la première partie de la nuit ; tout le temps de leur durée, il reste isolé et, dès qu'il en est sorti, il ne se souvient plus de rien. Pour cette dernière raison, lorsqu'il est entendu par des disciples, dont quelques-uns veillent toujours sous le même toit afin de recueillir ce qu'il dira, on se hâte d'approcher et de transcrire ses discours. Il est à remarquer que cette tournure d'esprit, de se croire agissant par le souffle d'un être surnaturel bienveillant, se rencontre, parfois, chez les somnambules très-concentrés. C'est là, en outre des accès dans lesquels ils tombent, un autre point de rapport qui leur est commun avec des extatiques religieux et on les reconnait tout d'abord, en ce qu'une fois endormis, ils parlent à la troisième personne.

Mais ce n'est pas rien qu'avec des êtres bienfaisants que les hommes, pendant la détente de leur attention, se sont crus sous l'influence d'esprits supérieurs. Les idées préconçues de puissances bonnes et mauvaises dont on a peuplé le monde les ont, selon leur prédominance, portés à se croire, tantôt, mais rarement, sous la direction des premières, et tantôt et le plus souvent, sous la direction des secondes, de là donc aussi les possessions par les êtres nuisibles, génies mauvais, anges déchus, gnômes, farfadets, esprits lutins, etc. Il nous reste de nombreux documents sur des possédés de ce dernier ordre, nommés sorciers, pauvres malheureux qui ont couvert les bûchers de la sainte inquisition et dont les types, les croyances populaires aidant, ne sont pas encore disparus parmi nous (1). Les accès des sorciers arrivaient plus ou moins

____

(1) En 1810, dans les écoles de Rome, on argumentait encore sérieusement pour savoir si les sorciers sont fous ou possédés. (Voy. Des sciences occultes, par Salverte, p. 295.)

régulièrement dans le cours du sommeil. Pour être plus sûrs de les déterminer, ils se frottaient avec des pommades narcotiques avant de s'endormir. Il est probable que les accès produits étaient alors plutôt dus à la suggestion qu'ils s'en faisaient qu'aux onguents employés. On remarquait, avec effroi, que dans leurs rêves, ils étaient insensibles aux coups, aux piqûres, aux brûlures (1), aussi fût-il admis, en procès de sorcellerie (2), que l'insensibilité est un signe de pacte avec le diable. Mais, ce qui confirmait alors les législateurs ignorants de cette époque dans les idées que ces rêveurs étaient de grands coupables, c'est que, revenus à eux, on en trouvait qui racontaient les séances du sabbat, les danses lascives, les orgies et les scènes dégoûtantes auxquelles les démons les avaient conviés et où ils s'étaient rendus à cheval sur un manche à balai. Il y en eut qui affirmèrent avoir vu au sabbat des personnes de leur connaissance, ce qui n'était guère rassurant pour les malheureux dénoncés aux juges de ces temps d'ignorance ; d'autres s'accusèrent, avec bonne foi, d'avoir assassiné des personnes encore vivantes (3). Cette naïveté de conviction, ces descriptions de choses impossibles, ces affirmations ridicules, ces aveux insensés ne sauvèrent pas pourtant les sorciers. A peine s'il s'éleva quelques voix pour dire timidement que ces gens-là étaient des hallucinés et on les brûla sans aucune miséricorde. Pour nous, la morale à tirer des confessions des sorciers, c'est qu'il ne faut pas toujours croire à des témoins qui se font égorger. Un seul caractère distingue les accès de ces rêveurs des accès somnambuliques, c'est que le plus grand nombre se souvenait de leurs songes. La cause en est, en outre des impressions vives de leurs

(1) Voy. Des sciences occultes, par Salverte, p. 284.
(2) Voy. Des sciences occultes, par Salverte, p. 293.
(3) Voy. Des sciences occultes, par Salverte, p. 290.

sensations remémorées, qu'ils se mettaient en état de partir au sabbat avec l'idée de se rappeler de leurs faits et gestes pour se défendre, dans le cas où ils seraient traduits devant la justice sous le coup de laquelle ils n'étaient que trop (1). Ce qui confirmait encore dans la croyance à la possession des sorciers, après leurs témoignages et les signes physiologiques que l'on observait en eux, c'est que, lorsqu'ils étaient soumis aux plus violentes tortures, il s'en trouvait qui, tombant dans une situation d'esprit analogue à celle qu'ils avaient dans leurs accès, demeuraient tranquilles jusques au milieu des flammes et défiaient en riant leurs bourreaux (2). Cette insensibilité et ce calme en face des tourments et de la mort avaient aussi été le partage des chrétiens qui mouraient pour leur croyance. Eh bien! malgré ce rapprochement qui devait amener des doutes sur l'état des sorciers et éclairer la justice sur leur compte, on peut lire dans le fameux réquisitoire des inquisiteurs, par N. Eymeric, que les mêmes juges, qui attribuaient à une intervention divine l'insensibilité des martyrs de leur foi, imputaient à des sortiléges dont usaient les sorciers accusés, l'insensibilité et l'impassibilité de ces derniers au milieu des tortures (3).

Il est encore un point commun sous lequel il est bon d'examiner les possédés des bons comme des malins esprits : les uns et les autres se croyaient les organes d'êtres surhumains et ils pensaient presque tous avoir la mission d'agir sur les autres hommes et sur la nature. Aussi, si d'un côté, au nom de celui qui était en eux, on a vu des extatiques religieux faisant des révélations, prophétisant et opérant des miracles pour confirmer la vérité de leurs paroles, si ces thaumaturges, pleins de foi, prati-

(1) Voy. Traité du somnambulisme, par A. Bertrand, p. 81.
(2) Voy. Des sciences occultes, par Salverte, p. 275.
(3) Voy. Des sciences occultes, par Salverte, p. 275.

quèrént l'affirmation avec une conviction profonde, conviction qu'ils transmirent à leur entourage et qui les rendit de véritables endormeurs sans le savoir, d'un autre côté, il en fut de même des sorciers. Ceux-ci, se croyant la mission de faire le mal par ordre de Satan, jetaient des maléfices, prononçaient des imprécations, des menaces sous des formules obscures et avec des pratiques bizarres, pratiques telles que l'envoûtement et le nœud de l'aiguillette, lesquelles avaient un sens aux yeux du vulgaire et aux leurs. Et l'on croyait à la puissance malfaisante de ces hommes, car ils opéraient des miracles en mal comme les extatiques religieux en opéraient en bien. Leurs chefs-d'œuvres furent nombreux et se sont prolongés jusqu'à nos jours. Récemment encore, M. de Mirville a été l'historien des aventures du presbytère de Cideville où, par l'intermédiaire du berger Thorel, l'esprit diabolique de Voltaire a produit de si grands remue-ménages. C'est que, par la suggestion, les thaumaturges extatiques et les thaumaturges sorciers mettaient les personnes impressionnables dans un état de l'attention tel, qu'ils les amenaient à accepter ou à percevoir ce qu'ils leur affirmaient; de là, des croyances absurdes, des tourments moraux, des visions, des maladies imaginaires, des guérisons, etc., selon l'idée dont s'étaient frappés les individus mis en charme par eux. Ce principe de l'action du moral sur le physique, que nous trouvons employé empiriquement par les possédés, n'est plus aujourd'hui un secret pour personne. Il n'en était déjà plus un du temps de N. Venette (1), où les bûchers fumaient encore sous la cendre. Il raconte que, pour produire les effets du malin esprit, il lui suffit une fois de plaisanter. Il promit, en riant, à un futur marié qu'il lui nouerait l'aiguillette.

(1) Voy. Génération de l'homme, 1766.

Celui-ci le crut, fut obsédé de cette menace et resta impuissant près d'un mois. De l'observation de mésaventures aussi plaisantes, et il y en eut beaucoup, il a toujours été possible de conclure que les mille et une souffrances de ceux qui étaient sous puissance de sorciers étaient purement imaginaires, mais le fanatisme a des yeux pour ne point voir et des oreilles pour ne pas entendre.

Les possédés à accès analogues aux accès somnambuliques et dont nous nous occupons particulièrement dans ce chapitre, sont-il des fous, ainsi qu'on est généralement porté à le penser ? Par cela seul qu'ils ont des accès pendant le sommeil et que le sommeil est consenti, réparateur, limité, physiologique en un mot, ils n'ont rien de commun par ce côté avec les véritables aliénés. C'est exclusivement par leurs rêves qu'ils ressemblent à ces derniers, rêves dont ils ne peuvent se désillusionner lorsqu'ils sont éveillés. Ils croient alors avoir réellement assisté aux scènes invraisemblables du sabbat. Ce caractère de la folie, ou plutôt, cette particularité de ne pouvoir plus se détromper des erreurs de certains songes n'est pas, chez les possédés et même chez quelques autres rêveurs, le signe certain, infaillible de l'aliénation mentale. Nous avons la certitude que, si les rêves des dormeurs, par leur côté étrange, coïncident avec des scènes en harmonie avec les croyances et les préjugés de la société dont ils ont sucé les principes, ces dormeurs, pour peu que leurs sensations centrifuges soient vives, sont devenus incapables de séparer les scènes purement psychiques de leurs songes des scènes qu'ils supposent devoir se passer quelque part et à l'existence desquelles ils croient profondément. C'est qu'il n'y a plus alors, dans leur esprit, de solution de continuité évidente entre leurs pensées de la période passive et celles de la période active de la vie, ces pensées s'enchevêtrent et n'ont plus qu'une même couture. Au contraire, leurs créations imaginaires sont, pour eux et pour leur entourage, une preuve confirmative des croyances établies. Il en est, dans ces cas, des hommes qui prennent ainsi leurs rêves pour des vérités, comme il en est des somnambules éveillés qui ajoutent créance à leurs dons merveilleux. A-t-on jamais regardé, comme atteints d'aliénation mentale, les somnambules artificiels convaincus, après réveil, d'avoir été saturés de fluide, ou inspirés d'un esprit, ou doués d'une lucidité extraordinaire ? A-t-on rangé, au nombre des fous, les somnambules ne doutant pas qu'il leur est possible de savoir ce qui a lieu sur le globe terrestre et sur les autres planètes du système solaire ? En ce que, de bonne foi, ils accordent leurs actes de la veille avec leurs rêveries transcendantes et attendent, avec certitude, le résultat de leurs ordonnances médicales et de leurs prédictions, ces rêveurs sont-ils fous ? Non, parce que, sortis de leurs accès, ils partagent avec leur entourage une erreur commune dont ils ne peuvent, par conséquent, se défendre. Notre opinion, à ce propos, ne repose pas seulement sur des déductions théoriques, elle s'appuie encore sur l'observation. Notre somnambule Loué, nourri dans la croyance religieuse aux esprits et à leurs manifestations possibles et confirmé, du reste, dans cette conviction par notre affirmation, ne put s'empêcher d'admettre la réalité d'une apparition qu'il s'était suggérée (1). Cet homme qui, dans tout autre cas, s'était détrompé de ses visions, fut incapable de repousser cette dernière. Si ceux qu'il fréquentait et lui, avaient toujours cru à la possibilité des apparitions, comment, devenu acteur dans une scène de ce genre, ce

______

(1) Les possédés à accès nocturnes sont devenus rares. Les somnambules essentiels les ont remplacés. La nature des accès observés de nos jours est restée toujours la même, parce que le fond de l'homme ne change pas, mais la nature des rêves a changé avec les idées. La croyance à la possession étant moins vivace, on ne rencontre presque plus de possédés.

rêveur ne l'aurait-il pas regardée comme vraie, d'autant plus qu'il était du nombre de nos somnambules dont les songes présentaient en souvenir les caractères sensibles de la réalité objective ?

Si les somnambules et autres rêveurs semblables, prenant leurs songes pour des réalités, lorsqu'ils s'adaptent à leurs convictions et à celles des personnes qui les environnent, ne sont nullement fous, les possédés extatiques religieux ou sorciers, nous parlons de ceux qui étaient pris d'accès nocturnes avec isolement des sens et sensations remémorées très-vives, ces possédés étaient-ils de véritables fous ? Encore moins.

Les possédés, quels qu'ils soient, personnages pieux, d'un côté, et les sorciers, etc., de l'autre, étant des rêveurs à accès analogues au somnambulisme, malgré les erreurs où ils tombent, sont aussi sains d'esprit après réveil que les somnambules. C'est notre entière conviction. Et cependant, quant à ne parler que des sorciers, ces visonnaires avaient des conceptions délirantes dont ils demeuraient convaincus, des idées fixes qu'ils conservaient toujours et en vertu desquelles ils agissaient avec une impulsion irrésistible ; leurs convictions restaient même inébranlables, car ils avouaient leur participation au sabbat, leurs rapports avec les démons, soient qu'ils fussent soumis à la torture, soient qu'ils fussent attachés sur le bûcher. C'est que, pour juger si des individus, dont on examine les actions, sont fous, il faut comme nous l'avons dit, tenir compte du milieu où ils vivent, des idées qui y sont reçues et forment atmosphère autour d'eux. Dans les temps anciens, et principalement au moyen-âge, la croyance en la possession était générale. Aussi, les sorciers apparaissaient nombreux dans cette dernière époque où l'église, omnipotente et héritière des superstitions du passé, tenait les peuples en tutelle et avait le monopole des pensées. Cette vaste organisation autocratique sur les esprits admettant comme une vérité, non-seulement ce qui était révélé pendant l'état extatique des prophètes et des saints, mais aussi que, dans le même état, des hommes tombaient au pouvoir de Satan et devenaient ses organes, il arrivait que ces erreurs rejaillissaient nécessairement sur la masse des fidèles et en étaient acceptées. En ces temps de barbarie, la science, sous l'autorité de l'église, connaissait les caractères organiques et moraux, indices certains de la présence des démons dans le corps des possédés, la justice soumise à son droit canonique et à ses doctrines rendait, preuves en main, des arrêts en faveur de ce singulier droit public, et enfin, le bras séculier, pour sauver l'œude Dieu compromise et la société menacée, exécutait sans pitié les sentences judiciaires prononcées. Du moment que le clergé, incapable de réfléchir, imposait ses idées, fruits des superstitions des âges, du moment que la science, la justice, le pouvoir temporel, tout ce qui formait l'élite de la société, s'inspirant du pouvoir spirituel, croyait naïvement à la sorcellerie, comment de misérables rêveurs, imbus des préjugés répandus dans les masses, auraient-ils pu se défendre de croire à leurs conceptions délirantes, quand une pareille erreur était une erreur commune ? Lorsqu'il a fallu plusieurs siècles de libre-examen, de travaux scientifiques et de discussion pour détruire l'idée absurde de la possession dans quelques classes de la société seulement, voudrait-on, qu'au milieu des ténèbres du moyen-âge, des hommes du peuple se fussent débarrassés eux-mêmes de la conviction qu'ils avaient de leur possession, de leurs visions, en apparence réelles, et de leur pouvoir diabolique, souvent confirmé par des faits, qu'ils fussent plus sages que les sages de ce temps-là ?

Si les possédés à accès, qui se croient une mission en

bien ou en mal, ne sont pas plus fous que les somnambules artificiels convaincus aussi eux-mêmes d'avoir des pouvoirs surnaturels, les spirites qui, à l'exemple des sorciers et même de quelques somnambules, se procurent volontairement des accès analogues au somnambulisme, accès avec visions dans le sens de leurs convictions et des idées reçues autour d'eux, ne sont pas non plus atteints d'aliénation mentale. Il faudrait, pour que les uns et les autres pussent être déclarés aliénés, que leur état passif durât toujours, qu'ils fussent dans une détente habituelle de l'attention. On doit le dire, si les sorciers, si les spirites ne sont pas fous, ils sont en train de le devenir par l'effet trop souvent répété de l'état où ils se plongent avec avidité. A force de tendre le ressort de leur attention, ce ressort finit par se relâcher, l'état passif devient continu, et de la folie physiologique ils passent dans la folie morbide.

Ce que nous venons d'émettre concerne les possédés non aliénés. Il en est d'autres qui sont déjà de véritables malades et que nous ne pouvons passer sous silence. Nous les nommerons possédés passifs, par opposition aux précédents. L'impulsion d'agir, que les possédés actifs puisent dans un effort volontaire de la veille, ceux-ci l'ont perdue ; ils ne s'attribuent ni pouvoir, ni mission. L'église avait déjà su faire une différence entre ces deux classes de possédés, elle laissait brûler les sorciers et exorcisait les autres, comme étant non-seulement moins dangereux, mais encore moins conscients de leurs actes.

Le type des possédés passifs a été retrouvé, dans ces derniers temps, à Morzines, en Savoie (1). Une constitution lymphatico-nerveuse, la cachexie scrofuleuse, l'ané-

_____

(1) Voy. la relation de M. le Dr Constans, Adrien Delahaye, 1861, et les annales médico-psychologiques, année 1865, p. 400, article de M. le Dr Kuhn.

mie avec complication d'hystérie et d'hypocondrie, telles étaient les bases sur lesquelles s'étayaient ces possessions. L'épidémie se propagea par imitation, preuve de la passiveté habituelle des malades. Ils étaient sujets à deux sortes d'accès arrivant à toute heure, et surtout pendant le jour, sous l'influence de la plus minime excitation. Dans les uns, ils croyaient parler sous le souffle du diable, dans les autres, véritables attaques convulsives épileptiformes, ils s'agitaient en prononçant des paroles inintelligibles. Ces dernières crises arrivaient tout d'un coup ou succédaient aux premières. Dans leurs accès, les malades restaient plus ou moins isolés de tous les sens, leur peau était insensible et presque tous ne gardaient aucun souvenir de ce qu'ils avaient fait ou dit. La nature épidémique des possessions, indice d'une grande passiveté d'esprit, l'absence de l'action de la volonté sur la venue des accès et leur invasion subite, l'heure inusitée où arrivaient ces accès, et qui n'était pas le temps du sommeil, prouvent que les possédés passifs sont des malades, même déjà sur la pente de l'aliénation mentale.

En résumé, les possédés actifs sont de véritables somnambules. C'est parce que, dans le passé, ils se crurent et qu'on les crut le réceptacle de puissances capables d'agir à leur guise sur l'homme et la nature, qu'ils allèrent jusques à se figurer avoir une mission à remplir ; par cette cause, ils devinrent de véritables endormeurs sans le savoir et firent des prodiges. Pas plus que les somnambules artificiels et les spirites, à côté desquels ils se placent, les possédés actifs ne sont des fous, ce sont des rêveurs pleins d'une initiative qu'ils puisent dans la veille, rêveurs partageant les préjugés des hommes avec lesquels ils vivent journellement. Echos de ces préjugés, ils se les rendent personnels à cause de la difficulté qu'ils ont, au au sortir de leurs accès, de bien s'expliquer les opérations de leur esprit. Ce qui les maintient dans l'erreur, c'est le milieu où ils vivent et avec lequel ils partagent les mêmes croyances. Loin de leur entourage, ils se détromperaient. Parce qu'ils adoptent l'opinion commune de la société dont ils font partie et qu'ils présentent les caractères d'un type conçu avant eux, ce n'est pas une raison pour qu'ils soient aliénés, car si penser comme tout le monde est d'un insensé, tout le monde est fou. Il n'en est pas de même des possédés passifs, ce sont de véritables malades tombés dans des états morbides analogues au sommeil.

CHAPITRE VI

PHÉNOMÈNES PSYCHIQUES, D'ORIGINE HYPNOTIQUE, ATTRIBUÉS A DES
CAUSES SUPPOSÉES. (APPARITIONS ET AUTRES HALLUCINATIONS.)

Après les rêveries que les inspirés se renvoient comme
venant d'êtres supérieurs, après les phénomènes que les
possédés développent sur des personnes mises en charme
à l'aide d'une suggession empirique de leur part, ce sont
les hallucinations et, surtout, les apparitions chez des
hommes sains d'esprit qui, parmi les choses de l'ordre
des songes, ont le plus contribué à la croyance au surnaturel. Les visions ont marqué jusques à nos jours les étapes
de l'humanité vers la civilisation, mais, à mesure que les
siècles ont passé, ce n'est plus que dans les classes illet-
trées et superstitieuses ou les conciliabules des sectes
mystiques que l'on y a ajouté foi. Elles se développent
dans un des états analogues au sommeil et pendant le
sommeil même, et elles sont le produit de l'afflux de l'attention sur des idées-images. Ordinairement, lorsque les
sensations remémorées sont prises par les visionnaires pour
des perceptions réelles, elles sont accompagnées d'émotions.

Les apparitions, etc., sont individuelles ou collectives,
ou bien encore elles naissent d'elles-mêmes ou à la suite
d'une suggestion étrangère.

J'ai eu l'occasion de rencontrer un certain nombre
d'hommes possédant toute leur intelligence qui, isolément
et par une affirmation insciente dans le sens de leurs
désirs, s'étaient donné le spectacle, même étant éveillés,
de la vierge, des saints, des morts, etc., et qui en res-

taient convaincus. C'était des hommes à représentation mémorielle vive, c'étaient des Balzacs ou des Talmas, mais ignorants, mais bercés dans la croyance aux apparitions merveilleuses et ne pouvant se désillusionner par cela même. De tels phénomènes étaient pour eux la confirmation des idées dont ils étaient pénétrés, bien qu'ils ne fussent que les signes remémorés de leur pensée sur des personnages à l'existence et à la résurrection possibles desquels ils croyaient d'avance de toute leur âme. C'est dans les livres sacrés, bases des religions, que l'on trouve le plus d'exemples de visions individuelles se manifestant, surtout de nuit, dans le sens des idées dont se bercent ceux qui les éprouvent. Autrefois, on ajoutait une grande importance à ces hallucinations, elles étaient des preuves du monde surnaturel, des avertissements d'en haut. Même chez les Juifs, on comptait par centaines les bons et les mauvais prophètes, les voyants et les pythonisses, et ces hommes avaient une grande influence sur les destinées de ce peuple. Non-seulement l'on rencontrait parmi eux des extatiques prophétisant, distinguant et interprétant des signes, ou comme nos somnambules, embrassant du regard les régions les plus éloignées, etc., mais, pour chacun en particulier, il y avait une révélation par la signification des rêves que l'on se faisait expliquer. On suivait plutôt les interprétations des chimères du sommeil que les conseils directs de la raison. On dirait même que l'histoire légendaire des peuples primitifs est la manifestation d'actes inspirés par des visionnaires.

Dans l'antiquité payenne, les hallucinations du sommeil et de la veille, chez les hommes sains d'esprit, eurent une grande importance et servirent de règles de conduite à ceux qui les éprouvèrent. Plus avancés sous ce rapport que les peuples dans l'enfance, les idolâtres possédèrent même l'art de susciter des visions. Avec la tiédeur des croyances succéda à la foi naïve, chez les plus instruits, un charlatanisme religieux éhonté. Les prêtres, les philosophes, les magiciens, etc., gens réputés pour avoir de l'empire sur les puissances personnelles que l'on croyait employées au gouvernement du monde, pratiquèrent l'affirmation sur une grande échelle et souvent avec succès. Ils évoquèrent les dieux, les génies, les morts, etc., ils les firent voir tels qu'on les supposait et donnèrent ainsi aux croyants la preuve illusoire de leurs rapports avec les êtres surnaturels. Les lieux les plus favorables aux visions furent les temples. Les cérémonies du culte, le son des instruments, l'odeur des aromates, la richesse éblouissante des décors et par dessus tout, les déclamations suggestives des prêtres contribuèrent au développement de cette surexcitation de l'esprit où l'attention, s'accumulant sur une idée-image, la fait percevoir comme réelle, il n'y manque que l'objet de la perception. Lorsque les dieux évoqués paraissaient, c'était pour annoncer des guérisons ou donner des conseils judicieux, et il en résultait souvent un bien pour ceux auxquels ils s'étaient montrés. Pour être plus sûr de se mettre en rapport avec eux, car les visions pendant la veille étaient rares dans les lieux consacrés à leurs cultes, on y allait dormir ; les dieux apparaissaient en songe, guérissaient les malades endormis ou répondaient aux demandes qu'on leur adressait. Mais les apparitions, pendant le sommeil, n'étant encore que le privilège d'un petit nombre, il y avait dans le sanctuaire des temples, des prêtres faisant l'office de somnambules et chargés de s'endormir pour les fidèles incapables de voir et d'entendre les divinités de ces lieux, et, ces habitants de l'Olympe descendaient à leur ordre et leur transmettaient les réponses demandées. Il ne faut pas se figurer que la foi dans les dieux bienfaisants était tiède : les fervents étaient nombreux et les miracles fréquents, la preuve en est que l'on conservait dans les édifices sacrés, des tables de marbre où étaient relatées les guérisons miraculeuses, ainsi que de nos jours, l'on garde avec soin des crosses et des ex-voto suspendus aux murailles des églises. Ces cures, réputées merveilleuses, n'étaient que des effets de l'attention, s'accumulant sur une idée et modifiant l'organisme dans le sens de la pensée formulée, mais alors on n'y regardait pas de plus près que de nos jours.

Non-seulement, on provoqua des apparitions dans les temples, mais des hommes habiles eurent aussi l'art de les faire naître empiriquement en dehors de leur enceinte. Des psychagogues rendirent visible l'ombre de Cléonie à Pausanias. Lactance parle de magiciens qui, au troisième siècle, faisaient apparaître les morts. Mercure, le plus adroit de tous, avait trouvé le secret de fasciner la vue des hommes, au point de rendre des personnes invisibles (hallucinations négatives) ou de les faire apparaître sous des formes différentes. Simon, le magicien, produisait le phénomène qu'un autre homme lui ressemblât tellement, que tous les regards y fussent trompés. Cratisthène faisait voir des feux qui semblaient sortir de lui et jouir d'un mouvement propre. Il mettait en œuvre d'autres visions pour forcer les hommes à lui confesser leurs péchés. Appolonius fit apparaître l'ombre d'Achille et eut une entrevue avec elle (1). Les chrétiens héritèrent des mêmes prédispositions aux apparitions : c'est que le fond de la nature humaine est immuable. Quels que soient les courants des croyances, les hommes apportent au service de celles qui les remplacent, les mêmes organes et les mêmes facultés mentales. Les vies des saints sont remplies d'apparitions. Celles de saint Antoine donnent la main à celles de la Salette et s'y relient par une chaîne non interrompue.

(1) Voy. Des sciences occultes, par Salverte, p. 204 et suiv.

Les chrétiens pratiquèrent même l'art de faire revenir les morts. L'empereur Bazile, le Macédonien, par l'effet des prières du pontife Théodore Santabaren, célèbre par le don des miracles, revit l'image du fils chéri qu'il avait perdu, accourir à lui magnifiquement vêtu et monté sur un cheval superbe. A peine se fut-il jeté dans les bras de son père qu'il disparut (1). Avec la renaissance, revint l'art empirique des anciens. Dans un verre d'eau, on fit voir à Marie de Médicis ce qu'elle désira. Au duc d'Orléans, on montra l'avenir dans une carafe. Le juif Léon et Cagliostro firent apparaître les morts, l'un dans son prétendu miroir constellé, et l'autre, grâce à l'art de fasciner qu'il possédait au suprême degré. Les magnétistes modernes, M. Dupotêt en tête, se font fort de ressusciter la magie, ils rendent des personnes invisibles et font apparaître celles qui sont absentes. Cette prétendue magie n'est pas difficile. J'ai fait moi-même revenir l'ombre des morts et la Vierge aux yeux de personnes éveillées très-impressionnables, par une simple affirmation. Quelques instants après qu'elles avaient regardé le point où je leur faisais diriger les yeux et où j'annonçais que devait se manifester le phénomène, leur attention, d'autre part, s'accumulait sur l'idée dont elles se représentaient l'image à la mémoire, et elles éprouvaient une sensation centrifuge analogue à une impression perçue moins l'objet ; le phénomène était le même que si elles avaient ressenti une perception véritable, seulement il se produisait en sens inverse. Dans ces cas, comme chez les somnambules, par suite du cumul et de l'arrêt de l'attention, le corps tombait en catalepsie et les sens dans l'isolement ; la respiration devenait haletante, la figure prenait un aspect sérieux et les yeux, fixes et immobiles, étaient

(1) Voy. Des sciences occultes, par Salverte, p. 208.

comme suspendus à la vision. Toutes, d'après leurs
aveux, eurent des hallucinations vraies, mais elles ne
crurent pas à leur réalité objective, sachant que ni les
témoins de la scène, ni moi n'y ajoutions foi.

Parmi les manifestations particulières d'êtres habituellement invisibles, il en est une plus fréquente autrefois que de
nos jours. C'est celle des démons qui, pendant le repos de
la nuit, viennent inciter des personnes pieuses au péché
de la chair et même abuser d'elles de la façon la plus indigne. Elles gardent une conscience nette des instigations du
tentateur et des hallucinations tactiles qu'elles ont éprouvées. Ces personnes ne sont le plus souvent que des hystériques se souvenant de leurs accès, ou des somnambules
se rappelant de leurs rêves, sans doute parce que les uns
et les autres ont ressenti alors de trop vives impressions.
Comme elle ne mettent pas de différence entre les sensations remémorées et les perceptions réelles, elle restent
convaincues de la vérité de leurs apparitions, non par ce
qu'elles ne pourraient se persuader du contraire, mais toujours par cette raison, qu'en matière de préjugés reçus,
la croyance d'un seul ou de quelques-uns n'est que la
compagne de la croyance commune ; pour corriger ces
rêveurs, il faudrait corriger le public ou ceux qui entretiennent ses opinions erronnées. On appelle incubes et
succubes les esprits malins qui profitent du sommeil pour
surprendre les dormeurs et les soumettre à un commerce impur. Jadis les rêves où l'on recevait de pareilles
visites étaient nombreux, parce que l'on attribuait aux démons plus de puissance qu'aujourd'hui. S'il y a plus d'incubes que de succubes, c'est qu'il y a plus de femmes
croyantes que d'hommes et qu'elle sont plus prédisposées
que ces derniers aux rêves somnambuliques ou à des accès analogues. J'ai pu, par hasard, me rendre compte de
la manière dont agissent les démons de la luxure. Mon som-

nambule Loué, profitant de la faculté qu'il avait acquise d'évoquer les ombres, s'avisait parfois de faire arriver dans son lit la femme qui lui plaisait le plus. Il la sentait à ses côtés, lui témoignait sa flamme et, au réveil, il lui restait le souvenir d'avoir passé des instants aussi délicieux que si son bonheur eût été partagé. Seulement, cet homme savait son plaisir fictif ; pour lui, il n'était possible qu'aux morts seuls, êtres jouissant du privilége de l'ubiquité, d'avoir réellement la propriété de revenir ainsi.

Mais c'est surtout, lorsque les hommes sont en grand nombre, que la force créatrice de la pensée est susceptible d'être surexcitée à un haut point. Si leur conviction est commune, si surtout un sentiment puissant s'empare d'eux, ils s'influencent réciproquement par une mutualité d'affirmation, et leur faculté de représentation mentale s'exalte au dernier degré ; il suffit alors que l'un d'entre eux ait idée d'une apparition, pour que l'objet en devienne visible en apparence à tous. Jusques à présent, c'est le sentiment religieux qui a le plus souvent accompagné les hallucinations collectives. Ces phénomènes sensitifs ont marqué les religions en voie de formation, les persécutions, les guerres saintes. Tout en tenant peu de compte de la vérité des récits légendaires embellissant le berceau des sectes naissantes, on ne peut s'empêcher d'admettre que l'hallucination collective n'ait joué un rôle important au milieu des adeptes rassemblés d'un nouveau culte. Par exemple, ce n'est pas sans raison que l'on attribue à Mahomet d'avoir fendu la lune en deux et d'avoir fait rebrousser chemin au soleil. On dit de lui que, bien que de taille moyenne, il paraissait toujours dépasser les autres de la tête ; son visage était resplendissant de lumière ; on entendait les pierres, les plantes et les arbres parler au prophète et l'on voyait ces derniers s'incliner pour le saluer. Des animaux, tels que les gazelles, les lézards, les loups causaient à Mahomet, et le chevreau, même rôti en entier, lui adressait la parole, etc. (1). Des phénomènes de ce genre sont-ils autre chose, dans leur réalité, qu'un jeu des forces nerveuses, jeu semblable à celui qui amena les apparitions de Cagliostro dans les loges maçonniques, ou qui fait surgir encore l'ombre des trépassés dans les cercles spirites ? Et les guerres qui ont accompagné l'établissement de l'islamisme, et la guerre sainte des Croisades déjà plus rapprochée de nous, n'ont-elles pas été marquées d'hallucinations collectives en harmonie avec les idées, les désirs partagés de ceux qui combattaient pour leurs croyances ? D'abord, les soldats croisés aperçoivent dans les airs des signes de toute espèce. Mais une fois en Asie, les prodiges redoublent. A Dorylée, les martyrs saint Georges et saint Démétrius se battent dans les rangs des chrétiens. Au milieu de la mêlée d'Antioche, une troupe céleste, couverte d'armures, descend du ciel sous les ordres des mêmes martyrs. A la prise de Jérusalem, le bruit se répand que saint Georges, le pontif Adhémar et d'autre chrétiens morts pendant le siège, sont vus arborant le drapeau sur les tours de la ville Sainte. Puis le jour que Saladin reprit cette citée, les moines d'Argenteuil virent la lune descendre du ciel sur la terre et y remonter ensuite. Dans plusieurs églises, le crucifix et les images des saints versèrent des larmes en présence des fidèles rassemblés (2). Il est des temps, écrit M. Littré (3), où « l'on n'entend plus parler que de merveilles ; tantôt les morts se montrent à la lumière et des milliers de voix certifient les résurrections ; tantôt les démons ou les esprits entrent en communication avec les hommes, et des mil-

(1) Voy. Le Koran, traduction Kasimirski, p. xxx, note.
(2) Voy. Histoire des Croisades, par Michaud.
(3) Voy. Préface des sciences occultes, de Salverte, p. liii.

liers de témoins sont là pour garantir, par leur propre expérience, ces interventions ; tantôt des apparitions se manifestent, des lumières resplendissent, des sons singuliers, terribles, harmonieux se font entendre, tout cela par des dispensations que rien n'explique, sinon le miracle pour ceux qui les reçoivent. »

Les hallucinations collectives n'ont pas toujours lieu sur une aussi grande échelle. Il m'a été possible d'en suivre la filiation sur des documents concernant une secte religieuse en voie de formation, documents qui me sont tombés dans les mains et, entre autres, sur une brochure intitulée : les Mystères des temps dévoilés, par un espagnol, M. La Paraz. L'auteur est un homme rallié à la petite église de M. Vintras. Il me paraît être un adepte plein de bonne foi. On lit dans ce travail, page 57 : « Des centaines de témoins attesteraient que le prophète a souvent lu à découvert le secret des cœurs. Les parfums du ciel ont presque toujours rempli le sanctuaire (1) et, souvent même, les pièces éloignées où les croyants s'entretenaient de leur œuvre divine ; ils ont cent fois vu le corps eucharistique de J.-C. s'arracher, à la prière du prophète, des mains de ceux qui le touchaient et qui en étaient indignes ; ils l'ont vu venir de bien loin se poser sur l'autel de l'oratoire, ils ont vu les bougies s'allumer d'elles-mêmes devant ces espèces sacramentelles, ils ont vu mille fois le Seigneur attester sa présence réelle par l'écoulement d'un sang palpable, ils ont vu ce sang divin prendre sous leurs yeux la forme de cœurs ..... Ils ont goûté les prémisses de ce vin nouveau que le Seigneur promet pour le temps de son règne (2) ; nombre de fois, la coupe ou le calice du sacrifice divin s'est rempli, sous leurs regards, du nectar des cieux, et leurs lèvres peuvent

(1) Chapelle du prophète à Londres.
(2) Le vin de l'Eden.

dire quelles délices le ciel garde à ceux qui règneront avec Jésus. Ils ont vu le chrème divin tiré du cœur de Jésus apparaître miraculeusement sur l'autel pour la consécration d'un nouvel apostolat. » Un apôtre des plus fervents du prophète Vintras, qui a longtemps habité près de cet extatique et s'est trouvé aux réunions fréquentes des affiliés à l'œuvre nouvelle, m'a assuré que les faits merveilleux rapportés par M. La Paraz sont de la plus exacte vérité ; il a vu, goûté, odoré, senti, tout ce qui a frappé les sens de ses coreligionnaires ; sa conviction est entière. Mieux que jamais, je comprends que l'on meurt pour sa foi. Eh bien ! de ces prodiges, que reste-t-il aux yeux de la science ? Des hallucinations de presque tous les sens, hallucinations affectant des hommes qui prennent les idées-images remémorées de leurs rêveries pour des réalités objectives, et en augurent que, si la puissance divine les favorise de spectacles miraculeux inconnus au vulgaire, c'est pour les encourager ainsi dans la véritable voie du salut. Et voyez comme tout s'enchaine ici. Dès que ces sectaires sont renfermés plusieurs ensemble, leur attention s'accumule sur les mêmes idées, ils se confirment réciproquement leur doctrine et s'exaltent dans les mêmes sentiments, d'où il suit pour tous un état analogue au rêve du sommeil profond. Alors, si le prophète fait une suggestion, celle que le corps eucharistique de Jésus va s'arracher de mains sacriléges, tous le voient voler dans l'air et se poser sur l'autel. Et quant aux autres hallucinations, j'en ai la certitude par des documents que je n'ai pas le droit de publier, il suffit même qu'un des fidèles assure voir, par exemple, s'allumer une bougie, ou assure ressentir une odeur de parfum et trouver au vin de table la saveur du vin de l'Eden, pour que tous aperçoivent, odorent, dégustent en éprouvant les mêmes sensations spéciales.

La vision caractérisée à la fois par des idées pures, sous le rapport moral, et par des idées-images, sous le rapport physique, celle que l'on se fait des êtres surnaturels, est le résultat d'une opération de l'esprit de l'homme qui transporte hors de lui et au-dessus de lui, ses qualités et ses défauts matériels et psychiques. Il est bon de dire encore quelques mots sur cette sorte de vision pour en expliquer l'origine première. Si elle est aujourd'hui sans une reprétation mentale vive de son objet chez le plus grand nombre des croyants, on ne saurait contester qu'elle n'ait été plus fréquemment imagée dans les premiers âges de l'humanité. C'est qu'à mesure que la science se fait, l'esprit humain se désillusionne et que, si les facultés psychiques restent toujours les mêmes, elles se mettent moins au service des idées-images auxquelles on ne croit plus avec autant d'ardeur. Les anciens (et je n'en excepte pas les hommes de nos jours, sur lesquels les lumières de la science n'ont nullement rejailli), d'un coté, à la vue des spectacles splendides de la nature, de ses grandioses harmonies, de la vie exubérante que le soleil et les pluies entretiennent sur le sol et des présents que la terre leur offrait, de l'autre, à l'aspect de terribles catastrophes troublant l'ordre des choses, avalanches, tempêtes, orages désastreux, inondations, etc., en ont induit sans examen que ces phénomènes ont des causes personnelles volontaires. Dans leur naïve simplicité, au lieu d'étudier ces faits, de les expliquer, de les comprendre dans leur ordre logique, d'en découvrir les lois ainsi que le font les savants, au lieu de rester dans le domaine de la raison, les anciens, se connaissant cause à l'égard des objets sur lesquels ils agissaient, ont transporté passivement cette idée-cause comme préexistant à tous les phénomènes qu'ils observaient. Non-seulement, ils ont objectivé cette idée pure, mais ils l'ont appliquée de prime-saut à des êtres au-dessus d'eux, êtres leur ressemblant et dirigeant le monde selon leur volonté capricieuse. Naturellement ils les ont divisés en bienveillants et en malveillants. Ils ont ensuite créé, sous la direction de ces êtres, un élysée ou un royaume des cieux où vont les bons et un royaume des enfers où vont les méchants, et ces lieux de fantaisie, ils les ont peuplés de créatures faites à peu près à leur image. Chefs, hiérarchie sociale, gouvernement, formes corporelles, vice, vertu, etc, on retrouve toujours l'homme dans ces fictions. Ces créations fabuleuses, de même que toutes les autres, ont pris naissance, comme un acte d'imitation, par un mouvement automatique de l'esprit, lequel, sans se saisir actif, transporte ce qui est de l'homme hors de soi et l'y objective. Que l'on ne pense pas que le transport de cette apparition complexe de l'homme en dehors de lui-même a été, dès le principe, une production décolorée de sa pensée, cette apparition, réduite à cet état, n'aurait pas fait son chemin à travers les siècles. Continuellement, il s'est trouvé des hommes importants, justes et pleins de foi, qui sont venus revivifier la croyance prête à s'éteindre du vulgaire, en disant : j'ai vu, j'ai entendu ces êtres supérieurs, j'ai conversé avec eux. La thèse que nous effleurons, déjà développée sous toutes les faces par les penseurs allemands, n'avait pas échappé aux anciens. Ils s'étaient douté, que les êtres hyperphysiques, que l'on croit présider au gouvernement du monde, sont créés à l'image des humains, ce dont, entre autres, un de leurs philosophes fit judicieusement la remarque. On peut lire dans Montaigne (1) que « Xénophanes disait playsamment que si les animaulx se forgent des dieux comme il est vraysemblable qu'ils facent, ils les forgent certainement de mêsmes eux. »

(1) Voy. Essais, l. II, ch. XII.

En outre de la représentation mentale que l'homme se fait en s'objectivant hors de soi ses deux aspects, le moral et le physique, il est une représentation mentale où il n'objective son être que par son côté purement abstrait, sa conception surgit de son esprit, décolorée, sans corps et, pour bien dire sans vie ; les sens n'y sont plus pour rien ; là, il n'y a plus d'idées-images remémorées, plus de ces sentiments vifs accompagnant des réalités sensibles, plus de poésie, il n'y apparaît plus que des idées sèches, froides et cadavéreuses, celles qui ont rapport aux purs esprits. Quand les croyances religieuses revêtent ces formes rétrécies, on peut prédire que les puissances surnaturelles, ces fantômes imagés de l'esprit humain, sont en train de s'éclipser pour ne plus revenir. Dans la réalité, cette représentation mentale, naissant chez des hommes déjà assez instruits pour rejeter le merveilleux des preuves sensibles, n'est autre chose qu'une conception d'idées abstraites telles que celles de puissance, de perfection, de bonté, de vengeance, etc., c'est une vision du côté moral de soi-même moins le corps, vision dépourvue de tout élément de sensibilité et où la pensée ne reproduit aucune sensation véritable. C'est donc non-seulement une apparition moins l'objet, mais aussi moins la sensation remémorée, cette apparition n'est plus pourvue que de deux facteurs principaux, elle est seulement intellectuelle et volontaire. Cette hallucination métaphysique est un débris des conceptions plus humaines que d'autres se font des êtres supérieurs.

On vient de le voir, dès que l'homme se met sur le terrain de l'hypothèse et de la rêverie, il ne peut imaginer que d'après lui et la portée de son intelligence. Quoi donc, par une observation lente et réfléchie, il est extrêmement difficile de connaître, au point de vue phsychique, ce que sont les animaux que l'on a sans cesse sous les yeux et qui ont tant d'analogie de structure avec l'homme, ce n'est que d'hier, malgré les opposants de l'école de Descartes, que l'on est arrivé à savoir que ces bêtes sentent, pensent et veulent, et depuis un temps immémorial, animalcules rampants qui vous appelez métaphysiciens, vous prétendez connaître ce qui est vivant autour de nous, au-delà de ce brillant panorama de la voûte étoilée dont l'harmonie et la grandeur nous écrase ! Certes, il y a en nous, et au-dessus de nous, dans l'immensité, de l'intelligence à dépasser toutes les conceptions, j'en suis stupéfait, mais qu'est-elle ? Nous ne le savons pas. Est-elle pur esprit ? C'est plus que douteux, puisque l'on ne connaît pas de corps impondérables et pensants sans être unis aux corps pondérables. Est-elle intimement unie à ce qui tombe sous les sens ? C'est plus que probable, mais personne n'oserait l'affirmer. Au lieu de nous bercer de croyances imaginaires, au lieu de perdre notre temps à ergoter sur des sujets stériles et de nous bouffir orgueilleusement d'une science vaine, nous ferions mieux de nous humilier en plongeant un regard sur notre misère et, dans notre ignorance, de répéter avec Pascal, « Si Dieu existe, il est incompréhensible, » mais n'habillons pas de notre défroque, mesquinement et sans respect, l'intelligence révélée par ce sublime univers que nous ne comprenons pas.

La thèse de la vision de l'homme en Dieu, etc., on la trouve largement développée et profondément comprise dans un ouvrage de M. Feuerbach (1), où cet auteur soutient, entre autres choses, que la psychologie transcendante des êtres supérieurs, auxquels les hommes ajoutent foi, n'est que la parodie plus ou moins purifiée de la psychologie de l'homme. Et en effet, ces êtres ne sont que le produit des rêves formés à l'état passif pendant l'enfance de

____

(1) Voy. Qu'est-ce que la Religion ? traduction Ewerbeck. Garnier, 1850.

l'humanité et confirmés en elle par des mêmes rêves se succédant jusques à nos jours. La vision continue toujours, mais aussi elle va toujours en s'amoindrissant. Les temps sont arrivés où la science enfin dissipe, comme le soleil fond les brouillards, les erreurs, fruits de la passiveté ignorante des peuples. Grâce à ses pionniers, non-seulement elle dévêt le monde, si mystérieux, des systèmes des théories personnelles, mais encore elle soulève quelques coins des voiles qui couvrent ses abîmes insondables. Le révélateur c'est toujours l'homme, non le rêveur qui a des apparitions, mais l'homme qui veille et qui travaille, et, la véritable révélation, ce ne sont pas les rêveries mensongères que les âges passés nous ont léguées par héritage et qui s'imposent par l'autorité, c'est la révélation par la science qui nous apprend à nous désillusionner, à nous connaître, à mieux comprendre nos devoirs et nos droits, c'est celle qui nous fait saisir les lois de la nature, qui nous en fait découvrir les harmonies et qui nous initie à des découvertes utiles, lesquelles, s'ajoutant à celles du même genre que les générations nous ont transmises, nous permettent de devenir de plus en plus les maîtres des éléments, au lieu d'en rester sans fruit les contemplateurs passifs et ébahis.

Résumé. Les apparitions et autres hallucinations, phénomènes se manifestant dans un état analogue au sommeil, sont le résultat de l'accumulation de l'attention sur des idées émotives, à ce point que les sensations remémorées deviennent tellement vives qu'elles sont prises pour des perceptions véritables. D'ordinaire, elles sont les compagnes du sentiment religieux.

On les distingue en particulières et en collectives. Dans les deux cas, elles naissent à la suite d'une affirmation involontaire venant des autres ou de soi. Les apparitions collectives sont surtout le corrolaire obligé des sectes naissantes, des guerres saintes où la pensée et le sentiment religieux, de tous le plus puissant, sont concentrés sur un sujet invariable. Il est un autre genre d'apparitions, ré- sultat encore d'un état passif et qui est le privilége d'un grand nombre d'hommes avant qu'ils ne se connaissent eux-mêmes. Par elles, le rêveur s'objective son être moral et physique et le place dans d'autres êtres au-dessus du monde et de lui-même. Cette vision est la base hypo- thétique des systèmes religieux, les révélations en sont les échos. Une dernière représentation des êtres supé- rieurs est celle qui ne roule que sur des idées pures remé- morées et qui est seulement perceptible à l'œil de l'esprit. Elle est le signe de la décadence des croyances religieuses. De nos jours, seulement, l'on a parfaitement saisi le mé- canisme de cette deutérescopie de l'homme, et l'on s'est aperçu que la seule révélation vraie n'est pas celle des songes, mais celle de la veille, celle par le travail, celle de la science plus utile et moins trompeuse.

TROISIÈME PARTIE

CHAPITRE PREMIER.

DU MORAL, CAUSE DE MALADIES.

Dans le système de la vie de relation, si l'attention, en se portant sur les sens et le cerveau, est cause d'impressions, puis de perceptions ; si elle est cause de la formation des idées-images, de la remémoration, du raisonnement, et enfin de la pensée consciente ; si cette même force, dans le système de la vie végétative, est cause de l'apport au cerveau des perceptions venant des impressions des filets sensitifs du grand sympathique et, consécutivement, de pensées inscientes ; si du cerveau part, sur les deux systèmes essentiels à la vie, comme d'un réservoir commun et par une double chaîne, l'action des deux formes de la pensée, afin de mettre, d'un côté, l'homme en rapport avec le monde extérieur, et, de l'autre, entretenir la vitalité et l'exercice de ses organes (1), il faut le dire, la pensée consciente, ce principal produit de l'attention agissant au

---

(1) D'après M. Perez (voy. Abeille médicale, année 1865, p. 249), le cervelet est le centre des sensations et des volitions instinctives. Cela équivaut à dire que, pour ce physiologiste, le cervelet est nécessairement le siége de la pensée insciente qui veille à la respiration, à la circulation, à la nutrition, etc.

sommet de l'être, a une action en retour sur cette même cause qui a servi à la former, l'attention ; non-seulement elle l'appelle en abondance ou la fait diminuer dans les fonctions de la vie animale, mais, par elle, elle exerce encore la même influence sur les fonctions organiques, ce qui arrive surtout pendant le sommeil ou les états analogues. Alors, cette pensée inconsciente qui, à notre insu, tient continuellement allumé le feu de la vie, qui veille quand nous dormons et rejaillit sur le corps en merveilles de structure, d'harmonie et de mouvements, devient l'humble servante de sa congénère, la pensée consciente. Par l'attention que cette dernière concentre sur tout ou partie des organes soumis aux nerfs ganglionnaires, ou par celle qu'elle en soustrait, elle excite ou elle calme les fonctions, et, dans ces deux sens opposés, elle se fait même traduire à la lettre dans les parties les plus circonscrites où le désir en est exprimé, et cela en caractères exacts et parfaitement marqués, ainsi qu'il arrive dans la stigmatisation. Toute pensée concernant l'organisme, grâce à la force nerveuse qui, sous son impulsion, abonde vers les tissus ou en disparaît par suite d'une vive remémoration, est exprimée à la fois au cerveau et à l'extrémité des nerfs sensibles des deux appareils du système nerveux, de même que la sensation remémorée, dans la production d'une hallucination, est présente en même temps au cerveau et à l'extrémité des filets nerveux sensitifs.

Les généralités qui précèdent découlent des études que nous avons déjà faites, elles découlent surtout de célles auxquelles nous allons continuer de nous livrer. Il n'entre pas, dans notre sujet, de faire un exposé étiologique complet des maladies amenées par la réaction de la pensée sur l'organisme, nous voulons seulement, avant d'entrer plus avant en matière, faire comprendre comment certaines maladies naissent moralement et quel est leur mécanisme dynamique de formation et d'entretien. Psychologiste avant tout, nous laisserons donc de côté les détails pathologiques qui ne sont que secondaires dans la question qui nous occupe.

Les maladies, par l'action de la pensée, affectent toutes les parties du corps ; là où il y a de la substance nerveuse distribuée, là la pensée y réagit par répercussion sans en excepter les centres nerveux et les nerfs eux-mêmes. Déjà, en exposant de quelle manière, pendant le sommeil et les états analogues, le moral influe sur le physique, nous avons touché indirectement au mode de formation des maladies par causes psychiques. Dans l'état de sommeil, l'attention est dédoublée, la plus grande partie, accumulée, se met en arrêt sur une idée ou plusieurs idées fixes, l'autre partie, diminuée, reste encore libre dans l'encéphale et les nerfs sensibles (1). Ce dédoublement antagoniste de la force nerveuse, en temps qu'il est agent de la pensée et des sensations, se retrouve surtout dans les maladies du sommeil dont la folie est le type. En outre, nos expériences nous ont prouvé que, quand la partie de l'attention accumulée se porte sur des idées concernant l'organisme, cette force a une très-grande puissance d'action, soit directement sur les tissus où elle afflue, soit indirectement sur ceux qu'elle abandonne en même temps (2). Nous avons aussi remarqué que lorsque l'attention est flottante, inerte, comme dans certains états de la veille où l'esprit est inoccupé, cette force s'accumule à notre insu et se met à la remorque de pensées vers lesquelles nous nous laissons conduire en automates, pensées qui, si elles concernent l'organisme, rejaillissent vigoureusement sur lui (3). Nous avons encore constaté que, dans d'autres

(1) Voy. 1re partie, chap. IV, § 1.
(2) Voy. 1re partie, chap. IV, § 1, 3, 8, 9, 10.
(3) Voy. 2e partie, chap. I.

états ressemblant au sommeil, lorsque nous arrêtons notre attention sur des phénomènes extérieurs, il en reste parfois une partie qui, involontairement et insciemment, va à la remorque d'une idée préconçue et produit une modification sur les tissus dans le sens de cette idée (1). Nous avons observé enfin que, si un sentiment d'émotion accompagne la pensée réfléchie, l'action de cette dernière est plus intense (2). Eh bien ! ces éléments du mécanisme de la pensée réagissant sur le corps pendant le sommeil et ses analogues, nous les retrouvons dans la formation des maladies par causes morales dont nous allons nous occuper ; mais comme nous reconnaissons trois modes principaux de développement de ces maladies, ou, 1° par un exercice plus ou moins prolongé de l'attention sur des idées pures ou des idées-images non émotives, ou, 2° par un exercice brusque, ou 3° par un exercice lent de l'attention sur des idées émotives, pour plus de clarté, nous nous baserons d'après cette division, dans ce que nous aurons à dire sur la manière dont ces affections se produisent.

1° Maladies par un exercice plus ou moins prolongé de l'attention sur des idées pures ou des idées-images et sans accompagnement d'émotion appréciable.

Elles sont l'effet d'une tension volontaire ou involontaire de l'esprit.

Elles arrivent involontairement, lorsqu'on se trouve dans cet état de l'inertie de l'attention prédisposant à l'imitation, état où tombent plus spécialement certains individus à constitution éminemment nerveuse. Nous savons déjà combien l'on est sympathique pour les maux d'autrui ; on n'a pitié du mal des autres que parce que l'on s'en crée une représentation mentale plus ou moins vive. Ce mou-

(1) Voy. 2ᵉ partie, chap. III.
(2) Voy. 1ʳᵉ partie, chap. IV, § 8, et 2ᵉ partie, chap. II.

vement d'imitation est commun comme fait, mais il est rare comme cause de maladie. Nous avons pu saisir, en endormant des somnambules, comment il arrive que, sans en avoir le désir, l'on peut devenir souffrant à la suite d'une affirmation que l'on se fait involontairement. Une preuve que la chose est possible, c'est que des personnes présentes à nos expériences et voyant les membres d'un dormeur insensibles ou en raideur cataleptique, éprouvaient au même instant par imitation et dans les mêmes membres, de semblables phénomènes physiologiques, et, il fallait que nous intervinssions pour dissiper en elles ces phénomènes consécutifs à une idée fixe et expression de la diminution de la force nerveuse dans les parties affectées. De même que l'insensibilité et la catalepsie que nous avons ainsi observées chez des sujets éveillés et très-impressionnables, d'autres symptômes morbides par suggestion pouvaient nécessairement, dans des circonstances analogues, naître en eux et s'y prolonger d'une manière indéfinie. Si encore des somnambules ont gardé après réveil, par suite d'une affirmation involontaire, des douleurs pareilles à celles des malades qui étaient venus les consulter, pourquoi, même éveillées, des personnes sensibles n'éprouveraient-elles pas des sympathies de même nature?

Les maladies pouvant avoir lieu par imitation sans que l'on découvre d'éléments affectifs bien marqués dans leur cause morale, doivent être rares. On en rencontre plutôt qui sont la conséquence d'une affirmation d'idées non émotives et dont on s'est pénétré sans s'en apercevoir, par simple remémoration. Nous avons la certitude que de l'insensibilité (1), des douleurs névralgiques, de la para-

---

(1) Une de mes clientes, lypémaniaque, par conséquent en état passif, ne vit plus clair tout d'un coup pour manger. Elle s'en était mis instantanément l'idée dans la tête. Pendant plusieurs semaines, on fut obligé de lui porter

lysie, de l'aphonie, des hallucinations, des maladies à accès périodiques, quelques hypocondries, des mouvements nerveux, sont les fruits de suggestions de ces choses que l'on s'est faites ainsi à son insu. Le tremblement des écrivains, par exemple, marqué par une agitation des doigts n'arrivant jamais que lorsqu'on se met à écrire, n'est-il pas l'effet d'une idée fixe dont on n'a pas conscience et qui réagit au moment même où l'on veut commencer à tracer des caractères sur le papier ? Ce qui démontre indirectement notre assertion, c'est que lorsqu'ils n'écrivent pas, des hommes atteints de cette affection peuvent tailler leur plume, la tenir longtemps entre les doigts comme pour écrire, se laver, se raser, toucher du piano, sans être pris de tremblement ; chez eux, l'idée de trembler ne vient par association insciente qu'avec celle de tracer des lettres (1).

Une fois qu'un malade a été pris au piége d'un symptôme par affirmation insciente, il y croit, et par ce qu'il éprouve réellement, il se confirme toujours de plus en plus dans l'idée qu'il souffre, qu'il est paralysé, etc. ; ce qu'il avait créé d'abord et qui n'aurait dû être qu'un effet passager de quelques heures, dès qu'il s'en occupe, devient le résultat permanent d'une idée fixe persistante. Cette idée fixe alimente ou prive alors continuellement les organes déjà souffrants, soit d'un surcroît, soit d'une diminution d'attention.

Si des affections naissent dans des états analogues au sommeil, à plus forte raison peuvent-elles éclore pendant

_____

les aliments à la bouche, mais, tandis qu'on l'aidait ainsi, elle savait fort bien distinguer à travers la fenêtre les passants de la rue. Elle était comme les somnambules qui ne paraissent voir que les objets dont ils ont idée. Sa singulière cécité s'en alla comme elle était venue.

(1) Voy. 2ᵉ partie, chap. I, note où il est parlé des associations inconscientes d'idées.

le sommeil lui-même. C'est à une affirmation qu'elles se sont faites à leur insu, lorsqu'elles dormaient, que des personnes, à leur réveil, doivent d'éprouver souvent des symptômes nerveux disparaissant d'eux-mêmes quelques jours après. Nous en avons rencontré souvent qui, s'éveillant, ressentaient les douleurs auxquelles elles avaient pensé : ou elles les avaient créées de toutes pièces en y songeant, ou elles avaient seulement exagéré une sensation pénible.

Il arrive encore que l'attention, après avoir été volontairement et trop vivement tendue sur un travail intellectuel, devient la cause de froid, d'insensibilité vers la périphérie du corps, de congestion nerveuse et de chaleur à la tête ; cet accident est léger. Mais il n'en est plus de même lorsque l'appel de l'attention vers le cerveau est permanent, lorsque surtout les individus qui s'appliquent ont pour partage cette impressionnabilité délicate des sens qui perçoivent et cette puissance de la pensée qui réagit, lorsqu'ils ont ces qualités greffées sur un état de charme habituel. Il arrive, par la persistance que l'on met à s'appliquer sur un objet de l'intelligence, que l'attention, fatiguée en même temps qu'elle s'accumule, se divise vers deux pôles, l'un, où elle s'immobilise sur une ou quelques idées et, l'autre, où elle se meut librement sur des séries d'idées. Par suite de ce mouvement de dédoublement, l'attention, ce propulseur, ayant perdu de son ressort, il n'est plus possible, faute d'elle, de mettre la pensée en action sur des occupations intellectuelles autres et plus raisonnées que celles qui obsèdent l'esprit, cette force, une fois désunie et faute d'une initiative possible, continue donc à rester, soit captive sur une ou plusieurs idées, soit libre sur un ordre d'idées incohérentes selon le pôle où elle domine. Comment ensuite l'esprit affaibli du dormeur peut-il se maintenir dans le domaine du bon sens, dès qu'il n'y a plus possibilité pour lui d'appeler à son aide ou les organes sensibles ou les matériaux de la mémoire ? Toute folie, ainsi consécutive à une pensée non émotive qui dessocie la force nerveuse, est le privilége des hommes appliqués trop longtemps et trop exclusivement à des travaux intellectuels.

2° Maladies par un exercice brusque de l'attention sur des idées émotives.

Elles sont l'effet d'une action involontaire de l'esprit. A l'instant de la production de ces maladies, le réveil d'un sentiment, d'une passion, renforce énormément le mouvement perturbateur de l'attention et ne contribue que plus à mettre cette force en arrêt sur une idée, principalement si l'émotion est réveillée d'une manière imprévue et subite.

L'émotion apportant un renfort de force nerveuse à l'attention qui s'accumule sous l'influence de l'idée rémémorée, il advient, par suite de ce surcroît, une répercussion consécutive sur certains organes, soit par excès, soit par soustraction de force nerveuse, selon l'intention que l'idée exprime ou selon le contre-coup qu'elle produit. Il est inutile de rappeler de nouveau ces malades qui, consécutivement à une vive impression, ressentent, involontairement et par imitation (1), le mal des personnes qu'elles voient ou dont elles entendent les plaintes, mal ne s'effaçant qu'avec le temps, lorsque leur pensée fixe a cessé peu à peu de le nourrir. On peut aussi avancer sans crainte que, dans les cas de l'arrêt direct de l'attention sur des idées émotives remémorées, il naît des affections morbides, véritables hallucinations où, sous l'influence de la pensée devenue fixe, la sensation ressentie au cerveau est en même temps éprouvée à l'extrémité des filets nerveux du tact, de

—————

(1) Voy. 2e partie, chap. I.

l'ouïe et des autres sens où on la rapporte. Il n'est pas rare de trouver des personnes devenues paralysées, sourdes, aveugles, muettes et même folles consécutivement à une affirmation qu'elles se sont faites de ces symptômes morbides avec le concours d'un sentiment affectif. Une de nos malades entre autres, après avoir rêvé que le tonnerre tombait près d'elle, en resta sourde plus de deux mois. Les remèdes n'y firent rien, mais à mesure que son idée fixe se dissipa, son ouïe revint.

On voit même des maladies qui n'ont aucun rapport direct avec la pensée cause d'émotion brusque, elles sont le produit d'une idée secondaire se reliant à la pensée émotive par une association insciente (1). Nous connaissons une domestique saignant du nez à chaque légère frayeur qu'elle éprouve. Elle est convaincue que ce phénomène ne manquera jamais d'avoir lieu dès qu'elle aura la moindre contrariété. Aussi, chaque fois qu'elle est impressionnée, même pour une assiette qu'elle casse, son attention se dédouble, tandis qu'une partie est à la cause de l'émotion, l'autre afflue sur l'idée d'hémorragie et l'écoulement de sang se renouvelle. Quelques personnes, et j'en ai rencontré, voient au contraire se terminer leur épistaxis sous le poids d'une émotion subite, et cela par une raison semblable à la précédente. On rencontre encore des femmes qui, à la suite d'une émotion, par exemple, sont prises tout d'un coup, ou d'une métrorrhagie ou d'une suppression des règles. Dans les premiers de ces faits, sous l'influence de la pensée en arrêt, la force nerveuse abandonne les vaisseaux capillaires, ils se relâchent ; dans les autres, cette force surcharge ces mêmes vaisseaux, ils se contractent. Pour quiconque connaît la puissance de la pensée dans une des formes de l'état passif, qu'elle soit

____

(1) Voy. 2ᵉ partie, chap. I, note.

insciente ou non, ces résultats, si contradictoires sur des muqueuses et consécutifs à une émotion, ne peuvent guère s'attribuer qu'au contre-coup de réactions morales dont le sens est parfaitement déterminé. Les corps tombent selon la même loi, le sang parcourt toujours le même cercle, et la cause physique qui amène une fois la perte de ce liquide la produira chaque fois que cette cause agira. Pourquoi une épouvante est-elle suivie, tantôt d'un arrêt dans l'écoulement du sang au dehors, et tantôt d'une hémorrhagie ? C'est qu'elle dépend d'une influence psychique, c'est que dans les deux cas, elle est accompagnée d'une pensée spéciale différente, cause d'accumulation ou de soustraction de force nerveuse à l'endroit déterminé par la pensée. Il nous est impossible d'expliquer autrement une telle contradiction dans des effets succédant à un point de départ paraissant identiquement le même.

Sans compter encore un grand nombre d'aliénations mentales dues au relâchement consécutif de l'attention, c'est principalement à la suite d'une concentration de cette faculté sur des idées-émotives, que des accès d'épilepsie, d'hystérie, de convulsions, de syncopes, etc., prennent naissance. Ce n'est plus par une affirmation consciente ou inconsciente, directe ou indirecte, que l'on tombe dans ces dernières affections, c'est par un effet opposé à l'entraînement de l'attention sur des idées-images. Consécutivement au retrait violent de cette force sur le centre mémoriel, il s'ensuit un arrêt de la pensée consciente aux dépens de la pensée insciente et celle-ci, ne portant plus son excitation avec assez d'énergie vers l'appareil sur lequel elle domine, il en résulte une perturbation nerveuse traduite par des accès avec mouvements réflexes désordonnés, ou par des stases sanguines, etc.

On a vu une violente émotion déterminer la mort. C'est qu'alors la révulsion nerveuse au cerveau est tellement grande, que des organes nécessaires à la vie ne sont plus animés et leurs fonctions cessent. Ainsi, l'on peut expliquer comment un sentiment de dépit tua Fourcroy et Chaussier, comment un condamné à mort périt au moment où le bourreau venait de le frapper à la nuque avec un linge mouillé : il crut tellement que c'était le coup mortel que ce le fut pour lui. Feuchtersleben (1) rapporte que des sauvages, lorsqu'il sont las de la vie, prennent la résolution de mourir, se couchent, ferment les yeux et cessent de vivre. S'il est permis de douter de ce fait, il n'est pas d'un sot d'y croire. En 1750, on fit mourir, à Copenhague, un condamné à mort auquel on annonça, après lui avoir bandé les yeux, qu'on allait le faire mourir en lui ouvrant les veines. Pendant que l'on faisait des incisions insignifiantes à la peau, on lâcha tout auprès des robinets par lesquels s'écoulait de l'eau. Ce malheureux, convaincu que c'était son sang, tomba en syncope ; il crut à la mort et il mourut. Nous n'en finirions pas si nous voulions citer des faits de ce genre. De même, lorsqu'une excitation causée par un bonheur inattendu s'empare trop brusquement de l'esprit, il arrive aussi, et c'est logique autant que vrai, que l'action nerveuse désaccordée devient une cause de mort subite, tant il y a un afflux de l'attention sur un organe aux dépens des autres organes. C'est une bonne nouvelle qui tua Sophocle, Denis le tyran et Léon X.

3° Maladies par un exercice prolongé de l'attention sur des idées émotives.

Mais, pendant les états passifs, l'on ne développe pas seulement des maladies par l'absorption de son attention sur des idées pures ou imagées, ni par son afflux subit sur des idées émotives, on en fait naître encore, à plus forte raison, par l'accumulation lente et graduée de cette

(1) Voy. Hygiène de l'âme, 2e éd., p. 119. J.-B. Baillière, 1860.

force sur des idées tristes. Ce sont sans contredit les in-
quiétudes, les ennuis, les chagrins sourds et prolongés
qui sont le point de départ du plus grand nombre des
affections par influence morale. Outre que les passions
débilitantes sont le principe de névroses, elles le sont
aussi de maladies avec lésions de tissus. L'esprit humain
est, de ce côté, une véritable boite de Pandore d'où
s'échappent les maux de l'âme et par contre-coup les
maux physiques. Dès que, par l'élément affectif de la
pensée, cause de révulsion par accumulation ou soustraction de force nerveuse dans certains plexus du nerf grand
sympathique, dès que l'innervation est troublée dans ses
fonctions végétatives d'une manière permanente et plus
ou moins généralement, les digestions deviennent paresseuses, la nutrition languit, des sécrétions diminuent
ou s'exagèrent , il y a des stases de liquides, des congestions, des modifications de tissus , etc. , bref, des
lésions morbides germent dans les viscères, des diathèses
sont en voie de formation et , depuis la simple dyspepsie
jusques au cancer, il surgit une foule de maladies, échos
amplifiés de l'action de la pensée. Il est bon de remarquer
que si certaines émotions produisent un trouble de toute
l'économie et amènent des lésions générales, il en est
d'autres qui appellent l'influx débilitant de la force nerveuse désharmoniée vers l'organe sur lequel elles ont le
plus de puissance révulsive, cerveau, poumons, cœur,
foie, intestins, etc. De plus, c'est une loi de la nature
que des lésions, provenant d'une diathèse par cause morale, se forment dans les parties du corps les plus sti-
mulées d'habitude, comme l'estomac chez l'homme,
l'utérus et les glandes mammaires chez la femme, là où
par conséquent, il y a eu le travail organique le plus
actif, là où la pensée inconsciente et même consciente ont
été le plus occupées. Aussi, c'est surtout du côté de ces

organes importants, si l'on est en proie aux chagrins, que l'attention, suivant sa pente accoutumée, viendra plus tard prendre connaissance d'une sensation, puis la nourrira et, par une application involontaire de tous les instants, y appellera un travail morbide. Une fois l'esprit occupé de l'idée fixe que l'on est réellement atteint d'une affection grave dans une partie quelconque du corps, une fois sous ce charme, l'organisme est localement influencé par l'attention dans le sens de la pensée et, réciproquement, l'affaiblissement qui en résulte ne rend à son tour cette dernière que plus débilitante dans son action ; on parcourt un circuit dont il n'est plus facile de sortir, c'est le serpent qui se mange la queue, c'est le mal qui vit du mal.

Chose remarquable, la plupart de ces maladies, amenées par influence morale dans un des états analogues au sommeil, sont réputées héréditaires. C'est que, non-seulement avec la constitution physique, les parents transmettent à leurs enfants, leurs instincts, leurs passions, leurs aptitudes intellectuelles, etc., mais encore la tendance à se mettre en charme. C'est de cette tendance, compagne d'un tempérament spécial, que découlent les maladies en question. Naissant avec la prédisposition acquise d'être impressionnés par suggestion à leur su ou à leur insu, les membres des mêmes familles, selon qu'ils sont disposés à se concentrer sans s'émouvoir, ou à être pris d'émotion subite ou lente, sont les uns, sujets à la folie, les autres aux névroses par accès, d'autres aux affections chroniques. On voit des rejetons d'un tronc commun être chacun à part affligés de névroses différentes et, quelquefois parmi eux, un même individu être pris tour-à-tour de plusieurs d'entre elles. Cela se comprend, ces diverses maladies descendant d'une prédisposition commune, c'est la manière de s'affecter ou c'est le plus ou moins d'énergie que l'on met à recevoir l'impression morale qui entraîne plutôt l'une que l'autre. Déjà des médecins aliénistes ont constaté que l'apoplexie, la turberculisation, les scrofules, la folie et les autres névroses descendent d'un élément commun et ne sont que des manifestations variées d'une seule et même cause héréditaire, parce que, dans certaines lignées, ils ont rencontré la coïndence de ces formes morbides. Leur manière d'induire est profonde. Nous venons de signaler une inconnue de cette cause unique, elle fait encore davantage pressentir les autres.

Lors même que les maladies ont un autre point de départ que l'action mentale, il est certain que la pensée vient toujours les alimenter dès que l'on s'en afflige. Les remèdes les plus énergiques, les topiques les plus doux ou les plus irritants sont même sans effet, quand ce soutien perpétuel de la vie ne marche pas d'accord avec eux (1).

Il est souvent possible d'étudier alternativement sur les personnes qui tombent facilement en charme, l'influence différente du moral selon qu'il est affecté en bonne ou en mauvaise part. La pensée qui a amené du désordre dans l'économie vient après coup y mettre l'ordre. Accompagnée d'émotion, la pensée peut appeler successivement la force nerveuse en grande ou en petite quantité sur les tissus et produire tour à tour des effets en plus ou en moins. M. Charpignon parle d'une femme qui, croyant avoir avalé une épingle, éprouva des symptômes tels que l'on craignit pour ses jours. En lui présentant une autre épingle qu'on lui assura avoir été rendue par elle, on parvint à la calmer. Immédiatement, elle alla mieux et se rétablit. La même puissance qui, mal dirigée, l'avait rendue malade, bien conduite, lui redonna la santé. Ce qui découle de cette observation ressort d'une manière plus générale de

(1) Voy. 3ᵉ partie, ch. VI.

la plupart des cas morbides traités par les médecins ; la pensée de celui qui souffre, si funeste quand elle réagit sur son organisme en désaccord avec les lois physiologiques, est à plus forte raison une maîtresse bienfaisante, lorsqu'elle y marche en harmonie avec ces lois. C'est ce que l'on ne comprend pas assez. Non-seulement la force morale soutient et relève les malades, mais elle conserve la santé, donne de la vigueur au corps jusques à la fin de l'existence et elle fait de la vieillesse le soir d'un beau jour. Pourquoi les extatiques boudhistes et certains moines chrétiens d'une religion bien entendue deviennent-ils si vieux, quoique soumis à un régime débilitant ? C'est que leurs sentiments sont invariablement purs, leurs émotions tendres et leurs âmes sereines. Mais, sans aller si loin, il suffit de jeter les yeux autour dé soi pour découvrir quelques bienheureux privilégiés qui, maîtres d'eux-mêmes, ne sont jamais souffrants, bien que d'une constitution peu robuste. Ce sont ordinairement de ces hommes se complaisant, ainsi que Fontenelle, dans cet égoïsme raisonné qui éloigne de l'esprit tout ce qui peut l'affecter ; leur idée fixe est de ne s'émouvoir de rien et d'avoir longtemps une florissante santé et ce qu'ils désirent, ils se le donnent ainsi. Mais il est encore possible, en aimant ses semblables, d'arriver au même but que ces égoïstes ; il est doux de faire le bien.

En résumé, que l'attention des sujets s'exerce dans le calme sur des idées abstraites ou des idées-images, qu'elle s'exerce instantanément sous le coup d'une émotion violente, ou bien, par une réflexion émue et permanente de tous les instants, du moment qu'elle se divise et perd de son ressort, l'effet produit est en rapport avec sa cause et se répercute sur lui en un long écho. Mais c'est principalement lorsque la pensée appelle l'élément affectif à son appui que son influence s'élève au plus haut degré. Son mode

d'agir se révèle à nous de plusieurs manières différentes :
1° Sans émotion. Par suite de la mise en arrêt de l'attention sur une idée ou des séries d'idées, il en résulte des maladies à idées fixes par affirmation, les unes naissant par imitation involontaire, d'autres par remémoration insciente et d'autres enfin par simple relâchement du ressort de l'attention ; cette force ne peut plus alors se transporter alternativement et avec liberté sur les sens et les idées mémorielles. Ce sont des névralgies, des hallucinations, de la paralysie, de l'aphonie, des mouvements désordonnés, de l'hypocondrie et autres folies. 2° Avec émotion subite. L'attention immédiatement accumulée sur une idée amène encore, par affirmation imitative ou remémorative, les mêmes maladies que celles qui sont précitées, elle les produit aussi et elle cause même des hémorrhagies, par une association indirecte d'idées se reliant aux idées qu'ont favorisé directement l'émotion, ou bien, cette force révulsée avec violence du côté du cerveau, laisse les autres organes dans une espèce d'abandon et il s'ensuit des maladies à accès, syncopes, convulsions, attaques hystériques, etc., et même la mort. 3° Avec émotion continue. Dans ces cas, il n'y a pas à proprement parler, au début, d'affirmation de symptômes maladifs. L'esprit se fatiguant, l'attention se détend et est cause de névroses, ou bien, l'émotion qui accompagne la pensée est cause d'un déplacement en plus ou en moins de la force nerveuse dans les plexus ganglionnaires et, par conséquent, de modifications morbides en ces points. Ce n'est habituellement que lorsque le mal a pris naissance que la pensée vient directement l'entretenir en y appelant de l'excitation ou de l'atonie. Les affections par ce troisième mode de réaction occupent surtout les viscères et sont chroniques.

Il est à observer que le plus grand nombre des maladies par influence psychique sont héréditaires et découlent d'une source commune, la prédisposition héréditaire elle-même de tomber facilement dans des états analogues au sommeil. Si cette prédisposition est cause de maladies par l'effet d'une suggestion, ce même élément prédisposant est cause de guérison par le même mécanisme.

Enfin, notons que, dans toutes les affections, la pensée peut toujours être un élément incendiaire. Mais aussi, de même qu'elle aide à la formation de ravages dans l'économie, elle a le pouvoir de les réparer.

CHAPITRE II.

Il ne suffit pas de savoir comment les maladies prennent naissance par action morale, il faut encore connaitre comment elles guérissent par la même cause. D'après le chapitre précédent, puisque, dans l'état passif, la pensée est une force désorganisatrice, nous sommes entraînés par induction à conclure que la puissance qui aide au développement des maladies doit nécessairement, en s'harmoniant avec le mouvement physiologique, contribuer encore plus à leur disparition. Les faits les plus avérés, faits reconnus vrais, même par les médecins, démontrent sans réplique ce que le raisonnement fait pressentir.

Pour nous rendre compte de quelle manière les maladies se terminent par influence psychique, nous avons rassemblé quelques observations relatées dans des ouvrages d'auteurs dignes de foi et ayant regardé la solution heureuse de ces affections comme un effet de la réaction du moral sur le physique. Ce qui, dans nos recherches, nous a frappé, c'est que le plus souvent l'on a attribué à une telle cause les guérisons arrivées d'une manière prompte et contre la prévision des médecins. Quant aux cures morales produites avec lenteur, celles des maladies avec lésions apparentes, les auteurs en ont à peine relaté quelques-unes, pénétrés qu'ils sont que, dans ces cas, il n'y a que les forces nerveuses agissant à notre insu dans les organes, qui opèrent d'elles-mêmes ou sous l'influence des médicaments. Malgré une telle lacune, que notre expérience ne pourrait même pas remplir et que l'expérience seule des magnétistes comblerait, nous nous en sommes à peu près tenu à ce sujet, pour ne pas être suspect, à ce que les auteurs, presque tous médecins, nous ont laissé. Nous n'exposerons ici brièvement que quelques faits de diverses catégories, mais ils suffiront à notre thèse, qui a pour but de saisir, dans ces cas, les conditions des guérisons par réaction de la pensée sur l'organisme, de connaître les modes fonctionnels de ces guérisons, leur loi. Nous procéderons, comme déjà nous avons fait pour découvrir les conditions psychiques et le mécanisme du développement de certaines affections morbides, mais nous serons plus étendus dans ce qui va nous occuper, par la raison que le sujet en est encore plus important. Mettre donc le doigt avec plus de précision sur un nouvel inconnu, complément de celui que nous avons déjà signalé dans le chapitre précédent, c'est faire un pas immense; car, s'il est prouvé que l'on peut artificiellement faire naître, pour obtenir des guérisons, les mêmes prédispositions psychiques et les mêmes réactions morales en sens inverse que celles qui favorisent la formation d'un grand nombre de maladies et se mettre, par conséquent ainsi, dans les conditions de la nature curatrice par influence morale, le moyen rationnel de guérir par l'intermédiaire de la pensée ne peut tarder à entrer dans la science. Ce moyen, une fois scientifiquement établi, comme il l'est déjà empiriquement, il n'y a plus à reculer, à alléguer des motifs pour rejeter des traitements employés de longue date et avec succès par les magnétistes, il faut se ranger, car ces empiriques sont dans la bonne voie, leurs théories seules sont fausses.

Nous reconnaissons par avance, et c'est d'un bon augure, la part importante que des médecins font au moral pour les quelques guérisons dont nous allons parler (1). C'est

(1) Voy., entre autres ouvrages, Médecine morale, par M. Padioleau, et Étude sur la médecine animique, par M. Charpignon, livres couronnés par l'Académie de médecine.

d'abord une preuve qu'ils n'ignorent pas combien grande est la puissance modificatrice de la pensée sur l'organisme, puis ensuite, c'est un hommage rendu par eux à la supériorité de la thérapeutique morale sur la thérapeutique des remèdes ; car ils sont forcés d'avouer que le rétablissement si merveilleux des malades, dont ils relatent les observations, a eu lieu souvent après que l'on avait épuisé, en vain, les ressources pharmaceutiques employées d'ordinaire pour combattre ces affections.

Les cures par réaction de la pensée sur l'organisme se rapportent à plusieurs types :

1° S'il y a des affections qui naissent par la fixation volontaire ou involontaire de l'attention sur des idées pures ou des idées-images non émotives, il y a des solutions heureuses de maladies qui ont lieu par la fixation volontaire ou involontaire de cette force sur des idées du même genre, que ces idées aient rapport à la guérison ou non.

A cette sorte de guérison, l'on doit rapporter la disparition de la névralgie dentaire de Pascal. Un jour que cet homme de génie éprouvait un mal de dents atroce, il s'appliqua à résoudre un problème, celui de la courbe cicloïde ou roulette. Quand il eut fini, il s'aperçut que sa douleur était disparue. Pendant l'état passif de la méditation, son attention avait cessé d'entretenir la sensation pénible qu'il éprouvait et, en s'accumulant un certain temps sur un autre ordre d'idées, cette force s'y était fixée sans pouvoir ressaisir la sensation de douleur perdue.

En 1776, Zimmermann (1) écrivait déjà ceci : « Je puis assurer, d'après ma propre expérience, que dans les crises les plus fatigantes, si l'on parvient à distraire son attention, on peut, non-seulement adoucir le mal que l'on ressent, mais quelquefois même le faire disparaître. »

(1) Voy. Traité de la Solitude, p. 110. Charpentier, 1845.

On sait que le philosophe Kant, sujet à des palpitations et souvent oppressé, triomphait de tous les symptômes maladifs dont il était affecté, en transportant son attention sur un travail de tête appliquant. Il se mettait très-vite en charme, ce qui lui permettait de perdre la conscience dè ses maux. « Cette cure morale, il l'employa même avec succès contre le rhume et la toux. Il s'était fait son médecin à lui-même et, chose bien périlleuse à imiter, il s'était rendu indépendant de l'art médical (1). » Je doute qu'il y ait plus de danger à imiter Kant qu'à se mettre des drogues dans le corps, même selon les règles de l'art ; en suivant l'exemple de ce grand homme, on est déjà sûr de ne pas nuire à sa santé.

Feuchtersleben (2) rapporte, au témoignage du médecin anglais Mead, qu'une dame, après avoir souffert pendant de longues années d'une ascite compliquée d'atrophie des membres, se guérit de cette maladie toute physique et non imaginaire, en imprimant à ses pensées une direction déterminée vers un seul objet. Ainsi, les maladies chroniques ne résisteraient même pas, dès que l'attention cesse de les fomenter.

« J'ai fait moi-même cette observation, écrit encore le précédent auteur (3), pour faire disparaître les mouches volantes qui me troublent la vue et pour empêcher le tremblement des lettres sur le papier, il me suffit de fixer le regard avec fermeté sur les objets vacillants. » Feuchtersleben (4) résume sa théorie en ces termes : « Quand je m'applique fortement à faire abstraction de l'ob-

(1) Voy. Médecine morale, par M. Padioleau, p. 246. Germer-Baillière, 1864.

(2) Voy. Hygiène de l'âme, p. 120.

(3) Voy. id., p. 120.

(4) Voy. id., p. 221.

jet A ou B, je maintiens cet objet dans ma pensée et je manque mon but. Que si je fixe l'objet C, A ou B s'éloignera de lui-même. » Ces paroles sont lumineuses, c'est un éclair dans la nuit. L'attention, lors même qu'elle ne crée pas toujours le mal par remémoration en s'y portant, le maintient dès qu'il est formé ; diriger cette force dans un autre sens et l'y appliquer, c'est cesser d'alimenter ce mal, c'est le guérir, comme qui dirait : transporter un poids sur un autre bras de levier plus résistant, c'est décharger celui qui ployait, c'est lui redonner sa direction normale.

Avant le professeur de Vienne, Cabanis avait déjà écrit (1) : « Nous savons avec certitude que l'attention modifie directement l'état local des organes, puisque, sans elle, les lésions les plus graves ne produisent souvent ni la douleur, ni l'inflammation qui leur sont propres, et qu'au contraire, une observation minutieuse des impressions les plus fugitives, peut leur donner un caractère important, ou même occasionner quelquefois des impressions véritables sans cause réelle extérieure ou sans objet qui les détermine. » Pour arriver à la même hauteur que Feuchtersleben, Cabanis n'avait qu'à conclure, puis à expérimenter, mais il laissa son assertion à l'état de constatation pure de faits réels. Rendons-lui, du reste, cette justice, qu'il est encore par là un des précurseurs de l'art de guérir par influence morale.

Mais on ne fait pas seulement disparaître une maladie en révulsant son attention sur des idées non émotives autres que celles du mal, on se guérit encore d'une affection même venue sans le concours de la pensée, en s'affirmant sa cessation complète. De même que, dans un état analogue au sommeil, on se crée une névralgie ou une para-

(1) Voy. Rapport du physique et du moral, t. 1, p. 151.

lysie du sentiment, etc., en se les représentant l'une et l'autre par le souvenir, c'est-à-dire, en dirigeant en plus la force nerveuse là où l'on rapporte la sensation morbide et en la dirigeant en moins là où l'on rapporte l'absence de toute sensation, de même on peut faire disparaître ces accidents si opposés en se représentant, soit la non douleur, soit la non paralysie, c'est-à-dire en soustrayant la force nerveuse du point où elle était en excès et en l'accumulant vers le lieu où il y a perte du sentiment. C'est que, en règle générale, l'idée de guérir est cause, dans les parties affectées, d'un afflux ou d'un retrait d'attention agissant dans le sens de la réparation physiologique (1). Les faits qui suivent viennent à l'appui de la théorie que nous émettons.

Un stoïcien démontrait, en présence de Pompée, cette proposition que la douleur n'est pas un mal. Il joignit l'exemple à la leçon, en triomphant sur lui-même d'une violente attaque de goutte (2). En continuant de temps en temps de cette façon, cet homme aurait pu fort bien se guérir. Nous avons rencontré plusieurs individus qui seraient devenus des stoïciens convaincus ; il leur suffisait, même éveillés, de se suggérer qu'ils ne souffriraient pas, pour qu'ils supportassent soit des opérations, soit des expériences dans le but de constater leur insensibilité. Si l'on peut, en se mettant dans un charme subit, faire cesser, par une affirmation contraire, les souffrances que l'on éprouve et si, à plus forte raison, la résolution prise d'avance de ne pas souffrir empêche la reproduction de la douleur, la douleur n'est plus un mal et je comprends ainsi sa négation par les partisans de la doctrine de Zénon,

____

(1) Voy. pour l'explication intime de ce phénomène, ce que nous émettons au chap. III de cette 3ᵉ partie.

(2) Voy. Hygiène de l'âme, p. 121, par Feuchtersleben.

ce n'est pas de leur part une fanfaronnade, c'est une vérité en ce sens que nier le mal, c'est réellement le détruire, puisque c'est cesser de l'alimenter.

Dans toute guérison par une affirmation négative de la maladie, l'effet final consécutif à la pensée est un afflux ou un retrait de la force nerveuse dans la partie souffrante, mais il est des symptômes que l'on guérit de même sans qu'il puisse y avoir répercussion nerveuse sur l'organisme, le mal étant purement psychique et cérébral. Dans ces cas, où il y a absence de lésions quelconque en dehors du cerveau, l'on substitue seulement à une idée fausse mise dans l'esprit l'idée fixe que cette idée fausse est sans réalité ; il se produit un déplacement d'une idée fixe par une autre. Voici trois faits de ce genre.

Un malade se croyait des grenouilles dans le ventre. A. Paré le purgea et fit jeter de ces batraciens dans son vase de nuit. La guérison eut lieu par la mise d'une idée fixe négative à la place d'une idée fixe positive et imagée.

Un autre se croyait une tumeur. On simule une opération et on lui montre ensuite un morceau de chair en lui disant que c'est la tumeur. Il n'y songea plus.

On en a vu un qui s'imaginait avoir des cornes et que l'on guérit en lui attachant sur la tête des bois de cerf que l'on scia ensuite (Sennert).

Dans ces cas, l'on mit dans l'esprit des malades une idée fixe, vraie et pure à la place d'une idée fixe imagée et fausse ; la croyance à la guérison fut la guérison comme la croyance à la maladie avait été la maladie. Rien ne nous étonne dans le rétablissement de tels individus, la nature de leurs chimères décèle assez qu'ils étaient capables d'être charmés et que ces chimères étaient le fruit d'affirmation pendant l'état passif.

C'est par un procédé substitutif semblable que M. Padioleau (1), en avançant l'heure de la pendule, fit disparaître, chez une femme, une fièvre dont les accès revenaient toujours à quatre heures de l'après-midi ; ces accès avaient résisté jusques alors aux médications employées pour les supprimer. Cette fébricitante qui, en dernier lieu, s'était affirmé son futur accès pour la même heure que les précédents, ne le sentant pas survenir, puisqu'elle se l'était insciemment annoncé pour plus tard, trompée mais contente, se suggéra la disparition de son mal, et son attention, ainsi détournée de son cours habituel par une autre idée fixe négative, fut cause d'un rétablissement immédiat.

Le même auteur rapporte aussi (2) la guérison d'un de ses clients atteint d'une fièvre quarte, rebelle à toute espèce de traitement, laquelle fut coupée par cette apostrophe d'un ami : « Parbleu, il faut que tu sois b...... bête. Tu sais que je fais passer la fièvre en la conjurant et tu vas dépenser ton argent en médecins et en remèdes ? Tiens, avale-moi ce verre de vin, et je te réponds que tu n'entendras plus parler de ta fièvre. » Ce malade prit alors un verre de vin blanc où se trouvait un petit papier sur lequel étaient écrits quelques mots et, à partir de ce moment, faute d'en avoir l'idée fixe, son attention n'affluant plus pour créer le mal, la fièvre ne reparut pas. C'est qu'il crut à son ami avec une conviction aussi forte qu'Alexandre avait cru à son médecin Philippe.

M. Padioleau est aussi arrivé à ramener une hystérique à la santé, rien qu'en lui affirmant la guérison (3).

Un de mes clients, atteint de fièvre intermittente, fut guéri par la formule suivante qu'il mit à exécution : porter un sac de toile sur la partie antérieure de la poitrine, l'y

(1) Voy. Médecine morale, par M. Padioleau.
(2) Voy. id., p. 216.
(3) Voy. id., p. 143.

conserver vingt-quatre heures et aller ensuite le jeter à la rivière.

On avait vanté un remède nouveau à un paralytique. Le médecin qui soignait ce malade lui ayant mis un thermomètre dans la bouche, il se figura que c'était le remède et se sentit mieux. Au lieu du spécifique, on renouvela l'application du mystérieux talisman pendant quinze jours, et la cure fut complète (1).

Je connais une vieille femme, superstitieuse et dévote, dont l'extrémité des doigts avait été écorchée après qu'elle eût lavé une lessive ; cette femme, pour dissiper ses souffrances, s'en alla à l'église tremper ses doigts dans le bénitier, immédiatement elle n'éprouva plus aucune douleur.

Il est évident que ces guérisons n'ont pu arriver que sur des personnes capables de tomber facilement en charme et, en cet état, de se donner une idée fixe négative du mal. C'est là ce qui explique le succès, chez les uns, des pratiques les plus absurdes couvrant la suggestion de retour à la santé qu'ils se font, et chez les autres, l'insuccès de ces mêmes pratiques, parce qu'ils sont très-peu impressionnables. Il ne faut pas s'étonner que, dans les vieux formulaires, les potions étaient indiquées devoir être composées avec de l'eau bénite pour véhicule ; on s'était aperçu qu'elles avaient par là plus de vertu, elles agissaient sur le moral. Et si, à notre époque, l'eau de la Salette a ses fervents convaincus, si des remèdes inertes sont réputés avoir des propriétés curatrices, c'est qu'il est au-dessus de ces fadeurs une médication pleine de virtualité que l'on ne soupçonne pas, celle de l'action modificatrice de la pensée.

Avant d'en finir, car nous sommes sur un terrain où

(1) Voy. Médecine morale, p. 181.

l'on ne saurait trop s'étendre, nous rapporterons encore un fait en faveur des cures amenées par affirmation de la disparition de la douleur. Une de mes anciennes clientes, somnambule naturelle dans sa jeunesse, éprouvait de vifs maux de dents dont elle ne pouvait se débarrasser par aucun calmant, lorsqu'elle fut accostée un jour par quelqu'un qui lui indiqua une recette, c'était de se couper les ongles tous les lundis sans manquer. Dès que cette femme eut commencé le traitement, ô miracle! la douleur disparut. Dès lors, elle continua religieusement cette pratique et, depuis vingt-deux ans, elle n'a plus souffert aux dents, bien qu'elles se soient presque toutes gâtées. Certes, cette femme n'aurait pas été déplacée dans la secte stoïque, elle aurait pu soutenir à bon droit que la douleur n'est pas un mal.

N'y a-t-il pas, et nous en avons rencontré, des sorciers de village faisant de singulières cures au moyen de paroles cabalistiques?

Et ce paysan toucheur des environs de Saumur, et l'exorciste Gassner, et Gréatrackes, et Cagliostro, ce Sganarelle sublime, n'ont-ils pas été cause de milliers de cures, parce que ceux qui les approchaient, tombant dans un des états analogues au sommeil, croyaient alors tout simplement à la puissance thérapeutique de ces hommes, et d'après l'affirmation qu'ils se faisaient de guérir par leur intermédiaire, guérissaient réellement.

Voilà certes plus de faits qu'il n'en faut, pour se former une conviction sur le retour possible à la santé par l'action de la pensée sans éléments affectifs appréciables. Nier un tel mode de guérison, c'est nier les maladies par cause morale, c'est être absurde.

2° De même que l'on trouve des affections qui naissent dans un moment d'émotion subite, il en est, et elles sont nombreuses, qui disparaissent dans des mouvements de même nature. Cette vérité découle à plein bord, même des livres classiques de la science médicale. C'est toujours un des états analogues au sommeil, état ressemblant à celui de la fascination qui en est la condition. Aussi, dans la partie que nous allons aborder, bien que ce soit la pensée qui réveille l'élément affectif, l'émotion, les sentiments ou les passions apparaissent sur le premier plan, mais l'idée, cause de l'excitation, ne s'y découvre que comme le soleil à travers un brouillard.

Nous avons transcrit, à mesure que nous les lisions, d'une part, les faits relatés de cures par explosion brusque de sentiments de gaîté, de satisfaction, de bonheur, etc., et de l'autre, par explosion brusque de sentiments de dégoût, de crainte, de colère, d'horreur, etc., et nous sommes arrivé à ce résultat qu'il y a moins de guérisons par sentiments expansifs que par sentiments compressifs, sans doute, parce que les premiers sont portés moins à l'extrême.

Voici quelques faits de guérisons naturelles par sentiments expansifs.

Une lettre du président de Thou arriva à un malade dont la langue était paralysée ; immédiatement cet homme se mit à chanter un hymne plaisant qui était écrit dans la lettre. Ce résultat s'explique par la suggestion qu'il se fit à son insu de chanter, aidé qu'il fut par le renfort que l'émotion apporta à sa pensée ; il sortit de son idée fixe sans doute comme il avait dû y entrer.

Les guérisons qui suivent s'expliquent, au contraire, par un afflux surabondant de l'attention sur des idées gaies et non suggestives de la guérison, idées appelant à elles l'élément affectif. Cette force nerveuse, alors en excès, se déplace loin des organes malades, à tel point qu'il ne lui est plus possible de recouvrir de son ressort pour nourrir de nouveau le mal qu'elle entretenait.

C'est ainsi qu'un musicien fut débarrassé d'une fièvre violente, par le plaisir que lui fit éprouver un concert qu'on lui donna dans sa chambre (1).

Une cliente du Dr Devay, apprenant les succès de son fils, fut guérie d'une hydropisie de plusieurs années et rebelle à tous les traitements.

Le professeur Conring ne s'aperçut plus d'une fièvre tierce, après le plaisir que lui fit éprouver un entretien avec le savant anatomiste Meibom (2).

Nous connaissons quelqu'un qui, depuis six semaines, était souffrant d'une névralgie de la face, et qui en fut immédiatement délivré, à la nouvelle qu'il venait de gagner un procès lui assurant la possession de plus de 100,000 francs.

Dans les guérisons de ce second genre, c'est encore principalement le renfort que l'élément émotif apporte au déplacement de l'attention qui est cause du rétablissement de ces malades, soit qu'il y ait substitution d'une idée fixe de guérison à une idée fixe morbide, soit que, sous l'influence de la pensée, l'afflux nerveux soit détourné dans un autre sens que le mal et y reste.

Les cures dont il s'agit plus bas sont dues à des explosions brusques de sentiments compressifs.

Un chasseur devint muet ; attribuant son malheur à une femme qu'il croyait sorcière (il avait la langue nouée comme on peut avoir l'aiguillette paralysée), il entra à sa vue dans une si violente colère qu'il recouvrît la parole (3). C'est qu'il se suggéra de parler avec plus de force encore qu'il ne s'était, à son insu, suggéré auparavant de se taire.

(1) Voy. Rapport de Dodart à l'Académie.
(2) Voy. Hygiène de l'âme, par Feuchtersleben.
(3) Voy.   id.   id.

Une femme paralytique voyant un officier jeter son chat sur un brasier ardent, parce qu'on lui refusait ce qu'il demandait, se mit sur ses jambes et marcha. Elle fut guérie et l'officier fêté (1). Si elle récupéra le mouvement des membres inférieurs, c'est qu'elle se le suggéra avec un cumul d'attention extrême et que les nerfs moteurs en furent surexcités à un haut point. De plus, pour l'obtention d'un tel résultat, il fallait que la paralysie fut purement nerveuse.

Nous connaissons un homme devenu bègue par frayeur ; une fois ivre ou en colère, il s'exprime avec facilité. C'est qu'il s'est mis alors dans une espèce de charme qui lui permet d'appeler sur sa langue plus d'action nerveuse (2).

Ces observations nous démontrent comment, bien qu'affligé, l'on s'affirme la guérison sous l'influence d'une pensée émotive.

Les guérisons suivantes, par explosion de sentiments oppressifs, s'expliquent différemment.

Un maniaque allait sur un pont de Londres pour s'y noyer. Pendant qu'il se préparait à se jeter à l'eau, il fut assailli par des voleurs. Il se défendit avec succès et ne songea plus à se suicider (3).

Une nourrice, prise de délire, se précipita au fond d'un puits. De là on l'entendit qui appelait pour qu'on l'en retire. Elle avait recouvré la raison.

En 1793, lors du bombardement de Lyon, une fille qui se trouva entre deux feux croisés, eut tellement peur qu'elle fut depuis lors délivrée de palpitations de cœur.

D'après Pierre de l'Étoile, Henri IV ayant failli se noyer

(1) Voy. Psychologie physiologique, p. 172, par M. Chardel.

(2) Ce fait nous rappelle que Graves, comprenant la nature nerveuse de certains bégaiements, indiquait aux bègues d'articuler les sons avec une grande attention.

(3) Voy. Médecine animique, par M. Padioleau.

avec sa femme en passant le bac à Neuilly (9 juin 1603), fut débarassé d'une névralgie dentaire à la suite de sa frayeur ; il ne put ensuite s'empêcher de dire en riant qu'il n'avait jamais trouvé meilleur remède pour ce mal.

Un de mes clients fut guéri d'une fièvre intermittente après qu'on lui eut fait manger des poux dans un œuf.

Un nommé Adam Richter, de Strasbourg, épileptique, ne tomba plus en accès après avoir bu un demi-litre du sang chaud d'un supplicié.

Ces deux derniers faits légitiment la médication bizarre, quoique empirique, des anciens médecins, plus artistes que savants, mais peut-être plus habiles guérisseurs que nous, lorsqu'ils prescrivaient les cloportes, les têtes de vipères, la poudre de crânes humains, la prétendue graisse d'homme, la peau de couleuvre, l'album grœcum et d'autres excellents remèdes du même genre. Rien qu'avec des toiles d'araignées, sous forme pilulaire, nous avons guéri des fièvres intermittentes, rebelles même au sulfate de quinine ; il est juste d'ajouter que celles de ces maladies qui avaient résisté au fébrifuge par excellence, nous ont paru des créations suggestives de la pensée.

Les cures précédentes sont évidemment dues à un retrait indéterminé de l'attention loin du siége du mal, par suite de l'afflux brusque de cette force sur une idée émotive ; il arrive, ici, que l'on perd conscience du mal de la même façon que les somnambules oublient au réveil, faute de posséder assez d'attention à leur service pour retrouver les souvenirs de leurs rêves ; en ces cas, cette faculté, maintenue par l'émotion, reste tellement détournée de l'idée fixe morbide et des parties affectées, qu'elle ne peut les retrouver et, par conséquent, recréer le mal. Mais, dans la pratique ordinaire, chacun peut se convaincre de l'influence de l'attention, lorsqu'elle se met en arrêt sur une idée en appelant à elle l'élément sympathique. Une simple émotion arrête les règles ; une surprise suspend le hoquet ; la crainte, la colère font disparaître des névralgies. Nous avons rencontré des femmes sujettes à la migraine qui, se trouvant dans une situation à se préoccuper fortement, voyaient leurs accès suspendus lorsque, auparavant, il suffisait de la plus insignifiante contradiction pour les ramener.

Les médecins, il faut encore leur rendre cette justice, ont aussi compris quelle est la puissance des émotions pour amener la guérison.

Un malade se croyait des diables dans le corps ; on lui donna vingt secousses électriques en lui disant qu'à chaque secousse il en sortait un ; il fut délivré (Gazette médicale).

Un fou se croyait condamné à mort ; on organisa un tribunal, on le jugea et on l'acquitta ; son idée fixe disparut (Pinel).

Un jeune homme se croit damné ; on fait apparaître un ange qui vient lui annoncer la rémission de ses péchés et son esprit devient tranquille (Zacutus).

Dans ces cas, ce fut une idée fixe et raisonnable substituée par affirmation à une idée fixe folle, qui détermina des changements si radicaux.

3° Enfin, s'il est des affections chroniques qui naissent par l'effet d'idées tristes ou gaies réagissant sur l'organisme, il est aussi des guérisons lentes d'affections aiguës ou invétérées, guérisons qui sont dues à l'attention s'exerçant sur des idées émotives, d'une manière permanente. Les cures de cette nature sont plus rarement notées dans la science que les précédentes, parce qu'elles ont moins attiré le regard des observateurs.

Nous avons connu un jeune homme qui urinait tous les jours au lit, mais qui s'en abstenait chaque fois que son père menaçait de le battre. C'est qu'alors, pendant son sommeil, une idée fixe veillait en lui sous le coup de la crainte. N'est-ce pas l'idée fixe, prise en se mettant au lit, de ne pas uriner en dormant, qui fait que nous retenons le liquide urinaire tout le temps que nous sommes en repos ? Il est plus que probable que la terreur si salutaire que son père lui inspirait aurait pu amener la guérison du malade dont nous parlons.

Nous connaissons un homme qui fut guéri d'épilepsie après avoir eu la main broyée dans un engrenage. Il fut amputé, et son attention longtemps tendue avec émotion sur ce nouvel incident, ne trouva plus le chemin des accès antérieurs.

Ce fut encore l'attention affluant sur d'autres idées, celles du désir satisfait et du bonheur réalisé (il est partout où on le suppose), qui amena la cure d'une anémique longtemps traitée sans succès par M. Bouillaud ; cette malade ayant obtenu ce qu'elle voulait, son entrée dans un couvent de carmélites, recouvrit peu à peu sa fraîcheur et son embonpoint, bien qu'elle ne se nourrît plus de viandes (1).

M. Padioleau cite aussi une femme souffrant depuis de longues années, qui fut guérie après avoir adopté deux enfants.

M. Charpignon (2) parle d'un asthmatique qui fut délivré de la gêne qu'il avait de respirer, par l'occupation de la chasse.

Dans ces faits, c'est évidemment la révulsion lente de l'attention vers des idées quelconques, révulsion renforcée par l'élément nerveux du système ganglionnaire qui a amené le rétablissement des malades ; en changeant de cours, cette force a fini par ne plus alimenter le mal. Du reste, des médecins, profitant des cures de ce genre

(1) Voy. Médecine morale, par M. Padioleau.
(2) Voy. Médecine animique, p. 57.

qu'ils avaient vues sans doute se produire par hasard sous leurs yeux, ont aussi systématisé le mode de guérir par une dérivation émotive de l'attention préparée de longue main. C'est ainsi que Latour, par la menace des verges qu'il fit à un enfant avant l'heure où ses accès épileptiques devaient se developper, parvint, en répétant la même menace pendant quelque temps, à le débarrasser de son épilepsie. C'est encore ainsi que Boerrhaave fit disparaitre une épidémie de convulsions chez des pensionnaires d'un couvent, en menaçant de cautériser avec le fer rouge celles qui tomberaient de nouveau dans les mêmes attaques.

Aux longues maladies, les longues révulsions morales. C'est à cette même distraction continue de la pensée sur des objets autres que les maux ressentis, que l'on doit attribuer souvent ces magnifiques cures aux eaux thermales, cures faisant tant d'honneur à la vertu spécifique de ces eaux. Et les guérisons que le séjour à la campagne procure ne sont pas exclusivement dues au changement d'air et de régime, pas plus que celles qui se produisent sous la direction des médecins aliénistes, médecins arrivés à leur gloire, Esquirol en tête, à traiter les aliénés en les portant à diriger leur attention vers des occupations révulsives, manuelles ou intellectuelles.

Il faut donc le reconnaitre, les hommes de science entrevoient quelques-uns des moyens de l'art de guérir par l'action du moral sur le physique, mais ils n'ont à cet égard aucun corps formel de doctrine, ils ne connaissent pas les véritables conditions de ce mode de traitement, le sommeil et les états analogues ; s'ils en ont compris, par ci par là, le mécanisme, ils n'en ont pas synthétisé les applications à en faire, ils sont toujours restés à la thérapeutique des remèdes, comme ces navigateurs sans boussole qui, n'osant s'aventurer en pleine mer, côtoyent les rivages. Pourtant cette tendance timide vers la thérapeutique morale est pour nous un gage de croire que la science ne s'arrêtera pas où elle en est et que, derrière Cabanis qui en a connu le principe, derrière Zimmermann, Feuchtersleben et Kant qui en ont déjà formulé une règle et l'ont mise en pratique sur eux-mêmes, derrière Esquirol et, à sa suite, une pléïade d'aliénistes qui, dans l'ordre des maladies mentales, pratiquent la révulsion morale en grand, les médecins, moins voués au culte des médicaments, chercheront à sortir du domaine de l'empirisme pour se placer sur le terrain des principes.

Nous avons fait le relevé de quelques genres de maladies guéries, au témoignage des médecins les plus classiques, par l'action brusque ou prolongée de la pensée accompagnée d'émotion. Sur 45 cas, on trouve : folie, 9 cas ; épilepsie, 6 ; paralysie, 5 ; anémie, 4 ; aphonie, 3 ; fièvre, 3 ; névralgie, 3 ; hydropisie, 2 ; maladies organiques ou indéterminées, 2 ; catarrhe compliqué probablement d'une lésion organique, 1 ; hémorrhagie, 1 ; goutte, 1 ; vertiges, 1 ; symptômes nerveux, suite de chute, 1 ; phthisie, 1 ; asthme, 1 ; convulsions, 1. Nous ne nous faisons pas garant de certains diagnostics. De cet aperçu, il résulte que, dans la majorité des cas, ce sont les affections sans lésions appréciables de tissus qui ont été coupées par influence psychique. Sauf quelques paralysies consécutives à l'apoplexie, paralysies modifiées en mieux sur le coup et disparues en peu de temps ; sauf quelques maladies organiques, dont l'une n'a été guérie que momentanément ; sauf, enfin, une hémorrhagie et deux hydropisies douteuses, on doit placer toutes celles que nous avons énumérées dans le bagage des affections nerveuses, y compris les cas d'asthme, de goutte et les fièvres, et l'on peut conclure que les quatre cinquièmes des maladies disparues par l'influence de la pensée avec émotion, étaient sans lésions organiques appréciables et venaient presque toutes par le contre-coup d'idées ayant réagi sur l'économie.

Cette courte analyse porte à penser que les affections du système nerveux sont, plus que les autres, modifiées heureusement par action morale, mais elle ne peut nous faire conclure que les affections organiques ne soient pas guérissables de la même façon. Combien il s'en trouve qui se résolvent avec lenteur par ce moyen et dont l'heureuse terminaison est regardée comme l'effet des médicaments ? Naturellement, les observateurs n'ont voulu mettre sur le compte de l'imagination un de leur cheval de bataille, que les cures étranges de maladies nerveuses, seules maladies guérissables d'une manière insolite. Mais il est à croire que toutes les affections à lésions organiques doivent être aussi modifiées en mieux par des suggestions répétées, si surtout on sait employer une méthode rationnelle, car il ne répugne pas d'admettre que ce qui, dans un état passif, est supérieur aux remèdes contre les maladies sans altération sensible de tissus peut bien l'être, mais avec plus lenteur, là où il y a des lésions apparentes.

On peut déjà l'entrevoir, la nature curatrice n'est pas aveugle, ainsi que l'on serait tenté de l'admettre, d'après ceux qui rapportent certaines cures qu'elle fait à une faculté folle et vagabonde, l'imagination. Ce mot, vide de sens, depuis qu'il signifie tout ce que l'on veut, et auquel on rattache tout ce que l'on comprend le moins dans l'art de guérir, apparaît à des médecins comme une véritable colonne d'Hercule devant laquelle on doit s'arrêter court. Pour qui prononce magistralement ce mot sonore, cela veut dire qu'il faut se signer ou se prosterner, il n'y a plus rien au-delà. Et cependant nous venons de le remarquer, derrière cette borne posée par ces myopes, l'imagination, il y a quelque chose à étudier et à analyser, il y a des leviers à trouver, il y a une puissance dont on se rend maître et que l'on peut utiliser, il y a un nouveau monde.

En résumé, les guérisons par réaction de la pensée sur l'organisme, de même que les maladies par la même cause, se rapportent à trois types, selon que l'attention, qui en est le moteur premier, se porte sur des idées ne réveillant pas d'émotions, ou en suscitant de vives et de promptes à la fois, ou enfin, en entretenant de prolongées. Comme les cures les plus rapides et les plus importantes ont lieu par révulsion, pendant des crises accompagnées d'un contre-coup émotif puissant, nous sommes porté à croire que ces cures sont dues surtout au renfort que l'attention reçoit de la force nerveuse départie dans le système ganglionnaire et que, par conséquent, appeler à son secours cet élément pour les guérisons que l'on tente, c'est augmenter les chances d'obtenir de bons résultats. Les maladies s'en vont par le même mécanisme qu'elles s'en viennent, seulement le mouvement physiologique en est inverse. Ou bien, l'attention s'accumule sur une idée-image fixe, autre que celle de la maladie, en appelant ou sans appeler l'élément émotif à son aide, et il en résulte un afflux de force nerveuse vers le siége du mal s'il y a manque de ton, ou il en résulte encore loin du même siége s'il est surchargé de trop d'excitation, une véritable congestion nerveuse révulsive. Dans l'une et et l'autre occurence, grâce à la pensée nouvelle immobilisée, l'attention perd la propriété de retourner à son mode vicieux primitif d'entretenir la maladie. C'est qu'il s'est développé une condition sans laquelle il n'y aurait pas de guérison possible, c'est celle qu'offre le sommeil et ses états analogues, états où l'attention, s'étant accumulée et, par cela même, étant devenue fixe sur une autre idée imagée, ne peut plus retourner à l'idée de maladie. Ou bien, dans la même condition, la guérison a encore lieu, lorsque l'attention est fixée en excès sur une idée pure négative du mal. Dans ce dernier cas, cette force qui, auparavant, se dirigeait sur l'idée morbide comme l'aiguille aimantée vers le Nord, n'est plus susceptible de retrouver son pôle, elle reste accumulée au cerveau. On le voit, ce mouvement oscillatoire de l'attention, dû à la pensée, peut se résumer en cette phrase, c'est, pendant des états passifs, penser à autre chose qu'à la maladie.

Maintenant que, par l'analyse que nous venons de faire des cures amenées par la réaction de la pensée sur l'organisme, cures regardées comme telles par des juges compétents, nous sommes arrivé à connaître le dynamisme par lequel elles ont eu lieu, maintenant que nous savons que c'est dans des conditions analogues à celles du sommeil et par une révulsion mentale amenée dans ces états, qu'elles se sont produites, c'est-à-dire, par une affirmation faite en ces conditions et cause de retrait de la force nerveuse là où elle était en trop et d'afflux de cette force là où elle était en moins, il n'y a déjà plus à balancer pour établir des conclusions : déterminer le sommeil ou le charme, et on en connaît la méthode, puis faire réagir la pensée des malades par suggestion, enfin, renforcer ce procédé au besoin de l'élément affectif, ce qui entraîne plus sûrement le succès, telle est la règle à suivre pour qui veut faire un grand pas dans l'art de guérir et sortir de l'ornière : imiter la nature dans ses procédés, c'est suivre le meilleur maître.

CHAPITRE III.

Autant qu'il a été possible de le faire, nous avons déjà donné une idée du mécanisme de la formation des maladies, et de la production des cures par l'action du moral sur le physique dans des formes de l'état passif. Nous allons retrouver le même mécanisme, à peu de chose près, pour la production de modifications organiques en bien ou en mal pendant le somnambulisme et le charme, nouveau point de rapport prouvant qu'il y a, entre ces manières d'être de l'organisme et tous les autres états du même genre, une analogie frappante ayant lieu jusque dans leurs manifestations les plus profondes. Si nous étudions les rouages de ce mécanisme d'une manière plus complète à propos du sommeil, c'est qu'il est, de tous les états de même nature, celui qui est le plus aisé à connaître, puisqu'on peut le faire naître à souhait, le prolonger indéfiniment et l'examiner dans ses manifestations avec le plus de facilité, le dormeur se prêtant à ce que l'on exige de lui sans jamais faire acte d'opposition. Toujours est-il que malgré quelques redites qui ne sont pas inutiles, l'on retrouvera dans cet examen plus détaillé et plus approfondi, portant surtout sur le mode des guérisons, l'on retrouvera, disons-nous, un complément à ce que nous avons déjà émis sur le développement et la guérison des maladies par causes morales.

Que le sommeil produit artificiellement soit profond, à tel point que l'attention fixée sur l'idée dans laquelle on s'est endormi ne veille plus aux sens ou ne suscite pas même de rêves et de mouvements, ou qu'il soit plus léger et qu'alors une partie de l'attention non fixée et encore flottante subisse, dans des bornes assez étroites, la loi de l'association des idées et ballotte en tous sens comme un vaisseau démâté, il arrive toujours, puisque dans cette sorte de sommeil, l'on s'endort dans l'idée fixe de celui qui le fait naître, que l'endormeur a la facilité de pouvoir offrir des idées à l'attention de son somnambule et de faire réagir ainsi cette faculté dans le sens qui lui plaît. Or, quelles sont les conditions subsidiaires, après l'accumulation de l'attention et les idées mémorielles sur lesquelles s'exerce cette force, qui font que l'on obtient des modifications telles sur l'économie que des accidents morbides prennent naissance ou disparaissent ?

Procédons avec ordre, et prenons un exemple. Si à un somnambule devant lequel il y a un objet léger, son chapeau par exemple, l'on dit, lorsqu'il a placé la main dessus pour le prendre, vous ne pouvez le soulever, il lui sera impossible de le déplacer, ses doigts resteront comme cloués à leur place. Il y a dans cette expérience, deux éléments saillants du mode par lequel on obtient la guérison des malades.

1° Par cette affirmation trompeuse, vous ne pouvez lever ce chapeau, l'attention du somnambule s'attachera avec fixité à cette idée d'impossibilité d'exécuter l'acte qu'il allait faire, en vertu d'une disposition à croire qui découle de l'organisation et qui est une nécessité inhérente dans l'homme et tous les êtres, de croire à eux-mêmes, à leurs sens, aux objets extérieurs. Sans la croyance au moi et au non moi, y aurait-il possibilité aux êtres animés de conserver leur existence ? La suggestion acceptée par le dormeur implique donc, de sa part, qu'il ajoute foi à la parole d'autrui, parce qu'il est fatalement porté à croire à lui-même et ensuite aux autres ; cette conséquence est obligée.

2° Si le même somnambule prend ensuite pour certaine l'assertion absurde qu'on lui imprime dans l'esprit de ne pouvoir enlever son chapeau, c'est que son attention étant accumulée, il a perdu par là la faculté de faire effort de volonté pour déplacer cette force, d'aller d'idées en idées, de mettre ses sens et ses muscles à leur service, de contrôler l'une par l'autre, de faire enfin acte de jugement ; il reste, par cela même, dans l'idée fixe où on le met. Chez lui, l'attention, cette cause initiale de l'effort, et elle l'est aussi des sensations, et par suite, des idées au même titre qu'elle est la base des opérations intellectuelles, etc., l'attention est inerte, et, au lieu d'être encore le remorqueur des manifestations psychiques et autres, elle est devenue immobilisée sur les idées toutes faites qu'on lui présente. Aussi, en face du chapeau de l'expérience précitée, ce dormeur ne sera pas capable de faire le moindre argument, il ne pourra diriger son esprit sur la pensée que cet objet est léger et que, partant, il est aisé à soulever, il ne pourra se douter de la bonne foi de son interlocuteur, il restera là, le bras immobile, imbu de l'idée fixe imposée, toute fausse qu'elle est, sans pouvoir s'en dépêtrer. Après les deux principes essentiels de la pensée, l'attention et les idées, la crédulité native et l'impuissance acquise de faire des efforts de volonté et d'intelligence, parce que l'on est en idée fixe, se présentent donc ensuite comme étant les deux autres éléments secondaires de la détermination des guérisons ; l'un aide l'autre.

En considérant la torpeur d'esprit des dormeurs, nous nous sommes demandé souvent si la crédulité et l'incrédulité n'ont pas leurs racines dans un même fond commun, dans une inertie de l'attention qui fait que l'un, le crédule, admet sans contrôle ce qu'on lui dit et l'autre, l'incrédule, nie ce qu'on lui avance, par une même paresse d'examiner. Les faits donnent raison à notre conjecture.

D'un côté, les hommes impuissants, par inertie de l'attention, à combiner des idées, peser des motifs, tels sont les idiots et les pesants, sont excessivement faciles à tromper et, de l'autre, ceux qui, par perte de ressort de cette faculté, tombent dans une idée fixe comme les fous et certains savants, sont très-incrédules au contraire, parce qu'ils ne peuvent plus se débarrasser des convictions étroites qui les enchaînent, ils font corps avec elles et, par cela même, rejettent l'examen des faits vraisemblables ne rentrant pas dans leur marotte habituelle. Il n'est pas de médecins qui ne sachent combien il est difficile d'inculquer à un fou qu'il y a des vérités probables en dehors de ses idées fixes, et personne n'ignore combien il a fallu de temps, malgré des preuves évidentes, pour détruire chez les savants la conviction où ils étaient que le sang ne circule pas.

3° Si l'accumulation de l'attention est la cause de l'excessive crédulité et de l'impossibilité où est le dormeur en idée fixe d'être le maître de ses sens et de ses pensées, c'est encore l'accumulation de cette force qui est la cause de la vivacité de ses remémorations. Prenons encore le même somnambule. Si l'on présente à son attention l'idée mémorielle d'un objet connu, d'un objet de la vision, par exemple, il arrive que l'attention, en s'accumulant sur l'empreinte imagée restée latente dans l'esprit, la revivifie, la fait reparaître à la mémoire comme si son objet tombait réellement sous les sens ; elle en illumine les linéaments avec plus de netteté encore que la lumière ne dessine un tableau dans une chambre obscure. Plus puissante que le fluide lumineux, cette force, en outre des formes, du relief des corps, renouvelle aussi leurs dimensions véritables, leurs couleurs, etc. ; elle les anime, leur donne le mouvement ; elle a la propriété de ressusciter tout un monde. En principe, dans le cas dont il s'agit, et ce que nous avançons pour la vue, peut s'appliquer à tous les sens, la sensation remémorée est identiquement la même que la sensation primitive, sensation consécutive à une impression visuelle et, de même que la perception avait été d'abord à la fois visuelle et cérébrale, la sensation remémorée ou centrifuge est à la fois cérébrale et visuelle ; cette dernière se fait seulement en sens contraire et il n'y manque que l'objet réel. Dans ce phénomène de pure représentation mentale, puisque la sensation est instantanément aussi vive au foyer mémoriel qu'à l'organe sensible (1), c'est que l'attention, massée et immobilisée sur l'idée-image mémorielle, est également et simultanément portée en abondance et mise en arrêt sur l'épanouissement des nerfs optiques. Ce que nous émettons, à propos de la vision, ressort de ce qui suit d'une manière plus palpable. S'il s'agit, par exemple, de perceptions tactiles rappelées en souvenir, nécessairement encore l'attention avec les sensations recréées rejaillit en même temps du cerveau vers les extrémités des nerfs du tact, soit sur une surface très-étendue de ces nerfs, soit sur une surface très-étroite et selon la mesure de l'idée exprimée. La preuve de cette simultanéité exacte entre la sensation remémorée au cerveau et la sensation éprouvée en même temps à la périphérie du corps, nous l'avons obtenue maintes fois, en suggérant de la souffrance aux somnambules là où nous appliquions la main ; ces dormeurs accusaient immédiatement une impression pénible dès que nous leur en avions donné la pensée, même si nous touchions plusieurs endroits à la fois. Nous avons fait encore d'autres expériences aussi

____

(1) Il est presque inutile de rappeler que la sensation a lieu aussi au cerveau, ce que démontre la propriété de s'halluciner, propriété existant chez les personnes privées des nerfs sensibles par lesquels sont venues primitivement les perceptions.

faciles à répéter, et qui prouvent avec quelle précision et quelle justesse la pensée est servie par l'attention, dans des parties étendues ou circonscrites innervées par des filets de l'organe du tact. Si nous promenions avec lenteur et alternativement la surface palmaire, ou seulement un doigt, sur des parties du corps d'un somnambule, tout en lui communiquant l'idée qu'il éprouverait de la douleur aux endroits en rapport avec notre main, à mesure que nous avancions, il accusait cette pénible sensation de la manière que nous la lui suggérions ; dès qu'elle paraissait dans le point touché, elle disparaissait dans celui que notre main quittait, et cette douleur était susceptible d'augmentation et de diminution, non-seulement en intensité, mais encore selon le plus ou moins d'étendue de l'endroit où nous appliquions la surface palmaire ou seulement un ou plusieurs doigts ; le somnambule créait à peu près ses sensations comme on fait naître des sons sur les touches d'un clavecin. Si nous restions au contact des enveloppes cutanées d'une manière continue, la souffrance ressentie par lui était continue. Toutes ces expériences sont des preuves que, grâce à l'attention, les idées remémorées sont immédiatement exprimées en sensations aux extrémités des nerfs du tact, et cela avec plus ou moins de durée et d'intensité, soit sur une seule, soit à la fois ou successivement, sur diverses parties du corps. Ce que nous disons pour la sensation remémorée de douleur communiquée aux nerfs du tact par le cumul de l'attention, nous le disons pour l'action de cette même force agissant à la suite d'une idée sur les nerfs des autres sens, sur les nerfs du mouvement et sur les nerfs sensitifs et moteurs du système ganglionnaire.

On ne se représente pas seulement des idées imagées que l'on vivifie, on s'en représente encore qui sont sans répercussion sensible et mouvementée, telles sont les idées pures ou celles qui sont négatives des idées-images. Il est clair que les idées qui ne se rapportent à rien d'extérieur au cerveau, ni aux sensations, ni aux mouvements, les idées complexes, par exemple, ne peuvent avoir de contre-coup sur des filets nerveux en dehors de cet organe central ; lorsque l'attention afflue sur ces idées, le cumul en est exclusivement cérébral. Si, à un somnambule auquel on a suggéré l'idée réflexible de douleur ou, ce qui équivaut au même, la sensation douleur, on substitue l'idée fixe de la disparition de cette sensation centrifuge, de sa négation, la force nerveuse, portée en excès et sur l'idée douleur et aux filets du tact devenus sensibles, cesse d'être accumulée à la fois dans ces deux points opposés, elle se masse et s'immobilise au cerveau sur la dernière idée fixe imposée, et toute douleur disparaît parce que cette idée pure est sans répercussion au-dehors du cerveau ; ne venant directement d'aucun filet sensitif, elle n'est reportée à la périphérie d'aucune extrémité nerveuse, ce qui fait que la révulsion de l'attention sur elle est purement cérébrale. C'est dans ce déplacement de l'attention attachée d'abord à des idées imagées et créatrices de douleur, etc., déplacement opéré sur des idées pures devenant fixes, que l'on découvre le secret du mode de guérison des maladies avec excès d'excitation chez ceux que l'on a mis dans les états de sommeil ou de charme ; après une suggestion négative faite dans le but de dissiper un accident morbide, la force nerveuse restant alors toujours accumulée au cerveau sur une nouvelle idée non répercussive, ne nourrit plus le mal et, faute de cet aliment, le mal disparaît.

Et ce qui, explicitement et avant expérience, fait pressentir que des guérisons de maladies sthéniques, même prolongées, peuvent avoir lieu de cette manière, c'est que des sensations douloureuses d'une durée indéfinie et venues par remémoration, disparaissent fort bien par affirmation. Si l'on présente encore une idée-image à l'attention d'un somnambule, que ce soit l'idée d'un objet de la vision ou du toucher, et si on lui assure qu'il la gardera avec fixité plusieurs jours et même plusieurs semaines après le réveil, l'hallucination qui s'ensuit persistera le temps qu'on lui aura désigné. Nous avons fait durer ainsi avec tenacité, le mal de dents et les douleurs de la stigmatisation chez des personnes qui ne savaient ce que c'est de souffrir de ces deux manières différentes. C'est une preuve qu'il peut y avoir des névralgies dentaires sans caries et des stigmatisés sans stigmates, de même qu'il y a des idées fixes sans lésions cérébrales. Or, une sensation remémorée de ce genre, sensation rendue permanente par suggestion et ressentie immédiatement et à la fois à l'extrémité de filets sensitifs, cesse aussi d'exister en substituant à l'idée-image fixe qui l'entretenait, l'idée simple et fixe de sa négation. Dans ce dernier phénomène encore, l'attention qui, du cerveau, se portait auparavant d'une manière continue à l'organe de la sensation remémorée, reflue alors de la même manière sur une idée pure et, faute de conducteurs spéciaux à son service, devient sans expression en dehors du foyer mémoriel ; aussi, par une telle révulsion, l'organe souffrant reste forcément sans excitation et la douleur disparait.

D'après ce qui précède, nous pouvons induire que les maladies avec exagération des éléments sensibles, moteurs, nutritifs, etc., qu'elles soient aiguës ou chroniques, peuvent cesser d'exister, grâce à l'action de l'attention accumulée sur des idées pures ; dans ces cas, il y a accompagnement obligé, de la part du dormeur, d'une crédulité excessive, d'une impossibilité complète à changer la pensée qui lui est imposée et d'une disposition acquise de rendre nuls, avec la même puissance, les sensations, les mouvements, la vitalité organique, qu'il a la propriété d'exagérer outre mesure.

Mais ce n'est pas tout. Maintenant que nous connaissons les causes favorables aux cures par action morale, que nous savons le mécanisme intime de la guérison des maladies par excès d'excitation, il ne nous est plus difficile de dire quelle sont les causes et le mécanisme convenables aux affections par manque d'excitation ou asthéniques. Ils sont nécessairement les mêmes, sauf qu'ils sont inverses. Dans les affections asthéniques, la force nerveuse étant en moins dans les tissus et, par suite, la nutrition, la sensibilité, les mouvements, etc., étant diminués ou arrêtés, il suffit, pour y appeler l'attention, et par cela même la guérison, de suggérer aux dormeurs des idées-images ayant rapport à leurs accidents morbides; nous venons de voir comment et à quel point on vivifie ces idées.

Qu'à l'aide d'une idée-image imposée le dormeur reporte en masse, et tour à tour, son attention sur des nerfs sensibles ou moteurs, voire même sur des nerfs présidant à la nutrition, aux secrétions, etc., et qu'il en surexcite ainsi les propriétés organiques, que de même il soustraie, au contraire, l'excès d'attention portée sur ces nerfs en mettant cette force en arrêt sur une idée pure, idée sans retentissement sur des prolongements nerveux et qu'il en calme encore ainsi les propriétés organiques, dans cette soustraction et ce cumul d'attention produit par suggestion, on retrouve cette fluctuation en plus ou en moins de la force nerveuse, fluctuation dont nous avons déjà reconnu le mouvement dans la formation et l'existence du sommeil et de ses analogues, dans la production des maladies et des guérisons naturelles par causes morales.

D'après la possibilité qu'il y a, pendant le sommeil, de déplacer l'attention, soit en la massant avec fixité sur un point, soit en la soustrayant de même d'un autre point où elle est en abondance, on a le moyen par lequel il sera toujours facile d'agir à l'aide de la pensée sur toutes les maladies auxquelles l'humanité est sujette. Il sera rarement nécessaire de recourir à d'autres modes de perturbation révulsive nerveuse révélés par la manière dont les guérisons fortuites par causes morales s'établissent. Ainsi, il est bon de le répéter encore, là où il y aura excès de force nerveuse ou surexcitation, une idée pure, ordinairement négative du mal et suggérée au dormeur, devra à elle seule appeler cette force au cerveau et l'y concentrer et, par cette révulsion durable, amener la disparition du mal qu'elle sustentait. Là, au contraire, où il y aura diminution de force nerveuse ou manque de stimulation, une idée-image suggérée au dormeur sera suffisante pour diriger, vers les organes affectés, la quantité d'attention nécessaire à leur retour continu à l'état normal. La suggestion faite dans ces deux sens opposés, avec appel d'attention où elle est en moins et soustraction de cette force où elle est en plus, doit donc renfermer en elle-même le pouvoir d'équilibrer l'action nerveuse désaccordée, de rétablir l'ordre physiologique. L'induction que nous tirons parait d'autant plus vraie que des faits fortuits, mais positifs de guérisons par causes morales, faits produits par de semblables révulsions de la force nerveuse dans des états analogues au sommeil, sont déjà venus la confirmer.

La méthode suggestive, pour obtenir des guérisons, sera surtout favorable contre les maladies venues par la pensée. Ce que la pensée a pu faire en mal elle peut nécessairement le réparer, car ce qu'elle met en mouvement de force dans un sens, elle a la propriété de le mettre dans un autre. M. A.-J-.P. Philips (1), dans un ouvrage sérieux au fond,

(1) Voy. Électro-dynamisme vital. Paris. J.-B. Baillière, 1855.

mais trop obscur dans la forme, a déjà émis la même opinion. Pour lui, le pouvoir destructif de la pensée, agissant remémoriellement sur l'organisme, est exactement l'étendue de son pouvoir réparateur. Cet auteur va plus loin, il dit : « Dans l'impression mentale par remémoration, réside la puissance de produire tous les effets dynamiques morbides ou curatifs dus à n'importe quel spécifique connu ou à connaître ». Nous avons des raisons pour nous faire présumer que le pouvoir de la pensée est supérieur même à l'action des remèdes les plus héroïques. Il n'y a pour son emploi qu'un inconvénient. C'est, qu'en pratique, la thérapeutique morale n'est efficace à un si haut degré que sur le plus petit nombre des sujets, ceux qui jouissent de la faculté de tomber dans le sommeil extatique d'un saint Francois d'Assise.

Mais, de même que les maladies produites par causes morales se déclarent avec plus de violence lorsque la pensée est accompagnée d'émotion, de même encore que les guérisons naturelles, par la même cause, surviennent avec plus de promptitude, lorsque l'élément émotif s'y joint, il arrivera aussi, lorsqu'on appellera l'émotion au secours de la pensée pendant le sommeil, afin d'amener des guérisons, que le résultat favorable sera sûrement et plus rapide et plus durable. Ce que des faits de maladies et de cures, ayant lieu par hasard dans des états analogues au sommeil, nous ont prouvé en faveur de l'influence psychique, ce que l'expérience des phénomènes physiologiques de l'état de repos nous font entrevoir pour obtenir des guérisons, nous le démontrerons sans réplique, en tentant d'arriver à ce dernier but à l'aide du sommeil et même de l'état de charme pour point d'appui, de la suggestion comme levier et de l'action de la pensée comme puissance.

En résumé, les conditions subsidiaires de la pensée pour

amener des cures par suggestion pendant le sommeil, et l'on peut ajouter, pendant le charme, sont, après les éléments de l'attention accumulée et des idées mémorielles : 1° d'abord, une prédisposition native à croire à soi-même, à ses perceptions, au monde extérieur, etc., par conséquent, à la parole d'autrui. Ce sont ensuite, par l'effet du cumul de l'attention : 2° l'incapacité où l'on est de faire des efforts pour sortir de l'idée imposée, ce qui empêche le doute et fixe davantage la pensée ; puis, 3° la vivacité et la persistance de l'idée mémorielle suggérée et remémorée. Ces trois conditions secondaires font que, si l'on offre une idée-image à l'esprit d'un dormeur, l'attention, qui se concentre au cerveau sur cette idée, se répercute et afflue longtemps sur les nerfs du sentiment ou du mouvement qui y sont affectés, et aussi sur ceux du grand sympathique même, en ce qui, à leur égard, concerne la nutrition et les sécrétions. Ces conditions font encore que, si l'on présente une idée pure à l'esprit de ce dormeur, idée qui ne peut avoir aucun écho sur l'organisme, puisqu'elle ne correspond à aucun conducteur nerveux spécial, l'attention s'accumule exclusivement sur cette idée, s'y fixe, et en se portant ainsi en masse au cerveau, elle abandonne les autres points du corps y compris ceux où elle était en excès. Cette fluctuation de l'attention par l'effet de la représentation mentale d'une idée, fluctuation ayant lieu, soit en plus, soit en moins, et étant devenu possible pendant le sommeil, se remarque aussi dans les états analogues, lors de la formation des maladies par influence morale; quand la force nerveuse s'est portée en excès sur les organes, les affections morbides sont sthéniques ; là où, au contraire, elle a été diminuée par suite d'une révulsion trop vive vers d'autres parties, les affections produites sont asthéniques. Cette même fluctuation de l'attention se remarque encore dans les guérisons naturelles par la même cause ; elles ont lieu par stimulation, lorsque la force nerveuse se dirige en abondance vers les tissus manquant de ton, et elles arrivent par sédation, lorsque l'attention diminue de quantité dans les tissus trop excités. C'est cette augmentation ou cet amoindrissement de la force nerveuse, persistant dans un organe, qui expliquera de même la guérison des maladies dans l'état de repos. A l'aide d'une idée soumise à l'attention, on appellera cette force là où elle est diminuée et on la fera disparaître de là où elle est en excès, et cela avec d'autant plus de facilité, que l'on fera venir l'élément émotif à son aide. Le rétablissement de l'harmonie dans la distribution de la force nerveuse désaccordée n'est, on peut le voir, qu'une question d'équilibre.

CHAPITRE IV.

CONSIDÉRATION, AU POINT DE VUE CURATIF, SUR L'ART D'ENDORMIR
ET DE FAIRE LA SUGGESTION

Tout le monde est prédisposé à être influencé par les manœuvres que l'on emploit pour produire le sommeil artificiel, puisque tout le monde dort du sommeil ordinaire, aussi n'est-il personne qui ne puisse être guéri par les procédés de suggestion pendant un état passif quelconque. Depuis le plus léger degré d'inertie de l'attention, jusques à son degré le plus élevé, le sommeil profond, il y a une infinité de nuances intermédiaires correspondant au sommeil ordinaire de chacun et désignées par M. A.-J.-P. Philips, sous le nom générique d'état biologique, et sous celui de charme par les magnétistes. C'est à cette dernière désignation que je me range, elle est la plus simple et la plus juste. L'ascension plus ou moins haute de chacun vers le sommeil profond, dépend de la faculté que l'on a personnellement de concentrer sa pensée ; plus cette faculté est grande, plus on a d'empire sur soi-même, plus, par conséquent, il y a de chances d'arriver à la guérison au moyen de l'action de la pensée sur l'organisme.

On a cherché à savoir quels sont, entre les hommes, ceux qui ont de la prédisposition à tomber avec facilité en charme ou en somnambulisme. M. A.-J.-P. Philips a constaté que le tempérament bilioso-nerveux fournit la bonne part. Mes expériences me portent à croire qu'il ne s'est pas trompé. C'est ensuite parmi les personnes d'un tempérament nerveux et nervoso-lymphatique que j'ai recruté les meilleurs dormeurs. Mais je ne suis pas de l'avis de

M. A.-J.-P.- Philips lorsqu'il avance que les individus du sexe masculin sont plus apts que ceux du sexe féminin à entrer dans l'état passif. J'ai reconnu le contraire. Du reste, le somnambulisme et le charme prennent naissance chez ceux qui dorment le mieux, et nul physiologiste ne contestera que les femmes ne reposent davantage et plus pesamment que les hommes.

La disposition à se mettre en passiveté d'esprit m'a paru héréditaire. J'ai eu plusieurs fois l'expérience que tous les membres d'une même famille arrivaient souvent dans un état de sommeil semblable, tandis que parmi les membres de certaines autres, je ne pouvais recruter un seul dormeur, ma conviction est devenue si forte à cet égard qu'il m'est arrivé de ne pas craindre d'annoncer d'avance quel serait le résultat de mes manœuvres, lorsque j'avais déjà réussi dans la famille de celui sur lequel je voulais agir.

Les enfants, les vieillards sont moins disposés à être influencés que les hommes des âges intermédiaires. Cela tient à l'inertie habituelle de leur attention consciente, inertie si voisine de celle que présentent les imbéciles. Comment endormir ces gens là qui, par nature, sont dans un état à peu près analogue au sommeil ? Les premiers sortent d'une torpeur générale où les fonctions végétatives et l'imitation jouent le principal rôle pour, de là, s'élever peu à peu à l'exercice des facultés cérébrales et du véritable sommeil; les seconds, retournent avec lenteur vers un engourdissement de la pensée ressemblant à celui du premier âge.

L'abbé Faria a observé que les individus qui suent avec abondance tombent assez vite en somnambulisme. Il a aussi fait la remarque que ceux qui éprouvent un clignotement fréquent des paupières fournissent encore un ample contingent de dormeurs. Pour moi, il est positif que les personnes affectées de strabisme, de tremblement des globes oculaires, de tics convulsifs, les femmes vaporeuses, les hystériques, certains épileptiques, les névropathiques, les anémiques sont généralement disposés à devenir somnambules. Il faut ranger dans la même catégorie ceux qui rêvent à haute voix, s'agitent beaucoup dans leur lit sans s'éveiller, ou qui, dans leur sommeil, se mettent en rapport par le contact de la main et, enfin, les somnambules essentiels. Si l'on rencontre surtout des sujets à endormir parmi des malades, ce n'est pas une raison pour croire que les états de charme et de somnambulisme soient morbides, comme on est porté à le penser ; nous avons endormi des femmes et des hommes d'une constitution robuste et qui n'avaient jamais été souffrants, pour ainsi dire, des paysans vigoureux, ayant servi dans des corps d'élite et fait des campagnes pénibles, sans qu'ils soient jamais entrés dans un hôpital.

Le charme et le sommeil profond, que l'on obtient par des procédés spéciaux, procédés résumés tous dans l'art de concentrer l'attention, ne sont autre chose, à la différence près du rapport établi, qu'une exacte reproduction, mais dans un autre temps, du sommeil ordinaire auquel on arrive chaque nuit. S'il y a tant de personnes qui ne peuvent retrouver artificiellement leur degré habituel de sommeil, c'est qu'elles n'y sont pas suscitées par des causes accessoires aussi puissantes, telles que la fatigue, les ténèbres, etc., et ensuite, parce que l'on choisit, pour les endormir, des moments dans la veille où les distractions viennent assiéger nécessairement l'esprit. Je ne doute pas que, par l'exercice et l'habitude, chacun ne parvienne à se livrer au repos, à toute heure du jour et au même degré que de coutume.

J'ai cherché à ramener, à une formule unique, le moyen de connaître quels sont les individus les plus prédisposés à arriver en somnambulisme ou en charme. La disposition à tomber dans ces états est proportionnelle à la faculté de représentation mentale de chacun. L'on peut être sûr que l'homme qui, en reportant son attention sur une idée-image, celle d'une perception tactile, par exemple, ne tarde pas à la percevoir comme si elle était réelle, que cet homme est capable de dormir profondément. Lorsque je veux me rendre compte jusques à quel point l'on peut devenir passif, je me fais regarder les yeux, ce qui fait éviter des distractions, puis j'annonce à la personne située en face de moi qu'elle va ressentir une sensation de froid, de chaleur, etc., là où je la touche. J'ai soin, on le voit, d'affirmer une des perceptions la plus facile à se représenter, car elle est une des plus habituelles et elle appartient au sens le plus vigilant. Si quelques minutes au moins après le contact, on accuse la sensation annoncée, j'en augure de bons résultats pour mes manœuvres subséquentes. C'est que le sommeil auquel on veut arriver n'est, en effet, que le résultat d'une affirmation, celle de reposer; on se suggère cette idée, on se la représente, on y reste attaché, comme on se remémore l'idée d'une chose, d'un son, d'une odeur ou de tout autre objet de perception, comme on se la rend fixe dans l'esprit. Aussi, par induction, il faut conclure, d'après ce qui précède, que puisque plus la remémoration est vive, plus on a de dispositions à être endormi, et puisque se remémorer avec force, c'est sentir avec force, il faut conclure, la sensation centrifuge impliquant avec exactitude la sensation centripède, que plus une personne a de mémoire ou perçoit vivement, plus elle est capable de dormir profondément.

On doit encore croire que les hommes devenus malades, en repliant leur attention sur des idées-images, sont, à juste raison, disposés à être mis en somnambulisme ou en charme. Cela est vrai, en général, pour les maladies récentes par cause morale ; mais il est surtout des exceptions pour les affections chroniques et, entre autres, l'hypocondrie et presque toutes les formes de la folie. C'est qu'alors, dans ces cas, la pensée a pris une direction tellement fixe, qu'il est impossible de la détourner pour la diriger avec la même fixité d'un côté différent, le ressort de l'attention est tout à fait brisé, on ne peut déplacer cette force dans un autre sens, et tel guérissable sur le champ, pendant le sommeil artificiel encore possible au début de son mal, ne l'est plus à l'époque où ce mal a pris une forme bien déterminée, que par les procédés lents de révulsion mentale employés par les médecins aliénistes.

Lorsqu'il a reconnu qu'une personne a des prédispositions à entrer dans un état passif, l'endormeur doit se rappeler que la première chose à employer pour parvenir à influencer cette personne, c'est de faire naître dans son esprit la conviction de ce qu'il lui annonce, aussi il sera calme, sans hésitation et paraîtra sûr d'obtenir un résultat. Comme il lui est nécessaire de diriger l'attention de son sujet sur l'idée fixe de dormir, il le mettra dans les conditions favorisant le sommeil ordinaire. Il choisira, pour ses séances, plutôt les ombres de la nuit que la lumière du jour, une chambre légèrement obscure, retirée, préférablement à une chambre très-éclairée et où les bruits parviennent ; il répétera ses essais à heure réglée pour imiter autant que possible l'alternative habituelle du sommeil. Quoiqu'il y ait peu d'importance à donner la préférence à un moyen sur un autre, il est certain que les procédés par lesquels on fixe réciproquement les regards l'un sur l'autre, sont de tous les meilleurs : ce qui a de l'expression, du mouvement, de la vie, arrête toujours plus l'attention que ce qui est mort. Il faut surtout se garder de ce moyen, fruit d'une fausse théorie, lequel consiste à fatiguer l'appareil

musculaire des yeux en produisant du strabisme, et à exciter la rétine par l'action d'une lumière trop intense ; c'est
ainsi que l'on amène des accidents nerveux et que l'on
jette le discrédit sur des applications scientifiques pleines
d'avenir. Si l'on a soin de pratiquer l'affirmation de phénomènes plus caractéristiques, pendant que la personne
que l'on endort est déjà dans le charme, on hâte l'explosion du somnambulisme. Aussi, en la rendant muette, incapable de se mouvoir, en lui faisant faire des mouvements
automatiques, on la persuade davantage de ce qu'elle
peut devenir ; l'effet à obtenir est préparé par l'effet déjà
obtenu.

Il n'est pas nécessaire d'annoncer d'avance le sommeil
pour le déterminer ; quelle que soit l'idée que l'on présente au sujet sur lequel on agit, pourvu que son attention
s'y arrête avec fixité, l'état de somnambulisme prendra
toujours naissance.

Il est bon de répéter que l'on rencontre des personnes
habituellement en charme ou qui y arrivent facilement à
la moindre affirmation, si surtout, une émotion quelconque
vient la renforcer. C'est cette disposition constitution-
nelle qui permet de faire sur ces personnes de remarquables
cures, lors même qu'elles sont éveillées. Greatrackes
et un paysan de l'Anjou se sont fait ainsi, en affirmant des
guérisons et en s'aidant du toucher, une réputation de
guérisseurs aussi méritée que celle d'un Récamier ou d'un
Bretonneau. Les cures faites par Hohenlohe, Mme de Saint-
Amour, le curé d'Ars et dans l'institution de Nauendorf
où la prière, l'imposition des mains et l'annonce du rétablissement des malades sont les seuls moyens mis en
œuvre, peuvent-elles être autre chose qu'un effet de
l'affirmation sur des gens impressionnables et tombant plus
ou moins vite en charme ?

D'ordinaire, les personnes sur lesquelles on pratique des

manœuvres, en vue de produire le somnambulisme, n'arrivent en cet état qu'en petit nombre, dans le rapport de 1 à 5. La plupart s'arrête sur des degrés parallèles aux degrés de leur sommeil habituel, à partir de la torpeur musculaire pour arriver à l'isolement complet des sens. La guérison que l'on cherchera à obtenir sera d'autant plus sûre, que l'individu à influencer approchera du sommeil profond. Ce sera principalement sur les organes ou les systèmes d'organes qui, dans l'état produit, seront le plus vite abandonnés par l'attention, que cette force, en réagissant, aura alors le plus de puissance pour y mettre l'ordre, par la raison toute simple que les parties qu'elle quitte le plus aisément sont aussi celles où elle afflue avec le plus de facilité, lorsqu'elle y fait un retour.

Un point sur lequel il est essentiel de s'appesantir, c'est sur les conditions de la suggestion et la manière de la faire.

Un somnambule étant donné, on sait que, de l'isolement le plus absolu, il est possible, sans qu'il cesse de dormir, de mettre ses sens, ses facultés, ses membres en communication avec ce qui l'environne, comme lorsqu'il est éveillé. Il faut éviter de pratiquer la suggestion dans ces cas de rupture de la concentration d'esprit. C'est qu'à mesure qu'un dormeur gagne d'étendue dans ses rapports extérieurs, sa puissance de représentation mentale s'affaiblit ; de plus, l'empreinte idéale suggérée dure peu, par suite des distractions auxquelles ce dormeur est exposé, et il arrive, l'idée imposée étant remplacée par d'autres, que par là l'effet de cette première est affaibli ou manqué. Le pouvoir de la pensée sur l'organisme m'a paru être en raison directe de la concentration d'esprit, aussi est-ce seulement lorsque, par contre-coup, l'isolement est à son apogée sur quelqu'un, que la suggestion présente le plus de probabilités de réussir. Pour ne pas éprouver de déceptions, l'on évitera donc d'étendre les rapports de son sujet et on le ramènera toujours dans l'isolement le plus complet possible.

Mais il y a encore deux autres choses à considérer.

1° Les somnambules, et encore moins les personnes mises en charme, ont rarement la pensée immobilisée, entièrement, et ces dernières surtout, en vertu de leur attention restée assez libre, font le plus souvent des rê-vasseries, passent de leur propre mouvement et à l'aventure d'une idée à une autre. Il est bon de savoir que l'on a aussi à se garder de cette pierre d'achoppement. C'est parce que l'on abandonne trop les dormeurs à eux-mêmes que, grâce à cette liberté, ils s'annoncent de longues souffrances, des accès périodiques de fièvre, etc., maladies qu'ils arment de pied en cap de signes morbides, dont le bizarre agencement décèle l'origine.

2° Un autre inconvénient qui résulte, au contraire, d'un mouvement automatique de l'esprit des dormeurs, et contre lequel le remède est le même, c'est une disposition opposée, celle qu'ils ont de revenir à l'idée fixe habituelle. Je m'explique. Si un témoin, autre que l'endormeur, abaisse les bras étendus d'un somnambule, il verra ces bras reprendre immédiatement leur position ; ce phénomène est dû à ce que ce dormeur a conservé l'idée qu'on lui a imposée. Or, cette tension continue de l'esprit dans le même sens, se produit même, quoique l'on ait rompu l'idée fixe. Si, tandis que les bras de cet homme sont dans l'extension, on le prie de donner un objet à la portée de sa main, ou bien de l'arranger d'une certaine manière, cette besogne faite, il n'est pas rare de le voir reporter machinalement ses bras en croix. C'est là un effet de son attention qui revient à l'idée fixe, comme un ressort à son point de départ. On remarque des dormeurs qui se mouchent, réparent les désordres de leur toilette, puis re-

mettent automatiquement les bras dans la position horizontale qu'on leur a donnée. C'est ce retour à l'idée fixe
qui est aussi la cause pourquoi un somnambule, dans le
même accès, retourne toujours à son idée principale,
bien qu'on l'en ait distrait à plusieurs reprises, et qu'il
reprend un rêve favori à la séance suivante. Cette pente
naturelle que, par la pensée, un somnambule a de revenir à son point de départ, existe aussi, à fortiori, pour
des idées fixes remontant à la veille ; ainsi, se sent-il malade, il arrive que, dans son état passif, il se confirme
de plus en plus dans son affection. Si, après que l'on
aura pratiqué la suggestion, l'on n'est en garde contre ce
retour machinal de l'attention du rêveur vers l'idée de la
continuation de la maladie réelle, on aura perdu sa peine.
J'ai éprouvé plus d'un déboire à cause de l'ignorance où
j'ai été long-temps de ce retour automatique vers l'idée
fixe, si commune parmi les somnambules.

Le moyen de remédier à ces deux causes d'empêchement à la guérison, l'une, la mobilité relative de l'attention sur des idées morbides, et l'autre, son retour élastique
à des idées fixes de même nature, c'est, en pratiquant
la suggestion dans un but curatif, de ne pas abandonner les dormeurs à eux-mêmes ; leur esprit doit être
tenu continuellement en haleine sur l'idée qu'on leur présente, celle de guérison. Il faut toujours les dominer,
sans leur permettre la moindre réflexion, le moindre retour en arrière ; la pensée de guérir doit seule les occuper. Les conditions essentielles du succès sont renfermées
dans ces simples indications. C'est bien ici le cas de dire
que l'homme qui réfléchit dégénère. En outre, en suggérant la négation des caractères de la maladie, il est bon
de joindre le geste à la voix, de toucher les parties affectées en même temps que l'on parle ; il en est, de ce
rôle que l'on remplit, comme de celui de l'orateur qui at-

tire plus l'attention et se fait mieux comprendre, lorsqu'il joint des gestes expressifs à des paroles éloquentes. Non pas qu'il est nécessaire de débiter des phrases de rhétorique, il faut s'expliquer en quelques mots, avec simplicité et netteté. Sous ce rapport, comme sous beaucoup d'autres, ma manière de voir est différente de celle de la plupart des magnétistes et de J. Franck, bien que chacun d'eux ait obtenu de belles cures en se conformant au prescriptions des somnambules. Seuls, MM. Charpignon et A.-J.-P. Philips, ont formulé des principes à peu près analogues à ceux que j'émets. Il est certain que, par la méthode commune à eux et à moi, on sera plus sûr d'une guérison immédiate ou d'un mieux marqué, puisque le malade conservera, nécessairement et avec plus de fixité, l'idée qu'on aura voulu lui imposer. On pourra contester ce que j'avance, on soutiendra que la plupart des somnambules se guérissent par l'emploi de leur propre médication, on dira que, même par des passes, où il n'y a aucune suggestion verbale, on arrive à produire de belles cures sur ceux qui s'y soumettent. Je suis loin de m'inscrire en faux contre une telle argumentation, mais au fond, sous ces prescriptions de remèdes, sous ces manœuvres illusoires, on retrouve toujours l'idée de guérison que le dormeur s'affirme indirectement ; rien d'étonnant que le mieux ne se déclare, du moment que procédé et médication cachent une affirmation de guérir. Mais la question est de savoir si ces procédés sont aussi sûrs que la suggestion telle que je l'indique ; or, je réponds sans crainte, non, parce que j'en ai fait l'expérience.

CHAPITRE V.

CONTRIBUTIONS AU TRAITEMENT DES MALADIES PAR L'ACTION DE LA
PENSÉE SUR L'ORGANISME.

Il a déjà été établi que les guérisons naturelles, par
action morale, ont été causées par le transport de l'attention qui, de l'idée consciente de la maladie, s'est portée
avec énergie et avec fixité sur une autre idée négative de
l'affection morbide ou sans rapport avec elle. Ces guérisons
m'ont paru s'opérer avec plus de sûreté et en plus grand
nombre, quand ce déplacement a été accompagné d'une
émotion; c'est que, par ce complément, il s'est produit
un afflux ou une révulsion nerveuse plus considérable.
L'immobilisation de l'attention sur une idée émotive ou
non, amène donc l'inconscience de la maladie et, par suite,
sa disparition radicale; l'attention, cette excitatrice du
mal, étant détournée, son effet morbide disparaît. Si les
affections de chacun sont envenimées par l'action de cette
force qui, par une tendance fatale, se dirige continuellement aux perceptions et entretient les lésions de l'économie par l'idée consciente qui en découle, elles sont nécessairement guéries dès que cette même force cesse de suivre
son cours habituel. L'état passif, de quelque manière qu'il
se forme, est la condition des cures par l'influence de la
pensée sur l'organisme, cette vérité est incontestable.
Créer à volonté cet état, sous ses formes les plus communes,
et ce sont le sommeil et le charme, imiter ensuite la nature dans ses procédés en se conformant à ses lois, car
elle ne fait rien au hasard, c'est ce que j'ai essayé de

mettre en œuvre pour le traitement moral des maladies. Ce qui suit est le résumé de mes essais.

Malgré de nombreuses occupations, j'ai, pendant cinq années, et autant que l'occasion de pouvoir réussir s'est offerte, j'ai fait des tentatives assez nombreuses pour guérir des malades mis préalablement en somnambulisme ou en charme. Après avoir employé les méthodes les plus connues, insufflations, passes, consultations près des dormeurs, traitements qu'ils prescrivent, suggestion enfin, je m'en suis tenu à cette dernière qui les embrasse presque toutes et en résume la quintessence.

La suggestion, qui remonte à Faria et n'a été formulée et assez bien employée que par Braid, puis par MM. Charpignon et A.-J.-P. Philips, n'a pas toujours été mise en usage par moi comme elle aurait dû l'être. Le manque de temps, la tentation d'arriver vite à un résultat, et enfin mon inexpérience, ont été des causes pourquoi j'ai été au-dessous de ma tâche. Aussi, dans les courtes observations qui suivent, on remarquera de nombreuses lacunes ; des traitements sont restés inachevés ; il m'est arrivé d'employer à la fois l'affirmation et des remèdes ; j'ai laissé dans l'ombre le procédé de suggestion renforcé d'une émotion, je n'y ai eu recours qu'une seule fois, faute d'y avoir songé assez tôt ; enfin, je n'ai traité qu'un nombre restreint de maladies, la plupart de nature exclusivement nerveuse ; les matériaux que j'apporte sont donc, à plus d'un titre, des matériaux incomplets. Malgré des défauts contre lesquels je vois venir la critique, il est pourtant des résultats que l'on aura beau contester, ces résultats sont au-dessus des objections que l'on pourra apporter et qui reposeront toutes sur la nature curatrice, puisque c'est cette nature curatrice elle-même, stimulée dans son action par mon aide, qu'il faudra attaquer.

En imitant les novateurs hardis qui m'ont précédé, j'espère à mon tour avoir aussi des imitateurs, ne fût-ce que pour qu'ils cherchassent à me confondre. N'existe-t-il pas, du reste, des hommes conservant assez le feu sacré de la science pour se mettre au-dessus des préjugés scientifiques, et pour embrasser l'art de guérir sous un aspect nouveau, quelque conspué qu'il soit. Un jour viendra, quand chacun d'eux aura apporté son lot à la thérapeutique morale, où il sera possible de déterminer ce qu'est la médication suggestive, quel est son domaine, quelles sont ses bornes. Au lieu d'ergoter sur des théories hypothétiques, sur des questions d'antériorité pour des découvertes inutiles, au lieu de rabâcher, tour à tour et toujours, les mêmes choses sous des formes différentes et sans jamais conclure, on devrait songer davantage au but final de la science, la conservation de la santé et les moyens de guérir, et ne plus négliger une des parties essentielles de l'art médical, la thérapeutique dont la pensée est la base et qui appartient à tous, celle que permet l'état du sommeil.

I.

Maladies par manque d'excitation nerveuse.

Surdi-mutité.

En feuilletant l'ouvrage de M. Lafontaine sur l'art de magnétiser (1), j'ai été étonné du nombre des sourds-muets qu'il dit avoir soulagé ou guéri par ses procédés. Quoique grandement disposé à douter de ses assertions, j'ai tâché de débarrasser mon esprit de toute idée préconçue, et je me suis mis, avec patience, à traiter deux sourds-muets en suivant exactement sa méthode, bien qu'elle m'eût paru surannée. Il est toujours d'un sot ou d'un pédant de

(1) Voy. la 3ᵉ édition, p. 273. Germer-Baillière, 1860.

réfuter quelqu'un sur ce que l'on ne sait pas soi-même ; pour être en mesure de le faire, si tant est que l'on ait cette tendance orgueilleuse, il faut avant tout expérimenter. Critiquer des choses que l'on croit absurdes d'emblée, et par conséquent, au-dessous de son esprit, si elles sont au-dessus, humilie et ne prouve pas en faveur du censeur. Aussi me suis-je bien gardé, malgré une disposition maligne, de raisonner au point de vue de mon savoir acquis sur et contre les résultats annoncés par M. Lafontaine, et eussai-je eu la possibilité de faire, ainsi que M. A.-S. Morin, une enquête scientifique sur ces résultats, je n'eusse pas osé croire encore à mes investigations. Le chercheur, même en face de ce qui lui parait absurde, doit rejeter tout autre procédé que l'expérimentation : ce que l'on sait n'est rien à côté de ce que l'on ignore ; or, juger de ce qui est inconnu à l'aide de ses connaissances étroites ou par des on dit, c'est s'exposer à divaguer. Il faut obsserver toujours et déduire le moins possible, seule, l'expérience ne trompe jamais. Pour contrôler M. Lafontaine, je me suis mis dans ses propres conditions : même genre de maladie et mêmes procédés, et j'ai pensé, quelle que soit la différence des sujets, que je devais arriver à des résultats identiques, si réellement cet auteur est dans le vrai. Suivent mes deux observations.

1re OBSERVATION. A. Aubry, de Ludres, âgé de vingt-trois ans, tailleur et d'un tempérament nerveux, est un sourd-muet de naissance. Il entend passablement des deux oreilles. A l'institution de M. Piroux, à Nancy, il passait pour demi-sourd ; on promit de le faire parler lorsqu'il y entra, mais on n'y arriva pas. Avant qu'il ne fut mis dans cet établissement, Aubry entendait des mots et en prononçait. Comme il y avait alors autour de lui bien des gens qui ne comprenaient pas sa pantomime, il était obligé de prêter attention à ce qu'on lui disait et, par cela même, il avait acquis une idée du langage. Mais après qu'il eut resté à l'école pendant cinq ans, ses parents remarquèrent qu'il ne faisait plus attention à des bruits qui le frappaient autrefois et qu'il n'entendait même plus parler. Aussi, ont-ils conservé la conviction qu'il percevait mieux les sons, avant d'avoir été placé à l'institution des sourds-muets qu'après en être sorti. Je le crois. Il n'avait plus, dès lors, mis son attention au langage accentué, mais au langage par signes et, par suite, l'ouïe, ayant cessé d'être entretenue, avait faibli.

Ce fut le 1er janvier 1861 que je magnétisai pour la 1re fois ce jeune homme. J'employai les procédés de M. Lafontaine. Avant de commencer, je constatai qu'il entendait une sonnette de table à trois mètres et demi en arrière de lui. Dès la 1re séance, il tomba en charme. En cet état, il entendit la sonnette à près de huit mètres de distance. Il me sembla avoir gagné d'un coup ce qu'il avait perdu à l'école. Pendant un mois, l'ouïe de ce sourd-muet me parut s'améliorer, mais, le progrès dans le sommeil s'arrêtant, il n'y eut plus aucun changement en mieux. Quoique, afin de me conformer aux dires de M. Lafontaine, je continuasse mes magnétisations jusqu'au vingt-deux décembre, jour de la 79e séance, je n'obtins pas la moindre amélioration consécutive. Cet auteur se trompe donc, quand il induit qu'au bout de 80 séances un sourd-muet doit entendre comme tout le monde. L'amélioration du sens auditif, chez ce deshérité de la nature, me parut proportionnelle à la profondeur du sommeil à laquelle il atteignit, ce qui équivaut à dire à la quantité d'attention qu'il put accumuler sur l'organe de l'ouïe.

C'est grâce à une idée fixe d'entendre, idée transmise par suggestion du charme à la veille, qu'Aubry a toujours mieux perçu les sons. Cependant, lorsqu'il voulait prêter davantage attention, il se mettait dans une espèce d'état passif, sa respiration se ralentissait, devenait bruyante et il entendait alors avec plus de netteté. En tout temps, même lorsqu'il ne s'y attendait pas, il m'a paru toujours plus facile qu'auparavant de le tirer de sa torpeur à l'aide de la voix. Depuis que je m'occupai de lui, ses parents remarquèrent souvent que, sans s'y préparer, il entendait ouvrir une porte, sonner une horloge derrière lui ; ils l'ont vu faire l'observation qu'on toussait ou qu'un coq venait de chanter dans la rue ; même, depuis leur domicile, il appela leur attention sur le bourdonnement des cloches, chose dont jusques alors il n'avait pas eu conscience de si loin.

Le développement assez grand de l'ouïe de ce sourd-muet me porta à lui montrer à lire à haute voix. Je lui appris moi-même le b, a, ba, il s'en tira assez bien ; mais la personne chargée de continuer les leçons se lassa bientôt et le laissa là.

Je revis Aubry en février 1864. Il m'apprit que son ouïe, depuis qu'il ne l'exerçait plus, avait baissé, mais que pourtant, il entendait encore mieux qu'avant le 1er janvier 1861. Si la faculté auditive s'est si bien conservée chez ce sujet, c'est qu'il avait acquis une ouïe assez développée, et qu'alors son attention, fortement stimulée par les sons, ne put baisser qu'avec lenteur. Puis, du reste, il avait dû demeurer longtemps l'esprit tendu sur l'idée fixe d'entendre, idée transmise par suggestion du charme à la veille.

Le 7 janvier 1865, Aubry me fit comprendre qu'il était redevenu sourd comme avant l'année 1861.

2e OBSERVATION. C. Loué, de Pont-Saint-Vincent, est un homme de cinquante ans. Son tempérament est nerveux-mélancolique. Il naquit bien constitué. A l'âge de un an, il devint malade par suite d'avoir été déposé à la vigne sur le sol humide et froid. Il en résulta une déviation de la hanche et de la surdité. On remarqua, depuis lors, qu'il ne fit plus attention au bruit du rouet de sa mère.

19 novembre 1860. Examen préalable.

Loué est tout à fait sourd de l'oreille gauche. De la droite, il entend de près un coup de fusil et le bruit des cloches lorsqu'il est devant l'église. Il entend surtout si l'on siffle ou crie à son oreille. Il a aussi conscience des pas sur le sol, mais c'est là plutôt une perception tactile qu'une perception auditive. Comme ceux auxquels il manque un ou plusieurs sens, Loué a le tact, le goût et l'odorat très-développés : sa vue seule a baissé.

Du 19 novembre au 6 décembre, j'ai magnétisé Loué tous les jours. Il a été, chaque fois, mis en charme. Presque toujours, avant la séance, j'ai constaté l'état de son ouïe, je l'ai constaté encore pendant et après. Une sonnette, le choc de deux corps solides, la voix, le tic-tac d'une horloge ont été tour à tour employés pour juger si réellement, d'un jour à l'autre, ses perceptions auditives deviendraient plus grandes. Il a fallu me rendre à l'évidence, même après réveil Loué entend mieux. Ce fait ne m'a pas trop étonné du moment que j'avais la connaissance que, par suggestion faite dans l'état passif, on peut rendre un sens excitable pour l'époque de la veille, de même que l'on peut aussi faire rester dans l'esprit et les sens des idées folles, des hallucinations, etc. Ici, il restait à ce sourd l'idée fixe d'entendre, et, à la suite de cette impulsion, l'attention se portait continuellement vers les organes de l'ouïe afin de leur faciliter la perception des sons.

29 décembre 1860. Loué entend un peu de l'oreille gauche. Il a eu conscience d'un bruit de sonnette, l'autre oreille étant préalablement bouchée avec un tampon contre lequel on appuie la main. C'est là une preuve que, de ce côté, l'organe de l'ouïe n'est pas entièrement détruit comme je l'avais supposé. L'oreille droite de-

vient toujours plus sensible. Ce sourd-muet bat la mesure au bruit du tic-tac d'un balancier d'horloge placé derrière lui ; il a discerné le bourdonnement des voix dans un café, bruit inconnu pour lui jusques alors. Cet homme, souvent morose, est devenu gai, il oublie ses ennuis.

13 janvier 1861. C'est le jour de la 29e séance. Loué est entré en somnambulisme. Il est au paroxysme du cumul de l'attention sur le sens de l'ouïe. Bien que j'aie continué de magnétiser cet homme jusqu'au mois d'avril, pour suivre à la lettre les indications de M. Lafontaine, je n'ai plus vu s'opérer sur lui d'amélioration de la sensibilité auditive. La voix humaine, aigre et monotone d'abord, lui paraît plus douce et moins égale. Il répète son nom et quelques autres mots qu'on lui a appris, il les redit lorsqu'on les prononce derrière lui, ce qu'il n'avait jamais pu faire, il entend les cloches à plus de 300 mètres, etc.

Le 2 avril, Loué a été magnétisé pour la 53e fois. Je puis assurer avoir employé 24 séances de trop, car, depuis le moment où il devint somnambule jusques à ce jour, je ne constatai plus d'amélioration de l'ouïe. Seulement, ce sujet parvint à tomber dans le sommeil profond en trois ou quatre minutes, tandis qu'au début il lui fallait une demi-heure. Il acquit encore la propriété de se mettre en charme presque instantanément. Ce fut alors que je m'aperçus qu'il était devenu plus sourd, après son réveil. Depuis ce moment, il n'entendait plus les bruits de la rue, il ne s'apercevait plus qu'on l'appelait, il était redevenu le sourd d'autrefois. Mais, je fis en même temps la remarque qu'il se mettait en charme lorsqu'il avait envie d'entendre, ce dont on s'apercevait en ce qu'il se tenait immobile, les yeux fixes et les pupilles dilatées, et en ce que sa respiration devenait bruyante. Le pouvoir qu'il avait acquis de se susciter à volonté des accès de charme pour mieux percevoir les sons, fut donc la cause pourquoi il avait rompu son idée fixe transmise du sommeil à la veille, idée qui tenait auparavant son attention toujours dirigée sur l'organe auditif.

A dater du mois d'avril, je cessai de m'occuper de ce sourd-muet. Le 29 mars 1862, j'appris de lui qu'il perdait la faculté de se mettre en charme aussi facilement qu'autrefois et que parallèlement, il cessait d'entendre aussi bien ; ainsi, le mouvement de baisse pour son audition, avait lieu proportionnellement à la difficulté de plus en plus grande, où il était d'arriver dans l'état passif. Vers le mois de juillet, Loué était redevenu sourd comme avant le mois de novembre 1860. Il en était attristé et regrettait l'heureux temps où il avait eu idée d'un genre de sensations qui ne lui avait laissé que des espérances déçues. Après avoir mis, de nouveau et plusieurs fois, ce sourd en somnambulisme, je parvins à lui rendre la propriété qu'il avait de se mettre en charme avec promptitude, mais même dans cet état, il ne retrouva plus la délicatesse de son ouïe, sans doute parce qu'il ne renouvelait pas aussi souvent l'exercice de ce sens dans les mêmes conditions de passiveté.

En assistant au développement de la faculté auditive chez les sourds-muets en question et surtout chez le second, je m'aperçus qu'ils retenaient les sons, les comparaient et les attribuaient chacun à sa cause ; ce n'est donc pas l'ouïe seule qui jouait ici un rôle, c'était encore la mémoire et l'intelligence. On croyait être présent à la manière dont les enfants prennent connaissance du monde extérieur, au moins dans un ordre d'idées.

Tant que ces deux sourds-muets furent magnétisés, leur attention continua activement à se porter à la perception des sons. Aussi, ce qu'ils avaient acquis ne se perdit pas pendant ce temps-là. Mais, dès qu'ils ne furent plus stimulés, ni par la tendance fixe d'écouter transmise par suggestion, ni par le progrès de leur ouïe, ni par l'impulsion qui leur était imprimée tous les jours, ces deux sourds, encore trop mal servis par leurs organes auditifs pour avoir de l'attrait à prêter l'oreille, cessèrent peu à peu de faire des efforts pour entendre et perdirent ce qu'ils avaient gagné. Aussi, suis-je porté à croire que si, pour conserver des sens incomplets devenus meilleurs, il faut les entretenir, pour ne pas perdre des sens même parfaits, il faut nécessairement toujours les exercer. Sans la propriété de faire effort d'attention, l'homme n'aurait acquis ni sensations, ni idées, ni intelligence, il ne serait rien, tout en possédant les organes les mieux constitués. Du reste, d'après ce que l'on remarque sur les somnambules isolés de l'ouïe ou des autres sens, il est certain qu'avec des organes de perception anatomiquement bien construits, l'on resterait idiot, faute d'effort d'attention pour les exciter. On rencontre des imbécilles de naissance, insensibles comme les dormeurs profonds et possédant certes tous les filets nerveux du tact, qui ne restent ainsi paralysés du sentiment que parce qu'ils n'ont jamais été capables de prêter attention pour recevoir les impressions cutanées.

C'est de la même manière que, sans s'en douter, mon somnambule Loué était parvenu, par suite de son affection, à avoir le tact, le goût et l'odorat d'une finesse exquise, que, dans l'état de charme, il arrivait à entendre mieux que jamais. L'attention, qu'il avait habituellement apportée en plus sur les autres sens, il la rapportait alors sur le sens auditif délaissé, par un mécanisme semblable mais plus rapide. Il est connu que les individus qui, comme lui, ont fait la perte d'un ou plusieurs sens, finissent par avoir les autres plus parfaits : il y a un retour d'équilibre au profit des organes sensibles conservés ; l'attention, au lieu de se disséminer partout ainsi qu'auparavant, n'ayant subi du reste aucune sorte de diminution, va s'accumuler, en raison directe de la perte faite, sur les autres organes du corps et notoirement sur les sens encore intacts, ce qui entraîne des perceptions plus vives par leur intermédiaire.

Dès que ce même sourd-muet eut acquis la faculté de se mettre en charme, il perdit celle d'entendre mieux pendant la veille. C'est qu'en s'habituant à susciter à volonté son attention accumulée sur l'organe auditif, il rompit l'idée fixe de prêter l'oreille, qui lui avait d'abord été suggérée, et cela de la même façon que l'on guérit un malade, en détournant son attention sur une idée autre que celle du mal. Ce fut, pour lui, d'autant plus facile, qu'il avait un très-faible pouvoir de conserver après réveil les idées imposées.

Comment les sujets de mes deux observations revinrentils, enfin, au point où ils étaient avant que je ne les magnétisasse ? Il est bon de s'expliquer de nouveau sur ce point. La décroissance de l'ouïe chez ces hommes, fut due à ce que leur attention reprit sa direction ordinaire. Leurs autres sens, plus excitables et bien supérieurs à l'ouïe, rappelèrent naturellement plus cette faculté qu'un organe encore aussi imparfait que l'oreille, tout surexcité qu'il pouvait être ; il y avait une attraction trop parfaite de leur côté, tandis que du côté de l'ouïe, les impressions étaient trop incomplètes, trop peu attachantes pour que l'attention ne se dirigeât pas de nouveau, aux dépens de ces dernières, vers d'autres impressions des sens plus habituelles et plus attrayantes.

Si, du particulier il est permis de conclure au général pour des phénomènes du même genre, les deux observations précédentes me portent à induire que, dans tous les cas de perte de l'ouïe, à moins que les deux organes n'en soient entièrement détruits, qu'il y ait lésion organique ou non, il est possible de rétablir temporairement les fonctions auditives. Il est probable même que l'on obtiendrait des guérisons durables, si l'on pouvait rendre aux personnes sourdes, traitées par la thérapeutique du sommeil, la faculté d'entendre aussi parfaite qu'elle l'est d'habitude. L'attention, ayant alors repris son libre afflux vers l'oreille sur des perceptions normales éminemment utiles, par cela qu'elles sont redevenues délicates, prend naturellement le pli d'y conserver sa direction ; la nécessité y pousse. On peut assurer que la guérison sera plus durable, si l'on récupère la possibilité d'avoir des perceptions complètes, que si l'on n'arrive qu'à acquérir celle d'obtenir des perceptions obtuses, lesquelles, inutiles à cause de leur imperfection, sont bientôt délaissées par l'attention. Cette induction est, du reste, confirmée par des cures remarquables obtenues par des magnétistes et, entre autres, celle de

M. Adam, professeur de musique traité par M. Teste (1),
et celles de MM. de Munschausen et Thilorier, traités par
M. Lafontaine (2).

Affaiblissement de la vue accompagné de presbytie légère.

Le somnambule Loué, dont il vient d'être parlé, était
légèrement myope et, s'il voyait assez bien ce qui était
éloigné de lui, il ne le distinguait pas avec netteté. Ce que
ce sourd-muet faisait dans le but de mieux entendre, il
le pratiquait afin de mieux voir ; il se mettait en charme
lorsqu'il avait des travaux délicats à exécuter, et sa vue
affaiblie devenait meilleure. Une chose qui me frappa,
c'est qu'alors les objets lui paraissaient plus développés
dans tous les sens. S'il s'approchait d'une fenêtre, sa
pupille, plus dilatée que de coutume, se rétrécissait un peu
et, en même temps, la grosseur apparente des objets diminuait aussi, quoiqu'ils parussent encore plus grands qu'ils
ne le sont en réalité. Chez cet homme, la vision plus nette
s'explique par la quantité considérable de force nerveuse
qui affluait à la rétine. Mais le développement des dimensions apparentes de ce qui frappait ses yeux n'est plus
aussi facile à expliquer. Une des causes de ce grossissement
des objets est due, sans doute, à ce que les dilatations et
les contractions de l'iris plus ou moins paralysé ne se
liaient plus, chez lui, à l'accomodation habituelle de l'œil
aux grosseurs. Je n'ose pas me hasarder plus loin.
Cette particularité de voir les objets grossis n'est pas la
seule qui ait, du reste, été constatée dans la science.
Darwin rapporte, qu'après avoir regardé au soleil le mot
Banks, il vit ce mot plus gros en regardant à 20 pas sur
une muraille. Un docteur qui accompagnait M. Green en

(1) Voy. Manuel du magnétiseur, p. 381.
(2) Voy. Art de magnétiser, p. 251.

ballon, vit les objets naguère microscopiques, acquérir des proportions colossales et des formes capricieuses, ce que des médecins ont décrit sous le nom de Diochromatopsie (1).

Héméralopie.

J'ai mis une jeune fille en somnambulisme pour cette névrose intermittente. Elle était en outre anémique et avait des battements de cœur. Quelques temps après la seule suggestion que je pus faire, je constatai la disparition des palpitations, mais le trouble de la vue ne fut modifié en rien.

II.

Maladies par excès d'excitation nerveuse.

Céphalalgie.

1° Céphalalgie nerveuse.

J'ai obtenu quatre cas de guérison complète de cette espèce de céphalalgie, après avoir produit le charme et fait la suggestion.

2° Céphalalgie névralgique.

J'ai rapporté à cette forme quatre cas de douleurs de tête présentant des caractères de généralité et de continuité qui les différentient de la migraine et des névralgies localisées au cuir chevelu ou à la face. Après avoir pratiqué une seule fois l'affirmation pour chacune de ces quatre affections, deux malades furent soulagés, une autre pas, et la dernière, au bout de trois ans, sans être guérie, était encore mieux qu'avant la suggestion.

3° Céphalalgie probablement congestive.

Deux malades ont été traitées par moi, pour cet accident

______

(1) Voy. Traité des hallucinations, par M. Brière de Boismont, p. 48.

douteux quant à sa cause. L'une n'avait qu'une pesanteur de tête, des vertiges et une douleur sourde ; elle repartit chez elle n'éprouvant plus rien. Je ne sais si la guérison fut durable. L'autre femme, enceinte de huit mois et demi, fut délivrée de sa céphalalgie et ne la vit reparaître que légèrement, neuf jours après, pour la sentir de nouveau se dissiper par mon intervention.

Pour ces deux céphalalgies, les malades ne furent mis qu'en charme.

Migraine.

J'ai essayé de traiter huit personnes pour cette maladie.

L'une d'elles ne put être impressionnée. Une autre le fut fort peu ; j'opérais pendant l'accès ; après une diminution notable des accidents nerveux, je les vis redoubler.

Une sage-femme, dont les accès de migraine étaient sans violence, ne ressentit plus de douleurs après que je lui eus appliqué la main sur le front et, trois mois après, elle n'avait encore rien éprouvé.

Une fille, dont les accès revenaient toutes les semaines, après une seule suggestion pendant l'état de charme, en fut reprise à des intervalles plus longs qu'auparavant.

Je ne pus soulager que légèrement, pour cette même affection ,une femme très-affaiblie et que j'avais mise plusieurs fois en somnambulisme dans l'intention de la guérir.

Il est de mon devoir de relater, en peu de mots, les trois cas de migraine que j'ai traités avec le plus de persistance. Dans une matière aussi nouvelle encore que celle dont je m'occupe, s'il ne faut pas oublier ce qui est incomplet, à plus forte raison faut-il parler de ce qui l'est moins.

3ᵉ Observation. Mᵐᵉ T..., sage-femme. Accès court et léger de migraine, revenant à peu près tous les huit jours, ne forçant pas la malade à se coucher et n'étant jamais compliqué de vomissements. 23 mars 1860. Coupé l'accès par affirmation. Il m'a suffi de mettre la main sur le front de cette personne, seulement pendant dix minutes. Suggéré en même temps la disparition des accès antérieurs.

20 avril. Enlevé l'hémicranie comme précédemment et fait la même suggestion préventive.

19 juillet. Fait encore disparaître le mal par semblable procédé.

19 novembre. Enlevé une douleur de tête datant de trois jours.

Le résultat de ce traitement inachevé a été que la migraine de cette femme, devenue d'abord plus rare, n'a plus définitivement reparu que chaque mois ou chaque mois et demi. Un fait à noter, c'est que je n'ai jamais pu mettre cette personne en état de charme.

4ᵉ Observation. Mᵐᵉ Dautois, de Neuves-Maisons, sage-femme. Migraine durant à peu près douze heures ; douleurs gastralgiques, envies de vomir. Les accès reviennent en moyenne chaque quinze jours.

24 janvier 1862. Fait disparaître la douleur et les autres accidents de cette malade, après l'avoir mise en état de charme et suggéré la disparition du retour de cette affection.

19 juillet. Accès de migraine devenus moins fréquents. Comme un accès a eu lieu la veille, le souvenir qui en est récent à la mémoire décide cette personne à se laisser influencer une seconde fois. Pendant qu'elle était en charme, je lui ai suggéré, outre la guérison de sa maladie, d'avoir toujours présent à l'esprit l'idée de ne plus souffrir de nouveau. Ce moyen révulsif de l'attention vaut, au moins, autant que de boire de l'eau magnétisée d'une manière continue.

J'ai encore répété deux autres fois mes manœuvres sur cette femme. Elles ont eu pour résultat de retarder le retour des accès nerveux qui, parfois, ont été jusques à trois mois sans reparaître.

Il y a à se demander, après les expérimentations incomplètes dont il vient d'être parlé, si réellement la migraine n'est pas guérissable dans l'état passif, à l'aide de la méthode suggestive, ce qui équivaut à dire, si l'on ne peut modifier assez, par la suggestion négative du mal, l'organisme d'un sujet, pour qu'une maladie, qui dure presque toute la vie et semble faire corps avec la constitution, ne puisse finir enfin par ne plus revenir ? C'est à d'autres faits qu'il faut en appeler pour résoudre cette question. L'observation suivante me permet d'espérer que l'on peut arriver, non-seulement à soulager ceux qui sont atteints de cette affection, mais encore à les en guérir ; il n'est nécessaire pour cela, je le crois, que de persévérance dans le traitement.

5e Observation. Mme May, de Messein, vigneronne. Femme présentant des accès de migraine très-violents ; douleurs occupant le plus souvent le côté gauche ; accès durant deux jours et compliqués de vives douleurs stomacales, de vomissements bilieux ou sanguinolents. Tout le temps de l'accès, la malade s'enferme dans une alcôve et y reste en proie à une anxiété extrême.

16 décembre 1861. Je trouve Mme May dans un accès de migraine datant de 17 heures. L'hémicranie occupe le côté gauche du cuir chevelu et du front. Rien qu'en mettant la main sur la partie souffrante de la tête et que d'annoncer sa disparition, la douleur s'est en allée en quelques minutes. Comme le sommeil vient ordinairement couronner la fin de son accès, j'ai prescrit verbalément à cette malade une heure de repos. La suggestion ayant eu pour effet de la faire tenir au lit deux jours, sans manger ni boire, dans cette somnolence heureuse que beaucoup de personnes éprouvent chaque matin avant de se lever, j'ai été conduit, par ce fait inattendu, à supposer que cette femme peut devenir somnambule, et je me suis résolu à lui faire un traitement suggestif suivi contre son affection.

7 janvier 1862. Passant dans le village de cette malade, je suis allé l'endormir bien qu'elle n'ait pas la migraine. Elle est tombée en somnambulisme en quelques minutes. Suggéré la guérison.

17 février. Enlevé une douleur névralgique par affirmation négative et le toucher.

13 mars matin. Trouvé la malade en migraine commençante. Au bout de quelques instants d'application de la main, sans établir de pression aucune, le mal a disparu comme par enchantement, pour revenir dans la soirée à la suite d'un mouvement de colère.

21 mars. Somnambulisme et suggestion préventive. L'indication s'en présentant, j'ai fait prendre un verre d'eau, dite magnétisée, à Mme May, pour qu'elle allât quatre fois à la selle après réveil et de quart d'heure en quart d'heure, ce qui a eu lieu à la lettre.

22 avril. Cette malade a eu avant-hier une forte migraine. Il lui reste des douleurs de reins, un sentiment général de fatigue, des battements douloureux dans les tempes et de la pesanteur de tête.

— Sommeil et suggestion. En outre, sur l'avis de la dormeuse, prescription d'une purgation d'huile de ricin, 30 grammes à prendre une fois par semaine.

1er mai. Pesanteur de tête faisant craindre un accès pour demain, jour où elle doit faire un voyage. — Sommeil et suggestion préventive.

1er juin. Plus de migraine depuis le 22 avril. La malade remarque que la narine, du côté où la douleur se fait presque toujours sentir, secrète continuellement du mucus, ce qui n'avait jamais eu lieu d'une manière aussi persistante. — Sommeil et suggestion. Elle ne s'indique plus une purgation que chaque quinze jours.

26 juin. Il est apparu une très-légère migraine depuis la séance précédente. — Sommeil et suggestion. L'huile de ricin est continuée.

18 juillet. Santé excellente. — Sommeil et suggestion. Se prescrit la continuation du même purgatif.

11 août. Plus de migraines depuis la mi-juin. — Sommeil et suggestion préventive.

16 août. — Sommeil et suggestion.

28 octobre. Forte migraine le 14 octobre. — Sommeil et suggestion. Mme May demande un changement de purgation. Sur ma proposition, elle accepte celle-ci : Jalaps et calomel, de chaque substance 1 gramme à prendre chaque quinze jours.

27 novembre. Plus de migraine depuis la mi-octobre. Règles disparues au commencement du mois actuel. — Sommeil et suggestion.

10 janvier 1863. Cette femme n'a plus la migraine et n'est plus réglée. Je la suppose enceinte. — Sommeil et suggestion.

29 janvier. Plus de migraine. — Sommeil et suggestion préventive. La dernière purgation prise a amené des vomissements. Supprimé le calomel et le jalaps.

10 février. Plus de migraine. — Sommeil et suggestion.

7 mars. — Sommeil et suggestion.

18 et 30 avril. — Sommeil et suggestion.

Les accès de migraine de cette femme n'ont reparu qu'en janvier 1866, mais plus rarement. Elle était alors d'un embonpoint remarquable.

Voilà une hémicranie traitée avec ténacité et autrement que celles qui la précèdent. J'ai suivi les indications de la malade, tout en continuant impérativement mes suggestions négatives et préventives. Il est certain que j'aurais pu arriver à l'heureux résultat obtenu, sans remèdes, mais seulement en employant la médication par impression mentale pure et simple. La pensée, chez un bon somnambule, n'a pas besoin du secours secondaire des agents pharmaceutiques, non-seulement parce qu'elle peut produire leur effet, mais parce que le désir de ne plus soufﬁr, désir nettement exprimé, ainsi que dans le cas dont il s'agit, a une répercussion sur les tissus et est cause d'une révulsion de la force nerveuse, sans qu'il y ait nécessité, par d'autres moyens, d'apporter du trouble dans des parties éloignées de l'économie. Les preuves de ce que j'avance abondent. C'est que la pensée, par son action sur le système nerveux, est un modiﬁcateur qui prend l'organisme par un autre bout que les médicaments et qui, pour arriver aux mêmes ﬁns, agit par une inﬂuence plus directe que celle par laquelle opèrent les remèdes. Pourquoi, puisque en rappelant son attention de là où elle est en excès et en la concentrant sur une idée pure au cerveau, je puis enlever à cette malade une douleur frontale et d'autres symptômes morbides ; pourquoi, sans un secours médicamenteux, n'aurais-je pu empêcher le retour de ses accès en rendant, par suggestion, cette idée de la négation du mal continuellement ﬁxe ? Ici, l'affirmation devait donc suffire comme pour tant d'autres maladies, seulement, il est possible que, de même que l'émotion est un renfort pour la révulsion mentale, de même encore la dérivation organique peut être un auxiliaire pour cette révulsion, aussi ne faut-il pas le rejeter.

Douleurs à la suite d'indigestion.

J'avais déjà remarqué que les maux d'estomac, succédant à une indigestion, disparaissent vite après une dose d'opium pour, le plus souvent, ne pas revenir. Je pensai que, dans semblables circonstances, la suggestion mentale pourrait avoir le même effet. J'ai pu trois fois appliquer ce mode de traitement.

D'abord, sur une femme de 51 ans qui, huit heures auparavant, avait eu une indigestion. Les douleurs stomacales étaient très-vives. Sommeil et suggestion négative. Depuis lors la malade ne ressentit plus rien.

En second lieu, sur une femme de 46 ans, laquelle, au moment où je la vis, épouvait encore de violentes douleurs à l'épigastre et des vomissements glaireux. Cette femme, mise en charme, sentit ses symptômes disparaître, comme par enchantement, et ils ne revinrent plus.

6° Observation. Mme Laurent, de Pont-Saint-Vincent, eut une indigestion le 12 septembre 1861, après avoir mangé du melon.

13 septembre. Il restait encore de fortes douleurs au creux de l'estomac et en même temps de la diarrhée colliquative. Inappétence. — Sommeil et suggestion. Au réveil, plus rien. Je mis la malade à l'eau magnétisée.

14 septembre. La douleur épigastrique est revenue, mais elle est moins vive que la veille. Plus de diarrhée. — Sommeil et suggestion. Continuation de l'eau magnétisée au réveil.

15 et 16 septembre. Encore une légère douleur au creux de l'estomac. — Même traitement. Depuis lors cette femme n'éprouva plus rien.

Dans ce cas, il y eut de l'amélioration pendant quelques heures après le réveil, mais la douleur de l'épigastre n'en dura pas moins autant que si on l'eût traitée par le repos et une diète légère.

Si nous donnons cette observation d'un traitement sans succès, ainsi que d'autres observations du même genre, c'est qu'il faut établir consciencieusement le bilan de ce que peut l'action thérapeutique du moral sur le physique.

Névralgie dentaire.

J'ai essayé sur dix personnes de faire disparaître des douleurs causées par la carie d'une dent.

Deux d'entre elles furent influencées par affirmation, à l'état de veille. La souffrance de la première disparut sans que je pusse savoir pour combien de temps. Ce qui me porta à traiter la seconde de la même façon, c'est que cette femme, venue pour se faire arracher une dent, me raconta avoir déjà été débarrassée de sa douleur instantanément et pendant 15 jours, grâce à l'intervention d'un guérisseur habitant un village voisin du sien. Cet homme se met à genoux avec ses malades et les invite à prier. Tout ce temps, il se recueille et fait des signes de croix sur la joue où le mal se fait sentir. Puis, il annonce la guérison en prescrivant pour remède préventif une aumône à donner aux pauvres. En entendant ce récit, je compris à qui j'avais à faire. J'annonçai à cette personne qu'il était inutile d'arracher sa dent et que j'allais la délivrer des douleurs qu'elle lui causait. Je lui mis un doigt dans la bouche et je lui affirmai la guérison immédiate. Je fus pris au mot ; elle repartit joyeuse, et pendant les deux ans qu'elle vécut encore, elle n'éprouva plus rien. Un fait qui m'a frappé et que je ne puis expliquer par des raisons suffisantes, c'est que, quelques temps après, voulant endormir cette femme, je ne parvins pas même à amener le plus léger engourdissement. Cependant elle se prêta de bonne grâce aux manœuvres que je fis pour l'amener en somnambulisme.

J'ai mis en état de charme, pour leur faire ensuite la suggestion, quatre personnes atteintes de névralgie dentaire. La première n'a été soulagée que quelques instants après l'espèce de réveil qui suit cet état. L'une n'a plus souffert pendant vingt heures. Une autre, au bout de cinq jours, n'avait pas encore vu son mal reparaître. Une dernière fut débarassée de ses souffrances deux jours et demi après une première suggestion, et après une seconde, au moins un an.

Enfin, sur les quatre que j'ai amenées en somnambulisme, une malade n'a été soulagée que jusques au lendemain, près d'une demi-journée ; une autre, l'espace d'un
jour, et finalement, une autre, l'espace de quelques heures.
Celle-ci était une jeune fille très-nerveuse. Le lendemain,
décidé à lui extirper sa dent, je voulus produire le sommeil
profond pour qu'elle ne ressentît aucune douleur ; je n'y
parvins pas. La crainte de subir cette légère opération
causa la disparition de son mal. Comment remplacer une
idée fixe de frayeur par l'idée fixe et plus calme de
reposer ?

Je crois devoir citer l'observation de la dernière personne que j'ai traitée pour une névralgie dentaire.

7e Observation Mme Laurent (la même que celle de l'observation 6e) présente, au maxillaire supérieur droit, une grosse molaire
cariée qui est le point de départ de douleurs térébrantes s'irra-
diant dans le cuir chevelu du même côté.

30 août 1861. Je fais disparaître le mal en 10 minutes par la fixation des yeux de cette femme sur les miens.

1er septembre. Comme la souffrance est revenue, production du
somnambulisme et suggestion. Au réveil, plus rien.

4 septembre. La douleur est de retour. — Sommeil et suggestion.
Sept heures après, chatouillement, puis peu à peu, sensation pénible, insupportable.

5 septembre, quatre heures et demie du soir. — Sommeil et suggestion. Au réveil, la malade n'a plus conscience de son mal. Je
m'avise de lui magnétiser une clef qu'elle devra porter sur sa dent,
dès qu'elle ressentira des picotements ; j'espère, par ce moyen,
tenir plus longtemps son attention révulsée et rendre aussi la douleur dentaire plus longtemps inconsciente.

6 septembre. Nouveaux élancements. — Sommeil et suggestion.
Tout disparaît.

7 septembre. La névralgie étant revenue hier dans la soirée,
production du sommeil et suggestion vers huit heures et demie du
soir. Les souffrances reparaissent au milieu de la nuit.

10 septembre. La malade, n'y tenant plus, se décide à faire arracher sa molaire. Comme elle redoutait l'opération, il me fallut une
heure dix minutes pour déterminer le somnambulisme, tandis
qu'auparavant, j'y arrivais en 12 minutes au plus.

Le 22 janvier 1862, j'eus occasion de remettre cette femme dans le sommeil profond pour l'extirpation d'une autre dent. Cette femme, convaincue par expérience qu'elle ne souffrirait pas, laissa cette fois son attention suivre le courant que je lui traçai et, en six minutes, elle fut endormie.

De ces expériences, il résulte que, presque toujours, la suggestion n'a fait disparaître la névralgie dentaire que peu de temps et, chose étrange, c'est sur deux des sujets qui ont paru les moins influencés, que le résultat obtenu a été le plus durable. La femme de l'observation 7e, laquelle gardait, pendant plusieurs jours pourtant, l'impression suggestive transmise du sommeil à la veille, je m'en étais assuré, vit ses douleurs dentaires récidiver à de courts intervalles après le réveil, malgré le renforcement fait au traitement par l'application d'un objet qui, par l'idée qu'il réveillait, fixait encore plus la pensée négative du mal. Ses rechutes répétées sont explicables. Ainsi, des battements de cœur, peu perçus d'habitude, deviennent plutôt inconscients par une idée négative suggérée que des coliques ; aussi par contre, l'attention doit, ensuite, retrouver moins vite la sensation de ces battements, que celle de douleurs intestinales dont l'impression est plus vive dans la mémoire. De même encore, une simple névralgie disparue et sur laquelle peut agir seulement, comme cause de renouvellement, la température ou une compression quelconque, reparaîtra moins facilement qu'une névralgie dentaire avec carie, la douleur ayant même été égale dans les deux cas ; le mal de dents aura toujours plus de chances de récidiver, parce qu'il y aura pour cela plus de causes d'appel de l'attention : le passage de l'air froid, le frottement de la langue, un mouvement de mastication, le contact des aliments, la présence du pus ou de corps étrangers dans la cavité dentaire, ne tarderont pas à être le point de départ de perceptions accidentelles légèrement douloureuses sur lesquelles l'attention fixée ailleurs reviendra peu à peu, perceptions qui, effacées quelque temps, auraient permis à l'attention distraite de ne plus retrouver son chemin vers elles.

Il ressort aussi, de deux faits rapportés plus haut, que si l'attention des sujets est dirigée fortement vers une idée rappelant des émotions, il est très-difficile de la ramener vers une autre idée, surtout dès que cette dernière les laisse de sang-froid. J'ai essayé, plusieurs autres fois, d'endormir des personnes impressionnables qui étaient préoccupées de l'opération que je devais leur faire, je ne pus y parvenir. Pour lui extirper une dent, il me fut possible de mettre en somnambulisme la malade de la 7ᵉ observation, parce que déjà elle avait acquis l'habitude de s'endormir, et encore, la crainte de souffrir l'obsédait tellement qu'il me fallut, pour y arriver, au moins sept fois plus de temps que d'ordinaire. Les deux seuls faits relatés plus haut prouvent suffisamment qu'une idée, accompagnée d'émotion, est plus puissante sur l'attention qu'une idée imagée ou pure, et ils me portent à croire que le traitement suggestif, aidé du réveil des sentiments, est de tous, celui qui doit donner les résultats les plus satisfaisants.

Névralgies diverses.

J'ai traité aussi, par la méthode suggestive, quelques névralgies de diverses espèces. Je les place ici en bloc.

Une névralgie trifaciale disparue par le toucher et l'affirmation. Quelques jours après, les douleurs sont revenues obscures, puis elles ont cessé.

Une névralgie de la partie postérieure du cou, névralgie ne se faisant pas toujours ressentir et très-ancienne. Enlevée en six minutes par le toucher et l'affirmation; plus de nouvelles ultérieures.

Une névralgie du bras et de l'avant-bras très-douloureuse et datant de huit jours. Charme et suggestion. Tout disparaît. Plus eu de nouvelles.

Une névralgie de l'épaule. Charme et suggestion. Guérison.

Une névralgie intercostale. Somnambulisme et suggestion. Guérison.

Une névralgie occupant le jarret gauche et se faisant sentir seulement pendant la marche. Somnambulisme et suggestion. Guérison.

Plusieurs névralgies sciatiques.

La première datait de huit ans et avait résisté à toutes les médications employées contre elle. La femme qui en était atteinte la sentait toujours récidiver à la suite d'une fatigue. Cette personne, trois fois mise en charme, fut chaque fois débarrassée de sa souffrance après la suggestion.

Le plus long espace de temps qu'elle resta alors sans rien éprouver, fut de dix jours. Je suis disposé à croire qu'elle avait toujours bercé cette névralgie par la pensée. Elle me raconta que, dès qu'elle éprouvait de la fatigue, elle était à peu près sûre du retour de son affection. N'était-ce pas là le signal, pour son attention, de se porter au membre qui avait primitivement souffert et d'y réveiller machinalement la douleur ?

Une autre sciatique, disparue après une suggestion pendant le charme, ne revint pas.

Une troisième, après deux états de charme et deux suggestions, ne fut nullement améliorée.

La plus belle cure, je l'obtins sur une femme qui avait une sciatique datant de plusieurs années, sciatique combattue par des applications de vésicatoires volants.

Il est bon d'émettre ici, par anticipation, ma manière de voir sur la médication irritante révulsive. Par suite de l'impression très-douloureuse déterminée sur des tissus éloignés du mal, il arrive que la guérison a lieu en ce que l'on perd conscience de la maladie, l'attention se portant avec énergie dans une autre direction. Il y a substitution d'une idée de douleur récente et plus vive à une idée de douleur invétérée, de telle façon que la plus nouvelle, disparaissant à son tour, l'attention ne retrouve plus les traces de celle sur laquelle elle se dirigeait d'ordinaire.

L'amélioration fut si grande chez cette femme, que je fus porté à croire que sans doute l'on n'avait pas employé un système de dérivation suivie pour la traiter, car, après la seule séance où je la mis en charme et pratiquai la suggestion, elle se trouva tellement soulagée qu'elle put se lever et marcher. Au bout de quelques jours, ce qui restait de son mal s'effaça sans que je fusse dans la nécessité de recommencer d'agir sur elle.

On le voit, sur six névralgies diverses, quatre furent guéries radicalement et, quant aux deux autres disparues après suggestion, je ne sais si elles s'en allèrent définitivement n'en ayant plus entendu parler. Enfin, sur quatre névralgies sciatiques, deux ne reparurent plus.

La part de la médecine morale est assez belle pour les affections nerveuses précédentes, mais on devait, du reste, prévoir un tel résultat, du moment que l'on sait qu'il est possible d'être débarrassé de névralgies dentaires, de sciatiques, même rebelles aux traitements les mieux faits, par une cautérisation révulsive et à peine apparente d'un point de l'oreille externe.

Avant de finir cet article, je dois aussi parler de deux autres cas de maladies à peu près du même genre, d'abord, d'une gastralgie très-ancienne chez une femme de soixante ans. Cette maladie revenait à la fin de chaque printemps pour s'éteindre aux premiers froids. Après sept suggestions faites dans un état de charme à peine prononcé, la douleur ne revint plus. Je ne dois pas oublier une phthisique qui ressentait de vives douleurs dans tout l'abdomen, effets propables d'une tuberculisation des ganglions mésenthériques. Cinq séances de charme avec affirmation, séances répétées à la même heure, amenèrent seulement, pendant le jour, la cessation des souffrances. Le sulfate de quinine me donna raison de l'intermittence établie par ce moyen.

Enfin, sous forme d'épisode, je ne dois pas passer sous silence une névropathie hypocondriaque, qu'un grand nombre de médecins et moi, avons prise pour une névralgie suite d'affection syphilitique. Que de maladies du même genre n'y a-t-il pas, qui, de même, sont entretenues par la pensée? En constater une seule, c'est mettre sur la voie d'en découvrir d'autres et c'est éclaircir, indirectement, et le diagnostic de ces maladies et leur thérapeutique. L'homme en proie à cette affection a consulté toutes sortes de médecins, à Paris où il a habité la plus grande partie de sa vie, et en province où il demeure actuellement. Il a subi les traitements les plus actifs et les plus gênants, tant il avait le désir d'être délivré d'un tourment qui empoisonne son existence. Tous les médecins ont attribué les douleurs aiguës, pongitives, occupant tantôt un point du corps et tantôt un autre, mais surtout les mollets et les cuisses, à une syphilis ancienne non encore éteinte. Et moi-même, de prime-abord, parce que ces douleurs vinrent à la suite d'une affection chancreuse, je crus aussi à une névralgie greffée sur un vieil élément syphilitique. Il n'en était rien. Ce fut seulement au mois de septembre 1864, douze ans après avoir soigné une première fois ce malade, que j'eus l'occasion de bien l'entendre de nouveau. En le laissant s'expliquer, je fis une découverte que je n'aurais pas pu faire en l'interrogeant. Il me raconta que ses douleurs apparaissent partout et commencent presque toujours à se faire sentir aux mollets;

elles reviennent à chaque changement de lune, ce dont rient les médecins, mais lui, il en est sûr. Dès qu'il songe qu'elles vont renaître, elles reviennent au galop. S'il se dit, dès qu'elles se font sentir violemment quelque part, pourvu que je ne souffre pas au bras dont je me sers ou ailleurs, sa pensée est trahie, le mal y court. Ainsi, chose singulière, il devine souvent d'avance la marche de ses souffrances. Enfin, il a remarqué que si, au plus fort de ses maux, une nouvelle vient le réjouir ou l'affecter, tout d'un coup ses symptômes morbides s'évanouissent. Quand cet incident brusque arrive, il est sûr d'être tranquille pour quelque temps. L'exposition que cet homme me fit de ce qu'il éprouvait, rend transparente une véritable névralgie hypocondriaque ou par cause morale. On y retrouve un des caractères bizarres des maladies par affirmation, lorsque, à chaque mouvement de la lune, il est souffrant. Derrière la lune, je reconnais la pensée créant le mal, lors des indications de changement de quartier de cet astre. C'est encore la pensée créatrice de la souffrance qui la devine d'avance, et c'est enfin, la pensée fortement révulsée qui en amène la disparition. Telle est la nature réelle d'une maladie remontant à une syphilis guérie depuis longtemps et qui a fait, plus de vingt-cinq ans, gorger de sudorifiques et de mercuriaux un malheureux auquel il ne fallait qu'un traitement moral au début ! Voici comme les choses s'étaient passées. A la suite de son affection vénérienne, la constitution de cet homme fut affaiblie et son esprit, moins ferme, se frappa alors de certaines douleurs, les alimenta et en devint insciemment le continuateur. Ce malade parla de ses symptômes à des médecins, lesquels le déclarèrent encore infecté et le confirmèrent dans l'idée qu'il était sous le coup invisible d'un vieux ferment vénérien ; aussi, ne se débarrassa-t-il jamais de cette idée préconçue, chaque docteur venant tour à tour consolider sa croyance. Et comme ils finirent tous par le déclarer inguérissable, à l'idée du mal, dont il était à la fois et l'auteur et la victime, il joignit celle de son incurabilité. C'est ainsi que tout s'enchaîne et fait la boule de neige, en matière de maladies par causes morales. Je doute qu'il soit maintenant possible de donner un autre pli à la pensée de cet homme, âgé maintenant de plus de soixante ans, les quelques moyens que je lui ai indiqués pour révulser son attention n'ayant absolument servi à rien.

Lumbago.

Je remis un jour à une de mes somnambules, une carte de visite sur laquelle j'eus soin de faire quelques passes devant elle. Je lui recommandai de s'appliquer ce papier sur la région rénale où elle souffrait d'un lumbago. Cette femme, sans être nullement endormie, plaça l'objet magique sur l'endroit douloureux et se trouva délivrée de son mal. Un attouchement de reliques n'aurait pu mieux faire (1). En ce cas, l'idée négative de la douleur accapara l'attention portée en excès vers les reins et la maintint fixe au cerveau.

Dans une de mes tournées médicales, je rencontrai un jour, assis près de sa porte, un vigneron tout désolé de ne pouvoir partir à une fête patronale chez des parents habitant un village situé à trois kilomètres plus loin. Il était tenu d'un lumbago dont la douleur s'exagérait au moindre mouvement. Cet homme ne demanda pas mieux de se laisser toucher par moi, pendant cinq à six minutes. La dou-

(1) Pareil fait s'est reproduit souvent et a déjà été constaté depuis longtemps. Cabanis lui-même ne met aucun doute à la guérison de maladies par l'application, comme topiques, de certains objets du culte. (Voy. Rapport du physique et du moral, t. II, p. 298.)

leur discontinua immédiatement et il put se rendre où il avait tant le désir d'aller. Depuis lors, sans qu'il fût entièrement guéri, il lui fut possible de travailler à la vigne, ce qu'il n'avait pu faire depuis plusieurs semaines.

Par le même procédé et en une seule fois, je débarrassai aussi, mais complétement, une femme atteinte d'un lumbago datant de plusieurs années.

Le 23 septembre 1862, je mis en somnambulisme une autre femme qui, de temps en temps, éprouvait de vives douleurs lombaires. Après suggestion, elle ne sentit plus rien revenir.

Je ne réussis pas aussi bien sur un gros auvergnat qui, mis dans un charme presque imperceptible, ne fut soulagé de son lumbago très-ancien que moins d'une demi-journée.

8ᵉ Observation. Mᵐᵉ Colin, de Neuves-Maisons, est la plus intéressante malade de cette catégorie. Cette femme éprouvait de violentes douleurs à la région sacro-lombaire. Depuis plus d'un mois, elle ne pouvait se lever. Je l'avais traitée, finalement, à l'aide de vésicatoires volants ; l'un d'eux fut même entretenu avec 0^g,02 et demi de sulfate de morphine, matin et soir, jusqu'à production de narcotisme. Il resta, malgré ce traitement énergique, une douleur fixe, pourtant moins violente sur la région des reins, douleur qui s'exagérait par les mouvements et empêchait cette femme de se livrer à ses travaux .

5 juin 1862. Charme et suggestion. Dès ce moment, la douleur disparut. Mᵐᵉ Colin put travailler, même à la vigne. Cependant, vers le dix du mois, elle ressentit de rechef de la pesanteur, de la fatigue à la même région, sentiment qu'elle attribua avec raison à ce que, dans son occupation des champs, elle restait presque toujours courbée.

14 juin. La malade vient me trouver. Charme et suggestion. Depuis lors rien ne reparut.

Ainsi, sur six lumbagos, trois furent radicalement guéris en un seule séance, un autre fut grandement amélioré par une application de la main, et, si celui de l'auvergnat resta tel quel, ce fut faute de n'avoir pu influencer cet homme à un degré assez élevé. L'observation 8e montre combien la révulsion mentale, faite d'une manière méthodique, est supérieure aux révulsions irritantes et calmantes, lesquelles au fond, c'est ma conviction, amènent la guérison, ou en ce que, dans l'une, il y a un déplacement de l'attention consciente vers le lieu de la vésication produite, et par là, inconscience définitive du mal ancien, ou bien en ce que, dans l'autre, le calmant absorbé rend la douleur inconsciente, pendant quelques jours et même plus longtemps, en engourdissant la faculté cérébrale la plus importante, l'attention, dont la propriété est de nourrir le mal par l'idée qu'elle en donne.

. L'unique fois que je pratiquai, sur une somnambule, la suggestion avec renfort d'une idée émotive, ce fut pour une douleur siégeant dans le dos, douleur attribuée à un effort fait pour soulever un objet pesant. Je fis descendre du ciel, toute lumineuse, sainte Catherine, la patronne de cette femme. La sainte lui annonça sa guérison à haute et intelligible voix. Au réveil, cette malade ne ressentit plus rien ; cependant, le lendemain, la douleur revint légère pour s'éteindre ensuite peu à peu. Il me sembla que l'émotion suscitée par l'apparition ne fut pas aussi grande que je l'aurais dû espérer, si cette malade avait été plus bercée qu'elle ne l'était dans des sentiments religieux.

Insensibilité des dormeurs utilisée pour favoriser des opérations chirurgicales ou un travail physiologique douloureux.

Après m'être occupé de quelques maladies avec sédation ou surexcitation des sens, maladies traitées par la suggestion, pendant le sommeil et le charme, c'est la place ici de parler de l'état passif comme moyen de calmer la sensibilité tactile dans les opérations chirurgicales et l'accouchement. Du moment que, dans le somnambulisme principalement, l'attention est repliée vers le cerveau et fixée en abondance sur une idée mémorielle, il n'y a rien d'étonnant à ce que l'on soit alors insensible, quand déjà, dans des états analogues, on rencontre des exemples d'anesthésie remarquables, ainsi chez les fous, chez les soldats, dans la chaleur du combat et même, chez quelques personnes éveillées, ainsi que j'en ai rencontré qui, de sang-froid, ont la faculté de se rendre insensibles en distrayant, comme Campanella, leur attention sur d'autres idées que celle de la douleur, ou en s'affirmant la négation de leur mal. J'ai trouvé une famille presque entière de paysans jouissant d'une propriété si précieuse, et j'ai aussi connu un hydroscope des environs de Nancy qui a supporté de difficiles pansements et s'est fait, par pari, enfoncer des clous dans les mollets à coups de marteau, sans accuser la moindre souffrance (1).

Il résulte de ce que j'ai émis, dans la première partie de cet ouvrage, que le tact est le sens qui s'amortit le dernier et que, même alors, il ne cesse jamais de fonctionner activement et reste la seule sentinelle vigilante qui veille encore quelque part. N'est-ce pas, grâce aux impressions reçues par ce sens, que, dans les profondeurs des tissus, la vie peut s'entretenir à l'insu des dormeurs? Aussi, ne faut-il pas s'attendre à des résultats extrêmement remarquables d'insensibilité du tact, dans les états de sommeil, et, s'il arrive que quelqu'un jette la pierre par ce coté-là à la thérapeutique morale, c'est qu'il lui aura trop demandé.

(1) Quoique d'une corpulence ordinaire, ce dernier est d'une agilité et d'une force musculaire rares ; c'est qu'il met au service de ses muscles le surplus de force nerveuse qu'il emploie à se donner l'idée fixe d'insensibilité absolue. C'est parmi les individus de cette trempe, les fous, les hystériques, les somnambules, etc., que l'on a remarqué souvent l'augmentation des forces.

Le résumé de ma pratique chirurgicale et obstétricale, sur des personnes mises préalablement en charme ou en somnambulisme, n'est pas long.

J'ai d'abord ouvert deux abcès, l'un à une petite fille de huit ans qui, amenée seulement en charme, ressentit le coup de lancette et s'éveilla, l'autre à une jeune personne qui vint me demander de l'endormir pour être opérée ; celle-ci tomba facilement en somnambulisme et n'eut pas conscience de l'incision que je lui fis.

J'ai ensuite pu, sept fois, extirper des dents pendant le charme et le sommeil profond. Deux malades, mis dans le premier de ces états, ont déclaré avoir moins souffert que dans les opérations antérieures du même genre qu'elles s'étaient fait faire. Quand aux personnes qui, plongées en somnambulisme, ont été opérées par moi pour la même cause, voici le sommaire, par ordre de date, de ce quelles ont offert de remarquable.

23 novembre 1860. Cri poussé au moment de la divulsion. Le souvenir de la douleur a été conservé après le réveil.

1er juin 1861. Pas le moindre mouvement lors de l'opération ; l'insensibilité a été complète. La malade, hystérique de longue date, interrogée dans son sommeil a assuré n'avoir rien senti. Quelques moments après, cette même femme s'est décidée à se laisser arracher une seconde dent, bien qu'elle fut éveillée, parce que je lui assurai que j'avais le talent de les extraire, même sans douleur, à l'état de veille. Et, en effet, il me suffit de lui affirmer qu'elle ne ressentirait rien, pour qu'elle n'eut pas conscience de la plus légère impression.

10 septembre 1861. Accusation, pendant le sommeil et après extraction, d'une souffrance comparée par la dormeuse à une piqûre d'épingle.

22 janvier 1862. Même malade que la précédente.

Cette fois, souffrance absolument nulle. N'a pas trahi la moindre émotion et ne s'est pas doutée du moment de l'expulsion ; tout endormie, elle se croyait encore la dent dans la bouche.

Voilà quatre résultats assez favorables à l'emploi de la méthode hypnotique, mais il faut l'avouer, j'ai tenté, en vain et bon nombre de fois, d'endormir des malades auxquels j'aurais voulu pratiquer de petites opérations chirurgicales du même genre que celles dont il vient d'être question. Sauf à l'égard de quelques somnambules habitués à être plongés dans le sommeil profond et que j'ai pu endormir, j'ai été obligé de cesser mes manœuvres sur d'autres et même sur des dormeurs déjà mis en somnambulisme, ne pouvant arriver au but que je me proposais, tant il naissait chez presque tous, une crainte peu légitime d'éprouver de la souffrance.

Il est un autre emploi du sommeil profond sur lequel mon attention a été attirée, c'est celui de rendre insensible à leurs maux, les femmes qui sont dans le travail de la parturition. Si une femme pouvait, en somnambulisme, n'avoir nullement conscience des douleurs de l'enfantement, il y aurait un grand pas de fait dans la science, à l'avantage de celles qui arriveraient alors dans cette forme de l'état passif. Elles jouiraient, tant qu'on voudrait, de l'immunité à la douleur produite par les anesthésiques toujours difficiles à manier et dont on ne peut continuer l'emploi que peu de temps, et de plus, ce que j'ai remarqué en extrayant des dents à des dormeurs, elles se prêteraient à tout ce que l'on demanderait d'elles comme si elles étaient éveillées. Certes, je ne pouvais faire un plus bel essai que celui d'endormir une femme en couches, d'autant plus qu'aucun obstacle ne se présentait pour que je n'osasse tenter l'aventure ; j'avais la certitude que, pendant le sommeil, les contractions intermittentes des muscles soumis à l'influence du nerf grand sympathique ne sont troublées que par exception.

La première, femme que j'accouchai dans le sommeil profond y fut laissée vingt-deux heures. Elle eut conscience de toutes les contractions malgré mes suggestions de ne pas les ressentir. Elle avoua pourtant, en cet état, ne pas les éprouver aussi vivement que dans ses accouchements précédents. Au réveil, elle se rappela de ses trois dernières douleurs et des cris qu'elle poussa en même temps.

Une seconde fois, j'endormis une de mes somnambules déjà parvenue dans un travail avancé. La matrone, chargée de l'accouchement et qui avait suivi les couches précédentes de cette personne, me dit qu'elle lui avait paru beaucoup plus insensible cette fois. Au réveil, l'accouchée ne garda souvenir de rien.

J'eus encore l'occasion de mettre une femme en charme vers la fin de son travail, mais elle s'éveilla à la suite de quelques contractions. Enfin, j'eus aussi celle de faire plonger, dans le sommeil profond, une somnambule de profession que l'on éveilla au bout d'une demi-heure, parce qu'elle n'éprouvait pas grand soulagement.

On le voit, les résultats que j'obtins sur les femmes en mal d'enfant ne sont pas encourageants. Cependant, il est positif qu'elles durent souffrir moins que d'ordinaire, dès que sur quatre, trois, malgré leurs douleurs, ne s'éveillèrent point d'elles-mêmes. Ce peu de succès n'est pas suffisant pour porter à croire, que dans le sommeil, il n'y a pas d'enfantement non douloureux, puisque l'on a trouvé des individus endormis qui n'ont rien ressenti pendant de grandes opérations et, qu'il est de règle, chez les femmes aliénées, c'est-à-dire, parvenues dans un état morbide analogue au sommeil, d'accoucher à leur insu et sans éprouver la moindre souffrance.

La difficulté d'endormir tout le monde suffisamment pour déterminer l'insensibilité, celle même d'endormir ceux qui ont l'habitude de l'être, sera un obstacle pour que l'on songe souvent à employer le sommeil profond à la place des anesthésiques. La méthode hypnotique, dans le but d'opérer sans douleurs, par cela qu'elle est sans danger, doit être une ressource à réserver aux personnes pouvant devenir somnambules, et encore, rarement l'insensibilité sera chez elles aussi complète qu'à l'aide de l'éther et de ses succédanés.

III.

Maladies ou états morbides analogues au sommeil.

Il vient d'être parlé des maladies affectant les filets nerveux qui servent aux perceptions et, par conséquent, à la formation des idées mémorielles, maladies pour le traitement desquelles la thérapeuthique du sommeil a été employée et dans lesquelles, par la pensée, il a suffi, pour amener du soulagement et même la guérison, de diminuer l'excès d'attention qui se portait aux nerfs sensitifs et y nourrissait le mal, ou bien au contraire, de diriger sur ces mêmes nerfs peu stimulés un excédant de cette force, afin de leur rendre plus ou moins leur faculté perceptive. Il est encore d'autres affections du système nerveux dont les troubles sont dus à la réaction anormale de l'attention, mais à l'égard des empreintes écrites au cerveau ou idées mémorielles et nécessairement à l'égard des combinaisons de ces idées. Ces affections, on peut les appeler des maladies du sommeil et même de ses analogues en ce que, pareillement à ce qui se passe dans ces états, l'on est devenu alors impuissant à conduire son attention à volonté, soit pour sentir, soit pour se rappeler, soit pour comprendre et, partant, pour agir. Mais, comme le sommeil est le type où l'on retrouve le caractère des états semblables et qu'il est de tous le mieux connu, c'est à lui que nous rapporterons surtout ce que nous aurons à dire sur ces affections.

Hormis la pensée de reposer qui, chez les dormeurs, continue son cours pendant la période de repos, hormis le pouvoir qu'ils ont de choisir leur heure pour dormir et même s'éveiller, hormis ces phénomènes essentiellement normaux, nous avons retrouvé, en tout ou en partie, pour chacune de ces maladies, les autres caractères du sommeil ; c'est qu'elles se développent comme cet état physiologique, par une action de la pensée, elles en sont des créations favorisées, dans leur origine, par une condition commune, le cumul avec arrêt ou ralentissement de l'attention. Rien donc d'étonnant qu'elles lui ressemblent dans leurs caractères, aussi peut-on les désigner, à juste titre, sous le nom de sommeils morbides.

Folie.

Une seule fois, nous avons réussi à ramener à la santé une femme affectée de manie aiguë depuis huit jours. Accusée par le garde champêtre de sa commune d'avoir maraudé dans les champs, elle eut l'esprit si frappé de ce reproche qu'elle en tomba dans le délire. Elle divaguait continuellement sans avoir un seul moment de repos, même pendant la nuit. Nous pûmes parvenir, en la mettant en charme, à changer le cours de son attention et, à peine eûmes-nous fait la suggestion, que l'agitation à laquelle elle était en proie fut calmée. Depuis lors, le sommeil et l'appétit revinrent et la guérison ne se démentit jamais. Seulement deux jours après, comme elle accusait encore une douleur sourde au sommet de la tête, nous remîmes cette femme en charme et nous pratiquâmes de nouveau l'affirmation pour la débarrasser de ce dernier symptôme et, en effet, il ne revint plus. Nous avons essayé, plusieurs autres fois, d'influencer des fous et des hypocondriaques, et nous n'y sommes pas arrivé ; leur attention était tellement immobilisée sur les idées qu'ils s'étaient affirmées depuis longtemps, à leur insu, qu'il nous fut impossible de la détourner sur l'idée de dormir. Ces essais nous ont porté à croire qu'il est difficile de mettre des aliénés en état passif. Il y en a, parmi eux, qui ne se livrent plus au sommeil ordinaire, comment les ramener à faire ce qu'ils ne peuvent plus eux-mêmes et comment, chez d'autres, dont l'attention est distendue outre mesure sur des idées fixes et invétérées, faire replier cette force sur l'idée de dormir, quelque naturelle qu'elle soit, quand ils n'écoutent même pas, ou rient de ce qu'on leur dit et de ce qu'on leur fait ?

Des auteurs rapportent pourtant avoir guéri des fous par les procédés mesmériques. M. Charpignon (1), et il n'est pas le seul (2), relate un cas d'amélioration de folie et trois cas de cure de cette maladie qu'il a obtenus ainsi ; mais il avoue que, si par ces moyens, l'on arrive promptement à changer les idées délirantes et les sensations fausses des aliénés, il n'est pas facile de les endormir, à cause de leur mobilité et de leur excitation d'esprit.

Quoique l'aliénation mentale, à l'exception de quelques formes, nous paraisse difficilement guérissable par la suggestion, à cause de la difficulté qu'il y a à produire l'état passif, il entre, dans l'objet de ce travail, de nous

(1) Voy. Médecine anémique, p. 165.

(2) Braid a dissipé des monomanies par suggestion. (Voy. Annales médico-psychologiques, année 1866, p. 279, article du Dr Hack Tuke, traduction de M. J. Drouet.) Il assure que les monomaniaques sont particulièrement sensibles à l'influence de la méthode hypnotique.

occuper des points de ressemblance que cette maladie présente avec le sommeil. Nous ne serions pas complet si, après avoir parlé des états analogues au sommeil, lorsqu'ils sont normaux, nous ne nous occupions pas de ceux qui sont anormaux ou morbides.

Déjà M. Moreau (de Tours), dans son livre sur le haschisch et dans sa Psychologie (1), a avancé que la condition pathogénique essentielle des idées délirantes, c'est le sommeil. Ceci équivaut à dire que le délire est le rêve d'un sommeil morbide. Or, d'après ce que nous avons établi, puisqu'il n'existe pas de sommeil, sans une idée fixe pour élément fondamental, et sans l'impossibilité consécutive de pouvoir se désillusionner de ses conceptions absurdes, il ne doit pas se rencontrer d'aliénation mentale, sans l'idée fixe pour base essentielle, et sans une même impuissance à se contrôler. Si, dans la folie, l'on ne découvre pas toujours cet élément primordial, c'est qu'il est souvent masqué par le délire, comme l'idée fixe du sommeil l'est par de folles divagations.

M. Moreau a ensuite exprimé l'opinion que la folie est un état mixte, résultat de la fusion des phénomènes psychiques du rêve et de la veille. A sa place, nous aurions dit, avec plus de vérité, qu'elle est un état maladif, résultat de la fusion des phénomènes psychiques du rêve ordinaire et du somnambulisme. Les rapports de similitude que nous avons trouvés plus loin entre ces deux manifestations, fruits d'une idée fixe et l'une physiologique, l'autre morbide, viennent confirmer notre assertion et démontrer, avec évidence, que si les songes sont des contre-coups de l'attention immobilisée d'une part et, de l'autre, active encore dans le foyer de la mémoire et vers les

(1) Voy. Psychologie morbide, p. 147.

organes des sens, le délire est nécessairement aussi l'effet
d'un pareil contre-coup.

Si l'on envisage comparativement le sommeil et l'a-
liénation mentale, on trouve que le manque de ressort de
l'attention dissociée est, dans les deux cas, la cause pourquoi, dans ce qu'il lui reste de libre, cette force s'attache à des sensations imparfaites, à des pensées incohérentes
et en est réellement plutôt le jouet qu'elle ne les dirige.
Alors, elle ne peut plus agir sur les sens, sur les idées
mémorielles avec autant de facilité que pendant la veille ;
elle ne peut plus, à volonté, sortir de ses thèmes extrava-
gants et encore moins les contrôler.

De cette paralysie plus ou moins grande de l'attention
amoindrie par suite de l'arrêt d'une partie d'elle-même,
paralysie commune à ces deux états de l'organisme, il résulte encore, la cause étant la même, que d'autres effets
consécutifs doivent être semblables. Ainsi, hallucinations,
illusions, isolements des sens, dépression ou surcroît des
forces musculaires, étrangeté des idées, bizarreries des
conceptions délirantes, automatisme, puissance modificatrice de la pensée sur les tissus et même les fonctions de
la vie, à tel point que, pareils aux dormeurs, les fous se
créent des maladies véritables, se les prédisent et annoncent même l'heure de leur mort, il n'y a rien, dans ces
phénomènes, qui n'appartienne à la fois au sommeil et à
la folie.

L'insensibilité qui, avec l'idée fixe, est le caractère le
plus frappant de la folie, on la retrouve surtout dans le
somnambulisme. Ce symptôme est, dans l'une et l'autre
affection, un résultat obligé de l'afflux de l'attention à son
pôle passif.

L'aliéné et le rêveur, ne pouvant mettre régulièrement
au service de leurs créations psychiques, ni tous leurs
sens, ni tous leurs souvenirs, ni toute leur raison, con-

fondent souvent le bien et le mal, ils sont immoraux, sans pudeur, assassins, sans honte et sans remords. Leur intelligence étant déréglée, ils ne distinguent plus les obstacles et le danger, ils tentent l'impossible et ne s'arrêtent devant rien.

La folie ne naît-elle pas, comme le sommeil, par une application de l'attention, et ne s'en va-t-elle pas de même, par la dérivation de cette force sur des sensations ou des idées différentes de celles qui occupent l'esprit ? Que d'un côté, l'on administre la douche, les bains froids, que l'on suscite d'autres passions que celles qui dominent, que l'on fasse travailler les malades, qu'on les isole de ce qui entretient leurs idées délirantes, ou que de l'autre côté, l'on secoue, l'on pince, l'on appelle un dormeur, qu'on lui suggère la pensée de s'éveiller, c'est toujours, dans les deux hypothèses, sous des formes différentes, amener une révulsion de l'attention vers un sens opposé à celui dans lequel il y a absorption de ce principe des sensations et de l'intelligence. La pensée est l'architecte du corps et elle en dirige les fonctions, a écrit Sthal ; c'est le cas d'ajouter que là où elle est la cause de changements et de perturbations psychiques et organiques, elle doit être plus particulièrement aussi la cause de leur disparition.

Un fait qui prouve encore l'analogie du sommeil et de la folie, c'est leur antagonisme. On rencontre un grand nombre d'aliénés incapables de se livrer au sommeil ; c'est que, étant en idée fixe continue, ils ne peuvent plus se mettre en idée fixe passagère ; la première a pris la place de la seconde. Le rêveur et le fou sont des dormeurs l'un et l'autre, seulement ils sont absorbés par des pensées différentes.

Quand M. Moreau (de Tours) croit que l'aliénation mentale emprunte des signes à la veille, ne serait-ce que par le caractère des rapports qui, dans cet état pathologique, existent avec le monde extérieur, il va trop loin. Il aurait plutôt dû dire que ces rapports lui sont communs avec les rêves du sommeil profond, il aurait été davantage dans le vrai. Les aliénés ressemblent, à s'y méprendre, à des somnambules artificiels mis en communication avec les êtres et les objets qui les environnent. Il est même des dormeurs qui, naturellement, sans aucune intervention suggestive, paraissent comme s'ils étaient éveillés. J. Franck, Deleuze, A. Bertrand, Orfila, M. le Dr Pochon, etc., en ont rencontré. Nous avions une de nos clientes qui, endormie, se levait, s'habillait, babillait, faisait son ménage et ne se réveillait souvent qu'au milieu de la journée. Elle était alors très-étonnée de se trouver, ou lavant à la fontaine au milieu d'autres femmes, ou balayant, ou se livrant à ses occupations journalières. Presque seul, le mari de cette femme savait distinguer quand elle était dans ce singulier état, et cela, à certaines occupations étroites de son esprit. Si donc, sous ce rapport, M. Moreau a songé à trouver à la folie de la ressemblance avec la veille, c'est qu'il n'a confronté que le rêveur ordinaire avec l'aliéné, comme si le pouvoir qu'a le fou d'être plus ou moins le maître de ses sens, de ses mouvements et même de sa raison, n'est pas aussi le propre des dormeurs somnambules.

On retrouve, dans la folie, jusqu'aux divisions du sommeil. Il est des aliénés qui, pareils aux rêveurs du sommeil léger, songent peu à s'agiter ; leur délire est désordonné, illogique, ainsi que dans les songes ordinaires, et, de même que l'on sort aisément du sommeil habituel, ces malades sortent aisément de leur état, tels sont les maniaques. Chez ces fous, l'idée fixe est latente, cachée par le délire, comme celle du sommeil léger l'est par les rêves. Il en est d'autres, ceux qui sont affectés d'aliénation mentale reposant sur une idée fixe émotive (mélancolie), ou sur une idée fixe sensitive (hypocondrie), ou sur une idée fixe pure (certaines monomanies), qui présentent plutôt les signes du rêve du sommeil profond. Ces derniers, de même que les somnambules, ont une personnalité plus tranchée, plus de ténacité, une raison parfois plus sûre et, de même qu'eux, ils sortent difficilement de leur sommeil.

La seule différence appréciable entre ces états, l'un normal et l'autre morbide, c'est que le sommeil est consenti, réparateur et d'une durée que l'on limite soi-même, tandis que la folie vient insciemment, se prolonge indéfiniment et ne sert en rien à reposer l'organisme. On peut attribuer, principalement, cette différence bien tranchée à ce que le dormeur s'endort volontairement et avec une pensée réparatrice, laquelle, devenu insciente, parcourt sa trajectoire du commencement à la fin du sommeil, à travers les autres phénomènes psychiques dus au dédoublement de l'attention. D'autres idées fixes secondaires accompagnent souvent cette pensée, telles sont celles de rester immobile, de s'éveiller à la même heure, d'élaborer un travail d'esprit, etc. Toutes s'accomplissent avec exactitude. C'est dans ces pensées, suggérées de la veille au sommeil, et qui ont leur cours forcé, pendant que le reste de l'attention encore libre remue des idées délirantes, que se réfugie la raison des dormeurs ; sous tous les autres rapports, ils sont fous. Ils n'ont donc de raisonnables que les pensées puisées dans la veille et devenues fixes.

Nous n'aurions pas tout dit, si nous n'abordions pas la question des idées fixes chez les hommes sains d'esprit. La naissance de ces idées s'explique comme celle des éléments de la folie confirmée, par une détente de l'attention venue à la suite d'une concentration trop violente de cette force. Grâce à l'emploi de la méthode suggestive, elles sont aussi guérissables que la folie, et même, elles doivent l'être davantage, du moment qu'il est plus facile de mettre, dans les conditions du véritable sommeil, quelqu'un dont la raison est à peu près conservée, qu'un homme qui l'a entièrement perdue. Et puis, les idées folles de ce genre ne pouvant venir par la pensée qu'à la condition que l'on soit très-impressionnable, on a la certitude, dans ces cas, que la même prédisposition, qui a prêté à la formation du mal, si elle n'a pas encore eu le temps de beaucoup changer, doit pareillement favoriser sa disparition. Sans parler des hallucinations persistantes ou idées-images remémorées d'une manière continue, et déjà si souvent observées par nous, nous ne saurions mieux faire que de citer, dans cet article, quelques autres faits plus rares d'idées fixes chez des hommes raisonnables ; en en signalant, nous disposerons le lecteur à ne pas négliger ceux du même genre qu'il rencontrera et nous le porterons à employer, à l'égard de dérangements psychiques semblables, le moyen qui, par hasard, a servi à les faire éclore. Il nous a été donné d'observer cette singulière affection d'une idée fixe existant chez des gens raisonnables sous les autres rapports. Le premier qui nous offrit une telle singularité fut un de nos malades, homme très-nerveux et facile à mettre en charme. C'était un grand amateur de vin, qui avait pris l'eau en horreur, à un tel point que, dès qu'il en avait bu, il la vomissait aussitôt. Il nous fut impossible de la lui faire digérer, mais son estomac supportait bien les boissons dont l'eau était le véhicule, telles que les infusions, par exemple. Si les vomissements de cet homme avaient été dus à une réaction autre qu'une réaction mentale, le même liquide, bien que sous une autre forme, les auraient amenés également. A la vue de l'eau, cet être étrange éprouvait l'aversion que nous ressentons à l'aspect d'aliments dégoûtants. La seconde est une jeune fille très-intelligente, s'exprimant fort bien dans la conversation ordinaire et lisant couramment à voix basse. S'agit-il de faire une lecture à haute voix, elle est dans l'incapacité de prononcer les mots ; elle est évidemment alors, sous l'influence d'une espèce d'obsession venue probablement par une affirmation qu'elle s'est faite dans un moment d'émotion. Dès quelle essaie de vaincre sa mutité, il arrive que l'impossibilité où elle est de lire la confirme encore davantage dans son idée fixe. Nous subissons nous-même le contre-coup d'une suggestion que nous nous fîmes dès l'âge de sept à huit ans, à la suite d'un coup nerveux qui nous prit en mangeant un oiseau. L'on pensa, au moment même, qu'un os s'était arrêté dans la trachée-artère et, plein d'épouvante, nous le crûmes encore plus nous-mêmes. Il y eut seulement trois accès, c'était plus qu'il n'en fallait pour que nous nous missions dans la tête que notre gorge était obstruée. En proie à cette conviction, le lait fut pendant quinze jours notre seule nourriture ; puis, peu à peu, nous nous habituâmes aux bouillies, et à la longue aux aliments bien triturés ; mais, maintenant encore, un noyau de cerise, un pépin de raisin, nous ne pouvons les avaler, excepté par distraction. C'est ainsi que, nourrissant une conviction erronée depuis la jeunesse, nous avons fini par en être définitivement l'esclave, et contre une pareille idée fixe, que nous avons reconnue fausse, il y a près de vingt-cinq ans, notre raison et notre volonté ont toujours été impuissantes. Cet empêchement organique d'avaler un pépin de raisin, empêchement amené par l'action d'une idée accourant irrésistiblement pour se mettre en travers dans notre esprit, il y a des gens qui ne veulent pas y croire, parce qu'étant absurde, il doit être impossible ! On trouve pourtant, dans la science, des faits de ce genre. A. Bertrand rapporte que quelques convulsionnaires de Saint-Médard qui, dans leurs crises, s'étaient imaginé devoir rester un certain nombre de jours sans manger, furent incapables d'avaler quoique ce fut, tout le temps qu'ils se l'étaient suggéré. Du reste, ce qui conduit à admettre que de pareilles idées fixes peuvent élire domicile dans la tête de quelqu'un, ce sont les expériences de suggestion du sommeil à la veille. Si l'on affirme, à un somnambule, qu'il restera halluciné, sourd, boiteux, bègue, etc., après réveil, il restera ce que l'on aura voulu qu'il soit, nous en avons fait maintes fois l'expérience. Il suffit même d'affirmer, à une personne éveillée, très-nerveuse, qu'on lui paralyse la langue, un bras, etc., pour que ces organes restent dans la contracture cataleptique. Quand le marié, dont parle N. Venette, fut plusieurs semaines sans pouvoir jouir des droits d'époux, à cause de l'affirmation qui lui en fut faite, c'est qu'il avait cette constitution éminemment impressionnable que nous avons quelquefois rencontrée. Eh bien! la suggestion qu'un homme reçoit d'un autre, il peut se la faire à soi-même. Que de fois n'avons-nous pas vu des somnambules éprouver, au sortir du sommeil, ce qu'alors ils s'étaient mis dans la tête ! Du reste, l'existence des idées fixes du genre de celles que nous relatons n'est nullement contestée ; ces idées sont même admises dans la science, seulement l'on n'a pas remonté à leur origine véritable. Ainsi, Broussonnet, au rapport de Cuvier, ne pouvait plus dire les substantifs, et Murat, chirurgien de Bicêtre, était dans la même situation d'esprit. Grandjean de Couchy ne trouvait plus les paroles qui devaient rendre sa pensée ; en voulant dire un mot, il en prononçait un autre. Zimmermann parle d'un homme qui éprouvait des douleurs inouïes à se faire couper les ongles (1). Les auteurs rapportent bon nombre d'autres singularités semblables et personne, que nous sachions, ne les a niées. Que sont ces étrangetés, sinon le résultat d'une affirmation que ces hommes s'étaient faite à eux-

____

(1) Voy. Traité de l'hérédité naturelle, par Pr. Lucas, t. I, p. 115.

mêmes, et qu'ils renouvelaient à chaque répétition des actes auxquels cette affirmation se rapportait? N'est-ce pas ainsi que naissent les idées préconçues, les idées, fruits de l'habitude, comme celles de priser, de fumer, de consommer certaines liqueurs, etc., idées fixes devenant si irrésistibles et si difficiles à déraciner? Et le tremblement des écrivains, cette maladie bizarre où la danse des doigts ne commence que lorsqu'on s'apprête à former les premières lettres, est-il autre chose que l'effet d'une suggestion insciente, répétée chaque fois qu'il s'agit de conduire la plume? Nous avons traité par suggestion, après l'avoir mise dans le charme, une jeune fille de quinze ans, dont les doigts commençaient à trembler dès qu'elle voulait coudre? Cette fille, très-nerveuse, était convaincue d'avance de ce qui lui arriverait, elle se l'affirmait et, nécessairement, ses doigts s'agitaient convulsivement sous l'influence de l'idée qu'elle en avait. Nous la laissâmes débarrassée de son tremblement; mais, l'ayant perdue de vue, nous ne savons si ce mieux fut durable. Enfin, n'y a-t-il pas quelques cas de cette maladie dont on a tant parlé dans ces derniers temps, l'aphasie, surtout ceux où il est impossible de prononcer ce que l'on peut écrire, que ces cas soient compliqués de lésions cérébrales ou non, n'y en a-t-il pas qui sont la conséquence d'une affirmation que l'on s'est faite, et, de même que l'on rencontre certains désordres cérébraux coïncidant avec certains délires, ne se présente-t-il pas, dans l'aphasie, une lésion coïncidant avec l'idée fixe de ne pouvoir prononcer les mots?

Nous ne nous étendrons pas davantage sur cette sorte de folie partielle, nous l'avons seulement signalée pour que l'on songe à diriger ses investigations là où on la suppose exister, mais surtout, afin que l'on s'occupe de la faire disparaître par la méthode seule convenable, la suggestion pendant les états de charme et de somnambulisme.

Ivresse.

Si l'aliénation mentale est la compagne folle du sommeil, l'ivresse en est une enfant gâtée. Une seule fois, par suite d'un laisser-aller inaccoutumé de notre somnambule Loué, auquel nous avions indiqué le moyen de se mettre en charme pour se guérir de ses maux, il nous a été permis de connaître le résultat de la suggestion contre l'intoxication alcoolique. S'étant un jour enivré, cet homme s'aperçut, au sortir du repas, qu'il chancelait et provoquait les rires des autres convives. Il alla aussitôt se cacher derrière un mur, et là, tout à son aise, il remit la raison dans sa tête et l'équilibre dans ses membres. Peu après, il revenait gai et dispos (1). Ce fait nous conduit à penser que les agents diffusibles agissent par impression sur les surfaces nerveuses, car dès que, par la suggestion, l'on rend ces surfaces insensibles, qu'on les isole, les effets produits disparaissent aussitôt ; il n'est pas de contre-poison aussi subtil. Du moment que, dans le sommeil, on arrête par la pensée, même les mouvements réflexes des muscles de la vie végétative, c'est que l'on peut éteindre la sensation qui en est le point de départ, et, si l'on a le pouvoir de rendre insensibles les filets nerveux du grand sympathique distribués aux muqueuses, pourquoi n'empêcherait-t-on pas, de la même façon, les surfaces de l'intérieur des centres nerveux de percevoir ces autres impressions inscientes dues à des substances absorbées ?

---

(1) Le même phénomène arrive aussi dans les états analogues au sommeil. Un de nos malades nous a raconté qu'étant tombé à l'eau en état d'ivresse, la frayeur qu'il en eut le désenivra aussitôt. Les faits de ce genre ne sont pas rares. Nous ne sommes pas loin de croire que c'est parce qu'il avait une grande puissance suggestive sur son organisme, qu'un paysan de notre connaissance conservait sa raison après avoir bu, par pari, des doses de vins capiteux qui auraient plongé tout autre dans l'ivresse la plus complète.

On pense généralement que les symptômes de l'ivresse sont des symptômes d'excitation. Il en est parmi eux de tout opposés. Dans cette espèce morbide, il y a une rupture d'équilibre de l'attention, ainsi qu'il arrive dans le sommeil. A côté de signes de stimulation dans certains organes là où se porte l'attention, on retrouve toujours les signes de sédation vers les organes délaissés par elle. C'est qu'il ne saurait exister d'excitation quelconque qui ne soit, où elle a lieu, le fruit d'un cumul de force nerveuse, cumul ne pouvant naître sans la diminution de cette même force sur un autre point, ce que l'on remarque dans l'ébriété légère. Mais si l'intoxication alcoolique est portée à un degré extrême, l'attention s'immobilise en grande quantité, comme dans l'état passif le plus profond, et il en résulte un engourdissement complet des fonctions de la vie de relation, le coma. Les boissons enivrantes présentent donc aussi, dans leurs effets, des caractères semblables à ceux du sommeil; elles sont, selon le mouvement de l'attention dédoublée, stimulantes dans un sens et calmantes dans l'autre, et, en définitif, si cette force afflue avec plus d'abondance vers son pôle actif, elles sont dites excitantes, et si elle s'accumule, au contraire, vers son pôle passif, elles sont réputées stupéfiantes. Et, il faut le remarquer, aussi bien que l'action du sommeil, l'action des alcooliques retentit jusque sur le système de la vie végétative : dans l'ivresse profonde surtout, il y a ralentissement des fonctions circulatoires, nutritives, sécrétoires, etc.

Ce que nous émettons au sujet de l'alcool, comme cause de trouble des sensations et des fonctions végétatives, nous pouvons le dire du même liquide, comme cause perturbatrice des mouvements et de l'intelligence. De plus, les remèdes hypnotiques, tels que l'opium, l'éther et leurs succédanés, sont susceptibles, à propos de leur influence sur l'économie, d'une explication tout à fait identique à celle que nous donnons des effets de l'alcool, car c'est à l'attention consciente surtout, à cette principale des deux chevilles ouvrières de la machine humaine, que ces remèdes s'adressent d'abord, c'est à cette force que remonte la plus grande partie de leurs propriétés et, entre autres, celle de déterminer des rêveries.

Tous ces agents entraînent donc, chacun, des manières d'être de l'organisme plus ou moins analogues au sommeil et à ses maladies ; ainsi, se rejoignent les effets physiologiques de la pensée et des remèdes ; ainsi, ce qui, indirectement, vient à la suite des sensations remémorées ou de la pensée, est aussi directement le résultat d'impressions sensitives internes sur les surfaces nerveuses. Cela ne doit pas étonner, puisque la sensation consécutive à l'afflux de l'attention sur une idée-image est en réalité absolument pareille à la sensation primitive ou à l'idée en voie de formation, il n'existe de différence, entre les deux phénomènes, qu'en ce que, lors du mouvement créateur de l'attention, la sensation est centrifuge dans l'un des cas, et centripète dans l'autre. Pourquoi alors des effets semblables ne résulteraient-ils pas de causes semblables ?

C'est ici le lieu de constater que la pensée, en temps qu'elle est la conséquence de l'action de l'attention sur des idées-images, est une revivification sentie de ces idées, c'est-à-dire, une sensation moins l'objet. Or, comme se souvenir, comparer et raisonner, modes d'agir de la pensée, c'est le plus souvent replier l'attention sur des idées-images, faire acte de remémoration, d'intelligence, c'est renouveler des sensations, c'est encore sentir. Ainsi, les facultés cérébrales les plus distinctes, la sensibilité, la remémoration, l'intelligence, se réduisent en principe, sous l'influence d'un moteur unique, l'attention, elles se réduisent à un même phénomène élémentaire, sentir. L'expérience directe, sur les somnambules, prouve cette vérité : ce à quoi ils pensent, est imagé de même que si les objets en étaient présents.

Idiotie, imbécillité.

Ces formes, d'une même maladie, sont caractérisées par une incapacité de faire des efforts suffisants d'attention ; de là, chez ceux qui en sont affectés, cette espèce de sommeil plus ou moins complet des fonctions de la vie de relation ; de là, surtout l'imperfection des sens, de la mémoire et de l'intelligence. On pourrait trouver plusieurs points de comparaison entre les jeunes enfants et les vieillards déments d'une part, les idiots et les imbéciles de l'autre ; seulement, les enfants, contrairement à ces déshérités, gagnent de jour en jour la propriété de faire des efforts d'attention, et les vieillards la perdent ; les premiers sortent de l'idiotisme physiologique, les seconds entrent dans l'idiotisme morbide. Les imbéciles, et encore plus les idiots, n'ont pas la faculté d'accumuler leur attention à un haut degré et de donner ainsi lieu à ces phénomènes d'excitation dans un sens, et de prostration dans l'autre, phénomènes si fréquents parmi les fous. On en trouve même de tout à fait inertes, impassibles, sans réaction sensitive ou intellectuelle. Chez eux, il n'y a d'activité nerveuse que dans les fonctions végétatives. Moins ces hommes peuvent spontanément faire acte d'intelligence, moins en dehors de l'habitude prise, il doit leur être facile de s'endormir par le concours libre de la pensée. Comment, lorsqu'on réfléchit à peine, serait-on facilement apte à tomber dans le sommeil artificiel, pour la formation duquel il faut faire des efforts soutenus d'attention ? Comment endormir des êtres qui n'ont pu éveiller d'eux-mêmes leurs sens et leurs facultés ? Comment endormir des dormeurs ? Cependant, étant admis que les idiots et les imbéciles peuvent être amenés dans un état plus passif encore que celui où ils sont d'ordinaire, il est certain pour nous, d'après nos expériences sur deux sourds-muets qui, sous le rapport de l'ouïe, sont de véritables idiots par ce sens, il est certain que si l'on obtenait des succès sur ces malades, ces succès seraient de courte durée, au moins dans les cas où semblablement les organes de perception, la mémoire et l'intelligence n'arriveraient pas à fonctionner avec cette perfection qui donne de l'attrait à s'en servir. Malgré des réflexions aussi peu encourageantes, nous avons, une seule fois, essayé d'abord d'influencer une femme simple d'esprit, imbécile véritable. Nos tentatives échouèrent. Plus tard, nous cherchâmes à amener au moins dans le charme un enfant de douze ans, espèce de pesant à intelligence assez obtuse. Dans l'unique séance, consacrée à ce but, nous n'y pûmes parvenir. D'après ces deux faits négatifs, doit-on absolument conclure que l'on ne puisse endormir même des idiots ? Non. Pourquoi n'y parviendrait-on pas et, en y mettant plus de temps et de patience, ne les amènerait-on pas au degré de leur sommeil habituel ?

Charme morbide. — Hystéro-catalepsie.

Sur la même personne, il nous a été permis de traiter, par suggestion, des symptômes d'hystérie et de catalepsie greffés sur un charme morbide. Quelque incomplète que soit l'observation suivante, elle nous permet, cependant, d'apporter des éclaircissements sur les névroses, dont elle présente à la fois les symptômes.

9ᵉ OBSERVATION. Mˡˡᵉ H..., de Pont-Saint-Vincent, treize ans, tempérament lymphatico-nerveux, est très-impressionnable. Avant sa maladie, nous l'avions déjà endormie plusieurs fois pour lui cautériser une plaie du menton ; elle tombait dans le sommeil profond avec beaucoup de promptitude. Vers la fin de novembre, elle fut envoyée à Nancy pour y apprendre à coudre ; là, ses règles, apparues déjà trois fois, se supprimèrent. Des préoccupations morales dues au changement de vie amenèrent, sans doute, cet accident qui fut suivi d'autres symptômes pour lesquels on la renvoya chez sa mère.

5 décembre 1860. Nous trouvons Mlle H... immobile dans son lit, sans initiative, mais répondant aux questions qu'on lui adresse. Elle ne sait qu'une chose sur ses antécédents, c'est que depuis trois jours elle n'a pas mangé. Hémicranie, douleurs à l'épigastre, pouls petit, fréquent, peu de chaleur à la peau. Un vomissement de sang a eu lieu depuis son arrivée. Pendant qu'elle converse avec nous, nous découvrons que ses bras gardent la position qu'on leur donne, tels les somnambules qui, mis en rapport et parlant, font de même sans avoir l'air d'y prêter attention. Comme cette jeune fille nous paraît dans un état passif morbide analogue au charme, nous pratiquons immédiatement et avec insistance la suggestion négative des symptômes observés, ce qui amène aussitôt une guérison que nous présumons durable ; la malade se lève aussitôt, demande à manger et se dit rétablie.

6 décembre. Rechute à la suite d'une émotion. La mère de la malade, attribuant les nouveaux accidents survenus à notre manière insolite de guérir, on tarde de nous appeler. C'est alors qu'à la vue de convulsions violentes, on croit à la mort prochaine de cette fille, on la fait administrer, on s'apitoie sur son sort et l'on dit devant elle, à qui mieux mieux, son oraison funèbre. Plus ou moins à elle-même, elle s'affirme nécessairement ce que l'on croit de son état et, le mal empirant, ceux qui sont autour d'elle se décident enfin à venir nous chercher, par acquit de conscience. Nous arrivons à la fin d'un accès. Immobilité générale et isolement apparent de tous les sens. Les membres supérieurs conservent la place qui leur est marquée ; c'est une indication que le tact n'est pas éteint et une preuve de l'inertie de l'attention qui reste en arrêt sur l'idée fixe suggérée par le toucher. Quelques instants après, retour à l'état de charme morbide déjà observé la veille. Pendant que nous questionnions la malade, sa mère ayant jeté un cri, elle fit écho de la même façon, puis, sa mère se lamentant, elle se plaignit de même, se taisant, elle se tut et, enfin, ayant eu l'imprudence de dire qu'elle allait perdre son enfant, il se déclara immédiatement, chez cette fille, un accès du même genre que celui d'où elle sortait lors de notre arrivée. — Perte de connaissance, yeux convulsés en haut, figure grimaçante, trismus avec

grincement de dents, convulsions cloniques de tous les membres, mouvements alternatifs de flexion et d'extension du tronc portant la tête près des genoux, isolement général des sens. Bientôt l'agitation cessa et la malade repassa dans l'état où nous l'avions trouvée la veille à notre arrivée, après être demeurée transitoirement quelques minutes dans l'immobilité et avoir présenté une insensibilité apparente, car ses membres gardèrent la position que nous leur donnâmes. Ce fut alors que nous nous aperçûmes que des déjections alvines et urinaires avaient eu lieu. Notre examen terminé, nous allions refaire la suggestion quand la mère et, par imitation, sa fille s'y opposèrent ; cette dernière répétait mot pour mot les arguments qu'elle entendait, c'était réellement comique. Nous n'insistâmes pas. Eau froide *intus et extra*. Défense d'exprimer le plus léger doute sur l'issue de la maladie de cette fille ; recommandation de répéter toujours devant elle que la terminaison de son affection sera heureuse.

7 décembre. On a exécuté le traitement par l'eau froide, mais l'on n'a pas tenu compte de notre traitement moral. Le public, et même les médecins, ne comprennent pas que l'on puisse faire du bien au corps sans ingestion et sans application de remèdes, ils ne comprennent pas la thérapeutique sans une forme palpable ; mettant de côté la pensée si puissante sur l'organisme, ils donnent leur préférence, pour réagir sur ce dernier, à des agents matériels ; comme les Hébreux cherchant la terre promise, ils délaissent le culte du vrai Dieu afin d'adorer le veau d'or.

8 décembre. Traitement mal suivi. Accès plus intenses et plus répétés. Trismus continuel, même dans l'intervalle des accès. La malade qui, jusques aujourd'hui, avait pu causer, avaler de l'eau et un peu de bouillon, n'est plus dans la possibilité de le faire et, comme la diète date déjà de six jours, nous avons hâte d'en finir. Nous annonçons alors à la mère que nous allons employer un autre moyen, donner de notre fluide à sa fille et que, par ce traitement électrique, nous avons tout lieu d'espérer qu'elle reviendra bientôt à la santé. Au lieu d'affirmer la négation de symptômes morbides à haute voix, nous promenons nos doigts à distance le long de son corps et de ses membres ; ce langage par signes, cette suggestion tacite, d'après ce que nous venions de dire, ne pouvait manquer de faire son effet, puisque nous avions affaire à une automate subissant toutes les impressions, soit en bonne, soit en mauvaise part. Par ce moyen, emprunté aux magnétistes, le trismus et la douleur épigastrique ne tardèrent pas à disparaître. Enhardi alors, nous annonçâmes, tout en causant d'autre chose, que

le mieux produit allait être suivi d'évacuations (elles manquaient depuis deux jours) et de la possibilité de prendre du bouillon, les dents étant déjà desserrées. Cette dernière suggestion verbale n'effaroucha pas plus que celle qui l'avait précédée. Il y eut, en effet, un peu après, des évacuations alvines et urinaires. De plus, Mlle H... prit du bouillon, se remit à causer et la joie reparut dans la maison.

9 décembre. Depuis hier, le moral des personnes environnant le lit de la patiente est resté ferme, aussi la grande amélioration de la veille s'est maintenue. Refait les mêmes simulacres. La disparition des accès ramène tout à fait l'espérance au foyer. Jusques au 16 décembre, nous continuons nos passes et nos affirmations indirectes une fois par jour, plutôt pour l'entourage de la malade que pour elle-même, car elle pourrait s'en passer si l'on ne craignait autour d'elle des interprétations absurdes, ainsi que dès le début de son affection.

L'observation précédente présente deux formes distinctes : 1° un état de charme morbide, presque continu, pendant lequel la malade n'est isolée d'aucun sens et reste l'écho de ce qui se fait, de ce qui se dit et de ce qu'on lui suggère ; 2° des accès hystéro-cataleptiformes avec isolement, accès déterminés par des idées émotives. De là, une division naturelle de ce que nous avons à dire, une première partie ayant trait à l'état de charme morbide et la seconde, à la catelepsie et à l'hystérie.

1° Il est chez tout le monde une disposition très-variable à s'affirmer ce que l'on observe autour de soi ; cette disposition est le germe des manifestations passives que nous avons appelées fascination, imitation, amour, charme, sommeil, etc. Parallèlement à ces expressions physiologiques ou manières d'être de l'organisme, il y a des névropathies que nous rapportons au sommeil, parce que cet état les résume le mieux, il en est le type premier. Une des plus remarquables, c'est l'état presque permanent que nous a présenté le sujet de l'observation que nous venons de relater ; à cause des rapports conservés, cet état ressemble assez bien au charme artificiel regardé, du reste, par nous comme un aspect du sommeil léger. On ne saurait mieux comparer Mlle H…, dans les intervalles de ses accès, qu'à une personne mise en charme ; de même que cette personne, elle est en communication avec ceux qui l'entourent, présente de la catalepsie et, comme elle, subit le contre-coup de ce qu'on lui suggère, de là, la répétition par imitation des cris, des plaintes, des paroles de sa mère. Ces manifestations sympathiques n'ont lieu que parce que cette fille n'a plus assez la faculté de faire effort pour les empêcher.

Chez Mlle H…., les actes d'imitation ne ressemblent nullement aux actes physiologiques du même genre ; ils ne présentent, ni le caractère si remarquable de haute raison des tendances instinctives de l'enfant à imiter sa mère, tendances supposant en celle-ci le complément intellectuel que son nouveau-né n'a pas encore, ni la prédisposition à l'imitation départie à l'homme sain, lequel ne cesse en même temps de jouir de son activité habituelle d'esprit et de corps ; dans le cas dont il s'agit, cette activité fonctionnelle a fait naufrage.

Pendant le charme, Mlle H….. présentait du trismus, c'est-à-dire, une contracture continue des muscles masticateurs. Les auteurs n'ont pas bien distingué cette contracture permanente de la contracture cataleptique. Vinslow, les confondant, a même fait du tétanos une forme de la catalepsie. Il s'est trompé. Lorsque les membres d'un malade gardent les positions successives qu'on leur assigne, la contracture de leurs muscles est absolument analogue à celle des muscles des somnambules, chez lesquels on détermine semblable phénomène ; ces rêveurs ne peuvent réagir par la volonté, ils acceptent les idées qu'on leur suggère, que ces idées leur soient imposées verbalement ou par geste ; aussi, leurs membres contracturés, n'importe dans quelle attitude, sont toujours l'expression d'une idée venue d'une perception. C'est tellement vrai que, faute de mise en communication, et, par conséquent, d'une impression perçue chez les dormeurs, ces mêmes membres soulevés retombent comme un plomb: l'absence d'idée formulée au cerveau amène l'absence de contracture. Pareillement, la contracture des malades en charme morbide, est l'expression d'une idée fixe suggérée, reçue sans réaction et à l'influence de laquelle ces malades ne peuvent résister, elle est le résultat obligé de la réflexion d'une impression des sens aux nerfs locomoteurs des muscles, par l'intermédiaire de la pensée consciente. Jusques aujourd'hui, l'on avait bien soupçonné que l'extension cataleptique a une relation directe avec une perception tactile, mais on s'était borné là. Gerdy l'avait déjà attribuée à un vague sentiment du toucher, et l'avait appelée un phénomène d'attention inattentive, parce que les malades ne paraissent pas porter à cet acte une véritable attention, mais ce fut tout. Il fallait conclure et ajouter que l'impression tactile est le point de départ d'une idée fixe, acceptée par l'esprit, et traduite à la lettre par une partie de l'appareil musculaire.

Les contractures toniques ou permanentes diffèrent de celles qui viennent de nous occuper. Personne n'est maître de ramener, dans le relâchement, les membres raidis d'un tétanique ; le malade lui-même qui sent, pense, raisonne et est plein d'initiative, subit les contractures de ce genre ; c'est que, chez lui, la raideur des muscles est l'effet réflexe d'une sensation continue et insciente, sensation qui n'est nullement convertie dans l'organe cérébral en une idée consciente ; pour qu'il put ou que l'on put commander des mouvements à ses muscles, il lui faudrait à sa disposition cette quantité accumulée d'attention que donne le sommeil, et qui alors sert à modifier ce qui ne pouvait l'être auparavant. C'est grâce à un aussi grand afflux de cette force, lorsqu'ils sont plongés dans le sommeil profond, que l'on vainc toujours le trismus et les autres sortes de contractures, même chez les tétaniques (1). On a ainsi le pouvoir, dans cet état, de reprendre l'attention qui, à l'insu des malades, nourrit les sensations dont ils n'ont pas conscience, pour reporter cette force sur les muscles enraidis et les assouplir.

2° De même que le charme morbide de Mlle H..... a été la condition d'actes par imitation et par suggestion, de même aussi, l'a-t-il été encore de l'accès avec spasmes cloniques et avec contracture cataleptique que cette fille nous a présenté. Au lieu de phénomènes déterminés par une affirmation ou par appel sur une idée de l'attention devenue inerte, nous avons observé alors des symptômes par accumulation rapide et violente de cette même force sur une idée émotive : d'abord, un isolement complet des sens et des contractions tumultueuses, puis enfin, lorsque la détente de l'attention révulsée a commencé, de la contracture cataleptique, signe du retour des sensations. Il n'est pas nécessaire, pour qu'un tel accès névropathique se développe, que l'on soit dans une disposition maladive semblable à celle du sujet de notre observation, il suffit qu'en santé, l'on possède une exquise sensibilité.

A la fin de ses accès, notre malade, sans paraître éprouver des impressions, avait cependant une conscience obscure des sensations, la preuve en est que ses membres obéissaient automatiquement et restaient à la place que nous leur assignions. Mais pendant l'accès, lorsque dominaient les signes hystériques, on n'observait aucune marque de perception consciente des sens, parce que l'atten-

<hr>

(1) Voy. Cours théorique et pratique de Braidisme, par M. J.-P. Philips, obs. p. 131. J.-B. Baillière et fils, 1860.

tion s'était trop fortement accumulée et mise en arrêt sur une idée émotive, et cela nécessairement, avec plus d'énergie encore que dans le sommeil profond. De cette différence entre les symptômes hystériques du commencement de l'attaque et les symptômes cataleptiques de la fin ou de retour à un état plus normal, il nous est déjà permis de supposer que l'hystérie, lorsqu'il y a isolement complet, ne peut être que le partage de personne très-impressionables et que la catalepsie, état passif moins profond, puisqu'il y a perception, prendra plutôt naissance chez celles qui sont moins nerveuses. Les faits, du reste, viennent à l'appui de notre déduction. Nous n'avons jamais vu arriver des contractions cloniques que chez les dormeurs profonds, les plus nerveux entre tous, tandis que nous avons vu la catalepsie se déclarer même dans le charme. De plus, il est notoire que les hommes sont moins impressionnables que les femmes, ils deviennent parfois cataleptiques, presque jamais hystériques ; l'hystéricisme est le privilége des sensitives du sexe féminin.

D'après ce que nous venons de dire, bien que les accès hystéro-cataleptiques soient proportionnels à la susceptibilité nerveuse et qu'ils le soient, comme il est certain, à l'intensité de leur cause, bien même parfois que le genre des émotions détermine plutôt une maladie qu'une autre, ainsi l'épouvante à l'égard de l'épilepsie, il est un autre fait que l'on ne saurait récuser, c'est que, une maladie de celle de l'espèce qui nous occupe étant donnée, pour des émotions reçues de natures diverses, ceux qui ont eu déjà un accès retomberont toujours dans un accès semblable, ils glisseront d'eux-mêmes vers la pente dont ils ont déjà pris le chemin. Ce qui porte à croire à l'assertion que nous émettons, ce sont des faits. Sous les influences morales les plus variées, une femme devenue hystérique a toujours les attaques caractéristiques de cette maladie, jamais celles d'une autre. Ce qui confirme encore notre dire, c'est le fait d'un somnambule artificiel cité par M. Chardel (1), lequel, ayant vu un recouvreur se tuer devant lui en tombant du haut d'un toit, s'endormit immédiatement après l'émotion qu'il en éprouva ; peut-être cet homme, éminemment nerveux, s'il n'eut jamais été mis en somnambulisme, serait-il devenu épileptique par la même cause ; dans ce cas, l'habitude a pu agir comme un paratonnerre.

Comme dans l'accès qui nous occupe, il y a des signes de catalepsie et d'hystérie, il est bon, pour plus de clarté, de diviser ce que nous avons à dire sur ces deux affections.

L'affirmation que l'on se fait d'idées émotives, affirmation dont l'expression est un sentiment, amour malheureux, haine, jalousie, terreur, chagrin, exaltation religieuse, etc., sont les causes déterminantes les plus connues de la catalepsie (2). Mais, pour que cette maladie se forme, il n'est pas toujours nécessaire que l'attention concentrée soit renforcée par une émotion, il est des accès amenés par la simple contention d'esprit que nécessite l'étude (3), il en est même qui naissent à la suite d'une affirmation que l'on se fait à son insu.

Le type de l'accès cataleptique est renfermé dans le sommeil profond. M. Puel définit la catalepsie (4) : « Une névrose intermittente, essentiellement caractérisée par l'impossibilité où est le malade de changer volontairement d'attitude, tandis qu'une personne étrangère peut, à son gré, faire passer successivement tous les muscles de la vie,

---

(1) Voy. Psychologie-physiologique, p. 254.
(2) Voy. Mémoire sur la catalepsie, p. 91., par M. Puel. J.-B. Baillière, 1856.
(3) Voy. id., p. 93.
(4) Voy. id., p. 47.

animale par tous les degrés intermédiaires entre les limites extrêmes de contraction et d'extension. » Cette définition est applicable, de point en point, au sommeil artificiel, lorsque le dormeur, mis en rapport, n'a pas encore reçu l'idée de mouvoir son corps et ses membres par lui-même. Considérés par le symptôme pathognomonique indiqué par M. Puel, les cataleptiques ne sont réellement que des dormeurs profonds, mis en comunication par un ou plusieurs sens, mais toujours par celui du toucher. Chez ces malades, disons-le, au-dessus des signes de contracture musculaire, il en est d'autres encore de communs avec les somnambules, ce sont d'abord ceux qui dérivent de l'inertie de l'attention, telle l'impossibilité qu'ils ont pour sentir, entendre, etc., autre chose que ce qu'on leur suggère. Mais, ce n'est pas seulement par les signes précédents que la catalepsie ressemble au sommeil, c'est aussi par d'autres caractères. On a vu des cataleptiques en accès obéissant comme les rêveurs aux ordres qu'on leur transmettait (1). D'autres, ceux de C. Aurélianus (2), portaient sur leur figure le désir de répondre et pleuraient, parce qu'ils ne pouvaient parler. Nous avons remarqué semblable chose sur des somnambules, au début de leur sommeil ; il nous a fallu, une fois, attendre dix minutes la réponse à une question entendue et comprise par le dormeur. Il n'est pas, jusques au souvenir après l'accès, que l'on ne retrouve chez les cataleptiques. Ainsi que les somnambules, il est des malades, d'après Pinel, qui gardent à la suite de leurs crises des notions vagues et indéterminées sur la forme, la nature, les actions et les qualités des corps avec lesquels on les a touchés. D'autres observateurs, et M. Puel lui-même (3), ont eu la rare occasion de faire pareille remar-

(1) Voy. Mémoire sur la catalepsie, obs. par M. Bourdin, p. 68.
(2) Voy. id., p. 69.
(3) Voy. id., p. 67.

que. On a même observé une aura dans la catalepsie ; c'est pour nous le signe d'une préoccupation de l'esprit, comme les prodromes du sommeil sont la marque d'une concentration progressive de la pensée.

De même que la folie, maladie du sommeil par excellence, la catalepsie n'a été traitée avec succès que par la révulsion morale. Cette méthode, où l'on fait même usage de perturbateurs et de révulsifs violents, n'a eu des effets si avantageux que parce qu'elle est cause d'un déplacement continu de l'attention dans un sens opposé à celui où elle se portait auparavant. M. Puel, le premier, a employé, avec succès, des frictions manuelles sur les membres d'une de ses malades. Il remarqua, avec étonnement, en passant les doigts avec légèreté sur le trajet des muscles contracturés, que ces organes se détendaient et reprenaient peu à peu leur souplesse (1). Il ne se doutait nullement, pas plus que les endormeurs fluidistes, qu'il donnait ainsi l'idée à sa cataleptique de mettre ses membres dans le relâchement. Combien plus vite ce médecin aurait amené la guérison de sa malade, s'il l'eût mise en charme ou en somnambulisme dans l'intervalle des attaques et si, alors, il eût affirmé la disparition des symptômes morbides. Il lui aurait été possible, même pendant l'accès, d'amener son rétablissement immédiat en pratiquant la suggestion verbale.

Ces considérations sur la catalepsie, dont le sujet de notre observation a présenté quelques instants des signes véritables, nous conduisent à faire des réflexions sur l'hystérie, parce que ce sujet en a aussi offert un des symptômes les plus remarquables, les convulsions cloniques. Si cette malade n'a pas eu d'auras devant nous, tels sont le clou ou la boule hystérique, c'est que son organisme a été ébranlé trop rapidement par la pensée de la mort,

(1) Voy. Mémoire sur la catalepsie, obs. 150.

pour qu'une incubation fût possible. Et, maintenant, si les convulsions qu'elle a éprouvées ne sont pas un signe distinctif de accès hystériques, elles en sont au moins l'élément culminant. Ces convulsions, différemment de la contracture permanente des cataleptiques, sont sans relation directe avec la pensée consciente ; elles sont l'effet réflexe de cette sensibilité profonde émanant de cet autre nous-même qui préside à la vie intime des tissus, sent, pense, agit tacitement avec une conscience à lui et sans que nous le sachions. Un excès de force nerveuse affluant donc, alors, vers les organes innervés par le grand sympathique et rendant plus vives les impressions que ce nerf reçoit, il arrive que ces impressions occultes sont le point de départ de convulsions réflexes et alternatives, sans doute parce qu'elles sont la réflexion de sensations intermittentes, sensations exagérées elles-mêmes par la pression intermittente des muscles en mouvement de la vie organique.

Ce n'est pas ici le lieu de faire la description de l'hystérie. Bien que Fr. Hoffmann lui ait donné l'épithète de *morborum cohors* et qu'elle paraisse, à d'autres, un assemblage inextricable de phénomènes divers, le grand nombre des signes du sommeil profond y sont dominants, on y retrouve une aura, de l'hyperesthésie partielle, l'isolement de tous les sens ou seulement de quelques-uns, la gène de la respiration. Il n'est pas jusques aux accidents convulsifs et à la manière dont naît l'hystérie, à la suite d'une émotion, qui ne rapproche cette affection du sommeil. Les hystériques ne deviennent-elles pas encore facilement somnambules ? Plus que la catalepsie, l'hystérie même, lorsqu'elle vient par imitation, est la conséquence obligée d'une concentration de l'attention sur une idée émotive. Sydenham va jusques à dire (1) : « Si le mal, dont

____

(1) Voy. Médecine pratique.

une femme se plaint, l'attaque lorsqu'elle éprouve quelques émotions morales, alors je suis pleinement assuré que c'est une affection hystérique. » Si, pour Sydenham, l'hystérie est implicitement renfermée dans une réaction émotive, ainsi que la plante est en germe dans la semence, nous avons donc raison d'en faire une maladie du sommeil dont elle présente les signes, état passif qui est lui-même un effet de concentration de la pensée.

Ce qui encore relie l'hystérie au sommeil, c'est que, comme dans les autres affections se rapportant à ce dernier état, le travail d'esprit et de corps, cause de révulsion de la force nerveuse, a eu les résultats les plus avantageux pour amener la terminaison heureuse de cette maladie.

Les symptômes des deux formes morbides, sur lesquelles nous venons de faire des réflexions, se présentent souvent sur la même personne. Georget qui, avant nous, avait remarqué des signes de catalepsie chez des hystériques et d'hystérie chez des cataleptiques, en avait conclu, avec raison, à l'indentité primordiale de ces deux affections. Et, en effet, elles ont pour type physiologique primitif, le sommeil.

Ce que c'est que le plus ou le moins dans l'action d'une force : ici, peu révulsée, l'attention en arrêt sur une idée a pour résultat une contracture permanente n'existant que parce que le sujet en a conscience, là, fortement révulsée, elle a pour résultat des contractions intermittentes dues à une sensation inconsciente du sujet. Et ces deux symptômes dissemblables, provenant de la différence de concentration de l'agent déplacé, sont eux-mêmes suivis d'autres symptômes consécutifs encore plus opposés entre eux : tandis que le cataleptique, par exemple, n'urine ni ne va à la selle, faute d'y penser et de le vouloir, l'hystérique remplit ces fonctions involontairement et sans le savoir. De cet élément simple, l'attention, selon que, dans son action, elle est plus ou moins en excès, il résulte, en définitif, des phénomènes mêmes tout à fait contraire. Ne nous étonnons donc pas que cette force soit la créatrice des sensations, des idées, du pouvoir de remémoration, du raisonnement, de nos actes ; que par la pensée, elle soit la maîtresse souvent absolue de l'organisme et que, sous le rapport de la vie négative, elle soit l'archée qui développe le corps, l'entretient ou permet sa ruine ; c'est l'unité cause de la diversité.

Abstinence prolongée d'aliments et de boissons.

Nous ne pouvons pas aborder, plus à propos qu'à cette place, une question curieuse, laquelle, bien qu'ayant pénétré dans la science, est rejetée encore par un grand nombre de médecins, c'est celle de la possibilité où sont les cataleptiques, les femmes hystériques, certains dormeurs, etc., de rester très-longtemps sans prendre de nourriture. Si nous effleurons cette épineuse et obscure question, c'est que, par la spécialité de notre travail, nous croyons pouvoir y jeter de la lumière et amener la confirmation d'une vérité non encore parfaitement établie. Les annales de la science renferment un grand nombre d'observations de jeûnes prolongés, plus ou moins authentiques, nous ne croyons devoir en choisir que quelques-unes des plus incontestables, elles suffiront, et au-delà, pour ce que nous avons à en dire. Afin de n'éloigner personne, nous les prendrons surtout dans deux ouvrages couronnés par l'Académie, le Mémoire de M. Puel sur la catalepsie et le livre de M. Padioleau, sur la Médecine morale. Le travail, si accrédité de M. Brière de Boismont, sur les hallucinations, nous fournira aussi deux faits intéressants et qu'il est difficile de mettre en doute. Enfin, pour ne pas être trop incomplet, nous signalerons la ma-

ladie, dite du sommeil, maladie accompagnée d'abstinence et dont l'entrée dans les cadres scientifiques ne paraît pas trop effaroucher les puritains du corps médical.

Dans son Mémoire sur la catalepsie, M. Puel écrit, page
77 : Il est certain que quelques malades ont vécu pendant
plusieurs jours et même pendant plusieurs semaines, presque sans manger. Christine Walery (obs. 85) est, à ce
point de vue, l'exemple le plus remarquable que je con-
naisse, et il n'y a aucune raison de suspecter la bonne foi
ou de supposer la trop grande crédulité des auteurs du
rapport dans lequel ce fait se trouve consigné. « Elle est
restée une fois plus de trente jours dans un état d'immobilité parfaite, sans prendre aucune espèce d'aliment
solide ou liquide. » Le postillon de Lunel (obs. 80) ne
prit que deux fois du bouillon et une potion cordiale,
depuis le 28 mars jusqu'au 20 avril 1764. M. Puel ne
rend compte des fonctions des glandes que chez ce second
malade. « Claude Chaudesson (c'est le même que le postillon de Lunel) ne fit aucune fonction naturelle pendant
vingt-cinq jours ; il est curieux de remarquer que ce
malade, étant revenu à lui-même le 20 avril, resta encore
trois jours sans avoir aucune sorte d'excrétion. Il sem-
blerait résulter de là que, pendant l'accès, il y avait non-
seulement absence d'excrétions, mais encore suspension
de sécrétions intérieures. » M. Padioleau (1) cite une
hystérique qui, très-longtemps, ne prit qu'un peu d'eau
et un petit morceau de chocolat la nuit. « Quoique cet
état durât déjà depuis plusieurs mois, elle conservait
néanmoins un teint frais et l'amaigrissement n'était pas sensible. Le pouls était petit, à cent pulsations, la langue
naturelle, les selles supprimées ou à peu près, et elle ne
dormait que très-peu. La menstruation était interrompue

(1) Voy. Médecine morale, p. 205.

depuis le commencement de son abstinence. Cette malade avait tantôt des attaques de catalepsie, tantôt d'hystérie ou du coma léthargique. » M. Padioleau (1) raconte aussi que son ami, M. le Dr Richelot, a donné des soins à une jeune névropathique qui, « depuis deux ans, ne vit que de quelques fruits ; elle ne mange ni viandes, ni légumes, et cependant elle est fraîche, gaie et ne manque pas d'une certaine force dans les muscles locomoteurs. » Le même auteur dit encore (2) qu'une femme put rester, pendant quarante jours, dans son lit avec des accès hystériformes des plus bizarres, sans prendre la moindre nourriture. Dans son traité des hallucinations (3), M. Brière de Boismont parle d'une extatique qui eut plus de cent accès en quarante jours et qui s'abstint de nourriture et de boisson pendant quatorze jours. A propos du sujet de son observation 106 (4), M. Brière de Boismont ajoute : « Cette malade a offert une particularité que nous avons constatée plusieurs fois chez les femmes hystériques à phénomènes extatiques, cataleptiques, etc., je veux parler de l'abstinence plus ou moins prolongée. A diverses reprises, elle a refusé les aliments, et quelques temps avant son entrée à la maison de santé, elle a été trois semaines sans manger, prenant à peine quelques cuillerées de potage, et dans les dix derniers jours se contentant de cuillerées d'eau. Malgré la prolongation de ce jeûne, sa figure et sa constitution ne nous ont pas paru sensiblement altérées. » En dehors de ces faits, véritablement classiques, on en cite encore de sommeil prolongé ayant eu une durée remarquable. C'est ainsi que M. Blaudet rapporte avoir vu

---

(1) Voy. Médecine morale, p. 209.
(2) Voy. id., p. 219.
(3) Voy. 3e édition, p. 307.
(4) Voy. id., p. 349.

le repos se continuer sur des individus, pendant 40, 50 et 100 jours de suite, et que M. Cousins, plus vraisemblable dans ses assertions, affirme, dans le Médical Times, avoir vu un homme rester, à plusieurs reprises, dans le sommeil, depuis 11 jusques à 138 heures de suite. Ces derniers auteurs et ceux qui ont observé la maladie du sommeil, assurent que, pendant ces longues périodes de repos et, par conséquent, d'abstinence, il existe chez les sujets qui en sont affectés, une torpeur profonde, une insensibilité complète, une respiration presque insensible et une suspension des évacuations. Nous nous arrêtons ici dans les citations.

L'abstinence prolongée dans la catalepsie, l'hystérie et autres affections du même genre, ne doit pas surprendre, du moment que l'on sait, avec nous, que ces états maladifs présentent de l'analogie avec le sommeil. S'il est prouvé, pour le lecteur, que, pendant le sommeil physiologique, l'être qui s'y abandonne ne fait presque aucune déperdition de forces et que, surtout, pendant cet état s'il est prolongé longtemps, l'on peut se passer de nourriture et de boissons, il n'y a plus rien que de très-naturel que l'on jouisse, à plus forte raison, d'une même propriété dans les états morbides analogues au sommeil ; les données de la physiologie viennent ainsi appuyer les faits pathologiques et leur donner la sanction de la vérité.

Il est maintenant acquis à la science que, lors du repos ordinaire de la nuit, outre la suspension des fonctions des organes des sens et de la locomotion, la respiration se ralentit, la combustion respiratoire est moins active, la chaleur du corps diminue, les mouvements du cœur se ralentissent de dix pulsations par minute, seules la digestion, la nutrition et les sécrétions semblent absorber toutes les forces de l'être, et encore, ces fonctions réparatrices se font-elles avec une certaine lenteur, ce que décèle l'activité moins grande qu'on leur reconnaît. Cette lenteur, dans les opérations intimes qui entretiennent la vie, a alors pour conséquence, puisque l'organisme ne perd presque rien, d'amener peu le besoin de réparer les forces ; aussi l'appétit, véritable mesure indiquant les dépenses, se fait-il moins sentir pour un même nombre d'heures de repos que d'heures d'action, et il arrive même qu'il est moins développé lorsque l'on s'éveille que lorsque l'on s'est endormi.

Pendant qu'on se livre au sommeil, la nutrition continue donc son cours et répare déjà ainsi les pertes de l'organisme ; mais au-dessus d'elle, il est un médiateur qui coordonne les forces nerveuses, les dirige là où il en est besoin, ce médiateur toujours bien interprété, c'est la pensée. De même, qu'en faisant réagir cette puissance révulsive dans l'état de somnambulisme, on enlève une douleur quelconque, de même, par la pensée prise en s'endormant de ne plus éprouver de sentiment de fatigue au réveil, il arrive qu'au sortir du sommeil on ne ressent plus de lassitude ; le désir exprimé de ne plus être fatigué, quand en se livrant au repos on se sentait harassé, est toujours satisfait lorsqu'on dort paisiblement. Si la pensée ne crée pas de forces pendant le sommeil, au moins doit-on avouer que, par son retentissement et son interprétation exacte dans l'organisme, elle les équilibre, les met dans une harmonie parfaite.

Ainsi, dans le sommeil ordinaire, il y a peu de dépenses, la création de nouvelles forces et la répartition de ces forces, grâce à la pensée, se font avec mesure dans l'économie animale. Ces effets réparateurs sont encore plus marqués dans le sommeil profond. Dans ce dernier état principalement, outre la sensibilité qui est éteinte, les fonctions nutritives, quand elles ne sont pas suractivées à dessein par la suggestion, subissent un ralentissement

remarquable. C'est bien autre chose, lorsque par affirmation on aide à l'arrêt du travail de réparation et de déperdition organique.

Une des autres propriétés importantes du sommeil
profond, et qui, sans doute, appartient aussi au sommeil
léger, c'est celle qu'on a de pouvoir le faire durer indéfiniment. A la suite d'une suggestion que nous lui avions
faite de dormir une heure, nous avons vu une de nos
malades rester au lit dans une somnolence dont elle ne put
sortir qu'avec effort, deux jours après. M. Chardel (1) a
gardé plus de deux mois deux jeunes filles en somnambulisme. Le comte de B..... a conté, au précédent auteur,
qu'en 1793, il endormit sa femme pour passer l'Océan, et
qu'il la maintint dans le sommeil profond tout le temps de
la traversée vers le continent américain. Puisque cet état
prend naissance par une action de la pensée, il peut se
prolonger par la même action, aussi, suffit-il de suggérer
à un somnambule de ne pas s'éveiller pour qu'il ne s'é-
veille pas.

Cette faculté que l'on a, par la suggestion, de prolonger
la période du repos des dormeurs et que ceux-ci ont
nécessairement par eux-mêmes, celle que ces mêmes dormeurs ont, aussi, de pouvoir ralentir le travail de l'assimilation et de la désassimilation, en détournant la force
nerveuse des organes affectés à ces fonctions, nous donne
la clef de la manière dont les animaux, dits hivernants,
passent une partie de l'année dans un engourdissement léthargique (2). L'induction nous porte encore à penser
que ces animaux s'endorment avec l'idée de ne s'éveiller

(1) Voy. Psychologie-physiologique, p. 243.
(2) Les plus connus de ces animaux sont : la chauve-souris, le hérisson,
l'ours, le tenrec, la marmotte, le hamster, le loir, le muscardin, la ger-
boise, le porc-épic, etc.

qu'au moment où ils sentiront des impressions dues à la température, impressions qui seront pour eux le signal de rentrer dans la vie active. L'engourdissement où ils arrivent présente les signes du sommeil le plus profond observé chez l'homme. Insensibilité absolue, immobilité complète, ralentissement des fonctions respiratoires, à tel point qu'ils ne consomment plus qu'une très-faible quantité d'oxygène et qu'ils peuvent rester plusieurs heures dans de l'acide carbonique sans périr, diminution aux neuf dixièmes de la rapidité de la circulation, absence d'évacuation, tout révèle en eux qu'il y a eu un arrêt, pour ainsi dire complet, dans les fonctions animales et végétatives et que la vie est, non pas éteinte, mais comme suspendue dans son mouvement.

Les mammifères qui dorment du sommeil léthargique, s'y plongent avec une rare prévoyance. Ils y entrent, certes, avec la pensée de dépenser peu et de ralentir les fonctions vitales, la preuve en est qu'ils se mettent dans les conditions d'enrayer le mouvement de l'action nerveuse. Ils choisissent un trou, une caverne, ils s'y blottissent souvent en grand nombre et, toujours, ils se placent assez profondément dans leur retraite pour ne pas être exposés, ou à un froid nuisible, ou à une chaleur trop intense. Il faut, à ces mammifères, une température assez basse, température qui les mette dans les conditions si favorables aux reptiles, dont la chaleur animale n'est guère supérieure à celle des milieux où ils vivent et chez lesquels, nécessairement, le besoin de prendre de la nourriture ne se renouvelle pas souvent, parce que, dans les conditions d'équilibre où ils sont placés, la respiration, la circulation, la digestion, la nutrition, etc., ne s'exécutent en eux qu'avec une extrême lenteur.

Nous sommes loin, on le voit, par notre manière de comprendre la cause du sommeil léthargique, de l'opinion

des savants qui ont attribué cet, état à l'influence du froid.
Ils ont prétendu qu'il y a chez les animaux présentant cet
engourdissement, un défaut d'énergie vitale, un ralentissement des actions nerveuses qui correspond à l'hiver
et est amené par l'abaissement de la température. Ils n'ont
pas pris garde que le froid enlevant beaucoup de calori-
que au corps, il est alors nécessaire, afin d'entretenir la
chaleur animale, d'une plus abondante quantité d'aliments.
Le froid n'est-il pas cause de plus d'activité dans les fonctions nutritives et éliminatoires, ce que trahit la faim plus
impérieuse pendant l'hiver que pendant l'été ? Les faits
observés de sommeil léthargique sont loin, au demeurant,
de paraître même donner raison à la théorie que nous
combattons. Le loir, le muscardin s'engourdissent fréquemment en été, et ce dernier prolonge même son sommeil léthargique dans une chambre chaude. Le tenrec de
Madagascar choisit, pour prendre son repos, la saison la
plus chaude de l'année. Un habitant de cette île serait
bien venu, s'il nous disait que la chaleur est la cause de
ce phénomène ! Des auteurs ont attribué l'engourdissement léthargique des mammifères à la privation de nourriture, ce qui équivaut à soutenir que, s'ils ne trouvent
plus à manger, et par conséquent, s'ils sont déjà épuisés,
amaigris, ils dorment. Cette seconde théorie n'est pas plus
soutenable que la première. Ces animaux s'endorment
lorsqu'ils rencontrent encore de quoi subsister, qu'ils sont
vigoureux et couverts de graisse ; ils prévoient une saison
ingrate pendant laquelle il ne leur serait pas aisé de se
procurer de la nourriture.

Rien, jusqu'alors, ne nous paraît détruire notre manière
d'expliquer le repos léthargique prolongé, comme nous
avons expliqué le sommeil, puisqu'il n'est réellement pour
nous qu'une extension normale du repos ordinaire. Aussi,
sommes-nous convaincu qu'il serait possible de garder long-

temps quelqu'un dans le sommeil profond, sans qu'il ne mangeât ni ne bût. Il suffirait, après l'avoir bien enveloppé et mis dans le sommeil profond, de le placer dans un appartement maintenu à $+$ 12 degrés, de lui suggérer un repos réparateur et le ralentissement des fonctions assimilatrices et désassimilatrices. Nous n'avons pas rencontré de sujet qui pût tenter semblable expérience ; nos somnambules étaient dans la nécessité de vaquer à leurs occupations, puis, se seraient-ils prêtés à notre désir ? Seul, notre sourd-muet Loué aurait eu le temps de dormir, mais, ayant su qu'il s'agissait de rester plusieurs jours dans le sommeil et de ne plus manger, il nous fut impossible de le déterminer à pareille chose. Seulement, un jour qu'ayant faim, il était parvenu à se mettre en charme pour dissiper ce besoin, nous le décidâmes à en faire autant, chaque fois que le désir de prendre de la nourriture et de boire se représenterait. Il resta une journée entière à la diète absolue, mais il rompit le jeûne à la vue d'une soupe aux fèves qu'il aimait beaucoup et que sa mère, alarmée de sa folie, lui avait préparée pour le tenter. Loué ne fit que tromper sa faim. Comment aurait-il pu réussir dans sa tentative, dès lors qu'il dépensait autant de force que d'habitude en allant, venant, travaillant. Le besoin de prendre de la nourriture devait, sans trop tarder, revenir impérieux pour le prévenir de combler les pertes nerveuses.

L'abstinence prolongée que l'homme, aussi bien que d'autres mammifères, pourrait présenter dans l'état de sommeil physiologique, on la rencontre dans la catalepsie, l'hystérie, la maladie du sommeil, etc. Trois des malades dont nous avons parlé, ont été, non-seulement privés longtemps de substances alimentaires, solides et liquides, mais encore on a reconnu en eux une absence presque complète d'évacuations, comme chez les animaux hivernants et comme dans les cas rapportés par MM. Blandet et Cousins. Cette dernière particularité a été même remarquée dans des accès extatiques compliquant l'hystérie. M. Brière de Boismont (1) relate qu'une hystérique, qu'il a observée et qui était sujette à des extases de vingt-quatre à trente-six heures, n'urinait ni n'allait à la selle pendant ce temps-là ; même à la fin des accès, la vessie était vide. Comme l'extase est la forme la plus profonde du sommeil, il suit, de ce fait, que c'est réellement à cause des propriétés qu'ils tiennent du sommeil, que des malades peuvent s'abstenir longtemps de nourriture et de boisson. La cessation des mouvements musculaires, l'amortissement des organes des sens, le manque d'excitation par les substances absorbées sur les extrémités et les surfaces nerveuses, la diminution fonctionnelle de la vie organique, et enfin, la torpeur générale, ont marché de pair, chez C. Chaudesson et autres, et rendent compte de leurs jeûnes, mais ces raisons ne suffisent pas, pour expliquer l'abstinence de l'hystérique dont parle M. Padioleau, et de la névropathique dont parle M. le Dr Richelot, lesquelles ont mené une existence assez active, tout en étant privées d'une nourriture suffisante. Cependant ces dernières, sauf la perte que peut amener l'effort de penser et de se mouvoir, n'ont réellement pas été sous le coup d'autres causes d'épuisement. Il est probable que leur sensibilité externe et interne était fort amortie. De plus, ces malades ne faisaient presque aucune perte pour digérer, absorber et sécréter ; leurs dépenses nerveuses, de ces côtés, étant nécessairement faibles, il n'est pas étonnant que leurs forces n'aient diminué avec lenteur.

Dans les maladies où l'on a observé des jeûnes prolongés, c'est au ralentissement et à l'immobilisation de

(1) Voy. Traité des hallucinations, p. 309.

l'attention qu'est due la diminution des fonctions de la vie animale et de la vie organique. Dans ces cas, il suffit que cette force se mette en arrêt en grande quantité sur une idée quelconque. Il n'en est pas tout à fait ainsi dans l'engourdissement léthargique des animaux. Du moment que l'attention du dormeur, à l'aide de l'idée fixe, règne en maîtresse absolue sur les nerfs de la vie de relation et sur le grand sympathique, pour peu qu'elle soit accumulée, cette attention, si puissante pour augmenter le mouvement fonctionnel d'un seul ou de quelques organes lorsqu'elle se concentre sur eux, peut de même ralentir ce mouvement dans les mêmes proportions qu'elle l'accélère. Pourquoi cette force qui, en s'accumulant quelques instants sur une idée dans le sommeil profond, excite la sensibilité ou l'éteint, suractive la circulation ou la ralentit, stimule les fonctions digestives ou les rend paresseuses, etc., pourquoi n'aurait-elle pas, chez les animaux hivernants qui s'endorment avec la pensée bien arrêtée de dormir sans avoir besoin de réparer leurs forces, pourquoi n'aurait-elle pas le pouvoir d'amoindrir, par une tension continue, l'absorption et les sécrétions? Cette puissance, nous la lui reconnaissons. Et voyez comme alors tout est économique dans son action : tandis qu'elle diminue le travail vital dans un sens par son arrêt sur l'idée de le ralentir, les autres fonctions intellectuelles, sensitives, musculaires, digestives, etc., où elle ne préside presque pas non plus, ne faisant plus guère par là de pertes, ne demandent plus, par conséquent aussi, que très-peu de réparation nerveuse. Il y a ainsi bénéfice de tous les côtés, bénéfice partout.

D'après les données physiologiques que nous a procurées la science et nos études sur le sommeil, ne nous étonnons donc plus de la réalité des faits d'abstinence prolongée dont on entend les récits de toutes parts, ces faits ont leur raison d'être. Hé quoi! l'on admet, chez des mammifères, un sommeil qui se prolonge plusieurs mois sans qu'ils prennent de nourriture, et l'on ne voudrait pas croire qu'il se produise accidentellement des états semblables chez l'homme dont le sommeil et les états analogues présentent tant de rapports communs avec l'engourdissement léthargique des animaux ? Comment! parce que l'on n'a pas vu de tels faits et qu'on ne peut se les expliquer, on les nie? Cela nous rappelle ce vieux paysan d'un village non loin du nôtre, lequel mourut sans admettre l'existence des chemins de fer, par la raison qu'il ne comprenait pas des voitures roulant sans qu'elles fussent traînées par des animaux. C'était pour lui une chose contraire aux lois de la nature, le renversement de l'ordre établi, une absurdité, et ceux qui lui en parlaient, des crédules ou des imposteurs. Jamais ce raisonneur, même lorsqu'il fut créé une de ces nouvelles voies de transport à quelques lieues de chez lui, ne voulut s'en assurer de ses yeux, de peur d'être alors l'objet d'une mystification ou du ridicule. C'est là l'histoire de certains savants à l'égard de l'abstinence prolongée chez l'homme et à l'égard des autres phénomènes que présentent les formes de l'état passif.

Ce sont les femmes qui, d'ordinaire, sont demeurées le plus longtemps sans prendre de nourriture. C'est facile à comprendre ; elles dorment plus profondément, deviennent plus facilement somnambules et sont plus sujettes aux maladies du sommeil que les hommes. Et puis, comme le dit avec sens le physiologiste Burdach, l'existence de ce sexe ayant pour but principal le développement et la conservation de l'espèce, la vie doit présenter une résistance plus grande, surtout à l'âge où les fonctions génératrices sont réveillées. Il n'y a donc pas à être surpris si la femme est capable de supporter une longue privation d'aliments, quand elle est atteinte, avant la ménopause, de ces maladies qui empruntent leurs caractères principaux à l'état passif et en ont, conséquemment, les propriétés.

Nous ne nous arrêtons pas davantage sur l'intéressant sujet, base de cet article. Notre but a été plutôt, ici, de conduire à l'examen de faits semblables à ceux que nous avons relatés, qu'à convertir ceux qui les nient ou qui en doutent. Nous savons trop, par expérience, combien il est difficile d'arriver à un tel résultat, quand nous avons échoué même pour faire comprendre à des médecins que le sommeil artificiel n'est pas une jonglerie. Aussi, sommes-nous modeste dans nos prétentions. Si l'on se doutait que l'on soit plus souvent la dupe de ses idées préconçues et de sa suffisance que des impostures d'autrui, peut-être qu'au lieu de se borner, quant à ce qui nous occupe, à une critique basée sur ses connaissances acquises, connaissances toujours limitées, se porterait-on davantage aux investigations scientifiques, à l'expérimentation directe, les seuls et véritables moyens de connaître tout à fait la vérité.

Convulsions épileptiformes.

Si le traitement révulsif moral amène la cure des affections des organes des sens, lorsqu'ils sont trop ou pas assez excités, il doit, à plus forte raison, être une cause de guérison pour les maladies qui viennent par la pensée et ont le sommeil pour base, si surtout elles ne sont pas continues : c'est, du reste, ce que nous avons constaté pour l'hystéro-catalepsie. Il est positif que les conditions prédisposant à la création d'états morbides par affirmation, doivent également favoriser la disparition de ces états : il suffit, dans ces cas comme dans tous autres, de faire appliquer et de maintenir l'attention des malades sur des idées différentes ou négatives du mal ; du moment qu'il n'y a pas de lésions organiques graves, le résultat favorable doit être immédiat et de durée. S'il est une affection guérissable par la suggestion, c'est, sans contredit, celle dont nous allons nous occuper. Et pourtant, nous le confessons, nous ne sommes parvenu à rien, dans les deux circonstances qui nous ont été offertes de mettre nos sujets au moins dans le charme, c'est que nous avons essayé nos manœuvres sur eux au sortir d'attaques convulsives, quand ils étaient encore trop agités, mais nous sommes persuadé que nous serions arrivé à un résultat heureux, si nous eussions habité leur localité et eu le temps, par là, de profiter d'un mouvement de calme pour les influencer. Si nous transcrivons brièvement ces deux observations, ce n'est donc pas à cause de l'effet thérapeutique obtenu, c'est pour faire comprendre que les maladies du même genre sont des maladies du sommeil et sont, par conséquent, très-curables, et c'est encore plus, par cette dernière considération, pour porter le médecin à employer contre elle la méthode suggestive.

10e OBSERVATION. Magnien-Babelot, de Frolois, est un enfant âgé de 14 ans, bien développé, vif et excessivement irritable. Il a déjà été soigné par nous, il y a quatre ans, pour des accidents semblables à ceux qu'il nous présente cette fois. Des médecins distingués, auxquels on le montra alors, le crurent épileptique et incurable.

Mai 1862. A la suite de contrariétés, cet enfant vient d'être pris d'attaques se répétant de 20 à 50 fois par jour. La plus légère impression morale les appelle. Leurs caractères principaux sont : 1° une aura ; cet enfant averti par une sensation particulière a le temps d'aller se cramponner contre une personne ou contre un meuble. 2° Peu après, des secousses convulsives légères s'emparent de ses membres et de son corps. 3° Puis ensuite, il lance des coups de pieds en criant : va-t-en, va-t-en. A chaque accès, ce sont les mêmes mouvements et les mêmes cris. 4° Il est dans un isolement complet de tous les sens. 5° Enfin, au réveil, il ne se souvient de rien.

Contre cette affection convulsive, nous avons employé l'oxyde de zinc qui, quatre ans uparavant, avait eu les honneurs du succès et qui les a encore eu cette fois. Nous pensons que ce remède n'y a été pour rien dans la guérison, et pourtant il a été l'idole qui a reçu le plus d'actions de grâces après nous. L'amélioration s'est manifestée, chez ce jeune malade, à mesure qu'il s'est éloigné de plus en plus des causes de son mal et que l'on a eu pris, autour de lui, des précautions pour ne pas lui susciter d'émotions. Sa santé s'est maintenue bonne quelques mois, puis une fièvre typhoïde est venue l'enlever.

11ᵉ Observation. Najcan, de Germiny, est un cordonnier âgé de 28 ans, bilieux, trapu, intelligent et très-vif. Cet homme a déjà été pris d'attaques semblables à celles-ci : elles lui sont toujours survenues après une surexcitation d'esprit. Depuis plusieurs années il en était délivré lorsque, dans un café, le 16 mars 1863, elles lui sont revenues, pendant une discussion à propos de l'insurrection polonaise. Les attaques auxquelles il est sujet se suivent de très-près : voici la description de la seule que nous ayons observée. 1° Avant l'accès, cet homme prend un air rêveur et ne s'occupe plus de ce qui se passe autour de lui. 2° Convulsions violentes et saccadées ; ni contractures permanentes, ni écume à la bouche. 3° Après la cessation des mouvements convulsifs, le malade cherche à s'élancer hors de son lit. Il est en proie à un rêve en action. Il se croit en Pologne combattant contre les Russes avec Langiewicz ; ses efforts sont d'une violence extrême ; malgré six gardiens vigoureux qui le maintiennent sur son lit, il se jette encore sur le plancher. Pendant qu'il se débat, il joint la parole à l'action, il se croit libre et ne se doute nullement qu'il est contenu ; c'est qu'il est entièrement isolé. Au bout d'une lutte de quatre à cinq minutes, le calme revient et il s'écrie avec l'accent du désespoir : nous ne gagnerons pas ! 4° Enfin, il revient à lui peu à peu comme l'on sort du sommeil, se rappelant de son rêve, mais ne se souvenant nullement d'avoir été réprimé dans ses mouvements. C'est alors qu'il nous raconte qu'il vient d'assister à une bataille affreuse, toujours la même que celle des accès précédents ; en outre, il a vu une ville en feu et la lune sous un aspect fantastique. Cette vision lui revient encore en souvenir avec les apparences réelles, mais il s'en désillusionne sans peine ; en se sentant dans son lit et

se reconnaissant au milieu des siens, il s'aperçoit, par comparaison, de l'absurdité de ce qu'il vient de rêver. L'opium ayant
déjà paru calmer les accès antérieurs de cet homme, nous lui en
prescrivons encore cette fois joint à des toniques. Comme ce remède a la propriété d'immobiliser l'attention, il a bien pu avoir,
dans ce cas, une influence révulsive et causer une guérison qui
serait venue, du reste, à l'aide d'un traitement moral isolant.

Il est facile de voir que les deux affections des malades
précités offrent des caractères frappants avec le somnambulisme. On y remarque une aura, signe d'une préoccupation de l'esprit comme le sont les prodromes du
sommeil, un isolement de tous les sens, des mouvements
convulsifs ressemblant à ceux que nous avons observés au
commencement de certains sommeils profonds venus avec
rapidité, un rêve en action, rêve qui se prolonge d'accès
en accès, à cause d'une préoccupation continue et fixe de
l'esprit sur le même sujet, ainsi qu'il arrive encore dans
chaque cas d'une série de rêves somnambuliques. Il n'est
pas, jusqu'à l'absence de souvenirs, chez un de ces malades, et le brillant des images conservés, chez l'autre,
qui ne soient empruntés à l'état qui nous sert de terme de
comparaison.

L'analogie entre ce que nous venons de nommer attaques de convulsions épileptiformes et l'accès de somnambulisme, nous fait penser qu'un fond commun prédispose à l'une et à l'autre de ces deux manières d'être
de l'organisme, et que, conséquemment, nos deux malades
étaient propres à être endormis. Aussi, présumons-nous
qu'une simple suggestion, faite seulement pendant le
charme, aurait coupé court à des attaques que des idées
ravivées déterminaient. Et nous ne croyons pas être trop
présomptueux d'induire que toutes les affections de ce
genre ayant même un caractère plus prononcé de gravité
et de durée, affections venues par une action morale et
précédées d'une aura, ainsi que le sont les accès du petit

mal et du grand mal de l'épilepsie, nous ne sommes pas trop présomptueux d'induire qu'elles sont parfaitement guérissables par la méthode suggestive. Nous allons plus loin, nous croyons aussi que des attaques véritables d'épilepsie, venues brusquement et sans prélude, peuvent encore être guéries de même et en peu de temps, si elles ne sont pas compliquées de lésions de tissus dans les centres nerveux. Du reste, l'on trouve des exemples de cures de cette grave maladie dans les ouvrages des magnétistes (1). Ce qui confirme notre assertion, c'est que jusques ici, d'après le rapport de M. Moreau (de Tours) et d'après des faits de guérison naturelle tels que ceux que nous avons cités, c'est la médication révulsive morale qui a guéri le plus d'épileptiques.

Convulsions puerpérales.

Nous avons eu l'occasion de traiter, par la médication du sommeil, une de nos somnambules atteinte d'éclampsie. Voici son observation.

12ᵉ OBSERVATION. Mᵐᵉ C....., de Messein, âgée de 36 ans, d'un tempérament lymphatico-nerveux, ayant toujours joui d'une bonne santé, eut, il y a deux ans, un abcès à l'aisselle, dont la longue suppuration l'affaiblit beaucoup. Elle fut prise, à la même époque, d'accès convulsifs sur lesquels nous n'avons pas obtenu de renseignements certains. Cependant elle finit par revenir à un état de santé assez satisfaisant.

1ᵉʳ août 1861. A la suite d'une impression morale, cette femme a été prise, hier soir, d'attaques de convulsions lesquelles, dit-on, se seraient répétées toute la nuit ; ces attaques ont été toutes précédées d'une sensation douloureuse aux pieds et aux mains. En attendant notre arrivée, on lui a mis, d'après nos ordres, des compresses d'eau froide sur le bas-ventre et on lui a fait prendre une pilule d'extrait d'opium.

Nous avons examiné cette femme quelque temps après un accès.

(1) Voy. Manuel de magnétisme, par Teste, p. 317, 321, 323.

Elle se croit enceinte de deux mois. Douleurs dans les deux fosses iliaques, accélération du pouls, liseré le long des gencives, céphalalgie, sentiment général de fatigue. — Somnambulisme et suggestion négative. Au réveil, la malade s'est trouvée très-bien et jusques au 15 septembre, son état satisfaisant de santé s'est maintenu.

15 septembre. Douleurs dans le bas-ventre. Céphalalgie. Craignant le renouvellement des accidents nerveux éprouvés par la malade, nous la mettons en somnambulisme et nous faisons la suggestion. Au réveil, elle ne ressent plus rien.

13 décembre. Nouvelles attaques à dix heures du soir, se renouvelant plusieurs fois dans la nuit.

14 décembre. Huit heures et demie du matin. Nous trouvons la malade au lit dans le décubitus dorsal, les yeux dirigés vers le plafond et les pupilles dilatées. Elle est sans connaissance et tout à fait insensible. Corps et membres agités par des secousses légères, figure grimaçante, respiration anxieuse, pouls petit, fréquent. L'accès disparaît presque aussitôt et est remplacé par un coma qui dure près d'une heure. Puis, cette femme est rentrée peu à peu en possession du monde extérieur, à commencer par son mari qu'elle a vu et entendu avant de voir et d'entendre les autres personnes placées près d'elle. Il nous a été impossible de l'endormir. Prescrit extrait d'opium, 0,05 centigrammes.

15 Décembre. Les convulsions ne reparaissent plus. Mouvement fébril léger, liseré le long des gencives, céphalalgie circonscrite, douleurs à l'épigastre et au creux de l'estomac.— Production d'un somnambulisme léger. Aussitôt cet état produit, la figure de la malade devient grimaçante à tel point, bien qu'elle dorme, que les tiraillements ressentis l'incommodent. Elle annonce une convulsion comme celles de la veille, dans dix heures, c'est-à-dire, à six heures du soir, et elle en prévoit une seconde pour le lendemain, à deux heures de l'après-midi.

16 décembre, neuf heures et demie du matin. Mme C. a eu un accès d'éclampsie le 15, à l'heure indiquée ; le coma consécutif a duré deux heures ; courbature, douleurs vagues dans les bras, souffrances moindres dans le ventre, pouls petit et assez fréquent, plus de sentiments des mouvements du fœtus. — Somnambulisme. Cette femme s'annonce toujours un accès à deux heures de l'après-midi, puis elle se prescrit un bain pour six heures du soir, et un autre pour demain à huit heures du matin. Eau froide pour boisson et bouillon. Avant de l'éveiller, nous lui demandons si elle peut se rappeler de ce qu'elle pensait, pendant ses accès précédents d'éclampsie, sa réponse a été qu'elle n'en a aucun souvenir.

20 décembre. L'accès prévu pour le 16 à deux heures du soir a eu lieu exactement ainsi qu'elle l'avait annoncé. D'autres n'ont cessé de se déclarer tous les jours jusques au moment de notre arrivée. Hier, la malade a déliré toute la journée, ce que nous attribuons à sa grande faiblesse. La médication suivie que s'indiquait cette somnambule nous paraissant nuisible, nous lui fîmes, après l'avoir endormie, la suggestion négative comme au mois d'août, mais d'une manière impérative et sans donner à sa pensée le temps de réagir de son propre mouvement. Aussitôt, sans la laisser réfléchir, nous l'éveillâmes, et immédiatement elle demanda à manger.

A notre retour, une demi-heure après, elle s'était déjà rassasiée de deux tartines de confiture et était debout. Quoique affaiblie, elle se promenait le lendemain dans la rue, à la barbe d'un médecin faux prophète qui, l'avant-veille, avait déclaré qu'elle ne se relèverait pas de sa maladie.

20 janvier 1862. A partir de son dernier sommeil, la santé de cette femme a été excellente, seulement, depuis 15 jours, elle souffre des dents, des reins et du bas-ventre, et a eu deux accès très-légers d'éclampsie pour lesquels on n'a pas jugé à propos de nous faire venir. — Sommeil et suggestion. Sauf la douleur dentaire revenue au bout d'un jour, les autres accidents disparaissent pour longtemps.

28 janvier. Mme C... va toujours bien. Nous l'endormons par occasion. Elle s'annonce les premières douleurs de l'accouchement pour le 10 février, à six heures du soir.

12 février. Le 10 février, à huit heures du soir, coliques, céphalalgie et douleurs intercostales, symptômes qui ont continué jusques aujourd'hui. On a fait venir la sage-femme. Celle-ci n'a pas trouvé et ne trouve pas encore de dilatation. — Sommeil, suggestion et guérison.

22 mars, vers neuf heures du matin. Douleurs dans la cavité pelvienne paraissant à Mme C... les avant-coureurs de l'accouchement. Nous le croyons nous-mêmes. — Sommeil et suggestion. Mais nous nous avisons de ne pas sortir cette femme de son état pour rendre l'enfantement moins douloureux. Vers huit heures du soir, convulsions qui amènent le réveil.

23 mars. Nouvelle attaque d'éclampsie. Céphalalgie, douleurs dans le bas-ventre, fatigue générale. — Sommeil et rapide suggestion. La malade se trouve bien au réveil.

25 mars, matin. Douleurs dans le ventre seulement. — Sommeil. Malgré la suggestion, les sensations douloureuses reparaissent au bout d'une demi-heure. Le travail se prépare avec lenteur.

26 mars. Accouchement vers six heures du matin. A sept heures et demie nous mettons cette femme en somnambulisme, parce qu'elle éprouve une sensation d'engourdissement pénible aux pieds et aux mains, prélude ordinaire de ses attaques convulsives. Depuis lors elle n'a plus rien éprouvé. La suite de sa couche a été heureuse.

Cette observation est intéressante à plus d'un titre. On y remarque, d'abord, une grande similitude entre les accès éclamptiques et les accès épileptiformes dont il vient d'être question plus haut. Sauf le sommeil comateux, appartenant plus spécialement aux convulsions puerpérales, on trouve, dans tous, les mêmes signes principaux, une aura, des contractions cloniques, l'isolement des sens, la perte du souvenir. Aussi, du moment que les uns sont des manifestations morbides dont le sommeil profond est le type physiologique, à plus forte raison les autres sont-ils leurs congénères.

Ce qui nous frappe ensuite, dans l'observation précédente, ce sont les conséquences du traitement suggestif. Dès le début de la grossesse, les accès d'éclampsie ont disparu pour quatre mois et demi, puis, pour vingt jours et, enfin, pour deux mois. Ce ne fut que pendant les trois jours qui devancèrent l'accouchement, que nous ne parvînmes plus à en empêcher le retour. Quoiqu'il laisse à désirer, nous regardons ce résultat comme satisfaisant, vu qu'il y avait, pour l'obtenir, à lutter contre une cause agissant toujours de plus en plus fort, le développement non interrompu et progressif de la matrice. Il est évident, que, dans ce cas, des sensations étaient plus vivement perçues dans l'utérus ou son voisinage, dès que l'attention se repliait sur une idée émotive, et il arrivait alors que, par réflexion, elles étaient le point de départ des contractions cloniques qui revinrent à plusieurs reprises.

Cette observation fournit encore matière à d'autres réflexions.

La grossesse rendant les femmes plus nerveuses, plus irritables, elles sont, en cet état, encore plus que jamais exposées à recevoir le contre-coup d'une idée affective ; aussi, rien donc d'étonnant à ce que quelques-unes d'entre elles, pour peu que leur attention se replie vivement sur une impression sentie, ne tombent avec facilité dans une des formes morbides analogues au sommeil, ce qui ne serait pas arrivé auparavant pour une cause aussi légère. Alors, les sensations éprouvées dans la région du bassin, réagissent par réflexion sur l'appareil musculaire, faute de l'excitation régulatrice, dont l'attention accumulée prive la moelle. Si les attaques de convulsions puerpérales tendent à se renouveler, c'est qu'une fois que l'attention a pris le chemin de se concentrer sur une idée, elle y va ensuite d'elle-même, par habitude, à l'insu des malades et pour la cause la plus insignifiante, la moins sentie ; de là, la répétition d'accès nombreux et involontaires. Les malades, et nous ne parlons pas seulement des éclamptiques, mais de tous ceux qui sont exposés à des accidents intermittents de même nature, laissent leur attention se détendre avec la même inconscience que les dormeurs, les fous s'objectivent instantanément des idées-images, et que la femme de notre observation se prédisait des accès arrivant à heure fixe ; elle ne se doutait pas plus qu'elle créait son mal, que les rêveurs ne soupçonnent qu'ils sont, eux-mêmes, les auteurs des personnages de leurs rêves. Si, dans le cas présent, malgré une cause progressive prédisposant à la gravité croissante de convulsions puerpérales, nous sommes arrivé à suspendre des accès violents de cette maladie, combien doit-on espérer de notre méthode, non-seulement pour la cure de cette affection, mais aussi pour celle des affections de la même famille, quand surtout elles ne sont pas compliquées de lésions organiques.

C'est en soignant Mme C..... que nous avons acquis la certitude que la suggestion impérative, suggestion ne permettant pas à la pensée de divaguer, est de tous les

procédés de thérapeutique morale, le plus sûr et le plus
expéditif. C'est pour avoir abandonné cette personne à
ses rêveries et à ses prescriptions, c'est pour nous être
contenté de la mettre dans le sommeil et de nous en rapporter à elle, quant au mode de traitement à suivre, que
nous avons vu se développer, dans son organisme, ces
accidents morbides, pures créations psychiques formulées et prédites longtemps d'avance. Chaque fois que l'on
remarque, ainsi que chez cette malade, des accès nerveux ou d'autres accidents, tels que mouvements fébriles,
hémorrhagies, etc., se déclarant à heures précises et sans
fractions, surtout s'ils ont été prévus, l'on peut être assuré
qu'ils sont les résultats de l'action de la pensée. Il a suffi
que cette femme, en somnambulisme, se fît une suggestion insciente de quelques secondes pour que, douze jours
après, elle ressentît à deux heures de différence près du
moment indiqué, les douleurs qu'elle s'était affirmées, et
qui ressemblaient assez bien aux maux véritables de la
parturition. Si l'attention accumulée a une telle puissance
pour imprimer presque instantanément dans l'organisme,
le cachet de l'idée préoccupant l'esprit, combien n'en
a-t-elle pas, pour réparer les maux qu'elle a produits, et
ceux mêmes qui proviennent d'une autre source ?

Il est, dans cette longue observation, d'autres faits appelant notre examen. Dès que cette malade était en somnambulisme, elle éprouvait aussitôt des contractions ; elle
eut même, dans cet état, un accès de convulsions puerpérales. C'est que, son attention étant en arrêt au cerveau
et l'excitation régulatrice de cet organe sur la moelle
épinière étant par là diminuée, les sensations partant du
voisinage de l'utérus avaient alors toute latitude de réveiller des mouvements musculaires réflexes.

Nous remarquerons encore, que cette même personne,
qui aurait pu rester dans le sommeil profond tant que

nous l'aurions voulu, une fois prise en cet état d'un accès éclamptique, sortit à la fois, et de son somnambulisme, et de son accès. Cela est dû à ce qu'une attaque de convulsions produit un violent ébranlement de l'organisme, elle porte dans ses flancs la cause qui la termine. Quand, pour éveiller des somnambules essentiels, il suffit, parfois, de leur jeter de l'eau froide à la figure, on peut bien comprendre le réveil de notre dormeuse, après une perturbation comme celle qu'elle essuya.

Un phénomène qui nous a encore frappé chez le sujet de cette observation, c'est l'arrivée de ses accès plutôt pendant la nuit que pendant le jour. Nous pensons que les ténèbres qui prédisposent au sommeil, puisqu'ils calment le sens de la vue, prédisposent de la même manière à des états morbides ayant avec lui de la ressemblance.

Il est aussi, chez ce même sujet, deux espèces de symptômes dont l'un, une douleur dentaire, s'est calmée par suggestion négative pour un seul jour, et dont les autres, des souffrances dans les reins et le bas-ventre dues à la pression de l'utérus, ont disparu pour un temps bien autrement long : ceci nous confirme dans cette opinion déjà émise par nous que, de deux douleurs, c'est celle qui tient à une modification organique la plus susceptible d'être stimulée qui est aussi la moins guérissable.

Enfin, ce qui ne doit plus étonner, après ce que nous avons dit sur les propriétés du sommeil et sur l'abstinence prolongée, c'est qu'il est arrivé, après six jours de diète, que notre malade, alimentée seulement de quelques tasses de bouillon et d'eau, a été immédiatement rétablie et qu'elle a pu digérer, quoique affaiblie, des aliments que l'on ne donne jamais au début d'une convalescence ; elle a même pu reprendre ses occupations de ménage le jour suivant. Il est vrai que nous lui en avions fait la suggestion.

IV.

Maladies affectant les nerfs et les organes du mouvement.

J'ai rangé, dans cette catégorie, les affections caractérisées par des contractions musculaires, contractions ayant lieu surtout pendant la veille et étant l'effet réflexe de sensations ordinairement inconscientes.

Vomissements nerveux.

Un seul enfant de 12 ans a été soigné par moi pour cette maladie. Je pus seulement le tenir dans un charme léger. Il fut six jours et demi sans rien rejeter, puis les vomissements reprirent leur cours. Quand je m'avisai de lui faire ce traitement, il y avait déjà deux septenaires que son estomac ne supportait presque plus d'aliments. Confié à un autre médecin, cet enfant se rétablit après avoir été mis à une diète absolue d'abord, puis à un régime de moins en moins sévère. Il résulta de cette manière habile de procéder, que la privation des aliments et, ensuite, leur ingestion à petite dose ne fut plus suffisante, chez ce jeune malade, pour déterminer des impressions vives sur la muqueuse gastrique et, par là, amener des vomissements ; aussi revint-il à la santé peu à peu et sûrement. Par une médication tout autre que la mienne, le praticien qui me succéda, ne répéta à la rigueur que le traitement suggestif que je n'avais pu continuer. En appelant l'attention au cerveau, je calmai la sensibilité des nerfs distribués à la surface de l'estomac, et empêchai ainsi tous phénomènes réflexes ; lui, de même, par une diète sagement ménagée, mit obstacle à ce que cette sensibilité fut réveillée localement de façon à être cause de nouvelles contractions musculaires.

Vomissements des femmes enceintes.

Chez une somnambule enceinte qui, endormie, avait sur elle-même une grande puissance, je parvins plusieurs fois, pour quelque temps, à faire disparaître ses vomissements, mais ils revinrent encore plus tard avec opiniâtreté. Je fus moins heureux sur une autre femme que j'amenai souvent dans le sommeil et qui, outre des vomissements, éprouvait aussi des étourdissements et de la céphalalgie. Il est vrai qu'après de nombreuses suggestions, ces symptômes se modérèrent tout doucement, mais je suis encore à me demander si ce traitement y fut pour quelque chose ? N'était-ce pas là la marche naturelle que devaient suivre ces accidents ? Le développement lent et progressif de la matrice, dans ces cas, était une cause tendant à faire revenir le mal; aussi, n'est-il pas surprenant que le succès n'ait pas été complet contre l'une et l'autre de ces manifestations sympathiques et morbides.

Chorée.

Je place dans le cadre de la chorée quatre cas d'affections de nature convulsive qui ne m'en paraissent qu'une variété.

1° Femme autrefois hystérique et éprouvant des secousses choréiques d'un seul côté du corps depuis huit ans. Charme pendant lequel ces symptômes ont cessé presque tout à fait.

2° Jeune femme éprouvant des attaques de convulsions, et conservant toujours un mouvement involontaire de l'arcade dentaire inférieure qui frappe la supérieure et produit un claquement régulier ressemblant au bruit monotone d'une castagnette. Dès que cette personne dort, ce mouvement discontinue.

3° Femme très-nerveuse exposée parfois à une agitation spasmodique ressemblant à la chorée, agitation qui a disparu après un seul charme et une seule suggestion.

4° Fille de 14 ans sujette continuellement à de légers soubresauts du tronc et des membres remontant à plusieurs années. Somnambulisme et suggestion. Deux ans après, la mère de cette jeune fille m'apprit que depuis cette unique séance, il y eut production d'un changement en mieux qui ne s'était pas encore démenti.

Voici maintenant deux cas de chorée véritable, traités par les moyens de thérapeutique morale.

13° OBSERVATION. 22 janvier 1861. Mlle Lagrange, de Viterne, est une jeune fille de 12 ans, d'un tempérament lymphatico-nerveux, présentant un teint pâle et un aspect général souffreteux. Excepté la nuit, elle ressent de légères secousses, particulièrement dans les membres supérieurs, et elle souffre de douleurs gastralgiques. Les uns et les autres symptômes remontent à environ cinq semaines. Après deux à trois minutes de fixation des yeux et la suggestion de la guérison, cette enfant est restée soixante-cinq jours sans rien éprouver. Ce fut donc plus de deux mois après, que cette chorée reparut accompagnée d'accidents autrement marqués.

15 avril. Cette jeune fille présente des contractions brusques et répétées de tous les membres et du tronc. Elle ne peut rester assise ni couchée ; elle n'est absolument tranquille que lorsqu'elle dort. On me l'amène sur une voiture, et la position qu'elle peut seule y garder est la position à genoux. Pendant qu'on la maintenait sur une chaise, j'ai pu la mettre en charme. Au sortir de cet état, tout avait disparu et elle a pu aisément se tenir sur son séant et marcher, ce qu'elle ne faisait plus depuis quatre jours. Durant vingt-cinq heures, elle a paru en bonne santé.

17 avril. Traité la malade par l'émétique.

24 avril. La médication émétisée n'a amené aucun résultat. Alors j'ai essayé de mettre cette fille en charme, mais elle était tellement hébétée qu'il m'a été impossible de fixer son attention. Bains froids. Quelques jours après, on l'envoya à l'hôpital Saint-Charles, à Nancy, où elle fut traitée par les bains sulfureux et un régime fortifiant. Elle y resta dix-huit jours et en revint dans un meilleur état.

17 juin. Revu cette malade. Son aspect est celui d'une idiote.

Mouvements tout particuliers des épaules : elle les projette vivement en haut et en avant, secousses violentes dans les membres qui rendent la marche extrêmement pénible et l'usage des mains presque impossible. Tête continuellement tiraillée d'un seul côté, figure grimaçante, salive s'écoulant hors de la bouche, déglutition difficile et respiration courte. Cette fille est venue passer cinq jours dans ma localité ; là, deux fois par jour, j'ai combiné les bains froids avec le traitement suggestif. Il en est résulté de l'amélioration.

30 août. Après être demeurée stationnaire encore longtemps, la chorée de cette fille a repris avec une intensité plus grande que jamais. Mouvements énormément exagérés, à tel point que les vêtements sont mis en lambeaux, cris affreux, idées délirantes. Depuis deux jours, cette malade n'a pu rien avaler ; elle souffre de la faim et de la soif. J'ai pu, par affirmation, lui faire prendre du lait. On l'expédie alors à l'asile de Maréville d'où longtemps après elle est revenue parfaitement rétablie.

14ᵉ OBSERVATION. Benoit, de Neuves-Maisons, est un garçon de 9 ans, d'un tempérament lymphatico-nerveux, lequel, à la suite d'une épouvante, a été pris de mouvements involontaires des membres inférieurs. Lorsqu'il dort il est tranquille.

Le 30 août 1862, charme et suggestion. Cet enfant a passé les quatre jours suivants sans rien éprouver, puis il a été repris des mêmes mouvements qu'auparavant, le cinquième jour, et cela, seulement quelques minutes. Jusques au 30 septembre, on ne lui a revu de secousses choréiques qu'une seule fois.

30 septembre. Tremblement violent des membres supérieurs et inférieurs. Cet enfant, apporté chez moi, repart à pied après la séance.

1ᵉʳ octobre. Depuis sept heures et demie du matin, jusques à cinq heures et demie du soir, accès de secousses convulsives interrompues de temps en temps. Le corps lui-même prend part à l'action. Paralysie complète du bras droit. On m'apporte ce petit malade : il me suffit de lui dire, en lui touchant le bras, qu'il peut remuer ce membre, pour qu'il le porte dans tous les sens, au grand ébahissement de sa mère. Après l'avoir mis en charme et avoir fait la suggestion, il repart à pied et en bon état.

7 octobre. Le bras n'est pas redevenu paralysé, mais les secousses reprennent régulièrement le matin au réveil et parfois dans la journée. Pas de perte de connaissance pendant qu'elles ont lieu. Traitement au sulfate de quinine. Cet enfant a fini par se rétablir à la longue, pendant un traitement médical modifié selon les cir-

constances : l'effet de cette médication m'a paru équivaloir à zéro.

Ce qui, dans les observations précédentes, attire d'abord l'examen, c'est la cessation des accidents convulsifs pendant ces trois formes identiques, le sommeil ordinaire, le le charme et le somnambulisme. Contrairement aux convulsions de maladies à accès favorisés par la nuit et le retrait de l'attention dans les états analogues au sommeil, l'agitation désordonnée des muscles des choréiques est aidée par la veille. De plus, la concentration de l'attention au cerveau, concentration prédisposant aux mouvements involontaires dans des affections du sommeil et dans ce dernier état même, est précisément ce qui les calme dans la chorée. Cependant, bien que paraissant diverger les unes des autres par leur base, les contractions musculaires des maladies à forme hypnotique qui naissent spécialement pendant la nuit, et les contractions qui, comme celles de la chorée, ont lieu pendant le jour, découlent en principe d'une semblable prédisposition nerveuse, d'un fond commun de grande excitabilité, seul, le siége de la sensation d'où partent ces contractions est différent, à cause de la manière opposée dont l'attention, dans ces affections, se distribue sur l'organisme. Si l'attention, en se concentrant insciemment sur une idée comme pendant le repos du corps, reste en même temps accumulée vers les sens intérieurs, on a principalement des maladies à accès dont l'origine est dans une perception interne spinale ou ganglionnaire, et si au contraire, comme pendant la veille, cette force active a plus d'abandon à se diriger en excès vers les sens externes et a, par conséquent, la propriété de les rendre plus irritables, on a des mouvements convulsifs de la nature des saccades cholériques. De là, dans ces derniers cas, des contractions interrompues, irrégulières, changeant de siége selon la variabilité des impressions externes, lesquelles disparaissent nécessairement pendant le sommeil, puisque alors les sens sont délaissés et qu'étant amortis, ils ne peuvent plus être le point de départ de phénomènes réflexes (1). La différence symptomatique, entre les convulsions de la danse de Saint-Guy, véritable maladie de la veille, et les convulsions des maladies du sommeil, n'est donc due qu'à la manière dont l'attention se distribue plutôt vers les organes sensibles externes, dans la première, et vers les organes sensibles internes, dans les secondes. Dans toutes convulsions, du reste, on distingue ces deux signes communs : perception exagérée, d'abord, puis répartition mal équilibrée de la force nerveuse sur la moelle épinière dont les propriétés réflectives ne sont plus contenues.

Les espèces d'accès avec secousses nerveuses du malade de l'observation 15, accès dus primitivement à une cause morale, imitaient assez bien des attaques de convulsions, sauf qu'ils n'étaient pas compliqués de perte de connaissance. Ce point de ressemblance est un trait d'union entre la chorée et les affections à accès convulsifs. Si cet enfant restait en rapport, la cause en doit être attribuée à ce que son attention pouvait toujours se porter vers les sens, ainsi qu'il arrive chez les somnambules en communication avec le monde extérieur. Dans son éréthisme nerveux, ses sens étaient hyperesthésiés, aussi, les plus légères impressions de douleur, de température,

---

(1) Il est bon de remarquer que jusqu'ici, je ne me suis occupé que des maladies nerveuses à phénomènes réflexes sans lésions organiques : je ne discute nullement sur les accidents convulsifs des affections compliquées, par exemple, de lésions des centres nerveux et que je n'ai pas traitées. La théorie explicative des convulsions reste toujours la même pour ces dernières maladies, seulement alors, le point de départ obligé de l'action réflexe est dans une sensation partant de la moelle ou de ses enveloppes vers les organes musculaires ; dans ces cas, le mouvement nerveux parcourt moins de chemin.

de lumière, etc., devaient-elles amener immédiatement
un contre-coup sur l'appareil locomoteur. Comprend-on,
maintenant, pourquoi des malades, tels que les choréiques,
ne subissent plus de convulsions, lorsqu'ils sont plongés
dans les diverses formes du sommeil ? N'est-ce pas parce
que leurs sens externes, d'où partent les mouvements réflexes, au lieu d'être encore surexcités sont calmés ?

Si, quittant les explications théoriques de la formation
des accidents de la chorée, l'on passe à l'examen des
résultats obtenus, l'on trouve que, sur quatre malades,
les succès du traitement se réduisent à une guérison et à
une amélioration de symptômes convulsifs ayant de la
ressemblance avec la chorée. Quant aux deux véritables
maladies de ce genre que j'ai traitées, il y a lieu à faire
quelques observations. Dès le début, le charme et la suggestion ont servi à amener leur disparition temporaire,
mais bientôt il y a eu rechute et, alors, la méthode
suggestive n'a plus eu pour effet que de suspendre pour
quelques heures les accidents morbides. Cet insuccès
final s'explique en ce que les malades, atteints de cette
affection, ne prenaient que des aliments grossiers, peu réparateurs. S'ils eussent été bien nourris, au lieu d'aller
toujours plus mal, ils se fussent rétablis. Ce qui le prouve,
c'est que, une fois la malade de l'observation 14, mise à
un meilleur régime à Saint-Charles, puis à Maréville, elle
revint chaque fois peu à peu dans un état plus satisfaisant.
Sans nul doute, avec ces bonnes conditions d'alimentation,
la thérapeutique du sommeil aurait été supérieure à
toutes les autres. Il est à noter qu'à mesure que le corps
se débilite, la puissance de représentation mentale diminue, preuve que le moral et le physique marchent de
pair ; aussi, si la méthode suggestive n'est accompagnée
d'une alimentation consistante, s'il y a épuisement progressif de l'organisme, les effets obtenus par ce moyen

seront de plus en plus faibles et de moins en moins durables. Mais, au contraire, si, à une nourriture satisfaisante, on ajoute l'emploi de la suggestion faite avec art , ce qui ne peut être acquis que par l'expérience et par la notion plus approfondie de la manière dont naissent les affections convulsives, on arrivera bien plus sûrement à des résultats satisfaisants. Ce qui m'affermit dans cette croyance, c'est que cette méthode a un gage de son efficacité dans celle qui est le plus vantée par les médecins spéciaux. M. Blache dit, avec raison, que pour guérir la chorée, il faut d'abord refaire la constitution et, ensuite, rendre à la volonté son empire sur le système musculaire, ou, ce qui revient au même, disposer l'attention à ne plus nourrir les sensations, causes des phénomènes convulsifs, et à régulariser les mouvements des muscles , en dirigeant cette force nerveuse en abondance sur les organes qui président aux fonctions du système locomoteur ; d'une part, cette force accumulée donne de la régularité aux contractions, de l'autre, par son retrait loin des sens , elle n'est plus la cause de mouvements désordonnés.

Bégaiement.

L'on sait que l'attention, cause régulatrice des mouvements, est aussi, pour la même raison, cause de vitalité et de force dans les faisceaux musculaires où on la dirige d'ordinaire. On trouve cette preuve dans le plus fort développement du membre supérieur droit, sur le plus grand nombre des hommes ; dans la grosseur exagérée des cuisses et des jarrets chez les marcheurs , et dans le développement des bras et des avant-bras chez les forgerons, les boulangers, etc. On la trouve encore parmi les malades paralysés et dont les membres, qu'ils exercent le plus, sont toujours ceux dans lesquels les mouvements reviennent avec le plus de promptitude. C'est d'après des considérations semblables, que l'on a été porté à accorder tant d'importance à la gymnastique, pour amener la guérison des demi-paralysés et de tous ceux dont le système musculaire manque d'harmonie. Aussi, doit-on conclure que, pareillement aux affections par manque d'excitation, le bégaiement, effet de contractions ou d'affaiblissement de certains muscles, peut être traité avec succès par la thérapeutique du sommeil, dont la propriété est d'appeler la force nerveuse vers les organes où elle fait défaut. Ce n'est pas que j'aie entrepris ce système de médication, mais je suis conduit à émettre une telle opinion, parce qu'il m'est arrivé d'amener dans le charme un jeune homme de vingt-deux ans, devenu bègue à la suite d'une épouvante, et qui, tout le temps qu'il fut influencé, me répondit avec une grande netteté. Le même individu cesse aussi de bégayer, s'il chante avec animation, s'il est en colère ou excité par le vin, preuve que ces états sont encore, aussi bien que le charme, des analogues du sommeil. Ainsi, de quelque manière que son attention soit accumulée, les muscles qui, chez lui, servent à la prononciation, fonctionnent avec régularité, se délient en un mot. Puisque l'attention concentrée fait disparaître les spasmes involontaires des muscles de la bouche et fortifie ces organes contractiles, Graves est dans le vrai, lorsqu'il tente de guérir le bégaiement en prescrivant aux bègues d'avoir toujours l'esprit tendu à bien prononcer, et c'est encore en ce même principe, quoiqu'il soit moins bien formulé, que réside l'explication des succès obtenus contre cette infirmité, à l'aide de la méthode de Malbouche.

V.

Maladies avec altérations diverses des liquides ou des solides.

Nous avons aussi traité, à l'aide de notre procédé, quelques-unes des affections qui offrent des altérations apparentes des liquides ou des solides, et qui sont dues, soit à des impressions venant du cerveau par action de la pensée, soit à des impressions partant des nerfs ou des surfaces nerveuses, que ces dernières impressions proviennent de matières déposées dans les tissus ou transportées dans le torrent circulatoire : caillots, corps étrangers, virus, ferments, miasmes, poisons, etc., ou qu'elles proviennent d'influences électriques, de chaleur, de froid, de pression atmosphérique, d'humidité, etc.

Ce que l'on a désigné dans les êtres vivants, sous les noms vagues de matière et d'esprit, est essentiellement indivisible. Ce qui est apparent sous les sens et ce qui ne l'est pas, le corps et les forces, sont des modes inséparables d'un seul et même tout, et l'organisme, en même temps qu'il est l'expression écrite de pensées primordiales et permanentes, en est réciproquement la condition ; l'un est l'autre de ces modes se servent de complément et sont solidaires. Et particulièrement dans l'organisation si complexe et si admirable de l'homme, la pensée, venue par sensation et véritable sensation elle-même, descend du cerveau et diverge, consciente pour les fonctions de relation, et inconsciente pour celles de nutrition, d'où résulte ses manifestations les plus élevées, l'harmonie, la perfection et la conservation de toutes les parties de l'économie animale. Mais cette harmonie peut se rompre, cette perfection peut avoir un terme, et au lieu de se conserver, les éléments organiques peuvent s'altérer. Cela arrive,

ou par l'influence trop vive de la pensée transmise en
idées-images sur des parties du corps aux dépens de certaines autres, ou par l'influence d'impressions sur les surfaces nerveuses, impressions réagissant par réflexion sur
les fonctions organiques et les désaccordant. Par le dédoublement de l'attention amené par ces deux modes d'agir,
cette force portée avec excès d'un côté et diminuée en
trop grande quantité de l'autre, est la cause des maladies,
ou par excitation, ou par sédation, ou par ces extrèmes à
la fois. Ce qui nous confirme dans cette opinion, que tout
dérangement morbide est l'effet d'un excès ou d'une diminution de l'attention, cet agent inséparable des organes,
lequel permet ici les sensations, là les contractions des
muscles et le développement des forces musculaires,
ailleurs, les idées et la pensée, plus loin, dans les profondeurs des tissus, l'entretien des fonctions intimes de la
vie, c'est qu'il est possible à des somnambules de réfor-
mer, par représentation mentale, les affections naissant
même chez l'homme d'une autre façon que par la pensée,
telles sont les névralgies, le vomissement, la diarrhée, des
congestions, des hémorragies, des ulcérations, etc. Ces
maladies, lorsqu'elles viennent par suggestion, étant le
résultat d'une fluctuation d'attention en plus ou en moins,
sont aussi de toute nécessité le résultat d'une même fluctuation, lorsqu'elles se développent dans d'autres conditions. En recréant les symptômes morbides, les somnambules reportent les sensations où elles ont été perçues
d'abord, mais en les exagérant; les dérangements physiologiques prennent alors naissance, comme lorsqu'ils se
forment par impressions directes sur les surfaces nerveuses, seulement le mouvement est centrifuge au lieu
d'être centripète ; mais, dans les deux cas, l'action a pour
théâtre le cerveau, ce siége essentiel des sensations. Puis-
pue les maladies, même organiques, se développent par

excès ou soustraction d'attention dans les tissus, ce que démontre le procédé psychique, à l'aide duquel on recrée ces maladies, et puisque nous sommes les maîtres, ainsi que nous venons de le voir, d'amener des cures d'affections sans lésions de tissus apparentes, en soustrayant de l'attention là où elle est trop abondante, et en en appelant là où elle manque, nous n'avons pas craint d'étendre la méthode suggestive au traitement des affections, avec modification des liquides et des solides ; c'est toujours, dans ces cas, aux organes privés ou surchargés de force nerveuse que nous nous sommes adressé, aussi des guérisons ont-elles encore couronné nos essais. Voici, du reste, le bilan de nos succès et de nos revers.

Anémie.

Il est déjà admis par des médecins que l'albuminurie, le diabète, la pneumonie, le rhumatisme articulaire, le goître exophtalmique, etc., proviennent directement d'impressions reçues par le système nerveux, et que le siége et la nature de ces impressions déterminent le siége et la nature de la maladie. Ces médecins sont dans la bonne voie et il n'y a qu'à généraliser leurs principes. Il n'est peut-être pas d'affections où les résultats heureux et subits, amenés par la suggestion, démontrent, comme l'anémie, la vérité de cette théorie. Si l'on obtient souvent la guérison immédiate de cette maladie, si la santé coïncide, après affirmation, avec la pauvreté du liquide circulatoire, il va de soi que les globules du sang diminués et qui ne peuvent être reconstitués en un instant, ne sont pas toujours la cause première et véritable des signes morbides observés, mais un effet d'un vice supérieur d'innervation.

Nous avons choisi, autant que possible, pour objets de nos traitements, les femmes anémiques qui se sont présentées à nous avec les symptômes les plus tranchés. Elles étaient, presque toutes, d'une nature très-impressionnable, et ce caractère, quoique plus marqué dans la maladie, la précédait dans la majorité des cas.

Sur trente-neuf malades de cette espèce, il y en a eu seulement sept qui n'ont pas été influencées ; on le voit, ce dernier nombre est fort restreint. L'anémie est, avec quelques affections du sommeil, celle où l'on trouve le plus de sujets capables de subir l'affirmation. M. Louyet la regarde même comme la marque la plus sûre de la disposition à devenir somnambule. Sans préjuger comment, en dehors d'hémorrhagies et de suppurations, une grande susceptibilité nerveuse accompagne le développement de cette maladie, nous sommes porté à croire que, dans la grande majorité des cas, cette susceptibilité lui est le plus souvent antérieure et qu'elle est elle-même la cause prédisposante du sommeil profond. Deux des sept femmes non influencées étaient pourtant très-nerveuses et n'étaient devenues souffrantes qu'à la suite de chagrins domestiques ; l'appétit se perdant, les recettes n'équilibrant plus les dépenses, leur esprit se concentrant en même temps de plus en plus sur des idées tristes, il nous fut impossible de révulser leur attention dans un autre sens. Pourtant l'une de ces deux dernières, femme très-raisonnable, s'étant trouvée ensuite en rapport avec un de ses parents, curé dans lequel elle mettait sa confiance, fut convaincue par lui que la cause de ses maux était dans sa tête : depuis lors, son moral fut remonté, elle prit le contre-pied de ce qu'elle avait fait, au lieu de se nourrir de pensées affligeantes, elle chercha à diriger son attention sur d'autres objets, et elle revint ainsi à un état de santé assez satisfaisant.

Les trente-deux anémiques soignées réellement par nous se divisent en trois catégories : 1° celles que nous avons traitées par l'affirmation pendant la veille ; 2° celles qui l'ont été par le même moyen, à l'état de charme, et enfin, 3° celles qui l'ont été de même dans le somnambulisme. Il est presque inutile de dire que toutes présentaient des signes tranchés de pauvreté de sang, et qu'un grand nombre d'entre elles étaient affectées de fleurs blanches et se plaignaient de douleurs gastralgiques, intercostales et autres.

1° Nous avons pratiqué l'affirmation sur cinq femmes sans qu'elles y eussent été préalablement préparées. Il est bon de le répéter, cette méthode consiste à regarder avec fixité les personnes sur lesquelles on veut obtenir un résultat ; en même temps, on dirige la main vers les parties les plus souffrantes en énonçant, à haute voix, la disparition des symptômes dont elles se plaignent, et l'on finit par leur affirmer, en outre, le retour de la tranquillité de l'esprit, la gaîté, un sommeil calme, l'appétit, les digestions faciles, etc., enfin la guérison la plus entière. Ce qui se passe alors chez ces malades, c'est ce qui a lieu chez tous les autres pendant le charme ou le somnambulisme. A l'énonciation de la formule précédente, modifiée suivant les cas de maladies, il arrive que les symptômes morbides deviennent inconscients, la patiente met à leur place les idées nouvelles qu'on lui impose, elle se les rend conscientes à un haut degré, et ces idées deviennent d'autant plus dominantes dans son esprit, qu'elles y sont vivement représentées ; il suffit qu'elles soient passées à l'état d'idées fixes, pour que la santé se rétablisse ; alors l'attention reflue continuellement de là où elle était en excès et afflue là où elle était diminuée (1).

Deux des femmes traitées par ce mode de suggestion appliqué dans l'état de veille, mode qui n'est autre que

____

(1) Voy., pour plus ample explication de ce mécanisme, 3e partie, ch. III.

celui des toucheurs, se trouvèrent immédiatement réta-
blies. Leur guérison se maintint-elle ? Il nous fut impossible de le savoir. Une troisième, légèrement anémique,
par suite de chagrins, fut entièrement guérie par le même
moyen. Pendant les cinq mois et demi qui suivirent, elle
éprouva seulement une soif vive et continue. Une autre,
accouchée depuis trois mois et présentant en même temps
un écoulement utérin sanguino-purulent très-abondant,
vit presque aussitôt disparaître ensemble et cet écoulement
et les signes d'anémie ; depuis lors, la guérison ne s'est
pas démentie. Enfin, une dernière, épuisée par un allai-
tement trop prolongé et se plaignant de fleurs blanches,
de battements de cœur, de douleurs gastralgiques, etc.,
a été délivrée de ces symptômes après deux suggestions.

2° Parmi les dix-huit malades amenées à l'état de
charme, quatre furent guéries radicalement après une
seule suggestion ; deux, après une simple affirmation,
n'éprouvèrent plus rien, mais comme nous ne les revîmes
pas, nous ne savons ce qu'il en advint. Une se rétablit à la
suite de trois suggestions ; trois autres, après une et deux
suggestions, se trouvèrent soulagées de une heure à cinq
jours. Quant aux six dernières, quatre tombèrent en récidive, quinze jours, trente-cinq jours, deux mois et
huit mois après la seule suggestion que nous leur fîmes.
La malade chez laquelle la guérison dura trente-cinq jours,
était une jeune fille fort sensible dont la maladie récidiva
par l'effet d'une émotion.

Voici, en raccourci, les observations les plus intéres-
santes des anémiques mises en charme et guéries par la
méthode suggestive.

15ᵉ OBSERVATION. Mᵐᵉ G....., de Nancy, fait remonter sa maladie
à trois années en arrière, époque où elle perdit son mari. Depuis
lors, jusques aujourd'hui, elle n'a cessé d'être souffrante et de dépérir. Elle a épuisé les traitements de plusieurs médecins, antispas-

modiques, ferrugineux , eaux minérales, etc. Rien ne l'a soulagée. C'est alors qu'elle vint me trouver, en désespoir de cause, le 21 octobre 1861.

Cette personne est une brune de 22 ans, d'un tempérament bilioso-nerveux, à aspect triste et au teint mat. Elle se dit très-affaiblie, éprouve un sentiment général de fatigue, des douleurs névralgiques vagues, des envies de pleurer ; le bruit, la musique, la joie des autres l'agacent et l'irritent. Spasmes, battements de cœur, essoufflement, perte d'appétit, fleurs blanches, etc. On le reconnaît, cette anémie n'est pas pure, elle est légèrement compliquée d'hystéricisme. Au sortir du charme et après la suggestion, cette malade s'est trouvée comme rajeunie, c'est là son expression, et elle s'est crue guérie. Elle est repartie pleine de gaieté, a pu gravir sans s'arrêter une côte qu'elle ne pouvait monter qu'en se reposant plusieurs fois. Le même jour, elle a senti l'aiguillon de la faim, a même regardé danser sans pleurer et a passé une soirée comme elle n'en avait pas eu depuis longtemps.

22 octobre. Cette malade vient nous trouver disant qu'elle est guérie, que ses forces mêmes sont revenues et qu'elle n'éprouve plus qu'une légère douleur au flanc droit, douleur que nous faisons disparaître après suggestion pendant le charme.

Depuis cette époque, nous avons eu souvent l'occasion d'avoir des nouvelles de cette personne et , jusques à ce jour, la guérison ne s'est pas démentie.

On s'étonnera qu'un homme sérieux avance que les forces crues perdues depuis longtemps reviennent tout d'un coup. Mais qu'on réfléchisse pourtant sur les phénomènes étranges que nous révèlent les maladies où l'élément nerveux domine, maladies que les médecins ont comparées à Protée. Chacun a dû rencontrer de ces êtres qui, pendant des semaines, peuvent aller à peine de leur lit à leur fauteuil et sentent toutes leurs forces revenues, dès qu'il s'agit d'assister à une soirée. Cette faiblesse n'est, dans ces cas, que l'effet d'une croyance, d'une dépression morale, et non l'effet d'un affaiblissement véritable. Pour notre part, nous avons rencontré une anémique qui n'était pas capable de faire le tour de chez elle sans être essoufflée, mais qui, s'il s'agissait d'un bal, dansait toute une nuit sans aucune gêne. Tout le temps qu'elle s'amusait, elle ne créait plus son mal en y songeant, elle pensait à autre chose, elle était guérie. Nous avons eu aussi l'occasion d'observer une dame atteinte d'une arthrite rhumatismale chronique de l'articulation tibio-tharsienne droite, arthrite lui causant de violentes douleurs, lorsque s'ennuyant, elle y portait son attention. S'agissait-il d'une promenade agréable, d'un repas joyeux, d'un bal, elle ne souffrait plus; mais fallait-il se rendre à l'église ou faire une visite ennuyeuse, la souffrance revenait. C'est que, par la pensée, nous portons dans notre cerveau la santé et la maladie, la faiblesse et la force, nous créons en nous le calme et la tempête aussi facilement, parfois, que nous faisons succéder, dans la nuit, la lumière aux ténèbres.

16ᶜ Observation. Mᵐᵉ D....., de Neuves-Maisons, est une femme de 34 ans, d'une forte charpente, brune et d'un tempérament bilioso-nerveux. Quoique très-impressionnable, cette personne avait toujours joui d'une excellente santé, jusques à ce qu'elle habita une maison où elle se trouva en rapport avec une femme dont le caractère lui était antipathique. Depuis lors, elle fut mal à son aise et devint souffrante peu à peu. La tristesse, des envies continuelles de pleurer, la perte de l'appétit, des douleurs gastralgiques, de la céphalalgie, des battements de cœur, de la constipation, des fleurs blanches, l'idée folle de croire que tout le monde se moquait d'elle, tous ces symptômes, elle finit par les éprouver à la fois. On voit encore ici l'hystéricisme compliquer l'anémie.

8 juillet 1862. Charme et suggestion. Le résultat de cette première séance a été, immédiatement, le retour de l'appétit et de la tranquillité d'esprit, et, dans la soirée, la disparition de la céphalalgie et des douleurs gastralgiques.

9 juillet. Charme et suggestion. Cette personne n'a plus ressenti ses symptômes morbides jusques au 19 juillet, sauf qu'elle a éprouvé encore de la constipation et un léger mal de tête le 10. Nous avons entretenu, pendant ces dix jours, la liberté du ventre avec de l'eau magnétisée, ce qui, en langage clair, veut dire que nous avons maintenu l'esprit de la malade dans la pensée, presque toujours permanente, d'aller facilement à la selle.

19 juillet. Retour de la douleur gastralgique. Charme et suggestion. La douleur revint deux jours après et se prolongea jusques

au 25 juillet. Sous tous les autres rapports, plus rien. D'ordinaire, les symptômes de ce dernier genre ne récidivent que parce que l'attention du sujet se reporte à l'idée de la douleur devenue inconsciente. Cette force en revivifie l'image gravée dans la mémoire, la fait renaître comme sensation en lieu et place, grâce souvent à une cause dont on a pu se rendre compte, telle qu'une démangeaison, une piqûre légère sur les surfaces où était éprouvée la douleur, ou bien une association involontaire d'idées. Une maladie, où le moral joue un grand rôle, récidivera toujours plutôt par les symptômes les mieux marqués dans la mémoire, ceux de douleur, par exemple, que par les symptômes moins pénibles comme un battement de cœur, une sécrétion de fleurs blanches ou autres dont les traces y sont moins bien conservées. Aussi, de toute nécessité, plus après suggestion les caractères d'une affection seront effacés, plus on aura de chance de ne pas les voir reparaître.

25 juillet. Charme et suggestion après lesquels la malade se trouve bien. Comme nous étions dans l'impossibilité de continuer le traitement suggestif, nous prescrivîmes du fer et du quinquina, inconséquence, car de ce jour cette femme n'éprouva plus rien. S'il arrive que l'on conteste cette guérison à notre méthode, il faut avouer qu'elle paraît en avoir les honneurs.

3° Il nous reste à parler des anémiques que nous avons plongées dans le sommeil profond. Elles sont au nombre de 9.

La première d'entre elles, est une jeune femme arrivée au dernier degré du marasme. Souffle carotidien, infiltration générale, règles disparues depuis longtemps, etc. Nous pûmes la mettre quatre fois dans un somnambulisme léger et, par la suggestion, nous parvînmes à calmer ses vomissements, à diminuer ses crampes d'estomac et à lui redonner un peu d'appétit. Cette malade ne tarda pas à périr, nous laissant dans la certitude qu'il n'y avait pas chez elle de complications du côté des poumons, du cœur et des reins.

La seconde, est une fille de 14 ans, mal nourrie et cachectique. L'amélioration durait à peine un jour ou deux après la suggestion, puis il y avait rechute. Malgré des séances répétées, nos efforts demeurèrent vains. C'est sur cette fille que nous nous aperçûmes, pour la première fois, que l'inconscience suggérée de la maladie avait un rapport de durée à peu près exact avec la durée des hallucinations suggérées du sommeil à la veille. Il nous aurait fallu, pour amener la guérison radicale, trouver un moyen de réveiller continuellement son attention afin, par là, de déshabituer cette faculté de lui rendre de nouveau conscients les souvenirs des symptômes morbides, ce que nous ne découvrîmes que plus tard, à propos de la malade de l'observation 18.

La troisième de cette catégorie, est une fille de 18 ans, laquelle, le 16 août 1860, repartit après son sommeil, dans un état satisfaisant. Nous la revîmes ensuite le 14 septembre ; elle vint nous consulter, cette fois, seulement pour des crampes d'estomac dont elle fut débarrassée par suggestion, jusques au 23 février, époque où elle vint nous revoir pour ces mêmes douleurs. — Nouvelles crampes, le 14 avril, et suggestion ce jour même et le 18 du même mois. Quoique mal nourrie, cette fille alla à peu près bien jusqu'en mars 1864 où nous la perdîmes de vue. On observe ici ce que nous avons remarqué, observation 16, que les symptômes qui récidivent sont toujours ceux qui sont les moins effacés dans la mémoire, ceux, par conséquent, qu'il est le plus aisé de rendre conscients à l'aide de de l'attention.

Quatre autres anémiques, mises en somnambulisme, ont vu disparaître leur maladie, trois après une seule, et la dernière, après quatre séances.

Une autre fut entièrement guérie après deux somnambulismes ; nous relatons son observation en abrégé.

17e Observation. Mme B...., de Neuves-Maisons, est d'un tempérament nerveux et a près de 35 ans. Cette femme impressionable, à la vue de son beau-frère assommé par un cheval, fut tellement émue de cet accident, qui lui rappelait la mort de son mari arrivée à peu près de même, qu'il en résulta de l'inappétence, des vertiges, des palpitations, des douleurs gastralgiques, des névralgies volantes, la perte des forces, une toux sèche et nerveuse, de la gêne dans la respiration, des fleurs blanches, etc. Ces symptômes remontent à trois années. Mme B.... s'imagine être phthisique et se figure qu'elle mourra bientôt. Elle fait comme tant d'autres malades, elle met du bois sur le feu qui la consume. Ce n'est pas, du reste, sans raison; aucun médecin n'avait même pu la soulager. Aussi pour le vulgaire qui croit naïvement à la puissance de l'art, l'impuissance des guérisseurs doit avoir la mort pour revers.

23 avril 1861. Produit le somnambulisme en vingt minutes. Suggestion. Au réveil, bien-être général, étonnement de la malade. Jusques au 27 avril, cette dame s'est trouvée comme si elle n'avait jamais souffert ; sa transformation est complète.

27 avril. La mort inopinée d'un voisin la ramène à ses idées tristes. Elle avait justement ses règles. Ce qui l'incommode le plus, c'est de la céphalalgie et des douleurs dans le bas-ventre. Du 13 au 21 mai, elle revient tout à fait dans l'état où elle était avant d'être endormie.

28 mai. Somnambulisme et suggestion. A dater de ce moment, tous les symptômes morbides ont disparu pour ne plus revenir, y compris les fleurs blanches.

Enfin, il nous reste à parler d'une femme anémique et gastralgique à un haut degré.

18e OBSERVATION. Mme R......, de Neuves-Maisons, d'un tempérament lymphatico-nerveux, voit tout en noir depuis longtemps, et ce n'est pas sans cause ; son mari est aveugle, elle est indigente et mère de quatre enfants. Figure dénotant la plus profonde tristesse, abattement, pâleur, marche difficile ; les moindres efforts l'essoufflent, tant elle est affaiblie. Inutile presque d'ajouter qu'elle a le cortége complet des signes de l'anémie, douleurs gastralgiques, céphalalgie, palpitations, fleurs blanches, dégoût insurmontable des aliments, etc.

30 mai 1862. Cette femme vient nous trouver et met plus d'une heure pour faire un kilomètre. Nous nous avisons de l'endormir. Elle tombe presque aussitôt à l'état de charme. — Suggestion. A la suite, elle reste deux heures sans éprouver autre chose que de la faiblesse, son appétit revient et elle peut manger. Notons que cette malade, différemment des autres que l'on influence de même et que l'on éveille fort vite, est très-longtemps pour sortir du charme. Nous ne pouvons expliquer cette inertie, que par le sentiment de bonheur qu'elle éprouve en cet état, et l'effort qu'elle fait pour résister à notre suggestion.

3 juin. Nous retrouvons Mme R..... tout en larmes. Elle est reprise de crampes d'estomac et se plaint d'une faiblesse extrême. — Charme et suggestion. Au réveil, tout a disparu, la faiblesse exceptée.

4 juin. Cette femme nous arrive rayonnante ; elle n'accuse plus qu'un manque de force et des battements de cœur. — Charme et suggestion. Elle repart se disant mieux.

6, 8, 10, 18, 28 juin. Même dans les longs intervalles des séances, nous remarquons une amélioration notable. Plus de douleurs, plus de palpitations, diminution des fleurs blanches ; seuls, le dégoût pour les aliments et le sentiment de faiblesse persistent.

21 juillet. Ni douleurs gastralgiques, ni battements de cœur, sentiment de pesanteur remontant de l'appendice xiphoïde à la gorge, dégoût persistant pour la nourriture et toujours accusation du même affaiblissement. Ce jour là, 7e séance, nous avons pu mettre Mme R....... en somnambulisme, et nous croyons que l'amélioration obtenue auparavant y a été pour quelque chose. Notre pratique nous a prouvé que les individus épuisés ne sont plus capables d'être fortement influencés, parce qu'ils ne peuvent plus prêter assez d'attention à ce qu'on leur demande, mais que revenus à un état de santé meilleur, ils dorment alors plus profondément et présentent ainsi plus de prise à une suggestion utile.

25 juillet, huit heures du matin. Cette femme restant dans une position à peu près stationnaire, nous pensons, après une expérience faite sur elle, que l'arrêt dans l'amélioration produite tient à un manque de représentation mentale durable ; du moment qu'il n'y a pas production d'idée fixe, il n'y a pas de fixité dans les résultats obtenus. Chez elle, l'impression suggestive transmise du sommeil à la veille est obscure et s'efface presque aussitôt. Comment faire disparaître l'idée de la maladie dans l'esprit d'une personne si inerte, si ce n'est en fixant continuellement son attention sur d'autres idées, en la condamnant aux travaux forcés dans un sens opposé ? C'est ce que nous avons fait sur cette femme par l'emploi du moyen suivant : pour la distraire de ses misères de famille et de ses maux propres, pour faire prendre un autre pli à sa pensée, nous lui donnâmes une grande quantité de pilules de mie de pain à prendre de demi-heure en demi-heure, pas une minute trop tôt, pas une minute trop tard, parce que le remède que ces pilules contenaient, lui disions-nous, étant très-actif, il fallait que l'effet en fut exactement mesuré. Nous la dispensâmes d'en prendre la nuit, excepté en cas d'insomnie. Pour mieux la confirmer dans la conviction que nos pilules avaient une véritable vertu et pour la préoccuper encore davantage, nous lui en fîmes

avaler une, en lui assurant que chaque fois qu'elle en aurait pris, elle ressentirait, comme au moment présent, un sentiment de chaleur au creux de l'estomac, sentiment qu'elle accuse en effet, puisqu'elle est sensible à l'affirmation.

26 juillet. Nous rencontrons Mme R..... Elle nous dit qu'elle est devenue tellement gaie, depuis hier soir, que ses voisins en sont étonnés. Inutile d'ajouter qu'elle fait son nouveau traitement avec une exactitude ponctuelle. La voyant pleine d'espoir, nous lui annonçons, avec un accent de certitude, qu'au train dont elle marche, elle sera en bonne voie de guérison avant cinq jours.

30 juillet. Les précieuses pilules on fait un effet magique. Sans éprouver de la faim, cette femme n'a plus de dégoût pour la nourriture, elle mange beaucoup, digère bien et ses forces reviennent.

6 août. Nous discontinuons les pilules. Seules les fleurs blanches ne sont pas encore disparues. Le moral est redevenu aussi bon que le physique. Cette personne résume fort bien l'effet de notre traitement en nous disant que le sommeil l'a soulagée mais que les pilules l'ont guérie. Par cette singulière médication à la mie de pain empruntée à l'arsenal médical, nous avons toujours tenu son esprit tendu sur une occupation qui la détournait du sentiment réel de ses misères. Il est positif que pendant qu'elle était affairée à savoir l'heure qu'il est, à prendre ses pilules à une minute près, à épier l'effet annoncé lequel, par cela même, ne tardait pas à se faire sentir, il est positif que son attention ne venait plus entretenir ses maux et que ceux-ci devenaient latents dans son esprit; des pensées conscientes et d'une autre nature les avaient remplacés. Puis l'espoir, la gaieté revenant, ajoutaient encore leur effet révulsif à celui du traitement, et la maladie s'éteignait rapidement, faute d'être entretenue.

3 septembre. Mme R..... va bien, mais comme elle ressent sa douleur gastralgique, nous la lui enlevons par suggestion, après l'avoir endormie.

15 et 19 novembre. La même douleur reparaît. — Sommeil et suggestion. Depuis lors, cette personne n'est plus venue nous trouver et elle a continué à se bien porter.

On remarquera encore, chez cette femme, que ce sont toujours les symptômes les mieux imprimés dans la mémoire qui récidivent.

Comme, dans cet article, nous avons fait nos réflexions à mesure qu'elles se présentaient, il nous reste peu de choses à ajouter. On doit remarquer que plusieurs des anémies terminées heureusement se sont développées par causes morales. Dans ces cas, où la pensée a été si puissante pour déprimer l'action nerveuse et ébranler l'organisme (on voit même des chloroses se déclarer en quelques jours à la suite d'une frayeur), elle devait l'être pour favoriser la nutrition, et conséquemment, le retour des forces ; le sens des idées nouvelles occupant l'esprit des malades, mais surtout l'inconscience du mal naissant de ces préoccupations, sont la cause de tous nos succès. L'anémie étant donc le plus souvent une de ces maladies qui trouvent leur remède dans leur cause, la pensée, ne nous étonnons donc pas si elle est si facilement guérissable par la méthode hypnotique. Aussi, invitons-nous les critiques railleurs, s'ils sont capables de se dépouiller de leurs idées préconçues, à commencer leurs premières armes contre cette affection, elle n'est pas rare. Que si la peine les rebute, nous les prions seulement de s'adresser au seul symptôme qui désespère plus d'un médecin par sa ténacité, la sécrétion des fleurs blanches. Certes, ils seront bien malheureux, s'ils n'obtiennent pas de plus beaux résultats que les nôtres dont voici le tableau :

ANÉMIES TRAITÉES.	NOMBRE.	GUÉRISONS radicales.	GUÉRISONS très-probables.	GUÉRISONS passagères ou soulagement.	GUÉRISONS nulles.
1° Par affirmation pendant la veille	5	3	2	»	»
2° Par affirmation pendant le charme	18	7	2	9	»
3° Par affirmation pendant le somnambulisme . . .	9	6	»	2	1
4° En vain, faute d'impressionnabilité.	7	»	»	»	»

En considérant ce tableau, on observe que le nombre des réfractaires à l'impression mentale n'est que de 7, et que nous avons obtenu 16 guérisons subites ou très-promptes sur 39 malades. La production du somnambulisme ne nous paraît pas, dans ce cas, plus favorable pour arriver au succès que les autres états analogues. Nous le disons hautement, ce n'est pas là tout ce que promet la méthode employée à l'égard des anémiques, car si nous eussions pu répéter dés suggestions sur les personnes qui, après une seule, furent guéries, quinze jours, trente-cinq jours, deux mois et même huit mois, nous les aurions, sans aucun doute, débarrassées entièrement de leurs affections. Et si, pour d'autres, nous nous étions servi de la méthode de distraction forcée utilisée sur la malade de l'observation 18, bien peu de nos anémiques, il faut l'avouer, seraient encore restées souffrantes. Mais on n'arrive pas à la perfection de prime-saut. C'est bien ici le lieu de dire que la méthode suggestive agit, non-seulement avec sûreté, mais agréablement et vite.

Dérangements dans la menstruation.

Dans cet article je ne préjuge rien, ni sur les causes, ni sur les altérations des liquides et des solides qui préexistent à des changements morbides dans les menstrues, je m'occupe seulement des faits bruts tels qu'ils se présentent. Ou les règles sont trop abondantes (ménorrhagie), ou elles arrivent difficilement et irrégulièrement (dysménorrhée), ou elles sont supprimées (aménorrhée). Voici, sur ces sortes d'accidents, le sommaire de ce que j'ai observé.

Ménorrhagie.— Le 30 mai 1865, j'ai d'abord suggéré à une de mes somnambules d'avoir ses règles avec moins d'abondance, chaque vingt-cinq jours et seulement pendant trois à quatre jours. L'écoulement menstruel de cette femme qui dure une semaine et plus, revient d'une manière irrégulière et à des intervalles rapprochés de huit à quinze jours. Souvent il est compliqué de véritables hémorrhagies. Tout, chez cette femme, s'est accompli à la lettre. Je l'ai revue longtemps après et elle continuait à se bien porter.

Une autre fois, au commencement de juin de la même année, une femme menstruée avec irrégularité et trop fortement durant six jours, fut mise dans le charme par moi, et en reçut l'injonction d'être réglée le 12 juin, pour quatre jours seulement. Tout arriva au moment fixé et dura le temps assigné.

L'observation qui suit est assez complète.

19ᵉ Observation. Il s'agit d'une fille habituellement en bonne santé, qui vint me consulter pour un dérangement de son flux menstruel. Elle était réglée chaque vingt-un jours et avec abondance pendant six jours. Elle éprouvait en même temps de vives douleurs. Le 19 août 1862, après avoir mis cette fille en somnambulisme, je lui prescrivis d'être réglée trois jours, avec une perte de sang moitié moindre et chaque vingt-huit jours. Comme l'écoulement cataménial était attendu pour le 21 ou le 22, je le suggérai pour le 29 août. Il n'apparut qu'à l'époque désignée. La maîtresse de cette fille, chargée d'avoir l'œil sur ce qui se passerait, me confirma la réalité de l'événement.

Le 25 septembre, deux jours avant que les règles n'arrivent au moment fixe, la malade vient me trouver pour des souffrances qu'elle ressent dans le ventre et la région lombaire. Après l'avoir endormie, je lui affirme qu'elle sera réglée le lendemain à huit heures, pendant trois jours et sans douleurs, ce qui a eu lieu.

Les menstrues suivantes sont aussi arrivées, d'après le nouvel ordre établi, le vingt-huitième jour, 26 octobre à huit heures du matin, et elles se sont passées tout à fait d'après le désir exprimé.

Selon les renseignements que nous avons pu ensuite recueillir, il paraît que depuis lors, les choses auraient continué de même.

Dysménorrhée. — J'ai traité un seul cas de ce genre. Le 16 août 1865, se présenta chez moi une fille de 34 ans et d'un tempérament lymphatico-nerveux. Cette fille était habituellement bien portante, hormis qu'elle n'était menstruée qu'un seul jour, en petite quantité, et que, toute une semaine d'avance, elle était prise de vives douleurs dans le bas-ventre. Trois fois aussi, depuis l'an dernier, il lui est arrivé de vomir un sang spumeux et rouge, immédiatement après le jour de ses règles. Cette personne venant de se reconnaître, je l'ai mise de suite en charme. Je lui ai suggéré la disparition de ses douleurs, le retour de ses menstrues chaque vingt-cinq jours et pendant trois jours. Ce traitement a été couronné de succès.

Aménorrhée.— J'ai aussi essayé de faire revenir les menstrues supprimées et, trois fois, le succès a confirmé mes tentatives.

J'essayai d'abord la suggestion sur une grande et forte fille, d'un tempérament lymphatique et âgée de 22 ans, laquelle avait déjà eu plusieurs suppressions. Depuis six mois, elle n'avait rien vu reparaître. Je la mis en charme, le 11 décembre 1860, et je suggérai le retour des règles pour le 26 décembre ainsi que leur régularité à l'avenir. Elles revinrent au jour fixé, peu abondantes il est vrai, et elles continuèrent depuis lors sans interruption nouvelle. Ce résultat me fut confirmé, et par cette fille et par sa mère.

J'expérimentai de nouveau la suggestion, pendant le somnambulisme, sur une veuve de 35 ans dont les menstrues étaient arrêtées. Je lui affirmai cet écoulement physiologique pour le 17 juin, à deux heures de l'après-midi, afin qu'il durât jusqu'au 21, à la même heure. Cette femme ne conserva aucun souvenir de son sommeil et le seul témoin, la matrone, femme discrète et familière dans la maison, fut chargée par moi, tout en gardant le secret, de s'assurer de ce qui se passerait. Or, les règles revinrent le 17 juin, vers neuf heures du matin, en avance de cinq heures, et elles disparurent le 21 juin à deux heures du soir. Je crois pouvoir garantir que le secret fut bien gardé et la surveillance bien faite, et j'eus la satisfaction d'apprendre ce qui était arrivé, non-seulement de la bouche de la sage-femme, mais encore de la malade que je connais depuis longtemps pour très-véridique ; cette dernière, lorqu'elle m'en parla, ne se doutait nullement du traitement suggestif que je lui avais fait ; un traitement insignifiant avait masqué le véritable.

Je fis une dernière fois la suggestion, le 7 janvier 1863, sur une somnambule que j'endormais souvent et dont les règles n'avaient pas reparu depuis six semaines ; elle en attribuait la suppression à l'inquiétude que lui donnait un procès et au chagrin d'avoir perdu une chèvre. Elle me dit, tandis qu'elle dormait, qu'il n'y avait qu'un seul moyen certain de faire revenir cet écoulement, c'était de prendre de la tisane d'armoise, l'espace de huit jours et que, ce temps accompli, le sang reparaîtrait. Je ne doutai pas qu'elle prophétisât juste, mais je crus mieux faire de laisser de côté sa rêverie et de lui annoncer avec autorité, qu'elle aurait ses règles le 8 janvier, à huit heures du matin. Elles n'apparurent que le 9, dans la soirée. Si l'événement n'arriva pas à échéance, il arriva pourtant, grâce à une suggestion ferme qui, arrêtant toute divagation, neutralisa des idées préconçues, toujours si puissantes sur l'organisme des dormeurs.

Le hasard a permis que je me trompasse et que je fisse l'affirmation du retour des menstrues, dans les premiers mois de la grossesse, à deux filles qui dissimulaient leur position. Malgré même deux suggestions chez l'une d'elles, le flux menstruel ne revint pas. Est-ce que la grossesse ne serait pas un obstacle au rétablissement des règles par la méthode hypnotique ? Au point de vue légal, cette question mérite d'être résolue.

Que les règles des femmes soient trop ou pas assez abondantes, qu'elles soient douloureuses, irrégulières, qu'elles soient même suspendues, la pensée a une influence merveilleuse pour modifier tous ces accidents comme elle en a une pour guérir tant d'autres affections dont j'ai parlé. Pendant le sommeil ou les états analogues, l'utérus obéit ponctuellement à l'idée formulée dans le cerveau, cette idée détermine, non-seulement l'absence de souffrance, mais encore la quantité de l'écoulement utérin, le temps de sa durée et l'époque où il devra arriver dans l'avenir. Il y a, dans ces assertions, de quoi faire hausser les épaules de certains lecteurs. Mais, je ne me sauve pas par une porte de derrière ; je me mets volontiers entre les mains des incrédules, pourvu qu'avant de me lapider, ils expérimentent et exercent leur contrôle à la manière de Frappart et de Braid.

Hémorrhagies.

Du moment que par l'action de la pensée, réagissant pendant le sommeil sur les nerfs vaso-moteurs, il résulte, soit une congestion des vaisseaux capillaires de la muqueuse utérine et, par suite, un écoulement de sang, soit encore l'arrêt d'une perte sanguine par la rétraction de ces mêmes vaisseaux, il y a toute possibilité à ce qu'une hémorrhagie se produise ou cesse, dans d'autres parties de l'organisme, par la dilatation ou la contraction des autres canaux du système capillaire. On trouve, dans un ouvrage de M. Charpignon (1), un exemple de suppression d'hémoptysie par le moyen suggestif des passes. Je n'ai soigné que des épistaxis par impression morale, à la manière dont on traite le hoquet, et le succès est venu

(1) Voy. Physiologie du magnétisme, p. 176.

confirmer l'efficacité de ce traitement. Du reste, cette dernière hémorrhagie doit être des plus faciles à supprimer par suggestion, car les moindres révulsifs suffisent le plus souvent pour l'arrêter : une purgation, des linges mouillés appliqués sur les bourses, d'après Fernel; des lavements froids, d'après Sydenham ; de l'eau froide ou un corps froid sur le dos ou le cou, d'après le vulgaire ; l'élévation brusque d'un bras de manière à le fatiguer, d'après M. Négrier. Qu'y a-t-il au fond de ces médications ? Une révulsion morale, rien en deçà, rien au-delà.

Constipation.

Il me suffit de suggérer, une seule fois, à un somnambule d'avoir le ventre libre, pour que sa constipation cessât. Un mois et demi après, cette incommodité n'avait pas reparu.

Rhumatisme articulaire aigu.

Les personnes atteintes de rhumatisme articulaire aigu présentant souvent du gonflement des jointures, il est à présumer que cette affection doit moins vite disparaître sous l'influence de la méthode suggestive qu'une simple névralgie, par exemple. C'est ce qui résulte des quelques expériences que j'ai faites.

Les deux premières fois que j'ai traité ainsi des rhumatisants, l'un, après un état de charme suivi de suggestion, est resté une heure sans ressentir de douleurs et l'autre, deux jours à peu près.

Le 20 novembre 1864, un enfant de 12 ans, souffrant de rhumatismes articulaires, me fut apporté. Les deux poignets, une épaule, le coude-pied gauche étaient envahis. Il y avait un léger gonflement de ces jointures et de la fièvre. Après des frictions douces de près d'un quart-d'heure sur les parties malades, frictions pendant lesquelles j'eus soin d'affirmer la guérison, cet enfant ne ressentit plus rien et repartit à pied. Le même traitement fut continué jusques au 24 novembre, jour où douleurs, fièvre et gonflement avaient disparu, sauf une gêne à la région du cœur, gêne enlevée immédiatement par affirmation.

Le même mois, je ne fus pas aussi heureux sur une fille de 11 ans, atteinte d'un rhumatisme articulaire qui la faisait violemment souffrir, surtout la nuit. Inutile d'ajouter que cette affection était accompagnée d'une fièvre vive. Par simple affirmation, les douleurs se dissipèrent et, bien que ses articulations fussent enflées, cette jeune fille se leva et se promena dans sa chambre. Mais cette rémission fut de courte durée, les douleurs revinrent moins intenses, il est vrai, et, dans l'espace de quinze jours, je fus obligé de les enlever quatre autres fois. Le mouvement fébril ne me parut pas cesser et le rhumatisme continua à voler de jointures en jointures. Pour en finir plutôt, je me vis forcé d'administrer le sulfate de quinine.

Le plus beau résultat que j'obtins, fut en mai 1864, sur une de mes somnambules qui vint me consulter pour des douleurs rhumathoïdes, débris d'un rhumatisme articulaire datant de trois mois et traité par le sulfate de quinine et les alcalins. Il n'existait plus d'élément fébril. Dès que, après l'avoir endormie, j'eus fait la suggestion, les douleurs disparurent pour ne plus revenir.

Quel que soit l'avenir du traitement suggestif contre le rhumatisme articulaire aigu, il m'est resté la certitude, d'après les expériences précédentes, que ce traitement est le meilleur moyen de calmer la douleur, et ne serait-il utile que sous ce rapport, ce serait encore un bien.

Fièvre intermittente.

Il est connu de tout le monde que les fièvres intermittentes disparaissent avec une grande facilité par impression mentale, surtout lorsqu'elles sont quotidiennes et
récentes. Pour ma part, j'ai trouvé cette médication empiriquement implantée dans les localités où j'ai exercé la médecine. Il m'est déjà arrivé de parler d'un fébricitant guéri
après avoir jeté à la rivière un sac de toile qu'il avait porté
sur la partie antérieure de la poitrine. J'en ai rencontré
un autre qui fut débarrassé d'une semblable affection,
après qu'on lui eut fait manger un œuf à la coque avec
des poux en guise de sel. C'est encore dans la pratique
des bonnes femmes que j'ai vu réussir la médication par
les toiles d'araignées. J'ai mis moi-même ce dernier remède en usage dans la classe pauvre et même aisée et
j'ai, par là, souvent obtenu de belles cures. Je faisais recueillir ces toiles par les malades et je leur commandais
de choisir les plus sales comme étant les meilleures. De ces
moyens empiriques à la méthode plus sûre et plus rationnelle que j'emploie, il n'y a qu'une différence de plus ou
moins d'efficacité; en principe, dans les deux cas, la disparition de la maladie a lieu pendant un état d'accumulation de l'attention ou à la suite d'une affirmation de
guérison que l'on se fait, ou à la suite d'une révulsion
violente ou émotive de la pensée.

J'ai seulement traité par suggestion deux malades atteints de fièvre intermittente, après avoir mis le premier
en charme, la seconde en somnambulisme. La fièvre que
je fis disparaître en premier lieu était quotidienne et céda,
à une seule affirmation, pour ne plus revenir. Celle que
je fis cesser ensuite sur une fille de 19 ans, était tierce et
avait déjà récidivé deux fois, après un traitement au sul-

fate de quinine à faible dose. L'accès de cette dernière durait ordinairement six heures, et ce fut pendant son cours et dans la période de chaleur, que la suggestion fut pratiquée d'abord. Au réveil, ni le pouls, ni la chaleur à la peau ne changèrent, mais le stade de sueur ne vint pas. La guérison se maintint douze jours, puis il y eut rechute. Ce fut alors que nous fîmes de nouveau l'affirmation pendant le somnambulisme, et une heure seulement avant l'arrivée de l'accès. Celui-ci fut à peine sensible. Depuis, rien ne reparut. Il faut ajouter que cette malade ne présentait pas d'hypertrophie appréciable de la rate et que, plusieurs jours après la dernière séance, elle avala deux cuillerées qui lui restaient d'une potion au sulfate de quinine. Malgré ce dernier incident, je crois que la fièvre a été réellement coupée par la médication suggestive, car il faut l'avouer, une affection qui n'avait pas disparu à l'aide d'une potion prise presque entièrement, n'a pas dû être guérie avec un faible reste de cette même potion.

Fièvre légère.

Une femme, à peine influencée, a été débarrassée par moi de sueurs qui compliquaient un léger mouvement fébrile avec exacerbations diurnes non réglées.

Fièvre typhoïde.

Après deux suggestions, pratiquées dans l'état de charme sur une petite fille de neuf ans, atteinte de cette fièvre, les maux de tête se dissipèrent et ne revinrent plus. M. Charpignon dit avoir toujours réussi, dans cette maladie, à enlever par les procédés qu'il emploie, non-seulement la céphalalgie, mais aussi le délire. Son assertion est plus que vraisemblable.

Bronchite aiguë.

J'ai traité une seule affection de ce genre. Cette bronchite se présentait accompagnée d'un mouvement fébrile marqué, avec céphalalgie, point de côté, inappétence, soif, etc. Une seule suggestion, dans un charme bien prononcé, fut suffisante pour dissiper la céphalalgie et la douleur de côté dès le réveil, et la toux deux jours après.

Pneumonie.

Je n'ai essayé la suggestion, dans cette maladie, que sur une jeune femme venant d'avoir une fausse couche. Je pus la mettre en somnambulisme et la soulager d'un point de côté pour une demi-heure. Comme la pneumonie disparaît le plus souvent par de la diaphorèse, ne vaudrait-il pas mieux suggérer des sueurs pour en favoriser la résolution ? Et dans toutes les autres affections qui finissent par des crises, ne serait-il pas avantageux d'agir dans le sens des crises ? Cette indication est dans l'ordre des choses.

Diarrhée.

J'ai soigné trois personnes par suggestion pour cette légère maladie. L'une, c'était une femme qui relevait de couches, fut soulagée pendant un jour. Je l'avais seulement mise en charme. Une autre, à peine influencée, fut tout à fait débarrassée d'une diarrhée datant de huit jours. Une dernière enfin, sur l'affirmation d'une de mes somnambules qui lui dit qu'un verre d'eau magnétisée la guérirait en un quart d'heure, vit, après l'avoir bu, son flux diarrhéique se terminer pour ne plus revenir.

Phthisie pulmonaire.

Si le traitement suggestif réussissait contre la phthisie, ce ne serait pas être présomptueux que d'en inférer qu'il serait utile, à plus forte raison, dans toute autre affection grave avec lésion de tissus, mais principalement, dans celles qui sont attribuées à des causes morales, sans en excepter le cancer. A égalité de force organique, le pouvoir réparateur de la pensée est égal, pendant le sommeil, à son pouvoir destructeur ; les expériences faites sur les somnambules démontrent que cette proposition est rigoureusement vraie. Mais, dans un corps épuisé, la pensée a perdu de son énergie : tandis que dans l'état de santé, elle pouvait être si active pour détruire, dans l'état d'affaiblissement elle devient, en proportion inverse, moins apte pour réparer. La puissance de la pensée restât-elle toujours la même pendant les maladies organiques, on ne pourrait encore, à l'aide de son concours, prétendre amener une guérison immédiate, comme pour les affections sans lésions de tissus appréciables ; les brèches faites aux parties importantes de l'économie ne se réparent que par l'assimilation ; il faut que la pensée, après avoir rétabli l'harmonie dans l'influx nerveux, il faut qu'elle stimule aussi l'appétit, active le travail digestif et nutritif ; sans un effort alimentaire préalable de quelque temps, sans un secours matériel, le bien-être produit par une surexcitation non soutenue, s'évanouirait comme un feu de paille.

Les avantages que j'ai obtenus dans le traitement d'un cas de phthisie, justifient l'induction précédente et doivent encourager à suivre la voie où je me suis engagé. Certes, je n'ai pas fait de miracle, tant s'en faut, j'ai à peine déterminé chez un malade de la modification dans l'état local ; mais, par la disparition de plusieurs symptômes généraux, par l'appétit revenu, par la nutrition suractivée, par les forces relevées, j'ai laissé ce malade en cours de recueillir les fruits d'une médication qui aurait peut-être été couronnée de succès, si elle avait été continuée, tant les améliorations produites étaient devenues sensibles. Voici, du reste, son observation.

20ᵉ Observation. 26 novembre 1861. Colin, de Messein, gendarme à la garde, est soupçonné de tuberculisation depuis cinq ans. Cette année, il vient d'être renvoyé dans sa famille en congé illimité, pour y mourir. Il a eu déjà plusieurs fois des alternatives de mieux et de plus mal, des hémoptysies, des douleurs de côté surtout. Au moment où je l'examine, il présente une maigreur excessive et il a un mouvement fébrile très-prononcé. Le sommet du poumon droit présente de la submatité, la respiration y est rude, entrecoupée de gros râles muqueux, ce qui me fait supposer quelques points de fonte purulente. Tout le reste de la poitrine est sifflant, cependant le poumon gauche, hormis la sibilance générale, ne présente au sommet ni matité, ni râles humides. Toux fréquente et par quinte, crachats abondants, sommeil pénible, sueurs, perte d'appétit, vomissements des substances ingérées, bref, tout conspire à acheminer ce malade vers sa fin. Il n'est pas besoin de dire qu'il a épuisé une longue série des remèdes employés contre cette affection.

25, 28, 30 novembre. Colin, que j'ai pu mettre en charme, se trouve mieux. Il sue moins et il sent renaître son appétit. Les vomissements cessent.

2 et 4 décembre. Les séances de ces deux jours ont amené un effet remarquable. L'appétit augmente, la toux est moins fréquente, la respiration est plus facile, les sueurs ont tellement diminué que le malade ne change plus de chemise qu'une seule fois pendant la nuit.

9 décembre. 7ᵐᵉ séance. — Charme et suggestion. Plus de sueurs depuis le 5. Quintes de toux moins fatigantes et moins fréquentes. Crachats diminués de quantité, respiration plus libre, appétit, digestions bonnes et n'étant plus troublées que par de légères vomituritions.

23 décembre. 10ᵐᵉ séance. Plus de sueurs, plus de vomissements. Le malade fait quatre repas par jour. Toux et crachats sans changements depuis le 5. Même submatité au sommet du poumon droit, râles moins abondants en ce point, respiration toujours rude.

30 décembre. Colin, pesé le 26 novembre, a augmenté depuis lors de un kilogramme. Dans les deux pesées, il avait sur lui les mêmes vêtements.

7 janvier 1862. 14me séance. Quintes de toux plus rares, crachats diminués, plus de sueurs, grand appétit. Je fais disparaître un point de côté.

22 février. 21me séance. Forte amélioration, le malade ne tousse plus que pour cracher. Bon appétit, bon sommeil. Digestions un peu laborieuses.

1er mars. 23me séance. Quintes de toux revenues. Crachats plus abondants, douleur de côté, respiration difficile, vomissements des substances ingérées. Inappétence. Je ne sais à quoi attribuer ce revirement.

6 mars. Les symptômes inquiétants revenus à la fin de février ont disparu. Le malade est dans un état aussi satisfaisant que celui où il s'était déjà trouvé. Il pèse un demi-kilogramme en plus que le 30 décembre.

22 mars. 25me séance. Colin tousse encore, mais il n'a plus de quintes. Ses crachats sont toujours abondants. Grand appétit, plus de sueurs, forces de beaucoup augmentées. Cet homme se trouve tellement bien, qu'il se décide à retourner reprendre son service malgré les observations qui lui sont faites, car il est loin d'être guéri. La matité du sommet du poumon droit n'a pas changé, la respiration est toujours rude en cet endroit et quelques bulles y sont perçues encore à l'auscultation. En résumé, l'état local est presque le même en ce point, mais, dans toutes les autres parties des organes pulmonaires, il est modifié en mieux et l'état général, plus satisfaisant, n'est plus reconnaissable.

Cette observation montre qu'un grand changement s'est opéré, en moins de cinq mois, sur un phthisique dont on désespérait. Je ne doute nullement que l'emploi des procédés suggestifs n'ait été, en grande partie, la cause de l'amélioration survenue ; ce qui me prédispose à le croire, c'est que le mieux déclaré dès les premières séances a continué presque toujours d'une manière régulière et progressive. Je suis certain, pourtant, que le retour dans sa famille et au milieu de ses amis de jeunesse, a distrait ce malade et l'a empêché de s'affaiblir aussi vite qu'il aurait dû. Mais je ne pense pas que cette dernière cause, à elle seule, ait suffi pour amener un changement aussi marqué, car lorsqu'il se laissa endormir, il y avait déjà plusieurs semaines qu'il était de retour, sans qu'il ait vu son état se modifier favorablement. Il faut dire aussi que Colin continua l'usage de pilules de protoïdure de fer prescrites par son médecin-major. Mais, ces pilules n'ayant pas eu d'effet avant mon traitement, il n'est guère probable qu'elles en aient eu pendant. Tout en accordant qu'il est possible que le sel de fer ait été, dans ce cas, un modificateur excellent de l'organisme, il m'est encore difficile de n'être pas convaincu de l'efficacité du traitement par suggestion.

J'ai eu l'occasion d'apprendre, qu'après son départ, ce phthisique alla bien et fit son service pendant trois mois. Il fut pris ensuite tout d'un coup, à la poitrine, d'accidents aigus qui le firent périr en quatre jours.

Je dois à la vérité d'ajouter que je me servis du procédé de suggestion, deux autres fois et inutilement, sur une petite fille de dix ans et sur un jeune homme arrivés, l'un et l'autre, dans le marasme. Je pus, aussi, mettre en somnambulisme une femme tuberculeuse et lui enlever une douleur pleurétique qui n'avait pas reparu neuf jours après. J'aurais aimé de continuer sur elle le même traitement, mais on lui mit dans la tête que le diable y entrait pour quelque chose, et il me fut impossible de vaincre sa résistance. Dans ces derniers temps, on m'amena encore un phthisique arrivé dans un état plus que désespéré. Je parvins à le mettre en charme et à lui faire la suggestion ; il se trouva tellement bien de cette unique séance que, pendant un jour, il se crut guéri. Je ne pus entreprendre cet homme de nouveau qu'une semaine après, mais il était mourant, à peine s'il fut influencé.

Varices des avant-bras.

Une somnambule de profession me consulta, une fois, pour quelques petites tumeurs développées le long de ses avant-bras. Elles étaient à peu près sphériques, du volume d'un pois, dépressibles et situées sur le trajet des veines. Il n'y avait pas à s'y tromper, c'étaient des varices dont le développement avait été favorisé, et par le ralentissement de la circulation qu'amène l'état de sommeil, et par la position assise de cette femme, endormie souvent sur une chaise les bras pendants et immobiles. Cette femme fut d'abord guérie après une seule suggestion et, un mois plus tard, je ne revis plus rien. Mais ces varices ayant reparu l'année suivante, je refis le même traitement et, cette fois, elles s'effacèrent encore plus vite, mais pour ne plus revenir.

Goître.

J'ai souvent endormi deux femmes porteuses d'une hypertrophie de la glande thyroïde pour leur en suggérer la disparition à une époque déterminée d'avance. J'espérais, par une incubation aussi prolongée, arriver plus aisément au but. Elles ne furent nullement débarrassées de leur goître pour l'époque indiquée, mais, par contre, elles crurent à la fin, l'une et l'autre, que leur tumeur avait disparu. Sans doute que j'avais mal fait la suggestion ou que j'avais été mal interprété. Toujours est-il, qu'ayant exprimé devant l'une de ces femmes une opinion contraire à la sienne, elle porta la main à sa gorge et, la passant sur son goître, elle m'assura avec le plus grand sérieux qu'il était disparu, bien qu'il fut apparent comme le soleil ; je lui avais donné une idée folle.

Entorse.

Il est un traitement de cette affection traumatique qui est devenu populaire. Certes, par son emploi on ne ressoude pas les esquilles osseuses, s'il y en a, on ne cicatrise pas immédiatement les ligaments articulaires rompus, mais on enlève la douleur en peu de temps. Plusieurs fois par jour, jusques à ce que le malade ne ressent plus rien, on pratique, pendant une demi-heure à une heure, des frictions légères sur la partie douloureuse et on les dirige dans le sens de la circulation veineuse. Des rebouteurs et des médecins m'ont assuré n'avoir eu qu'à se louer de cette méthode. J'ai entendu, entre autres, un célèbre professeur qui s'était fait ainsi traiter pour une entorse du genou, et qui, s'en étant bien trouvé, avouait avec sens ne pouvoir expliquer la cause d'un changement si favorable. La médecine vétérinaire même s'est emparée de ce mode de traitement et, d'après ce que j'ai lu, elle n'aurait eu qu'à s'en féliciter. Pour mon compte personnel, j'ai été frappé aussi de la rapidité avec laquelle on fait parfois disparaître les douleurs d'une entorse. Eh bien, sous ce moyen si efficace, il n'y a qu'un simple phénomène, l'appel soutenu de l'attention du malade sur des manœuvres qui le frappent ou sur l'idée de guérison qu'on lui affirme ; pour peu qu'il tombe en charme, la révulsion morale doit avoir de l'effet sur lui (1). Afin de convaincre le lecteur de la cause véritable de la guérison de l'entorse, qu'il médite sur le récit suivant, il vaut bien une argumentation. Il existe à Nancy une religieuse fort dévouée et justement renommée pour guérir certaines maladies et, en particulier, les entorses. Les procédés qu'elle emploie ne paraissent pas rationnels et font sourire les représentants

(1) Il est probable que l'action du massage pour dissiper la colique néphrétique ou la fatigue, que l'on soit mis dans un bain ou non, s'explique de la même manière que l'action des frictions pour l'entorse.

de la science officielle. Des frictions, des amulettes, des pratiques de dévotion, etc., forment la base de ses moyens thérapeutiques, c'est dire qu'elle fait de la médecine morale sur une assez grande échelle. Ce qui favorise surtout ses succès, c'est que, contrairement aux praticiens, pour la plupart froids et sceptiques, elle a une extrême confiance aux méthodes dont elle se sert et fait ainsi pénétrer sa foi dans l'esprit des malades. Un vannier s'étant fait une entorse, se mit entre les mains de cette sœur. Il se trouva tellement bien des frictions qu'elle lui fit, qu'immédiatement après, il se mit à marcher presque aussi facilement qu'auparavant ; il n'accusait plus qu'une légère souffrance. Quelques jours après, cet homme, parlant à un juif de son accident et de l'état quasi satisfaisant dans lequel il avait été amené si vite, ce dernier lui repartit qu'il s'entendait aussi à guérir la même maladie et qu'il allait achever la cure. Il lui fit alors des passes à distance, au-dessus de l'articulation lésée, et cet artiste eut les honneurs d'avoir complété l'œuvre si bien commencée. A peu de temps de là, une personne que j'avais initiée à mes manières de guérir, entendit ce vannier se plaindre d'une douleur de dents, et disant qu'il serait heureux de trouver quelqu'un pour lui enlever ce mal aussi vite que son entorse, elle lui assura qu'elle connaissait un procédé pour calmer la névralgie dentaire et qu'elle allait le délivrer de son mal en moins de temps encore qu'il en avait fallu pour dissiper sa souffrance articulaire. Elle lui fit ouvrir la bouche, lui mit un doigt sur la dent cariée et en même temps lui annonça sa guérison. Elle n'eut pas plutôt retiré son doigt, ô miracle ! que le vannier resta tout étonné de ne plus souffrir. Aussi mit-il, avec raison, ce nouvel Esculape au-dessus des premiers. Il ne faut pas rire de ce malade ni de ses médecins, tous autant que nous sommes, nous guérissons les autres et nous nous laissons guérir de la même façon. Souvent et sans le savoir, au lieu de masquer la cause véritable de la guérison avec les doigts, nous la masquons avec des remèdes plus ou moins inertes. De cette histoire, la conclusion la voici : c'est que le fameux procédé pour dissiper les douleurs de l'entorse, n'est autre que celui qui est employé par les magnétistes pour toutes les maladies, et par M. Puel pour vaincre la contracture cataleptique, c'est, en un mot, la suggestion pratiquée sur les individus que l'on amène dans l'état de charme ou dans le sommeil profond.

En jetant un regard rétrospectif sur ces dernières pages, je m'aperçois n'avoir touché qu'à quelques-unes des maladies où la thérapeutique du sommeil peut être employée avec succès. Le nombre en est suffisant pour démontrer que, si j'ai été dupé et mystifié (c'est là l'argument des esprits forts contre ceux qui, comme moi, s'efforcent de porter la lumière dans les sciences occultes), il n'est pas possible d'admettre que l'on m'ait trompé dans tant de circonstances et que j'aie eu des yeux pour ne point voir. C'est ma conviction la plus entière, il est un art de faire réagir le moral sur le physique, non-seulement chez les autres, mais aussi sur soi. Même sans l'intermédiaire d'un endormeur, sans manœuvres, sans formules cabalistiques, sans fétiches, sans rien d'apparent ; uniquement en concentrant son attention sur l'idée d'être guéri, l'on peut devenir plus habile sur son organisme que le plus savant des docteurs avec l'immense matériel de fioles et de pilules mis à sa disposition. Energie, instantanéité, précision mathématique et sûreté dans les résultats (1), qualités qu'aucun remède n'a à un aussi haut degré, tout homme en possède l'agent. Non pas que je croie à chacun une puissance

(1) Il est clair que les remèdes, demandant du temps pour être absorbés, ne peuvent impressionner aussi vite le système nerveux que la pensée. Encore moins, peuvent-ils être dosés proportionnellement à l'influence qu'ils doivent produire pour amener les effets favorables.

sur soi-même supérieure ou égale à celle des remèdes,
ainsi qu'il arrive à des dormeurs profonds, non pas, à plus
forte raison, que je nie les propriétés et, par conséquent,
l'utilité des médicaments (je viens ajouter à la thérapeutique, la confirmer davantage et nullement la détruire),
mais je pense que la méthode hypnotique, dont l'action
de la pensée est la base, doit être employée, de préférence aux remèdes, au moins sur les personnes impressionnables; quant à dire que c'est dans toutes leurs maladies, je n'en sais rien, mais l'induction porte à le croire.
La raison de l'opinion que j'émets repose sur ce que les
méthodes classiques de thérapeutique sont encore trop
dans l'enfance de l'art et, par cela même, souvent dan-
gereuses. La médecine morale, au contraire, est ce qu'il
y a de moins empirique; une simple négation de la maladie, pendant l'état passif, est toujours bien interprétée
dans l'organisme et suffit à elle seule pour amener les
plus belles guérisons.

Je viens de dire que, sans même le secours d'un endormeur, seulement en concentrant sa pensée avec intention
d'être guéri, on a déjà une science de l'art médical, en
temps qu'appliquée à produire des effets curatifs. Déjà
beaucoup de somnambules connaissent ce secret de se
traiter, sans le secours de personne, et de dissiper la plupart de leurs maux par affirmation négative. Mon muet Loué
se guérit ainsi de ses rhumes de cerveau, de bronchites,
de douleurs névralgiques, etc.; il ne lui faut que peu
d'instants. J'ai pu moi-même m'enlever une hémicranie,
par deux fois et en quelques minutes, en en exprimant le
désir tandis que je regardais un objet avec attention. Ce
pouvoir que l'on a sur soi-même, les magnétistes le connaissent depuis longtemps sous le nom d'automagnétisme;
il était déjà connu des Stoïciens. On trouve, à travers les
âges, des hommes qui, en le voulant, ont su se rendre insensibles aux douleurs, comme Campanella, ou qui se sont

guéris par l'action de la pensée, comme le philosophe Kant, lequel s'était affranchi entièrement du secours des médecins. Et du moment que l'on a le pouvoir de soulager ses maux ou de les guérir, il est logique que l'on ait celui de les prévenir. C'est aussi facile. Feuchtersleben, l'auteur de l'hygiène de l'âme, rapporte qu'il n'a prolongé son existence maladive qu'à l'aide d'une lutte morale de tous les instants. Le divin Gœthe garda la conviction de n'avoir échappé à une épidémie qu'en conservant sa fermeté d'âme. Mais on le voit tous les jours, quand le fléau de l'Inde vient fondre sur nous comme un ouragan, il n'emporte dans sa course que les êtres usés et épuisés, les faibles et les peureux, il respecte surtout ceux qui sont doués de force morale.

Ce qu'ont pu sur eux-mêmes Campanella, Kant, Feuchtersleben, Gœthe, il en est beaucoup de capables de le faire et de leur ressembler en cela : il leur suffit de prendre l'habitude de se mettre en charme, puis, lorsqu'ils souffrent, de faire réagir leur attention sur des idées négatives de ce qu'ils ressentent ; ce n'est là, d'abord, qu'une affaire d'exercice et de patience. Une fois qu'ils seront arrivés à avoir à leur service une pensée disciplinée et qu'ils auront, en même temps, acquis la conviction de leur force morale, ils seront les maîtres de leur organisme. Mais ceux qui sont impuissants à se mettre dans une forme de l'état passif, qu'ils s'accoutument à veiller sur eux d'une façon incessante, qu'ils observent et maîtrisent tous les mouvements de leur âme. En portant surtout leurs pensées dans cette région sereine de la raison où savent s'élever les hommes supérieurs qu'ils doivent prendre pour modèles, ils peuvent encore, par cet exercice volontaire, s'empêcher d'être assaillis de bien des misères et se soutenir ou se relever quand ils en sont écrasés.

CHAPITRE VI.

Le système nerveux se compose : 1° du cerveau ; 2° de la moelle et de ses appendices, lesquels président tous deux à la vie de relation ; 3° du nerf grand sympathique qui a la vie organique sous sa dépendance. Ces trois parties du système nerveux communiquent entre elles, la moelle avec le cerveau, et le grand sympathique avec le centre céphalique et la moelle, cela, à l'aide de ses nerfs sensibles et moteurs reliés aux troncs des paires crâniennes et spinales. Cette union anatomique fait comprendre que les parties du système nerveux ne forment qu'un seul tout. A chacune d'elles est reparti un rôle propre, mais celui de la moelle, qui est de conduire les impressions au cerveau, de transmettre les incitations aux mouvements venant de ce dernier organe, d'avoir, enfin, des propriétés excito-motrices secondaires, mais celui des nerfs ganglionnaires, qui est de veiller à la nutrition et, par l'émotion, de faire écho à la pensée, ces rôles dépendent d'une action supérieure de l'encéphale dont ces parties sont l'une et l'autre la prolongation. Une force active, partant du cerveau et douée d'initiative, l'attention d'un côté et avec conscience, perçoit les impressions, les fixe dans la mémoire, ordonne les mouvements, réveille les émotions, suscite les idées, souvent de manière à rendre les sensations présentes dans les régions de l'organisme d'où elles sont venues, et enfin régularise le le pouvoir excito-moteur de la moelle. A l'aide de cette force, d'un autre côté et avec inconscience, le cerveau, par l'intermédiaire du système ganglionnaire, perçoit encore des impressions, souvent causes de mouvements réguliers et utiles, et il préside à ces phénomènes intimes et si admirables d'assimilation et de désassimilation qui nous révèlent une intelligence profonde. Par l'attention, ce promoteur suprême, le cerveau est donc le foyer de toutes les excitations sensitives, mémorielles, intellectuelles, locomotrices, réflectives et nutritives, c'est de ce centre que procède la vie sous ses deux aspects, animal et végétatif. Ni la moelle, ni le grand sympathique ne sont indépendants du cerveau. Privée du cerveau, la moelle est aveugle, les mouvements qu'elle réfléchit sont désordonnés et elle ne tarde pas à perdre ce pouvoir. Privé de ce même organe et aussi du cerveau, le nerf grand sympathique peut encore entretenir la vie quelques instants, mais cette action propre finit par s'éteindre. La propriété qu'a ce nerf de continuer ses fonctions, d'abord pendant que les autres parties du système nerveux sont en repos, et ensuite, lorsqu'il est entièrement séparé de la moelle, a fait penser qu'il est un centre isolé d'action. Il n'en est rien. Dans le premier cas, il fonctionne en vertu d'une solidarité qui lui est commune avec ces parties, il leur rend alors sous une autre forme ce qu'il en reçoit ; dans le second cas, ne recevant plus d'excitation de son stimulant direct, il continue, en vertu du pouvoir condensateur de ses ganglions, à agir sur les organes, avec la provision de force nerveuse qu'il a reçue et accumulée. Cerveau, moelle et grand sympathique, sont tous trois partie essentielle d'un même tout, ils règnent ensemble, mais, seul, le cerveau gouverne. Par son principe d'activité, l'attention, et surtout par la pensée dont cette force est encore l'élément essentiel, le cerveau est la clef de voûte de l'édifice humain. Grâce à ces puissances, c'est de ce centre que tout émane, c'est sous son influence que l'homme se met, non-seulement en rapport avec le monde extérieur et veille activement à sa conservation, mais encore qu'il se forme, se développe et s'entretient.

Disons-le ici, nous sommes loin de l'hypothèse des savants qui font préexister la pensée au corps, et de l'opinion de ceux qui la regardent, ou comme une production du cerveau (1), ou comme ayant, sans ce dernier, une existence propre. Ces manières de voir ne sont pas soutenables ; il est impossible de comprendre que la pensée soit antérieure, en dehors ou consécutive à son organe, qu'elle le devance comme la vapeur a devancé ses machines, ou qu'elle soit sécrétée comme un produit éliminé d'une glande, ou qu'elle puisse subsister encore sous forme éthérée, après la cessation de la vie. Par l'attention, la sensibilité, les idées, la pensée, le raisonnement, les fonctions vitales se produisent dans le cerveau, en permanence et tout le temps de l'existence, pour se répercuter partout où il y a du tissu nerveux. Centres d'innervation, nerfs, attention, sensibilité, pensée, organisme, sont des manifestations inséparables commençant, se développant et finissant ensemble. Ce fait ne se démontre pas, on en a conscience, il est patent, il saute aux yeux, c'est un axiôme. Qu'on nous montre seulement la pensée pleine de vie, c'est son caractère essentiel, qu'on nous la montre distincte de son organe, nous nous rendrons à l'évidence.

Nous sommes aussi bien loin de partager l'erreur de Bichat, lequel a trop séparé les fonctions du nerf grand sympathique de celles du système cérébro-spinal. Lorsque suivant les traces de cet homme de génie, M. Flourens

(1) Pour Cabanis, la sensibilité est un produit nerveux ; pour Broussais, l'intelligence est une sécrétion, et pour M. Bluchner, cette dernière est la résultante de toutes les forces du cerveau.

a observé que la vie continue, bien que le cerveau ne pense plus consciemment, et qu'il en a inféré la séparation complète de l'intelligence et de la vie, ce qui porte à croire qu'il n'y aurait plus, dans cet organe, d'élaboration de pensées au-delà de celles qui sont conscientes, il a mis sur la voie de se tromper étrangement. Si, en détruisant les hémisphères cérébraux d'un animal, on l'empêche de penser consciemment, cela ne prouve pas, parce que la vie continue, que ce ne soit pas sous l'influence de pensées cérébrales : les expériences de M. Flourens démontrent seulement que l'intelligence, qui préside aux fonctions vitales, a un autre siége que l'intelligence dont nous avons conscience, mais ces expériences ne prévalent pas contre cette vérité, qu'il émane du cerveau une seconde intelligence qui se manifeste dans l'organisme et préside à la vie végétative, de même que l'autre veille à la vie de relation en restant, dans son action, en harmonie préétablie avec sa congénère.

Poussant la logique à l'extrême, et partant du même principe, Barthelémy-Saint-Hilaire va jusques à affirmer que la pensée n'intervient pas plus dans notre nutrition qu'elle intervient dans la vie de la plante qui n'a pas de cerveau, comme si les fonctions d'un végétal sont comparables à celles de nos tissus où des nerfs sont répandus à profusion ! M. Trousseau, non moins explicite, assure que l'âme, ou pour mieux dire, la pensée consciente, ne se mêle pas du pot-au-feu de l'économie. Ainsi, pour les deux auteurs précédents, la pensée consciente n'a aucune influence sur les fonctions nutritives. Cela est vrai, en temps que la vie peut s'entretenir sans son aide, ce que l'on remarque chez des idiots, mais cela veut-il dire, pour ces auteurs, que la pensée consciente est sans action sur les fonctions innervées par le système ganglionnaire, ou bien qu'il n'y a pas de pensée active présidant aux

phénomènes de nutrition ? Quant à la première supposition, nous la rejetons. Sans que l'on ait connaissance des
expériences que nous avons répétées sur des somnambules, et qui démontrent combien sont grandes les influences de la pensée sur les phénomènes nutritifs, l'observation de tous les jours présente trop d'exemples d'une
telle action pour qu'on la nie. Quant à la seconde supposition, il nous est permis de la faire et de nous demander
comment, là où il y a des nerfs sensibles et moteurs communiquant à la moelle, comment y aurait-il, par conséquent, perceptions, mouvements harmoniques, phénomènes merveilleux d'assimilation et de désassimilation,
sans qu'il y eut une pensée présidant à ces actes, lorsque
à côté, dans le même être, il y a aussi des nerfs sensibles
et des nerfs moteurs aboutissant à un même centre nerveux,
réunis aux mêmes points d'émergence, et reconnus pour
des éléments de perceptions, de mouvements, et par
dessus tout, de pensées ? Admettre, que les nerfs sensitifs
et moteurs de la vie de relation sont des instruments de
la pensée, c'est implicitement admettre la même chose
pour les mêmes nerfs de la vie organique.

Dans l'encéphale, outre l'attention, il y a donc une
seconde force promotrice de tous les phénomènes
psychiques et vitaux. Cette autre puissance dynamique,
engendrée par l'attention et inséparable du corps, est la
pensée. De ce centre nerveux, elle agit de deux manières
différentes, sciemment sur les fonctions de relation et insciemment sur celles de nutrition. Il résulte des faits observés journellement et des expériences pratiquées sur
les somnambules, que des deux formes de pensées, celle
qui est consciente tient le gouvernail et qu'elle peut, dans
l'état de sommeil et ses états analogues, suractiver ou
ralentir l'action de sa congénère, et se traduire dans les
tissus, en dénaturant même cette action. De plus, il résulte

encore qu'elle a la faculté d'accumuler ou de diminuer l'attention partout où il y a vie. Aucun de ces phénomènes n'aurait lieu, si le système nerveux ne formait une grande unité avec la pensée et l'attention au sommet. La moelle, douée du pouvoir excito-moteur, le système ganglionnaire, doué du pouvoir émotif, perdent même ces propriétés dès que le cerveau ne leur prête plus le concours de l'une ou de l'autre de ces puissances.

Mais les phénomènes dont l'attention et la pensée sont les moteurs, depuis les perceptions jusques aux actes les les plus intimes de la nutrition, ne se présentent pas seuls dans l'économie, l'attention, avons-nous dit, a la propriété de se porter avec accumulation là où il y a un vif appel des perceptions, ou bien là où une pensée la dirige ; par ce mouvement, elle abandonne plus ou moins certaines fonctions, et elle peut ainsi exalter ou paralyser tour à tour les sens, les muscles, la mémoire, l'intelligence et chacune des fonctions nutritives. Il se passe alors, dans l'être humain, un transport de cette force sur des régions du corps aux dépens des autres régions, et cette rupture d'équilibre qui, bien qu'exagérée, ne tarde pas à disparaître dans l'état de santé, quand elle devient permanente, est le caractère primitif et commun de toutes les maladies. Cette fluctuation de l'attention existe dans tous nos actes de la veille et du sommeil, elle a lieu dès qu'il se fait un appel d'activité quelque part, c'est une loi de notre être et la maladie n'est que le résultat de son exagération. Dans les oscillations de cette force se portant avec abondance vers certains organes et diminuant partout ailleurs, les choses se passent dans le corps comme dans un théâtre ; l'encéphale en est la scène, et c'est de là que part l'action ; quoique se présentant sous deux aspects différents, les deux mouvements opposés de flux et de reflux de l'attention sont toujours un et ne relèvent que du cerveau, de même que toutes les autres manifestations du système nerveux.

C'est dans ce pouvoir qu'a l'attention de s'accumuler consciemment ou non sur n'importe quelle fonction ou de s'en éloigner ; c'est dans la loi de ces fluctuations que l'on trouve, d'abord, l'explication de la manière dont se forment les maladies, et, ensuite, celle de leur terminaison heureuse ou fatale ; par conséquent, c'est aussi en cette loi que l'on trouve la théorie des guérisons par l'action des remèdes réagissant sur le physique, et celles des cures s'effectuant par la réaction du moral.

Les maladies prennent naissance de deux façons, ou par l'influence de la pensée, ou par celle des causes extérieures ou intérieures.

Quand, volontairement ou non, l'attention s'exerce sur des idées abstraites ou des idées émotives et que, s'y accumulant, elle s'y met en arrêt, il se produit nécessairement une rupture d'équilibre dans la distribution harmonique de cette force et les effets en sont divers. Ou bien, elle est une cause d'excitation sur des organes ; de là des maladies par exagération de la sensibilité, des idées, de la motilité, des fonctions végétatives d'une part, ou bien, de l'autre part, elle est une cause de manque d'excitation sur certains organes : de là des affections par diminution de la sensibilité, des paralysies du sentiment ou du mouvement, des stases dans les liquides, de la paresse des organes nutritifs, etc. L'un ou l'autre de ces caractères opposés domine dans les maladies, et derrière le plus saillant, on peut parfois retrouver celui qui lui est contraire. Grâce à l'attention que la pensée fait manœuvrer, ces caractères morbides se résument donc, en principe, tantôt en une perception trop vive d'impressions, et tantôt en une absence ou une diminution dans les perceptions de ces mêmes impressions.

Mais ce n'est pas toujours par l'action de la pensée que naissent les maladies, ce n'est pas seulement une idée remémorée qui a le pouvoir de désaccorder l'attention, ce sont aussi les impressions sensibles, conscientes ou non, qui appellent cette force en excès sur les extrémités ou sur les surfaces nerveuses, qu'elles soient dues à des causes extérieures, pression, température, électricité, humidité, etc., ou à des causes intérieures, miasmes, virus, ferments, poisons, etc. Par suite de ces impressions, il y a, où elles se produisent, des signes d'excitation, et ailleurs, des signes de sédation ; selon que les uns ou les autres de ces caractères dominent dans une région du corps, on y voit le siége de la maladie. L'élément symptomatique opposé à celui qui est le plus en évidence, on le retrouverait souvent, si l'on analysait ce qui se passe dans d'autres systèmes d'organes. Si, aux symptômes qui sont les plus apparents et qui sont le premier terme de l'entité morbide, les médecins n'accordent jamais trop d'importance, en revanche, ils ne recherchent pas assez les symptômes plus cachés et, s'ils les reconnaissent, ils n'en distinguent pas la nature ou s'en occupent avec trop de légèreté. Que dirait-on d'un aliéniste qui, dans la mélancolie avec diarrhée de substances non digérées, ne comprendrait pas que l'idée fixe du malade se produit aux dépens de l'attention destinée aux intestins, et que la paralysie de ces viscères est un effet de la concentration de la pensée, comme l'insensibilité dans le sommeil est l'effet de l'appel de l'attention au cerveau ? Eh bien ! ce symptôme antagoniste que l'on retrouve dans la mélancolie, n'est certainement pas isolé ; en observant avec soin, on en remarquerait de semblables dans d'autres maladies. Si ces manifestations morbides de nature opposée n'étaient pas confondues, mais bien distinctes, si l'on tenait plus de compte du rôle actif et distributeur du cerveau dans les dérangements organiques, on aurait une voie plus large ouverte à la thérapeutique, laquelle, quoiqu'on en ait dit, est loin d'être sortie des méthodes empiriques. Outre l'appel de l'attention inconsciente vers les impressions internes, point de départ des lésions de tissus, toujours la pensée consciente vient, à l'insu du patient et aveuglément, entretenir la production morbide. C'est que, l'impulsion une fois donnée, tout s'enchaîne dans l'action nerveuse, ce qui ne pourrait avoir lieu si les deux vies apparentes étaient réellement séparées.

La maladie prenant naissance par l'appel de l'attention vers des impressions qui naissent dans une région quelconque du corps, et cela aux dépens d'autres parties organiques qui deviennent privées de l'influx de cette force, cette maladie doit naturellement être dissipée par une action révulsive, excitante là où il y a manque de stimulation, et calmante là où il y a une excitation trop forte ; de cette façon, les impressions se réveillant d'un côté et devenant inconscientes de l'autre, l'attention désaccordée retourne à l'équilibre et ramène conséquemment l'harmonie dans l'organisation. C'est ce mécanisme que l'on entrevoit dans la terminaison des maladies se dissipant par crises finales, éruptions, sécrétions abondantes, hémorrhagies, etc. Ces crises ne paraissent que la conséquence d'efforts aboutissant à des sensations et faits en sens inverse des impressions qui ont été l'origine du mal. Aussi, est-il probable que les choses se passent de même dans toutes affections finissant d'une manière heureuse ; ce qui nous porte encore plus à le croire, ce sont les résultats qu'entraîne la coïncidence fortuite de symptômes nouveaux pendant le cours d'une maladie grave. Ici, c'est la révulsion produite par une affection aiguë, venant en compliquer une chronique qui amène la guérison de cette dernière ; elle la fait devenir inconsciente. « Dans les maladies aiguës, dit Cabanis (1), les mouvements sont, pour l'ordinaire, puissants et vigoureux. Ces maladies deviennent souvent de véritables crises, c'est-à-dire qu'elles servent à résoudre et à dissiper d'autres maladies antérieures auxquelles les forces conservatrices n'ont opposé qu'une résistance inutile, ou dont l'art a vainement tenté la guérison. » Ailleurs, c'est une dartre, une ulcération, une souffrance locale, etc., qui forcent à devenir bénigne une affection grave et invétérée. Les faits de ce genre ne sont pas rares. Et au-dessus de ces phénomènes morbides révulsifs où l'attention inconsciente joue le plus grand rôle, il est une autre puissance, la pensée, qui domine tous les mouvements que cette force imprime à la marche des maladies. Certes, l'on peut dire que la pensée agit souvent en aveugle, bien qu'elle soit ce qu'il y a de plus relevé dans l'homme. Lorsque les malades se frappent, entrevoient la mort, ils aggravent toujours leur état ; mais, sont-ils pleins d'espoir, par cette révulsion mentale en sens contraire du mal, ils poussent à l'événement d'une crise favorable ; alors, l'attention, au lieu d'exagérer le trouble organique, tend à le faire disparaître, elle ramène l'harmonie. Pour nous donc, l'influence de la nature curatrice n'est pas en conteste, nous croyons qu'aussi bien que la pensée consciente, qui surveille les fonctions de relation et peut rétablir, et celles-ci et celles de nutrition, nous croyons que l'intelligence profonde qui préside à l'entretien de la vie n'est pas moins apte, même à elle seule, à donner une issue propice aux dérangements des organes qui lui sont soumis. Cependant, si la pensée, dont nous sommes sciemment les maîtres, est susceptible de faillir, d'envenimer les maladies, et nous avons constaté que c'est surtout lorsque l'attention en s'accumulant perd

(1) Voy. Rapport du physique et du moral, t. II, p. 340.

de son ressort, nous admettons que la pensée inconsciente est parfois de même en état de laisser la force nerveuse dont elle dispose, balloter vers certaines impressions et les exagérer. Une telle comparaison est bien permise quand, aussi bien que dans le système de relation, dans celui de nutrition, on découvre à la disposition du cerveau, des filets nerveux sensitifs et moteurs. Si toute maladie, faute d'un effort intelligent et possible, est due à une inertie de l'attention fluctuant sans frein là où il y a des impressions qui l'appellent et la fixent, explicitement, toute guérison naturelle est l'effet d'un retour de l'intelligence, prise sous ses deux aspects et employée à faire réagir la même force dans le sens opposé de la cause à l'entraînement morbide.

Or, du moment que les maladies viennent d'une impression excitatrice sur les surfaces nerveuses ou d'une sensation créée par la pensée, du moment qu'elles sont l'effet d'un désaccord de l'attention, ici affaiblie et là en excès, il n'est pas difficile de dire ce que doit être et ce qu'est la thérapeutique. La nature curatrice ramenant l'harmonie dans l'organisme, en réagissant en sens contraire du mal sur les régions où l'influx de l'attention est augmenté ou diminué, les remèdes doivent agir de même, révulsivement et par excitation, sur les organes non stimulés, afin d'y réveiller des impressions et l'action vitale ; révulsivement et par sédation, sur les organes trop excités, pour y rendre les sensations inconscientes et y ralentir le mouvement des fonctions. C'est dire que les remèdes agissent par impression positive ou négative sur les nerfs du sentiment ou sur les surfaces nerveuses et qu'ils sont consécutivement, lorsqu'ils guérissent, causes d'appel de l'attention dans une direction opposée à celle qu'elle a prise dans la maladie et, par conséquent, causes de son retour à l'équilibre et du rétablissement de la santé. Dans le traitement des maladies, il est toujours sage de n'employer que des remèdes qui agissent dans le sens des crises terminales et salutaires et, conséquemment, sur les organes où s'établit une réaction favorable.

Les remèdes, de même que les agents absorbés qui amènent des maladies, ayant une action spéciale excitante ou calmante sur certains organes ou sur certains systèmes d'organes, il faut en conclure qu'il y a, dans le système nerveux, des départements particulièrement attribués à un rôle fonctionnel et que, chercher à localiser dans le cerveau les attributions de chacun de ces départements, ainsi que Gall, le premier, l'a fait avec raison, ce n'est pas tomber dans l'utopie et se livrer à des tentatives chimériques ; c'est poursuivre une idée féconde.

Brown n'a distingué qu'un des côtés du vrai, lorsqu'il n'a reconnu aux maladies que des symptômes asthéniques et n'a conseillé à employer, pour les combattre, que des remèdes excitants ou toniques ; Broussais, au contraire, n'a remarqué que l'autre face de la vérité, en ne leur trouvant que des symptômes sthéniques et ne recommandant, pour les traiter, que l'emploi des débilitants et des calmants.

Il est évident que les organes étant susceptibles, selon la distribution de l'attention, d'être tantôt excités d'une part, et tantôt privés de stimulation de l'autre, l'on doit agir d'après ces deux indications différentes. Si les signes d'atonie et de débilitation prévalent, il faut leur opposer la médication stimulante et tonique, si ce sont ceux d'excitation et d'excès de ton, il faut leur opposer les débilitants et les sédatifs, et même dans une affection où ces deux caractères se remarquent à l'opposé, il sera bon, autant que possible, de combiner contre eux ces deux modes de traitement à la fois.

C'est, en faisant disparaître ces termes extrêmes et

opposés de la maladie, que l'on ramène à l'équilibre la force nerveuse de l'attention ; mais ce n'est pas chose facile de savoir si les symptômes prédominants sont plutôt sthéniques qu'asthéniques. Cette étude est encore à faire, nous en appelons, pour le prouver, aux deux systèmes exclusifs de médication de Brown et de Broussais, vers l'un et l'autre desquels on a jamais bien su se fixer. C'est parce que le médecin est resté ignorant des indications thérapeutiques, qu'il a ainsi balloté sans cesse et qu'il en est encore aux essais, à l'empirisme. Tel qu'il intervient encore dans les maladies, il nous paraît ressembler à un guide conduisant quelqu'un qui voit plus clair que lui. Ce que nous avançons pourrait paraître passionné dans notre bouche, s'il n'était l'écho de l'opinion des hommes les plus compétents. M. Padioleau, dans son ouvrage couronné par l'Académie, ne craint pas d'avancer que la thérapeutique des remèdes n'est qu'une exagération d'un bout à l'autre. Malgaigne, l'un des immortels, est allé plus loin : « Ce n'est, dit-il, qu'un ramassis de ce que les théories de tous les temps ont produit de plus absurde et de plus contradictoire. » Après avoir porté de tels jugements, des médecins peuvent-ils se regarder sans rire ? Ce n'est pas que des médicaments ne soient bons et qu'il n'y ait de l'avenir dans leur emploi, mais, jusques à présent, la médication par les remèdes est restée ce qu'est une terre fertile qui, mal cultivée, ne produit presque rien et n'est qu'une cause de ruine. L'homœopathie, cette grande hérésie, effet d'aspirations non satisfaites, qui, de nos jours, est venue mettre au pilori le passé de la médecine et l'a fait voir entouré de fantômes se levant pour protester, l'homœopathie a enfin éclairé l'opinion sur cette thérapeutique, orgueil de tant de générations médicales depuis Hypocrate, elle est venue, innocemment, démolir cet échafaudage pièce à pièce et en a montré, non pas le néant, mais le danger. En employant des doses infinitésimales, c'est-à-dire, des remèdes réduits à zéro, les homœopathes ont eu des succès à donner la fièvre à leurs confrères ennemis. C'est pour nous la démonstration que, dans l'art de guérir, excepté pour quelques maladies, les médecins n'ont encore été que des visionnaires. Une pareille chute, et elle est méritée, n'est due qu'à ce que, dans leurs expériences, ils n'ont pas fait deux parts des mêmes maladies qu'ils ont eu à traiter, ils n'ont pas comparé à un certain nombre d'entre elles abandonnées à elles-mêmes, d'autres affections en même quantité et du même genre, soignées selon les règles et avec les médicaments vantés pour les guérir. Cette lacune, on doit la combler. Parce qu'un remède calme les· battements de cœur, parce qu'il fait uriner, parce qu'il purge, ce n'est pas toujours une raison pour qu'il chasse le mal, s'il est employé à remplir une indication différente de celle qui est nécessaire! Les observateurs sont maintenant entraînés dans la voie que nous signalons, et déjà ceux qui l'ont suivie ont désillusionné des croyants. Un docteur allemand, entre autres, son nom nous a échappé, mais nous avons pris connaissance de son assertion, il y a quelques années, dans la Gazette hebdomadaire, est arrivé à ce résultat que, sur plus de 1,200 vénériens, les uns traités par les moyens héroïques préconisés contre la syphilis (il ne se rencontre presque pas de médecins qui ne soient avec ferveur partisans de ces moyens), et les autres abandonnés à des soins de propreté et d'hygiène, ce docteur, disons-nous, a vu ces derniers être guéris en moins de temps que ceux qu'il avait traités avec les prétendus spécifiques! Encore quelques expériences semblables et la lumière ne sera plus sous le boisseau. Certes, ce praticien est plus qu'un hérétique, c'est un révolutionnaire sur les traces duquel il faut marcher. Cette foi traditionnelle, cette naïveté de croyance dans l'efficacité des remèdes mal employés, il y a longtemps qu'elle a été percée à jour par un homme de bon sens. Ce qu'écrivait Montaigne, au XVIe siècle, a toujours son actualité, et à y bien réfléchir, nous sommes encore les médecins de son temps et du temps de Molière. « J'ay laissé envieillir et mourir en moy, de mort naturelle, des rheumes, de fluxions goutteuses, relaxation, battements de cœur, micraines et aultres accidents (1)... J'ay esté assez souvent malade ; j'ay trouvé sans leurs secours (le secours des médecins) mes maladies aussi doulces à supporter (et en ay esssayé quasi de toutes les sortes), et aussi courtes qu'à nul aultre ; et si n'y ay point meslé l'amertume de leurs ordonnances (2)... Quoy ! eulx-mêmes nous font-ils veoir de l'heur et de la durée, en leur vie, qui nous puisse tesmoigner quelque apparent effect de leur science (3) ?... De ce que j'ay de cognoissance, je ne veois nulle race de gents si tost malade, et si tard guarie, que celle qui est soubs la iuridiction de la médecine (4)... On doibt donner passage aux maladies : et ie treuve qu'elles arrestent moins chez moy, qui les laisse faire ; et en ay perdu, de celles qu'on estime plus opiniastres et tenaces, de leur propre decadence, sans ayde et sans art, et contre ses règles. Laissons faire un peu à nature : elle entend mieulx ses affaires que nous (5). » Dans le corps médical, on ne tient guère de compte de telles réflexions, c'est trop simple et trop peu orthodoxe.

Puisque la nature, jusques ici, a entendu mieux ses affaires que nous, est-ce à dire qu'on doit laisser les maladies suivre leur cours ? Rien de mieux, si la puissance pré-

(1) Voy. Essais, l. III, chap. XIII.
(2) Voy. id., l. II, chap. XXXVII.
(3) Voy. id.
(4) Voy. id.
(5) Voy. id., l. III, chap. XIII.

voyante qui est dans l'homme réagissait toujours avec intelligence, mais elle devient souvent folle et ne sait plus se défendre, c'est alors que, pour redresser ses folies, il faut chercher des moyens en dehors d'elle. C'est ce que l'on a fait dans tous les temps en administrant des remèdes. Ils devraient certainement être plus utiles qu'ils ne le paraissent, s'ils étaient toujours administrés d'après les véritables indications, mais en attendant que la thérapeutique des agents impressifs ingérés se perfectionne, occupons-nous de la thérapeutique, objet de cet article, celle qui a pour moteur élémentaire la pensée consciente, et pour condition le sommeil et les états analogues. Avec le sommeil ou ses états comme point d'appui, et la pensée comme levier, il n'est plus possible de faire moins bien que la nature curatrice dont on tient ainsi le fil entre les mains.

Il suffit de jeter un coup d'œil en arrière pour reconnaître la démonstration de cette vérité, qu'à l'aide de la pensée réagissant avec méthode sur l'organisme, lors de l'état de charme ou de sommeil profond, on est capable de faire, non-seulement mieux que les remèdes, mais aussi bien que la nature curatrice, quand elle n'est pas aveugle dans ses mouvements ou impuissante dans ses efforts. Par l'attention qu'elle accumule ou éloigne, la pensée consciente paralyse ou surexcite les sens, les muscles, la mémoire, l'intelligence ; elle fait plus, elle va au secours de sa congénère, en ranime ou en ralentit les fonctions assimilatrices et désassimilatrices et, même, les dénature en y créant des symptômes maladifs. « A ces personnes d'une puissance psychique si remarquable sur elles-mêmes (les somnambules) (1), donnez une poudre inerte, du sucre, du réglisse, de l'eau, etc., et qu'elles croient prendre un médicament actif à effets généraux, purgatif ou émétique,

(1) Voy. Physiologie du magnétisme, par Charpignon, p. 95.

elles éprouvent une série de troubles évidents dans leur état physiologique. Nous avons vu des menstrues apparaître ou s'arrêter, des malaises, des vomissements, des frissons survenir sous l'influence de ces substances inertes que nous donnions alors pour nous éclairer sur la vertu pathogénique des médicaments homœopathiques. » Plus puissante encore, ce qui arrive dans la stigmatisation, la pensée consciente peut, dans les tissus, imprimer l'idée-image remémorée en caractères indélébiles de la même façon que l'on creuse des lettres dans le marbre. Dans ce travail modificateur, on peut comparer l'attention accumulée, agissant sous l'influence de l'idée, à la main du graveur qui manie le burin. C'est la connaissance de phénomènes semblables qui a fait dire, avec raison, à M. A.-J.-P. Philips (1), que dans l'impression mentale réside le pouvoir de produire, à volonté, tous les effets morbides ou curatifs réalisables par n'importe quel spécifique connu ou à connaitre. Dans l'état passif à un degré élevé, on arrive à de pareils résultats, parce que le système nerveux ne forme qu'un seul tout et que la pensée consciente prend le gouvernail de la pensée insciente. Mais, le plus souvent, pour amener la guérison des maladies, il n'est pas nécessaire de plonger son sujet dans le sommeil profond, il n'est pas même besoin d'une incubation idéale directe et telle que nous l'avons employée, il suffit simplement que l'attention accumulée ou diminuée au siége du mal, revienne à l'équilibre à la suite d'une perturbation quelconque. C'est ce que prouvent les guérisons qui s'opèrent, dans des états analogues au sommeil, par l'effet d'idées et d'émotions sans aucun rapport avec la maladie ou de nature à l'aggraver. Toujours, du reste, ces guérisons s'expliquent de même que celles qui ont lieu par suggestion, c'est un déplacement

(1) Voy. Electro-dynamisme vital, p.260.

de l'attention en plus ou en moins qui en est la base.

Méthodiquement, pour amener des guérisons par l'action de la pensée, ou fait reporter l'attention sur une idée mémorielle négative des signes les plus apparents de la maladie que l'on soigne, signes qui ne sont que l'effet, ou d'une surexcitation ou d'une sédation. Dans les cas où il y a excitation morbide, il arrive alors que l'attention, concentrée sur une idée pure, ne se dirige plus vers le siége de la maladie et que cette dernière devient inconsciente ; de même, dans les cas où il y a sédation, on rend l'idée imagée de l'état de santé conscient, et la même force nerveuse revient, à un degré normal, ranimer la vitalité là où elle est diminuée. Du moment que c'est la pensée consciente qui, dans ces opérations, est le seul moteur, il s'ensuit que les affections du système de la vie de relation doivent guérir plus sûrement que celles de la vie de nutrition, puisqu'elles sont plus sous son influence directe et que les affections qui viennent surtout de cette même pensée, doivent encore disparaître plus aisément que celles qui sont produites par des impressions sur les filets ou les surfaces nerveuses.

On le voit, de même que les remèdes réveillent des impressions là où il n'y en a plus ou presque plus de senties, et qu'ils les calment là où elles sont trop vives, ainsi par la méthode suggestive, nous agissons en ramenant les impressions là où elles ont disparu et en les affaiblissant là où elles sont trop fortement perçues. Au fond de ces mouvements, on retrouve toujours le balancement opposé et inverse de l'attention que l'on accumule dans l'endroit où elle est affaiblie et que l'on diminue dans celui où elle est en excès.

Comme agent de médication, la pensée consciente est, chez la plupart des somnambules, bien supérieure à l'action des remèdes. Au lieu de prendre le système nerveux par les surfaces et le chevelu, à la manière des médicaments, cette puissance qui siége dans le cerveau, en réagissant contre la maladie, ressemble à l'ennemi introduit dans une place où, pour ses défenseurs, il y a toujours de la résistance possible, mais plus de chances d'être vaincus. Aussi, sous son influence magique, l'attention obéit-elle avec une ponctualité et une sûreté de précision qu'il est impossible d'égaliser par d'autres moyens. A côté de la pensée, les remèdes et les substances toxiques, virus, poisons, etc., quelle que soit leur énergie, ne sont plus rien comme modificateurs. Et, en effet, si l'on administre une dose médicamenteuse à un malade plongé dans un sommeil bien profond, et si on lui affirme qu'elle sera sans effet sur l'économie, les propriétés du médicament resteront neutralisées. Il est facile, pour se convaincre de cette assertion, de donner $0^{gr},10$ à $0^{gr},15$ centigrammes d'émétique à un bon dormeur auquel on affirmera l'absence d'évacuations alvines et de vomissements. Tout arrivera comme on l'aura suggéré. On connaît l'histoire de Mme Comet qui, pendant plusieurs jours de suite, prit chaque nuit et d'après ses prescriptions, 2 gros 44 grains de laudanum de Rousseau. Cette dose avalée en somnambulisme, n'eut, chaque fois, que la propriété de procurer à cette dame le léger repos qu'elle s'était suggéré à l'avance (1). Ce liquide contenait pourtant assez d'opium pour endormir deux hommes robustes pour l'éternité. Cette supériorité de la pensée sur l'influence propre des remèdes n'a pas échappé aux magnétistes. « Lorsqu'on voit, écrit M. Charpignon (2), les succès étonnants que les somnambules lucides obtiennent sur eux-mêmes, en se prescrivant bien souvent des remèdes énergiques et

(1) Voy. Manuel du magnétiseur, par Teste, p. 343.
(2) Voy. Physiologie du magnétisme, p. 237.

qui semblent contraires à leur maladie, nous nous demandons si, dans ce phénomène, il n'y aurait pas autre chose qui diminuerait l'action des médicaments ? Cette cause ne serait-elle pas la force psychique de l'âme qui croit à tel effet, sur le corps, d'une médication qu'elle ordonne et exige ? »

Comment se fait-il que les médicaments, même à dose toxique, sont inertes, quand l'esprit formule la pensée que les résultats en soient nuls ? Il faut nécessairement admettre, leur absorption ayant lieu, que l'attention quitte les points où les impressions qu'ils produisent se font : faute d'incitation de cette force et, par conséquent, d'impression, ces agents modificateurs ne sont pas perçus par les surfaces nerveuses. Il se passe, à l'intérieur du corps, ce que l'on remarque chez les somnambules concentrés, dont tous les sens externes sont devenus insensibles. On sait que, sur simple affirmation, l'on éteint chez eux des sensations ; il en est de même lorsqu'on neutralise l'effet des substances médicamenteuses, c'est la sensibilité tactile la plus profonde, celle qui est sous la dépendance du nerf grand sympathique et celle même des centres nerveux que l'on annihile.

La pensée consciente fait plus que d'empêcher les impressions des remèdes ; si, tout en neutralisant leurs effets, l'esprit leur en suppose d'autres que ceux qu'ils déterminent, les effets qu'il leur présume se manifesteront. Dans ces cas, la pensée fait affluer la force d'attention sur les organes qu'elle suppose devoir être stimulés et elle enlève, par cette révulsion même, leur sensibilité aux tissus sur lesquels le remède réagit d'ordinaire. Est-il une preuve plus certaine, ce que Cullen admettait déjà de son temps, que les médicaments, et nous devons ajouter les substances toxiques ingérées, agissent par impression, du moment qu'on peut les rendre inertes à son gré, en isolant ou rendant insensibles les surfaces nerveuses à l'aide de la pensée formulée dans l'état de somnambulisme ?

Cette puissance de la pensée, pendant le sommeil profond, et sur les perceptions des cinq sens, et sur cette sensibilité qui existe à notre insu dans l'intérieur du corps vers les filets et les surfaces nerveuses, pourra paraître encore douteuse au lecteur imbu de préjugés. Afin de l'amener à notre conviction, nous ne puiserons pas de faits à l'appui de notre thèse dans la médication du sommeil, médication ridiculisée ou méconnue dans la science, nous en recueillerons dans les écrits des médecins et dans notre pratique journalière : les états analogues au sommeil ont déjà offert assez d'exemples de neutralisation des remèdes par l'action de la pensée sur l'organisme, pour que nous laissions dans l'ombre ce que les livres des magnétistes pourraient révéler.

Dans sa relation de l'épidémie de Morzines, M. le Dr Constans (1) raconte qu'il voulut essayer quelques médicaments sur les possédées de cette localité. « Les malades, dit-il, étaient tellement persuadées que tout médicament devait leur être plus nuisible qu'utile, leur conviction était si bien arrêtée, que celles qui consentaient à essayer quelque chose, accusaient des souffrances *atroces* après la moindre cuillerée d'une simple potion calmante. »

M. le Dr Bidard, d'Arras (2), cite un cas de pneumonie aiguë guérie par action morale. Il raconte que, tant que dura le chagrin de Blanche Durosoy, l'une de ses malades, il enchaîna, en quelque sorte, une partie de l'action des agents thérapeutiques destinés à combattre cette maladie. Le retour au pays amena la guérison de la façon la plus merveilleuse.

(1) Voy. Relation sur une épidémie d'hystéro-démonopathie, p. 107. Adrien Delahaye, 1863, 2me édition.

(2) Voy. Abeille médicale, année 1863, p. 195.

M. Padioleau (1) parle d'une demoiselle débilitée qui, en trois ans, se fit saigner deux cents fois, à chaque récidive d'une fièvre compliquée d'hémoptysie et de toux. Malgré une médication si contre-indiquée et bien qu'elle ne vécût que de lait et de féculacés, elle finit par se remettre. Cet auteur conclut avec sens que, dans les soins à donner aux malades, « il est important de saisir l'idée fixe, de l'observer avec art, d'en apprécier l'intensité, d'en calculer les résultats. »

Voilà trois docteurs qui ont parfaitement remarqué, l'un, que le moral a le pouvoir de neutraliser l'action des remèdes, et les deux autres, qu'il agit en même temps dans le sens opposé des traitements employés. A moins qu'ils n'aient conspiré pour appuyer notre opinion, il faut bien admettre que c'est, de leur bouche, toute une révélation de ce qu'est la puissance de la pensée comparativement à celle des moyens thérapeutiques. Et que l'on ne croie pas que ce qu'ils ont constaté n'a jamais été observé avant eux par des médecins. Zimmermann, dans son traité de l'expérience, a recueilli un grand nombre d'observations où les remèdes neutralisés ont paru produire des effets opposés à ceux qu'ils déterminent ordinairement. Seulement, au lieu d'attribuer cet étrange phénomène à l'action double d'une pensée fixe pendant un état analogue au sommeil, il l'a imputé à une exception dans le tempérament. « Il est des personnes pour lesquelles le café est un vomitif, que le jalaps constipe et que l'opium purge ; ou bien, il en est d'autres qui ressentent une action délétère de certains aliments ou de substances inertes. Des individus sont subitement atteints d'une enflure générale pour avoir mangé des cerises ou des groseilles ; Hachn ne pouvait manger plus de sept à huit fraises sans être pris de convulsions,

(1) Voy. Médecine morale, p. 176.

ni Tissot, avaler de sucre sans vomir ; Gaubius a vu un homme chez qui l'innocente poudre d'écrevisse déterminait autant d'effet que l'arsenic ; Haller, un autre chez lequel le sirop rosat causa une purgation suivie de convulsions, etc.; Rousseau, un autre, à qui le son de la cornemuse causait une subite incontinence d'urine (1). » Ce dernier exemple, rapproché ainsi des faits bizarres qui le précédent, trahit leur nature. Même le remède héroïque par excellence, le quinquina, ne peut rien contre des accès intermittents dus à une affirmation que les sujets se font pendant le sommeil ou un état semblable, tandis qu'une simple révulsion de pensée les fait disparaître comme par enchantement (2). C'est bien là une preuve de la supériorité de la pensée sur les remèdes. Si vous me prescrivez de l'opium, nous disait une dame, je souffrirai davantage et je vomirai, ce remède a toujours agi de cette façon sur moi. Elle en prit, d'après nos instances pressantes, et ce qu'elle avait annoncé arriva. Nous avons vu une hystérique qui ne pouvait supporter les pilules d'extrait d'opium, mais qui éprouvait un excellent effet des pilules d'extrait thébaïque ; changer le nom c'était changer le résultat. Dans un cas où nous jugions nécessaire une application de sangsues, la malade nous dit que ce moyen ne lui avait jamais réussi et qu'il valait mieux y renoncer, car elle était convaincue que le résultat en serait aussi fâcheux cette fois. Nous insistâmes et nous démontrâmes, avec force arguments, qu'une telle médication était parfaitement indiquée. Cette malade céda. On mit les sangsues ; le mal empira et nous eûmes à nous repentir de n'avoir pas respecté son idée fixe.

On a vu des faits plus étonnants que la neutralisation de

____

(1) Voy. Traité de l'hérédité naturelle, par M. Pr. Lucas, t. I, p. 118.
(2) Voy. Médecine morale, par M. Padioleau, p. 216.

l'action des remèdes, par cause morale, ou que la production par cette même cause, d'effets différents de ceux qu'ils déterminent habituellement, lors de leur administration. Le voyageur Bruce raconte qu'un charmeur de serpents fut mordu devant lui par un céraste. Bien que la blessure produite par cet animal rampant soit mortelle, l'individu mordu ne mit rien sur la plaie et n'éprouva absolument aucun effet d'un tel accident. Et cependant du venin avait été introduit dans les chairs de cet homme, car, dit Bruce, « nous fîmes mordre ensuite un pélican à la cuisse par le même serpent et il mourut en treize minutes. » C'est parce que ce charmeur se charmait lui-même qu'il jouissait d'une telle immunité ; là est le secret des pratiques des jongleurs de l'Inde et des confrères de Sidi-Mohamed-Ben-Haïssa, ces mangeurs de serpents, de morceaux de verres cassés, de clous, etc., lesquels, dans leur état d'exaltation, sont réputés si invulnérables, que l'on assure qu'ils peuvent, sans se brûler, prendre un fer rouge entre leurs mains, et même le passer sur leur langue (1). « Des voyageurs dignes de foi, écrit Salverte, sont venus enfin et nous ont dit : *J'ai vu*. Bruce, Hasselquist, Lemprière, se sont assurés par leurs propres yeux, qu'à Maroc, en Egypte, en Arabie et surtout dans le Sennaar, beaucoup d'hommes ont le privilége de braver impunément la morsure des vipères, la piqûre des scorpions.... Les uns assurèrent à Bruce qu'ils naissaient avec cette faculté merveilleuse, d'autres prétendaient la devoir à un mystérieux arrangement de lettres ou à quelques paroles magiques (2). » Ces prétendus sorciers, on le devine par le récit de l'auteur précité, donnèrent aux voyageurs qui les interrogeaient, la véritable et seule interprétation de leur propriété de ré-

(1) Voy. Du sommeil, par M. A. Maury, p. 275.
(2) Voy. Des sciences occultes, p. 253.

sister à l'action des venins, elle était magique, elle était innée, ce qui pour nous veut dire qu'ils se mettaient en charme. Et ce qui vient encore à l'appui qu'ils devaient un tel privilége à un état analogue au sommeil, c'est que, pendant l'expédition des Français en Egypte, des milliers de témoins attestèrent, à leur retour, avoir vu des hommes qui prétendaient tenir de leur naissance la faculté de braver les morsures des serpents, offrir leur ministère pour les détruire et aller de maison en maison pour les chercher. « Furieux, hurlant, et écumant, ils s'y jettent, ils s'y trainent, saisissent les reptiles sans redouter leurs morsures et les déchirent avec les ongles et avec les dents (1). » Il n'est pas un récit qui ne nous fasse entrevoir qu'une telle immunité est due à une affirmation négative des symptômes d'empoisonnement faite pendant un des états ressemblant au sommeil. Ce pouvoir neutralisant de la pensée, on l'a observé en France. « Le phénomène le plus saillant, dit A. Bertrand (2), celui qui a le plus attiré l'attention du public chez les convulsionnaires de Saint-Médard, c'est la faculté qu'ils avaient de résister à des coups si terribles, qu'il semble que les parties de leur corps, sur lesquelles ils étaient appliqués, auraient dù se trouver broyées sous les efforts des instruments vulnérants.... Ce phénomène, ajoute encore le même auteur, de résister aux causes de destruction auxquelles ils étaient soumis, je ne doute pas qu'il ne fut étroitement lié avec l'état d'insensibilité absolue dans lequel se trouvaient les crisiaques. » A. Bertrand ne se trompe pas. Tout état analogue au sommeil peut prédisposer à de semblables faits. Gehlen n'a-t-il pas constaté que la grenouille en chaleur est capable d'avaler, alors, impunément de l'acide

(1) Voy. Des sciences occultes, par Salverte, p. 254.
(2) Voy. Traité du somnambulisme, p. 380.

arsénieux à une dose qui lui serait mortelle en tout autre moment ? Ne savons-nous pas qu'à l'époque du rut, des mammifères, tels que le cerf, le renard, résistent à la mort d'une manière surprenante ? (Burdach.)

Quand l'attention ne se porte plus aux perceptions tactiles d'une partie de la surface du corps, ce que l'on reconnait à l'insensibilité absolue de la peau, qui n'a remarqué qu'un emplâtre irritant appliqué sur cette membrane, a perdu son action spécifique et qu'il ne produit ni rougeur, ni vésication ? Pourquoi, si les nerfs sensibles de l'enveloppe cutanée devenus paralysés sont, par là, cause de résistance à l'action impressive d'agents qui avaient la propriété d'irriter la peau auparavant, pourquoi, lorsque l'attention ne se porte plus aux nerfs et aux surfaces nerveuses profondes, les tissus internes ne jouiraient-ils pas, aussi bien que cette membrane extérieure, de la même résistance à être impressionnés ? Pourquoi la pensée consciente qui, en se concentrant sur une idée pendant le somnambulisme, isole les sens repartis extérieurement, n'aurait-elle pas le pouvoir, par une semblable révulsion de l'attention, d'anéantir aussi, intérieurement, les impressions où elle en formule le désir et de rendre nulles toutes celles que les poisons invisibles, virus, miasmes, ferments, etc., réveillent dans l'organisme et qui se traduisent en maladies graves, fièvre typhoïde, choléra, fièvre jaune, etc ? Le baron Barbier a fondé un prix pour quiconque découvrirait les moyens de guérison de la rage, du choléra, du typhus, du cancer, etc. Il n'y a pour le gagner, qu'une seule voie, c'est de se mettre à employer préventivement la méthode suggestive et isolante. Le seul obstacle au succès par cette même méthode, c'est qu'elle ne peut être employée que sur les personnes mises préalablement dans un état analogue au sommeil, ce à quoi tout le monde, jusques à présent, ne parvient pas (1). Afin de sauver ses malades, attaquer le typhus, le choléra, etc., lorsque ces affections sont déclarées et qu'elles ont fortement ébranlé l'organisme, c'est comme si, pour empêcher son effet meurtrier, l'on voulait arrêter un boulet dans sa course, au lieu de s'ingénier d'avance à empêcher le canon d'être tiré.

Soyons juste, cette puissance de la pensée, les médecins la connaissent pourtant et la font réagir, mais d'une manière empirique. « Pourquoi, écrit Montaigne (2), practiquent les médecins avant main la creance de leur patient, avec tant de faulses promesses de sa guarison, si ce n'est à fin que l'effect de l'imagination supplee l'imposture de leur apozeme? ils sçavent qu'un des maistres de ce mestier leur a laissé par escript, qu'il s'est trouvé des hommes à qui la seule veue de la médecine faisoit l'operation. » Il était habile, le médecin de son temps, qui faisait aller un malade du ventre, en lui donnant le simulacre d'un lavement. On employait les formes accoutumées « sauf qu'il ne si faisoit aulcune iniection (3). » Chacun sait que Dupuytren purgea une dame anglaise avec des pilules de mie de pain, en ayant soin de lui affirmer qu'elles contenaient un drastique violent. C'est lui qui, pour réduire une luxation, alors que l'on n'employait pas encore le chloroforme, soufifletait ses malades et, pendant qu'ils

---

(1) Nous traitons, en ce moment, un cancroïde des lèvres par affirmation. Il s'est produit un changement local tel, bien que nous eussions seulement amené le malade dans un état de charme léger, que notre induction nous paraît déjà au moins justifiée pour cette forme morbide, rebelle à tous les remèdes.

La guérison de la convulsionnaire Magdeleine Durand (voy. Traité du somnambulisme, par A. Bertrand, p. 393 et 509, vient aussi à l'appui de notre manière de voir.

(2) Voy. Essais, l. 1, chap. XX.

(3) Voy. id.   id.

étaient en proie à l'émotion, remettait en place le membre luxé, sans qu'ils fissent résistance et souffrissent autant. Récamier, le seul peut-être après Braid et les magnétistes qui ait sérieusement entrevu, au point de vue thérapeutique, les ressources de l'influence du moral sur le physique, faisait manger et digérer une cotelette sur simple affirmation, à une femme nerveuse qui, auparavant, vomissait tous ses aliments.

Mais les médecins n'ont reconnu que quelques-uns des moyens de la médication morale ; presque toujours, ils n'ont entrevu en ces moyens qu'une force folle et intraitable désignée, par eux, du nom d'imagination. Dans leur pratique journalière ou, pour peu qu'il y ait état de charme chez leurs malades, la pensée consciente, comme un gnome invisible, intervient pour faire naître et empirer le mal ou le faire disparaître, ils ont à peine soupçonné la présence de cette force. Ce que l'on ignore, c'est que les cures les plus remarquables, on les doit à l'action révulsive du moral combinée ou non avec celle des remèdes. Croit-on que la pensée n'y soit pour rien, dans la guérison des membres douloureux que l'on maintient au repos le plus absolu ? Ce principe fondamental de la thérapeutique, le repos, a pour effet d'amortir des sensations pénibles que le mouvement pourrait raviver et d'empêcher, ainsi, l'attention de se reporter au siége du mal, de le nourrir par une incubation de tous les instants. Croit-on encore que la pensée n'intervienne pas, lorsqu'à l'aide d'irritants sur la peau ou sur la muqueuse digestive et ailleurs, on favorise la disparition des maladies dont le siége est plus éloigné ? L'afflux qu'une médication révulsive produit sur la force nerveuse, la pensée vient le rendre plus intense et, pendant que cette puissance psychique est tendue continuellement sur la lésion factice, l'affection que l'on veut guérir devient inconsciente. De même que nous ne pouvons avoir la conscience de deux idées à la fois, pour peu que l'une nous attache, bien qu'il y en ait des quantités dans la mémoire, de même, lorsqu'on est traité par médication révulsive, l'on n'a sentiment que de la douleur plus vive nouvellement développée, on perd le sentiment des souffrances causées par la maladie dont on cherche à se débarrasser, ces souffrances deviennent latentes, passent à l'état de souvenirs ; il arrive alors que, faute d'être alimenté, le mal disparait et que l'esprit, en abandonnant enfin l'idée de la lésion factice, ne retrouve plus celle de l'affection première aussi fraîche ; on se croit guéri et on l'est véritablement (1). Il est facile d'avoir des preuves de ce que nous avançons en traitant, par exemple, des névralgies contre les règles de l'art, en faisant naître de la vésication sur des parties très-éloignées de la région douloureuse ; en agissant de cette façon, l'on obtiendra des résultats aussi favorables. Il n'est pas même besoin que l'irritation produite soit très-vive, il suffit que, dans un léger état de charme ou d'émotion, la pensée soit dirigée sur des perceptions à peine sensibles, et qu'elle s'en occupe avec activité. Ce qui prouve cette assertion, c'est qu'un point de cautérisation, à peine senti et établi au voisinage du conduit auditif, a suffi pour enlever des névralgies dentaires, ou des sciatiques, même rebelles à une irritation énergique, irritation produite sans doute trop près du siége de la douleur. Il est évident que, dans de tels cas, la révulsion physique est couverte d'une action morale comme pour la guérison de l'entorse par des frictions. Comment aussi, sinon par une tension de l'esprit vers des régions éloignées du siége de la maladie, et par une affirmation de guérison que l'on se fait,

___

(1) Cette phrase ne s'applique à la lettre qu'à certaines maladies nerveuses.

comment expliquer ces cures rapides de fièvres ou de maladies nerveuses par la ligature d'une ficelle autour du mollet, par des fragments de racines d'acore suspendus en chapelet autour du cou, par des emplâtres inertes placés sur le carpe, par une noisette remplie de mercure et portée dans un sachet, ainsi qu'un scapulaire, par les piqûres de mouches, par l'application des plaques métalliques de M. le Dr Burq, par les bézoards et les aérolithes pulvérisés et employés avec tant d'efficacité chez les Birmans? Comment expliquer encore ces guérisons par l'eau magnétisée, c'est-à-dire, l'eau pure, ce remède souverain que les magnétistes employent avec succès contre toutes les infirmités humaines? Ce qu'ils disent de ses vertus est le fruit d'une expérience mieux établie qu'on ne le suppose. « On pourrait, dit M. Lafontaine (1), appeler l'eau magnétisée l'élixir de longue vie, l'eau de la fontaine de Jouvence..... L'eau magnétisée, ajoute-t-il, grâce à cette merveilleuse facilité qui lui est propre, s'assimile au corps qui l'absorbe selon les besoins spéciaux de celui-ci. » Et plus loin : « l'eau magnétisée est la panacée recherchée par les anciens, car nous ne connaissons aucune affection, aucune maladie pour laquelle elle ne soit salutaire et efficace. » « J'ai vu l'eau magnétisée, dit Deleuze, produire des effets si merveilleux, que je craignais de me faire illusion, et je n'ai pu y croire qu'après des milliers d'expériences. » Et les passes, ne sont-elles pas, d'après M. Charpignon (2), sédatives, excitantes, toniques, fondantes, dérivatives, stupéfiantes, dégageantes, bref, propres à tout ce que l'on désire? Que dire du pharmaco-magnétisme de M. le Dr Viancin? Citons plutôt : « Léonidas Guillot a failli faire périr un médecin réfractaire, en le

_____

(1) Voy. *le Magnétiseur*, n° du 15 juin 1862.
(2) Voy. *Physiologie du magnétisme*, p. 292.

magnétisant à travers la noix vomique; il a ensuite dissipé les accidents, comme on le fait ordinairement, avec des passes. A travers du colchique, il a purgé toute une chambrée. M. J...., se magnétisant à travers l'iode par insufflation, s'est guéri d'une hydrocèle compliquée d'œdème du cordon. M. Toupiolle vient de corriger un employé, stupide et vieux réfractaire, en le magnétisant pendant deux heures avec de l'aloès; le lendemain, le vieux récalcitrant a été pris d'une diarrhée qui dura plusieurs jours (1)..... » Dans cet amas de pratiques bizarres, qui ne reconnaît clairement l'action bienfaisante de la pensée, ici excitant les organes, et là, les calmant? A-t-on jamais entonné un aussi unanime concert, sur les vertus des médicaments, que les magnétistes sur celles de l'eau et des passes? Les magnétistes ont vu ce qui est encore inconnu aux orgueilleux de la science officielle, ils ont vu des guérisons instantanées ou rapides, là où ces derniers sont très-heureux, quand, avec leurs drogues, ils ont la chance de ne pas troubler la nature curatrice. Sans le savoir, sous leurs manœuvres et sous leurs idées préconçues, les magnétistes font mouvoir la pensée, ce levier, le plus puissant de tous sur l'organisme. Que les médecins ne rient pas de leurs théories absurdes, bien moins excusables que ces empiriques, ils sont, autant qu'eux, dupes d'illusions de jugement dans l'appréciation des résultats thérapeutiques, dès lors qu'ils tiennent si peu compte, dans leur traitement, du rôle important que joue la pensée. N'est-ce pas parce qu'ils méconnaissent l'action de cette force psychique, qu'ils accusent les remèdes d'être infidèles, ou qu'ils accusent les maladies de bizarrerie? Il y a des agents médicamenteux réellement actifs, qu'ils regardent comme peu sûrs, et il en est d'autres, sans

____

(1) Voy. Physiologie du magnétisme, p. 59.

vertu, qu'ils prisent beaucoup. Ces erreurs d'appréciations viennent de ce qu'en employant ces agents, ils sont tombés sur des malades sensibles à l'affirmation, les uns, se suggérant de bons effets de ces moyens, et les autres, ne s'en suggérant pas. Si l'on avait tenu compte de cet élément supérieur à toute médication, la pensée, il n'y aurait pas tant de confusion dans les jugements portés sur les propriétés des remèdes. Au moins, dans cette anarchie d'opinions contradictoires, en se servant de ces derniers, qu'on les couvre d'une action morale comme on revêt l'argile de dorure, que l'on fasse marcher les deux actions ensemble et que l'on se souvienne que, pour amener la guérison par les agents thérapeutiques, il faut toujours faire croire à leur efficacité.

Aujourd'hui, plus que jamais, les médecins ont les remèdes en méfiance. C'est une volte-face heureuse et une preuve qu'ils observent. On ne saurait jamais être trop sceptique. Prenez ce remède tant qu'il guérit, disait Bouvard. Ces paroles sont profondes. Sachons guérir par tous les moyens, même avec de la terre ramassée sur la tombe du diacre Pâris ; pas plus que de guérisseurs, il ne doit y avoir d'aristocratie de remèdes, du moment que l'on peut purger un malade avec de l'opium ou avec rien du tout. Chacun même, pour peu qu'il soit impressionnable, peut faire sa besogne, fouler aux pieds ces idoles de pharmacie, bols, élixirs, onguent, potions, juleps, mixtures, pilules, granules, etc., puisqu'une idée introduite dans l'esprit résume les effets des médicaments les plus subtils et les plus héroïques. Aussi, entre les deux thérapeutiques, celle du moral et celle des remèdes, il n'y a pas à balancer. A la première, la préséance, lorsqu'on peut l'employer, la seconde ne doit alors être que son humble compagne, si l'on y a recours. La thérapeutique ne sera plus une science empirique, quand, pour dissiper les maladies, on saura manier à part la révulsion mentale, ou marier ensemble la médication par action partant du cerveau avec celle qui agit par impressions sur les filets et les surfaces nerveuses. Et si chacun peut parvenir jamais à diriger, sous ce rapport, les rênes de sa pensée, la médication suggestive deviendra la chose esseñtielle des sciences médicales : on verra alors les plus ignorants être plus habiles , pour dissiper leurs maux, que les Nestors de toutes les facultés du monde.

En résumé, le système nerveux (cerveau, moelle, nerfs, grand sympathique) ne forme qu'une grande unité, malgré les divisions tranchées qui le composent ; le cerveau en est l'organe principal et essentiel. En ce dernier, siége le pouvoir impulsif, le moteur premier, c'est nommer la force d'attention dont l'action se bifurque , d'un côté, sur les fonctions de la vie animale, et de l'autre, sur celles de la vie végétative, pour faire naître dans ces deux systèmes, en y affluant, les sensations, les idées, le mouvement, la mémoire, la pensée : seulement, ces diverses manifestations psychiques sont conscientes pour la vie de relation, et inconscientes pour la vie de nutrition. Outre l'attention, il est aussi au cerveau un pouvoir qui n'existerait pas sans cette force, pouvoir qui est le résultat de son action sur des idées, c'est la pensée. La pensée sert, consciemment, aux fonctions animales et, insciemment, aux fonctions nutritives. Mais la pensée consciente tient le sceptre, elle peut faire sentir son influence jusque sur les parties les plus reculées de l'économie, qu'elles soient-innervées par les nerfs cérébro-rachidiens ou par le grand sympathique, et, non-seulement elle absorbe l'action de sa congénère, mais encore elle l'altère. Entre la pensée qui conçoit et sa répercussion sur les tissus, le phénomène est instantané et indivisible , nous n'y voyons pas plus de solution de continuité que nous en trouvons entre la pensée pleine de vie et son organe. De l'encéphale, désunies ou ensemble, ces deux forces, l'une simple, l'attention, véritable sentinelle, et l'autre complexe qui en découle, la pensée, véritable chef de l'organisme, ces deux forces ont la faculté de se diriger où il y a impression et de pouvoir s'y concentrer ; la pensée même commande à l'attention qui l'a formée et, en se concentrant, l'appelle en excès pour créer des sensations dans les tissus où il n'y en avait pas de ressenties auparavant. Mais il est une loi du fonctionnement de l'attention : en même temps qu'elle afflue dans des organes, elle reflue de ceux qu'elle abandonne. C'est dans ce mouvement de fluctuation, dans cette rupture d'équilibre partant du cerveau, que réside le point de départ des maladies, c'est aussi d'un tel mouvement réciproque et inverse que résulte la formation des guérisons naturelles et, par suite, celle des guérisons par les remèdes et par réaction mentale.

Toutes les maladies sont causées par des impressions que l'attention, aidée ou non de la pensée, vient alimenter ; de là, d'un côté, cumul de cette force nerveuse et excitation, de l'autre, diminution de cette force et sédation ; dans les parties de l'économie où l'un de ces phénomènes domine, là on dit qu'est le siége de la maladie, et on la déclare sthénique ou asthénique, selon le caractère prédominant qui frappe l'observateur. Comme, pour ramener l'équilibre de l'action nerveuse dérangée, la nature curatrice (et c'est presque toujours la pensée inconsciente), agit en accumulant l'attention, par conséquent en développant des impressions dans les organes qui manquent de stimulation et en éloignant cette même force des organes où il y avait trop d'excitation, de même, les remèdes ne doivent être utilisés que pour venir en aide à la nature curatrice, ou l'empêcher de dévoyer, en agissant par impression en moins où il y a irritation et par impression en plus où il y a sédation. Aussi n'existe-t-il pour nous que deux grandes classes de remèdes, les calmants et les excitants.

Ces indications opposées dérivant du caractère primitif des maladies, indications que remplissent et la nature curatrice et les remèdes, lorsqu'ils sont bien administrés, sont exécutées pendant le sommeil profond et ses analogues, avec une sûreté que rien n'égale, par la pensée consciente. Cette dernière a le pouvoir de commander à l'attention, de la diminuer là où elle nourrissait le mal par son trop grand afflux, et de l'accumuler là où elle le favorisait par sa diminution. Dans l'état passif, la pensée enfante les sensations ou enlève les perceptions avec plus de promptitude et de facilité que les agents médicamenteux ne le font, elle a le pouvoir de créer, par remémoration au cerveau, tout ce qui vient par manque ou excès d'impressions sur les filets ou les surfaces nerveuses, elle revivifie ou calme les perceptions partout où elles existent. Aussi, les remèdes ne sont-ils rien alors à côté d'elle, elle rend leurs effets nuls en isolant le système nerveux et l'empêchant d'être impressionné, et qui plus est, pendant que ces agents sont absorbés et rendus inertes, elle va stimuler les organes qu'ils ont la propriété de calmer et calmer ceux qu'ils ont la propriété de stimuler. C'est cette puissance de la pensée qui nous explique, chez les charmeurs de serpents, la neutralisation de virus mortels pour tous autres, c'est elle qui nous porte à croire fermement, qu'en se dirigeant dans cette voie ouverte par eux, il est possible, dans la période d'incubation, de prévenir les affections virulentes, miasmatiques ou infectieuses.

Pour peu que l'on soit dans un des états analogues au sommeil, l'influence curatrice de la pensée, en temps que force mal contenue ou mal dirigée, agit dans le sens des appréhensions des malades, elle agit partout où l'on cherche à produire des guérisons, elle est dans le sens des promesses des médecins, elle est où l'on attend l'effet d'un remède, elle est là où opère un révulsif, là où l'on emploie des moyens sans vertu, amulettes, eau magnétisée, passes, et, dans ces derniers cas, elle est cause parfois de miracles que n'égalisera jamais l'action des plus héroïques médicaments; aussi, si elle n'est leur condamnation, est-elle au moins la base du système de médication qui, le premier, doit surtout entrer en ligne chez les personnes impressionnables.

CHAPITRE VII.

MÉDECINE LÉGALE.

Les faits criminels, dont le sommeil profond est la cause, sont de deux sortes : ou ils dérivent de l'initiative des dormeurs, ou ils relèvent de celle des personnes qui les ont endormis. Cette question n'ayant encore été qu'effleurée sous ces deux aspects différents, il m'a paru utile d'en faire la base d'un dernier article.

Mais, pour éclairer les interprètes de la loi sur les actes commis, soit par les somnambules, soit par les endormeurs à l'égard des somnambules, et même à l'égard d'autrui, au moyen de ces derniers, il faut avant tout, connaître quel est l'état des facultés mentales de ceux qui sont dans le sommeil profond.

Livrés à eux-mêmes, les dormeurs ne s'appartiennent pas, et ils sont encore moins leurs maîtres, lorsqu'ils tombent entre les mains de ceux qui les ont endormis. Dans la première circonstance, ils sont le jouet des pensées qui surgissent de leur esprit ; dans la seconde, ils sont, de plus, abandonnés sans défense à ceux qui les endorment ou mis à la remorque des idées qu'on leur inculque. Une telle incapacité est l'effet de l'accumulation de leur attention sur une ou quelques idées fixes, force qu'il leur est impossible de transporter sur d'autres idées par un effort propre. Rien ne prouve mieux cette assertion, pour les somnambules, que la disposition de leurs membres à conserver alternativement les attitudes diverses qu'on leur imprime, attitudes qui ne sont que la marque extérieure de l'arrêt successif de l'attention sur chacune des idées nouvelles suggérées. De même qu'il ne peut changer la disposition de ses muscles, l'homme qui dort et dont l'attention est paralysée, se trouve incapable de se servir librement de ses sens, de faire naître à volonté des idées dans sa mémoire, de les comparer, de raisonner et de conduire enfin ses actions dans le sens des motifs les plus convenables. Aussi, chez les dormeurs profonds, quand, par impulsion reçue, ont lieu des phénomènes de sensations, de mémoire, de raisonnement, de mouvements, ces phénomènes se rapportent le plus souvent au sujet principal du rêve ; ils se développent dans un ordre étroit, et d'habitude, à côté d'une faculté, d'un sens en activité, on trouve la nullité des autres facultés, des autres sens. Si un seul organe de perception, ou un seul genre d'idée mémorielle, ou une seule partie de l'appareil musculaire viennent séparément en aide au raisonnement, par exemple, si, par conséquent, le monde extérieur et le monde de la mémoire font à peu près défaut, comment supposer que les somnambules isolés ainsi par un côté, et n'ayant, pour leurs pensées, qu'un parcours circonscrit dans la direction d'une idée fixe principale souvent absurde, comment supposer qu'ils ne soient pas le plus souvent dupes de leurs propres rêveries, et que, par quelques endroits, ils ne soient pas conduits infailliblement à se tromper et à se plonger toujours davantage dans l'erreur ? Et c'est pire encore, lorsqu'ils sont en rapport avec un endormeur. Dans l'inertie d'attention où ils sont arrivés, ils ne peuvent se défendre d'accepter les idées que celui-ci leur impose, ils tombent en son pouvoir, ils deviennent son jouet : illusions, hallucinations, croyances fausses, perte du sens moral, impossibilité de résister aux suggestions vers le vice, mise à exécution des projets les plus dangereux pour soi ou pour les autres, etc., l'endormeur peut tout développer dans l'esprit des somnambules et le leur faire mettre à exécution, non-seulement dans leur état de sommeil, mais encore après qu'ils en sont sortis. Il n'est pas un somnambule qui soit capable de réagir contre la suggestion de la personne avec laquelle il est mis en rapport; il est d'autant plus docile qu'il est isolé, et partant, de plus en plus endormi. Puisségur, et après lui, les magnétistes partisans du surnaturel, ont soutenu que les dormeurs, dont la lucidité paraît transcendante, jouissent de leur liberté morale et physique. D'abord, je le confesse, il ne m'est jamais arrivé d'en rencontrer qui aient eu en partage des facultés merveilleuses et une telle liberté. Sur certains sujets, j'ai remarqué souvent une surexcitation des sens, de la force musculaire, de la mémoire et de l'intelligence, mais c'était dans la limite des choses naturelles. Dans ces cas, il m'a toujours été possible d'anéantir en eux ce qu'ils avaient de spontanéité d'esprit et de corps. Aussi, ne puis-je accepter, avant preuve du contraire, la manière de voir de ces hommes convaincus. Théoriquement, du reste, cette liberté est incompréhensible. C'est parce qu'il est extrêmement isolé, parce que son attention est accumulée fortement sur un sens ou une faculté, qu'un somnambule est plus lucide que d'ordinaire, et, comme l'impossibilité où il est de réagir par la pensée est en raison de la concentration de son esprit, il s'ensuit nécessairement qu'il a perdu alors au plus haut degré, avec la liberté de faire effort, la liberté morale et physique. Les meilleurs dormeurs, les plus lucides enfin, sont bien inférieurs aux fous sous le rapport dont il s'agit, car, d'eux-mêmes, ils ne se mettent en communication avec ce qui les entoure que d'une manière exceptionnelle, tant leur attention, devenue inerte par son accumulation, a fini par perdre de son ressort, et de plus, comme ils sont isolés presque de tous leurs sens et de toutes leurs facultés, ce qu'ils gagnent par cela même en profondeur de pensée, ils le perdent en étendue, c'est à-dire, en liberté.

On cite peu d'exemples de crimes commis par les somnambules et qui soient venus de leur initiative. Cependant on lit, dans Brillat-Savarin (1), que le prieur d'un couvent, nommé Don Duhaguet, n'échappa à la mort que parce qu'il n'était pas encore couché, lorsqu'un de ses religieux, étant dans un accès de somnambulisme, vint percer son lit de trois grands coups de couteau. Cet homme avait passé à côté du père prieur sans le voir, et pourtant celui-ci était à son bureau où deux lampes se trouvaient allumées. Ce qui l'avait conduit à cette acte, c'est qu'il avait rêvé que Don Duhaguet venait de tuer sa mère, et l'ombre sanglante de celle-ci lui était apparue pour demander vengeance.

On lit dans Orfila (2), d'après M. le Dr Pochon, qu'une nuit, étant couché dans une auberge, un somnambule se mit à crier, au voleur ! On accourut, on lui demanda ce qu'il avait : « Ah ! c'est toi coquin, » répondit-il, en tirant un coup de pistolet. Poursuivi pour cet acte, il ne fut acquitté qu'en prouvant qu'il était sujet au somnambulisme.

Il arriva un fait semblable le 1er janvier 1843. Un aubergiste, entendant du bruit dans la chambre où couchait un jeune voyageur, il s'y rendit et fut blessé d'un coup de couteau. Cet homme rêvait qu'on venait l'assassiner et se défendait. Sur le rapport des docteurs Chapeau et Tavernier, une ordonnance de non-lieu fut rendue à propos de son action (3).

Taylor rapporte qu'un marchand dormait dans la rue,

(1) Voy. Physiologie du goût, t. II, p. 5, 1825.
(2) Voy. Médecine légale ; article : Sommeil somnambulique.
(3) Voy. Annales médico-psychologiques, année 1863, p. 92, article de M. Legrand du Saule.

ayant dans la main une canne à épée ; réveillé par un passant, il se précipite dessus et le blesse mortellement (1).

Un jeune homme avait souvent des rêves terribles. Une nuit que son père s'était levé, il entendit le grincement d'une porte ; il saisit son fusil et attendit en guettant celui dont les pas s'approchaient. Aussitôt que son père fut à sa portée, il le frappa en pleine poitrine (2).

En 1851, raconte M. Brière de Boismont (3), un napolitain, rêvant que sa femme couchée à ses côtés, lui était infidèle, la blessa grièvement avec un poignard qu'il portait toujours sur lui. A ce sujet, M. Marghetta, avocat, a publié une consultation où il soutient que les coups et blessures portés par un homme endormi et dans un état complet de somnambulisme, ne sauraient l'exposer à aucune peine.

Le même auteur rapporte encore (4) qu'en 1686, lord Culpepper comparut devant les assises d'Old-Bayley pour avoir tué un garde et son cheval, étant dans un état de somnambulisme. Il fut acquitté.

On a vu des individus, à la suite d'un songe dont les hallucinations se prolongeaient, attaquer l'objet de leur vision comme ce rêveur dont parle Hoffbauer (5), lequel frappa sa femme d'un coup de hache, dans le lit où elle reposait et où il voyait un spectre.

C'est ainsi qu'un homme, rêvant se battre avec un loup, tua d'un coup de couteau l'ami qui était couché à côté de lui (6).

Les médecins-légistes ont pensé que les somnambules

---

(1) Voy. Ann. méd.-psych. 1863, p. 92, article de M. Legrand du Saule.
(2) Voy. id.
(3) Voy. Traité des hallucinations, p. 338.
(4) Voy. id., p. 338.
(5) Voy. id., p. 270.
(6) Voy. Ann. méd.-psych., 1863, p. 92.

n'ont pas la conscience de ce qu'ils font, et qu'ils ne sont nullement les maitres de leurs actions. Cependant il est des auteurs, Muyard de Vouglans, Fodéré et Hoffbauer, qui ont prétendu que si l'un d'eux avait commis un acte d'agression, à l'égard d'un ennemi capital, on devrait le lui imputer à crime, et le déclarer coupable, attendu que cet attentat ne serait alors que l'exécution de projets criminels précédemment conçus et nourris dans sa pensée (1). On ne saurait, dans une appréciation de ce genre, être moins circonspect que ces trois écrivains. Parce que l'on a un ennemi mortel, est-ce une raison pour croire que l'on est toujours resté dans la ferme résolution de le tuer? Et eut-on affirmé que l'on se vengerait, est-ce une preuve que, pendant la veille, on se serait vengé parce qu'on le fait dans le somnambulisme, état où l'on n'est plus maitre de résister à une mauvaise pensée? Avec des principes d'une moralité en apparence si scrupuleuse, on serait bientôt sur la pente d'absoudre et même de louer ce César de Rome, envoyant au supplice un citoyen qui avait avoué naïvement avoir rêvé qu'il tuait l'empereur : « Si tu n'avais pas pensé pendant le jour à m'assassiner, tu n'y aurais pas rêvé pendant la nuit, lui dit l'implacable tyran. »

Les actes qui relèvent de la justice et qui concernent les endormeurs vis-à-vis des somnambules, sont probablement plus nombreux que les précédents, et ils peuvent augmenter dans de grandes proportions. Sauf M. Charpignon (2) qui a déjà abordé ce point de vue et a prêché dans le désert, je ne connais plus personne qui l'ait imité. Sous ce rapport, les médecins-légistes sont encore dans

(1) Voy. Médecine légale, par Briant, p. 523.
(2) Voy. Rapport du magnétisme avec la jurisprudence, Germer-Baillière, 1860.

l'ignorance ou, le plus souvent, livrés aux hésitations du doute. Et cependant, l'on peut poser en principe, qu'une personne mise en somnambulisme, est à la merci de celui qui l'a amenée dans cet état. J'ai tenté des expériences qui m'ont confirmé dans cette opinion. J'ai fait souvent enlever leur coiffure à des dormeurs, fouiller dans leurs poches, tirer leurs bagues des doigts, défaire leurs chaus-sures, etc., sans qu'ils parussent se douter de quelque chose ou qu'ils fissent la moindre résistance; l'isolement dans lequel je les avais mis était la cause pourquoi ils ne paraissaient avoir conscience de rien. J'ai voulu m'assurer encore s'il n'est pas possible de leur surprendre des se-crets. Un jour, j'affirmai à une jeune fille endormie que j'étais un prêtre et qu'elle était elle-même une pénitente venue pour se confesser. Cette petite prit son rôle au sérieux et me fit une confession de peccadilles charmantes. Croit-on que l'on ne ferait pas de même avec un de ces somnambules réputé lucide, et qu'il serait difficile de lui extorquer ce qu'il a de plus caché dans le fond de son cœur? D'elles-mêmes, pour ainsi dire, il y a des per-sonnes qui, dans leur sommeil, font des aveux compro-mettants. Le professeur Blandin, ayant poussé, sur un argument personnel, une dame qu'il avait mise en som-nambulisme, en obtint une réponse telle, qu'il jura de ne plus se prêter à une manœuvre qu'il avait regardée comme un badinage (1). Mais ceci n'est rien. On peut modifier les sentiments des dormeurs, diriger leurs actions dans le sens des idées fixes qu'on leur impose. Que d'abus graves de toutes sortes il peut sortir de là? Ce que j'avance résulte, pour moi, d'expériences que je tentai sur une jeune fille très-intelligente, et qui, en état de sommeil profond, était la plus revêche et la plus indé-

____

(1) Voy. Traité des hallucinations, par M. Brière de Boismont, p. 358.

pendante de caractère que j'eusse rencontrée. Cependant, je parvins toujours à m'en rendre maître. J'ai pu faire naître dans son esprit les résolutions les plus criminelles, j'ai surexcité des passions à un degré extrême ; ainsi, il m'est arrivé de la mettre en colère contre quelqu'un et de la précipiter à sa rencontre le couteau à la main ; j'ai déplacé en elle le sentiment de l'amitié, et avec le même instrument tranchant, je l'ai envoyée poignarder sa meilleure amie qu'elle croyait voir devant elle, d'après mon affirmation : le couteau alla s'émousser contre un mur. Je suis parvenu à déterminer une autre jeune fille, moins endormie, à aller tuer sa mère, et elle s'y dirigea en pleurant, il est vrai. Eh quoi ! un homme sain d'esprit jusqu'alors, entend une voix qui, pendant la nuit, lui répète : Tue ta femme, tue tes enfants, il y va, poussé par un mouvement irrésistible, et un somnambule, toujours disposé à recevoir des hallucinations, ne serait pas capable d'un même entraînement involontaire ? J'ai l'intime conviction, d'après d'autres expériences encore, qu'un somnambule même auquel on aura suggéré de commettre des actions mauvaises après son réveil, les exécutera alors sous l'influence de l'idée fixe imposée ; le plus sage deviendra immoral, le plus chaste impudique ! Si l'on a porté, de cette façon, une femme publique à abandonner son infâme métier, pourquoi ne pervertirait-on pas, pour l'avenir et par le même moyen, la fille la plus vertueuse ? L'endormeur peut plus encore, suggérer à son somnambule, non-seulement d'être médisant, calomniateur, voleur, débauché, etc., pour une époque ultérieure au sommeil, mais il peut l'employer, par exemple, à accomplir pour lui des actes de vengeance personnelle, et ce pauvre rêveur, oublieux d'une telle incitation au crime, agira pour le compte d'autrui comme pour le sien, entraîné qu'il sera par l'idée irrésistible et fixe qu'on lui aura imposée! Quand le crime sera commis, quel est le médecin-légiste qui viendra éclairer la justice et faire soupçonner d'innocence un homme qui n'aura jamais montré de signe de folie, qui aura gardé toutes les apparences de la raison, et qui, convaincu de sa mauvaise action, avouera de bonne foi l'avoir accomplie de son propre mouvement? Qui sait si des faits semblables ne se sont pas déjà produits? Je me suis souvent demandé si ce n'était pas par des procédés analogues, que le Vieux de la Montagne envoyait des serviteurs dévoués exécuter, avec tant de ponctualité, ses ordres d'assassinats? Je me suis encore fait la question, puisqu'on a vu des hommes devenir coupables de meurtre, pour avoir obéi, dans leur sommeil, à une voix qui leur avait enjoint de tuer, s'il n'est pas des dormeurs qui, ayant ouï de semblables voix, dans leurs rêves, ont aussi cédé, après réveil, à ces injonctions, fruit d'un jeu automatique de la pensée, tout en ayant perdu le souvenir de les avoir entendues? Qui sondera cet abîme?

Mais il ne s'agit pas de s'occuper seulement des méfaits que les hommes sont capables de mettre à exécution, dans le sommeil ou pendant la veille à la suite d'une suggestion reçue en somnambulisme, il faut encore s'occuper de ceux que les endormeurs ont déjà commis ou fait commettre. Il en est qui ont été la cause de maladies graves développées chez leurs somnambules, soit par ignorance de leur part, soit par calcul. Je connais un paysan devenu épileptique à la suite de tentatives maladroites faites pour l'endormir ; il a maintenant une telle crainte des manœuvres ayant pour but d'amener le sommeil artificiel, que je n'ai pu le décider à se laisser traiter par moi d'une maladie que j'espérais guérir par suggestion : venue par impression morale, son affection devait s'en aller de même. Il n'y a sous ce rapport, rien que je sache, ni lois établies ni règlements, pour que les opérations faites dans l'intention de déterminer le somnambulisme, le soient par des hommes compétents et dans des conditions de surveillance.

Mais si l'on n'a pas encore avisé à prévenir le mal, la justice sait pourtant déjà trouver les coupables, ce que prouve un arrêt du tribunal de Douai qui condamna un endormeur à 25 francs d'amende, 1,200 francs de dommages et intérêts et aux frais, pour avoir causé des accidents nerveux suivis d'une longue maladie (1). Mais pour un imprudent qu'elle punit, que de véritables criminels, dont elle ne s'occupe pas.

On trouve, dans l'ouvrage de M. Bellanger (2), l'histoire d'une femme rendue enceinte par un médecin qui abusa d'elle pendant des accès de somnambulisme ; elle s'était confiée à lui pour se faire traiter d'une affection nerveuse. Cette personne, qui n'avait conservé aucun souvenir de ses rapports clandestins et qui n'avait cessé d'être chaste et fidèle à son mari absent, au moins au point de vue moral, minée par la honte, devint folle en même temps qu'elle devint mère. Celui qui enlève ainsi l'honneur d'une femme, n'est-il pas un grand coupable ? A-t-on vu les princes de la science s'émouvoir de tels faits et chercher à éclairer la justice ?

M. Macario raconte aussi (3) qu'une jeune fille a pu être victime d'une tentative de viol, sans en avoir conservé le souvenir au réveil. Ce ne fut que dans un second sommeil, qu'elle révéla à sa mère les manœuvres brutales dont elle avait été l'objet.

(1) Voy. Rapport du magnétisme et de la jurisprudence, par M. Charpignon, p. 48.
(2) Voy. Le magnétisme, p. 207. Paris, 1854, Guilhermet.
(3) Voy. Du sommeil, p. 120.

Pour la première fois peut-être, en 1858 (1), on demanda un rapport à MM. les Drs Cotte et Broquier, ce dernier directeur de l'école de médecine de Marseille, à l'effet de savoir si une jeune fille enceinte avait pu être déflorée et rendue mère contrairement à sa volonté, pendant le sommeil artificiel. La conclusion de ces médecins fut affirmative. M. Devergie consulté, confirma par une lettre l'opinion de ses confrères. Il est curieux de voir, dans ce cas, la médecine officielle se prononcer sur un fait ayant rapport à une question mise par elle en dehors de sa compétence. Voilà même un des membres de l'Académie de médecine qui parle déjà avec connaissance de cause sur une semblable matière ! Le temps ne serait-il donc plus où ce corps savant, pensant en savoir assez sur ce sujet, jetait dans son panier les communications déplaisantes des magnétistes ?

Les faits que je viens de rapporter et les expériences que j'ai faites, suffisent pour donner à comprendre quelle importance on doit attacher à la médecine légale du sommeil ; l'intérêt de la société exige impérieusement que l'on s'en occupe. En attendant plus ample informé, en attendant que l'Académie de médecine qui, par une décision solennelle, a condamné le somnambulisme artificiel à l'oubli, en attendant que, pour sa réputation, elle se prononce à nouveau et revienne de son erreur d'une manière catégorique, il reste à se demander comment doit se comporter l'interprète de la loi vis-à-vis des somnambules et des endormeurs, lorsqu'ils sont convaincus d'avoir commis des actions criminelles ? Evidemment, ainsi qu'il a été établi plus haut, le somnambule étant un rêveur moins libre encore dans ses déterminations que ne l'est l'aliéné, il doit être placé dans la catégorie des hommes irresponsables

(1) Voy. Rapp. de la méd. et de la jur., p. 52, par M. Charpignon.

de leurs actes. Du moment que ce dormeur est reconnu avoir porté préjudice à ses semblables et pouvoir encore récidiver, il doit être mis dans l'impossibilité de nuire de nouveau. Pour y arriver, il suffit d'exiger qu'il soit enfermé pendant son sommeil ou simplement surveillé tout le temps de sa durée, jusqu'à ce qu'il n'y aura. plus chez lui de manifestation de rêves somnambuliques ; rien que cela. Dire que l'homme qui, endormi, tue son ennemi mortel, est passible des peines éditées dans la loi, parce que cet acte agressif est l'effet d'une résolution prise pendant la veille, c'est faire une supposition gratuite et indémontrable ; cette résolution fut-elle prouvée, il reste toujours ce doute que si cet homme n'eut pas dormi, il aurait peut-être changé de détermination. Mais à l'égard de l'endormeur dont la raison est entière, s'il est prouvé qu'il a abusé de la confiance d'un somnambule, ce ne doit être qu'avec connaissance de cause ; aussi, soit qu'il ait porté tort directement à ce dernier, soit qu'il l'ait poussé à causer du mal aux autres, il faut que la loi lui soit sévèrement appliquée. Ce n'est que dans les cas où il a agit par imprudence, que l'on doit avoir de l'indulgence à son égard.

Ces faits imprévus, étranges, de viols ignorés par celles qui en ont été l'objet, ces faits de grossesse chez des femmes qui se croient toujours chastes et qui, certainement, n'ont jamais cessé de l'être, ces actions criminelles qu'un innocent peut accomplir après son sommeil, avec les apparences de posséder toute sa raison, enfin tant d'autres actions condamnables possibles contre les dormeurs, passent jusques aujourd'hui la prévision des législateurs, et je le comprends, ils n'ont personne pour les éclairer. A propos de ces crimes d'un nouveau genre, contre le développement desquels il n'y a pas le moindre règlement, il faut une extension de la loi. Les manœuvres pour déterminer le sommeil, ne devraient être employées que par les médecins ou par des hommes brevetés à cet effet, et l'on devrait obliger ceux qui se font endormir, à garder alors près d'eux un ou plusieurs témoins de leur choix. Enfin, dans ses investigations, pour se mettre sur la voie de preuves plus positives, le médecin-légiste devrait toujours remettre en somnambulisme le sujet qui est supposé avoir à se plaindre d'un endormeur. Ainsi, il obtiendrait encore des renseignements plus positifs sur les sommeils antérieurs; ce moyen n'est pas à dédaigner.

FIN.

ERRATA.

Page   8, ligne 14, au lieu de : *confondre*, lisez : *comprendre*.

—   76,   —   8, au lieu de : *système nerveux*, lisez : *système musculaire*.

— 111,   — 13, au lieu de : *n'associe*, lisez : *associe encore*.

— 227,   — 16, au lieu de : *quel est pouvoir*, lisez : *quel est le pouvoir*.

— 396,   —   9, au lieu de : *d'un coup nerveux*, lisez : *d'un croup nerveux*.

— 454,   —   7, au lieu de : *on a jamais*, lisez : *on n'a jamais*.

TABLE DES MATIÈRES.

Pages.

Avant-Propos. 5
Préliminaires. 7

PREMIÈRE PARTIE.

Chap. Ier. De la production du sommeil. 15
Chap. II. Du sommeil en général. 33
Chap. III. Du sommeil léger 38
Chap. IV. Du sommeil profond 50

I.   Isolement. — Rapport. — Catalepsie. — Inactivité de la pensée. — Immobilité du corps. — Sédation générale du système nerveux. 50

II.   Abolition de l'action réflexe consciente et de fonctions végétatives
liées aux sensations. — Sensations en apparence inconscientes. — Action divisée et simultanée de l'attention sur les
diverses fonctions des sens et du cerveau. — Initiative des
dormeurs 64

III.   Effets de l'attention accumulée sur chaque sens en particulier et
sur le système musculaire. 76

IV.   Effets de l'attention accumulée sur les empreintes mémorielles
paraissant effacées. 88

V.   Autres effets de l'attention accumulée sur les empreintes mémorielles : hallucinations. — Effets de l'attention diminuée sur
les sens : illusions. — Illusions et hallucinations combinées. 97

VI.   Effets de l'attention accumulée sur les fonctions intellectuelles. . 110

VII. Effets de l'attention accumulée sur les fonctions des organes
soumis à l'action du nerf grand sympathique. 132

VIII. Eclosion des empreintes mémorielles du sommeil, dans la période
consécutive de la veille. 151

IX.   De la prévision 162

X.   Éducation antérieure 176

XI.   Disparition du sentiment de fatigue, et mécanisme de la réparation des forces pendant le sommeil. 198

XII. Du réveil. 202

Pages.

XIII. De l'oubli au réveil.   211
Chap. V. Coup d'œil rétrospectif.   222

DEUXIÈME PARTIE.

Chap. Ier. De l'imitation   229
Chap. II. De la fascination et d'autres phénomènes du même
    genre   240
Chap. III. Phénomènes physiques, d'origine hypnotique, attri-
    bués à des causes supposées. (Pendule magné-
    tique, baguette devinatoire, tables tournantes.).   249
Chap. IV. Fictions, d'origine hypnotique, basées sur des
    phénomènes physiques dont on est l'auteur, et
    que l'on attribue à des causes supposées. (Spiri-
    tisme.).   254
Chap. V. Phénomènes psychiques, d'origine hypnotique,
    attribués à des causes supposées. (Possessions.)   263
Chap. VI. Phénomènes psychiques, d'origine hypnotique,
    attribués à des causes supposées. (Apparitions
    et autres hallucinations.)   276

TROISIÈME PARTIE.

Chap. Ier. Du moral, cause de maladies.   293
Chap. II. Du moral, cause de guérisons   310
Chap. III. Du mécanisme intime des guérisons pendant le
    sommeil   331
Chap. IV. Considérations, au point de vue curatif, sur l'art
    d'endormir et de faire la suggestion   344
Chap. V. Contributions au traitement des maladies par l'ac-
    tion de la pensée sur l'organisme.   354
I. Maladies, par manque d'excitation nerveuse.   356
    Surdi-mutité.   356
    Affaiblissement de la vue accompagné de presbytie légère .   364
    Héméralopie.   365
II. Maladies, par excès d'excitation nerveuse.   365
    Céphalalgie.   365
    Migraine.   366
    Douleurs à la suite d'indigestion.   370
    Névralgie dentaire   371
    Névralgies diverses   375
    Lumbago.   380

Pages.

Insensibilité des dormeurs utilisée pour favoriser des opérations chirurgicales ou un travail physiologique douloureux 382

III.   Maladies ou états morbides analogues au sommeil. 387
   Folie. 388
   Ivresse. 399
   Idiotie, imbécilité 402
   Charme morbide. — Hystero-catalepsie 403
   Abstinence prolongée d'aliments et de boissons 416
   Convulsions épileptiformes. 428
   Convulsions puerpérales. 432

IV.   Maladies affectant les nerfs et les organes du mouvement. . . . 439
   Vomissements nerveux. 439
   Vomissements des femmes enceintes 440
   Chorée. 440
   Bégaiement 446

V.   Maladies avec altérations diverses des liquides et des solides. . 448
   Anémie. 450
   Dérangements dans la menstruation. 462
   Hémorrhagies. 466
   Constipation. 467
   Rhumatisme articulaire aigu 467
   Fièvre intermittente. 469
   Fièvre légère. 470
   Fièvre typhoïde. 470
   Bronchite aiguë. 471
   Pneumonie 471
   Diarrhée 471
   Phthisie pulmonaire 472
   Varices des avant-bras 476
   Goître. 476
   Entorse. 477

Chap. VI. Thérapeutique. 482
Chap. VII. Médecine légale. 518

SAINT-NICOLAS, PRÈS NANCY. — IMPRIMERIE DE P. TRENEL.